감각의 미래

감각의 미래

최신 인지과학으로 보는
몸의 감각과 뇌의 인식

카라 플라토니 지음 | 박지선 옮김 | 이정모 감수

흐름출판

생명이란 무엇인가?

물리학자들이 이 질문에 대해 심오한 토론을 하고 있는 사이에 생물학 교과서는 매우 건조한 대답을 내놓는다. 생명이란 세포로 구성되어 있으며, 세포-조직-조직계-기관-기관계-개체라는 체계를 이루고, 물질대사를 하고, 자극에 대해 반응하며, 항상성을 유지하고, 발생과 생장 과정을 거치고, 생식과 유전을 하며, 주변 환경에 적응하고 진화한다는 특징을 갖춘 존재다.

생명의 개별 특징은 굳이 생명이 아니더라고 갖추고 있는 물질들이 있다. 예를 들어서 자동차는 석유를 이산화탄소와 물로 분해하면서 에너지를 얻는 물질대사 과정을 거친다. 점점 커지는 광물도 있다. 특히 로봇이 발전하면서 자극에 대한 반응은 딱히 생명만의 특징이라고 말하기 어려워지고 있다. 물론 이 모든 특징을 다 갖춘 비非생명은 없으며 앞으로도 없을 것이고, 만약에 존재한다면 그것은 생명이라고 불러야 한다.

생명의 특징 가운데 '자극에 대한 반응'에 천착한 학문이 바로 인지과학Cognitive Science이다. 전통이 오래된 학문은 아니다. 이 분야의 전문학술지가 처음 발행된 해가 1976년이고 학회는 3년 후에야 결성된다. 한국의 인지과학회는 1987년에 나와 동명이인인 존경하는 이정모 교수 주도로 발족하였다. 벌써 한 세대를 훌쩍 뛰어넘은 시간인 30년 전의 일이지만 인지과학이라는 말은 아직도 낯설다.

그렇다면 인지認知란 무엇일까?

글자 그대로 해석하면 '어떤 사실을 인정해서 안다'는 것이다. 말은 간단하지만 여기에는 자극을 받아들이고 저장하고 인출하는 과정이 얽혀 있다. 우주는 빛, 소리, 냄새, 맛, 온도, 감촉 같은 자극을 통해 나와 연결되어 있다. 내가 살아있다는 뜻은 우주의 자극에 반응한다는 것을 말한다. (물론 그 역은 성립하지 않는다.) 인지과학의 출발점 역시 세상의 자극을 우리의 뇌가 어떻게 받아들이고 반응하는지를 탐구하는 것이다.

우리는 매일 보고, 듣고, 냄새 맡고, 맛보고, 뭔가를 만진다. 우리는 즉각 판단하고 반응한다. 매우 익숙한 과정이다. 그런데 정작 그 메커니즘은 잘 모른다. 자극과 반응은 마치 공기나 물과 같이 너무나 당연한 것처럼 여기지만 정작 그 정체를 잘 모르고 말로 설명하기는 더욱 어렵다. 그래서 인지과학은 여전히 낯설게만 느껴진다.

인지과학과 대중 사이를 연결하겠다고 나선 이가 있으니 과학전문기자인 카라 플라토니가 바로 그 사람이다. 처음 읽었을 때 이 책의 단점은 너무 많은 사례를 다루었다는 것이었다. 마치 재레드 다이아몬드의《총, 균, 쇠》를 읽는 느낌이다. 재레드 다이아몬드의 아내는 이렇게 핀잔했다고 한다.

"재레드, 사례는 4개만 넣어도 충분한데 왜 33개나 넣었어요?"

재레드 다이아몬드는 이렇게 대답했다고 한다.

"내가 발견한 사례가 33개인데 어떡해요. 내 책은 그래서 두꺼운 거예요."

이 일화는 이 책에 대한 중요한 이야기를 담고 있다. 현상을 단 한마디로 일반화하는 건 쉬운 일이다. 하지만 복잡한 이유들이 있고 그 안에는 다양한 변수들이 있다는 걸 얘기해주는 건 어렵다. 책이 두꺼워 읽기에 곤혹스럽기는 하지만 끝까지 읽다 보면 쉬운 일반화를 선호해 왔던 자신이 부끄럽게 여겨지는 구석이 있다. 내게 《총, 균, 쇠》와 마찬가지로 《감각의 미래》가 그런 책이다.

카라 플라토니는 여러 저술상을 받은 과학전문기자다. 플라토니는 논문을 읽고 이 책을 쓴 게 아니라 사람을 만나서 얻은 정보로 책을 썼다. 그녀는 3년 동안 인지과학의 현장을 발로 뛰며 취재했다. 감사의 글에 등장하는 이들은 그에게 잠자리를 제공하고 다양한 방식으로 인터뷰를 하고 또 작업현장과 서랍을 공개한 사람들이다. 생생하게 경험한 사실들을 어찌 빼놓을 수 있겠는가.

앞서 단점이라고 지적했던 무수한 예는 이 책의 분명한 장점이기도 하다. 다행히 다이아몬드의 《총, 균, 쇠》와 달리 《감각의 미래》는 쉽게 읽힌다. 미국 아마존에서 전자책을 구입한 사람들이 읽는 데 걸린 시간은 평균 8시간이었다고 한다.

책은 크게 3부로 구성되어 있다. 제1부는 다섯 개의 장으로 구성되어 있다. 그렇다. 우리가 전통적으로 분류하는 다섯 개의 감각, 오감을 다룬다. 생물학에 밝은 사람이라면 건너뛰어도 된다. 건너뛰어도 2부와 3부를 읽을 수 있다는 말이지 읽을 필요가 없다는 말은 아니다.

감칠맛 또는 우마미라고 하는 여섯 번째 맛이라든지 지방맛이라는 새로운 감각은 놓치기에는 아까운 경험일 것 같다. 공룡 티라노사우루스의 뇌 가운데 3분의 1은 후각중추였다. 그만큼 후각은 원초적인 감각으로 위험과 중요성을 알리는 체계다. 오감 가운데 후각이 가장 먼저 진화했을 것으로 추정하는 과정 그리고 2004년 노벨생리의학상을 수상한 (그의 이름은 책에 나오지 않지만) 린다 버크의 연구 내용이 자세히 설명되어 있다.

4장 〈청각〉에 이르면 저자가 보여주려는 게 무엇인지 명확하게 드러난다. 플라토니는 감각 자체가 아니라 뇌-기계 인터페이스를 활용한 사이보그 세상을 보여주려는 것이다. 뇌-기계 인터페이스 연구는 미 국방부의 고등국방연구소DARPA의 가장 중요한 프로젝트다. 5장 〈촉각〉은 우리나라에도 많이 쓰이고 있는 다빈치 수술 시스템으로 이끌어간다. 나는 이 책을 읽으면서 압력과 질감을 아우르는 촉감에 대해 다시 생각하게 되었다. 원격 수술은 지연반응 때문에 어렵다. 원격 사랑도 아직까지는 어렵다. 우리의 사랑은 시각과 후각으로 시작되지만 촉감으로 완성되기 때문이다.

제2부는 시간, 고통, 감정이라는 초감각적 인식을 다룬다. 식물과 단세포 생물은 낮과 밤이 바뀌는 것만 알면 된다. 굳이 뇌가 없어도 된다. 하지만 사람처럼 소리를 내는 동물은 정밀하게 조율된 시간 감각이 필요하다. 언어와 섬세한 운동은 모두 시간과 관련이 있기 때문이다. 우리는 고통을 어디에서 느낄까? 촉각이 전부일까? 그렇다면 죽은 친구의 초상 앞에서 왜 우리는 가슴이 아플까? 저자는 인터뷰를 통해 고통이란 근본적으로 뇌와 관련된 현상으로 모든 감각을 통해 고통을 느낄 수 있음을 보여준다.

제1부와 2부는 인간이 세계를 인식하는 과정은 지극히 주관적이라는 사실을 반복해서 알려준다. 언어, 노화, 문화 자극처럼 우리가 세계

를 객관적으로 인식하지 못하게 하는 장애물들은 무수히 많다. 인간의 인식이 주관적이라면 조작도 가능하지 않을까? 그 이야기를 제3부에서 다룬다.

제3부는 가상현실과 증강현실처럼 제4차 산업혁명이라는 화두와 함께 언급되는 신기술을 다루면서 인식의 유연성을 설명한다. 이 부분이 이 책의 핵심이다. 카라 플라토니는 저명한 연구소와 무수히 많은 스타트업 기업을 찾아간다. (그에게는 침대나 소파를 비워주는 좋은 친구들이 세계 곳곳에 널려 있다.) 가상현실과 증강현실은 사회적 및 윤리적인 논란이 있기는 하지만 우리는 이미 생활의 일부로 받아들이고 있다. 이 책의 결론을 대신하는 마지막 장은 새로운 질문이다. 인간 역시 진화의 결과물이고 진화가 우연의 산물이라면 그리고 우리가 진화 과정에서 잃어버린 감각을 되찾거나 아직 진화 과정에 등장하지 않은 새로운 감각을 만들어 낼 수 있다면 우리 스스로 새로운 진화의 길을 개척할 수 있지 않을까? 트랜스휴먼, 사이보그는 분명 우리에게 닥친 현상이다.

인공지능과 로봇의 발전을 두려워할 필요가 없듯이 새로운 인간 진화상에 대해 막연한 두려움을 가질 필요는 없다. 하지만 지금 지구에서 어떤 일이 일어나고 있는지는 알아야 한다. 이 책은 고전이 아니다. 지금 우리가 모르고 있는 골방에서 일어나고 있는 사건에 대한 현장 보고서다.

현대는 '그린 테크놀로지의 시대'라는 말이 있다. 여기서 그린은 green이 아니라 GRIN으로 Genetics(유전학), Robotics(로봇학), Information Science(정보학), Nanotechnology(나노기술)를 말한다. 각각의 학문이 제각각 발달하다가 만나는 한 지점이 있는데, 그것은 바로 인지과학이다.

나는 프롤로그의 한 대목을 읽은 후 이 책에 푹 빠져버렸다.

"고양이는 단맛을 느끼지 못한다. 육식동물은 단맛을 느낄 필요가 없기 때문이다. 바다사자의 미각은 더 제한적이다. 음식을 씹지 않고 통째로 삼켜버리는 바다사자에게 맛이라는 게 무슨 소용이겠는가?"

그렇다. 오감은 당연한 것이 아니다. 오랜 진화의 산물로 누구에게나 똑같이 존재하는 게 아니다. 그렇다면 새로운 감각도 만들 수 있지 않을까?

우주와 통하는 방법을 찾고 창조하는 이들을 직접 만나보시라.

이정모 (서울시립과학관장)

• 차례 •

■ 감수의 글 ...4
■ 프롤로그 ...12

제1부 오감 세상과 마주하는 다섯 개의 통로

1장 **미각** 여섯 번째 맛을 찾는 여정 ...31
끌어당기는 맛, 혐오스러운 맛 | 인식이 먼저? 언어가 먼저? | 맛의 주기율표
갈색의 맛 | 시간이 만들어내는 맛 | 맛의 연금술

2장 **후각** 기억과 감정을 소환하는 향 ...73
후각 테라피 | 프루스트 효과 | 후각과 감정의 상관관계 | 냄새의 지형도
후각과 알츠하이머 | 언어적 정의, 문화적 연상, 개인의 기억 | 과거로의 여행

3장 **시각** 빛이 사라진 세상, 그 너머 ...115
반사와 대비로 이루어진 세상 | 이미지로 인식하다 | 두 번째 눈
전자 언어로 세상을 읽다 | 환자가 아닌 기니피그

4장 **청각** 생각을 그려내는 전기 신호 ...147
생각을 읽어주는 모자 | 귀에서 뇌까지 | 청각적 심상 | 자극의 재구성
생각을 감시당하는 시대

5장 **촉각** 의사가 없는 수술실 ...179
시각을 촉각으로 치환하다 | 1세대 수술 로봇 | 손이 아닌 생각으로 하는 수술
뇌라는 블랙박스

오감

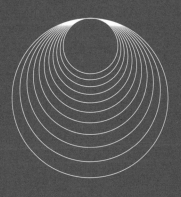

세상과 마주하는 다섯 개의 통로

제2부 초감각적 인식 머릿속에 존재하는 세계

6장 시간 1만 년을 가는 시계 ...215

시간의 편집자, 뇌 | 시간 큐레이터 | 시간의 역사 | 연못의 잔물결
성지 또는 유적

7장 고통 상처받은 마음을 치유하는 약 ...249

마음의 상처에는 진통제를 | 희망과 절망 사이 | 사회적 거부 vs 신체적 고통
누구나 고통스럽다 | 고통은 경고 신호 | 사랑이라는 진통제

8장 감정 문화의 차이를 읽는 코드 ...283

감정의 별자리 | 감정을 결정하는 요인들 | 행복한 미국인, 슬픈 러시아인
그림 그리기와 자기소개 하기 | 같은 표정 다른 해석

제3부 인식 해킹 인간의 한계를 넘어서려는 사람들

9장 가상현실 이곳에도, 이곳이 아닌 곳에도 동시에 존재하다 ...319

치료가 아닌 게임 | 사막을 달리는 가상의 지프 | 마법이 깨지는 순간
나는 소가 되었다

10장 증강현실 현실 세계에 사이버 세계를 덧씌우다 ...355

프로그램된 현실 | 뇌 이식의 전 단계 | 나는 왜 사이보그가 되었는가
빅 브라더 vs 리틀 브라더 | 일상에 스며든 증강현실 기술 | 기술 시대의 적자생존
괴상한 미래파

11장 새로운 감각 여섯 번째 감각을 찾아 나서다 ...401

새로운 감각을 이식하다? | 그라인더, 몸을 해킹하는 사람들 | 촉각 혹은 공감각?
기술 하층 계급 | 여섯 번째 감각

■ 감사의 글 ...442

■ 옮긴이의 글 ...444

■ 참고문헌 ...448

외부 세계와 접촉하는 동안 인간의 머릿속에서 무슨 일이 일어날까? 지금보다 많은 것을 인식할 수는 있을까? 물론 두뇌의 인식능력에는 한계가 있다. 그럼에도 세상을 감지하는 능력을 향상시키거나 그 방식을 바꿀 수 있을까?

감각의 과학은 그 세계가 넓고 깊다. 수많은 연구팀이 내세우는 이론과 동기는 서로 대립하기도 하지만 모두 비슷한 의문을 좇는다. '정상적인' 기능이 없는 사람들에게 그 기능을 되찾아주려고 노력하는 연구팀도 있다. 그들은 보지 못하는 사람이 보고, 듣지 못하는 사람이 듣고, 감각이 마비된 사람이 촉각을 느끼도록 돕는다. 한편 '정상'이라는 개념 자체를 무시하는 사람들도 있다. 그들은 새로운 치료법이나 착용형 장치wearable device를 통해 감각을 바꾸거나 증대할 방법을 모색한다. 물론 단순히 세상을 생생하게 느끼기 위해 수용체, 신경, 두뇌 같은 감각 체계가 어떻게 작용하는지 알고 싶어 하는 사람들도 있다.

나는 20년 가까이 기자로 일했고 주로 과학을 담당했다. 하지만 이

프로젝트를 시작하고 나서 감각의 과학이 내게 매우 생소한 분야라는 것을 알게 되었다. 이 책에 등장하는 100여 명의 사람들 중 고작 여섯 명의 연구 결과를 미리 살펴보았을 뿐인데도 '현실은 우리가 인식하는 것보다 클까?'라는 감각 과학계의 의문이 얼마나 광범위하고 방대한지를 깨달았다.

그래서 캘리포니아 대학교 버클리 캠퍼스에서 저널리즘을 가르치던 나는 1년 동안 학교를 떠나 '그곳으로 가라'는 기자의 업무 수칙 제1조를 따르기로 했다. 나는 페이스북에 여정을 올리면서 4개국, 여덟 개 주에서 꾀죄죄한 꼴로 방랑하는 기자를 인심 좋게 재워준 친구, 친척, 동료 기자들의 소파를 전전했다. 그리고 실험이나 시연에 초대해준 모든 감각 과학 분야 종사자들의 연구실, 사무실, 수술실을 밥 먹듯이 드나들었다. 이 과정에서 녹음기 네 대, 공책 37권, 렌터카 세 대, 수많은 배터리를 사용했다. 공책에 적은 인터뷰 내용을 타이핑하고 또 타이핑하는 동안 스니커즈 신은 발을 올려놓았던 긴 소파의 팔걸이가 닳았을 정도다. 나는 신경 과학자, 공학자, 심리학자, 유전학자, 외과 의사, 피어싱 기술자, 트랜스휴머니스트transhumanist•, 미래학자, 윤리학자, 디자이너, 기업인, 군인, 요리사, 피클 제조자, 조향사를 만났다.

내게는 증명해야 할 거창한 이론이나 눈에 보이는 종착지가 없었다. 내 계획은 그저 이 분야에서 일하는 사람들의 이야기를 듣고 그들을 관찰하는 것이었다. 하지만 얼마 지나지 않아 감각 과학의 논리와 윤곽이 보이기 시작했다. 인터뷰를 거듭하는 동안 특정 주제가 계속 거론되었고 특정 단어가 자주 반복되었다. 또 완전히 달라 보이는 개

• 휴머니즘에 생명공학을 결합한 사상을 실천하며, 인류의 생존과 삶의 질 향상을 위해 신체 개조를 옹호한다.

넘이 서로 맞물려 떨어지기도 했다. 이런 깨달음은 주로 내가 누군가의 실험실에 격려되어 우스꽝스러운 헬멧을 쓰고 뭔가를 씹거나 냄새를 맡거나 어둠 속에서 비틀거릴 때 얻었다.

　지금까지 내가 배운 가장 중요한 사실은 다음과 같다. '현실'에 대한 단 하나의 보편적인 경험은 없고 다 함께 공유하는 세상에 대한 객관적인 묘사도 없다. 오직 '인식'이 있을 뿐이다. 그리고 '당신'에게만 '진짜처럼 보이는 것'이 있을 뿐이다. 인식의 대상은 정신이 받은 인상, 감각, 경험을 구체적으로 표현한 것에 불과하다. 인식의 대상은 현실이 아니다. 거울에 비친 모습이 현실이 아닌 것처럼. 거울에 비친 것은 사물이 투영된 모습이지 사물 자체가 아니다. 그리고 모두 알다시피 투영은 왜곡될 수 있다. 그 이유는 두개골에 의해 보호받는 젤리 같은 전해질인 뇌가 외부 세계와 직접 상호작용할 방법이 없기 때문이다. 감각은 외부 세계와 두뇌를 매개하고, 감각을 통해 전달되는 정보는 언제나 중개 과정을 거친다. 신경계의 감각 영역은 일종의 입력 경로다. 과학자들은 이 경로에 위치한 뉴런을 구심신경이라고 부른다. 구심신경은 뇌로 정보를 전달한다. 감각신경계에는 출력 경로인 원심신경도 있다. 이 신경은 중앙신경계인 척추와 뇌에서 송출하는 지시를 전달한다. 원심신경은 운동을 담당하여 반응과 동작을 통제한다.

　혀, 코, 눈, 귀, 피부 같은 감각 조직의 신경은 말초신경계에 속한다. 이곳에서 수용체인 감각신경 말단이 화학물질과 주변 에너지(빛, 소리, 파장, 압력)를 감지한다. 수용체는 감지한 화학물질과 에너지를 뇌가 이해할 수 있는 전기 신호로 변환, 즉 해석하는 과정을 시작한다. 신경이 전달한 신호는 척추와 뇌에서 통합된다. 구체적으로는 뇌에서 이 미세한 자극을 맛, 향기, 이미지, 소리, 감촉으로 전달한다. 바로 이곳, 두개골이라는 어둑한 극장에서 우리 삶의 이야기가 상영되는 것이다.

이 이야기가 반드시 진실이라고 말할 수는 없다. 뇌는 전기 자극을 읽을 뿐, 그 자극의 근원에는 전혀 관심이 없다. 그렇기에 우리가 실제로는 현실을 완벽하게 인식하지 못하는데도 완벽하게 인식한다고 느낀다. 시각을 처리하는 후두엽을 전기로 자극하면 빛이 번쩍하는 환영이 보인다. 뇌는 절단된 팔다리가 쑤신다고 느끼기도 하고, 꿈속에서 맛있는 케이크의 맛을 생생하게 느끼기도 한다.

이밖에도 많은 사례가 있다. 감각은 우리가 사용할 수 있는 것보다 훨씬 많은 정보를 받아들인다. 감각은 우리가 상상할 수도 없을 만큼 방대한 정보를 받아들이기 때문에 정보 과부하를 피하고 일관성 있는 줄거리를 유지하기 위해서 지속적으로 정보를 요약하고 편집해야 한다. 뇌의 신경회로는 의식적으로 명령하지 않더라도 주의를 나누고 경험을 분류하기 위해 끊임없이 의사결정을 내린다. 반드시 그래야 한다. 이 페이지의 검은색 글자가 어디에서 끝나고 흰색 여백이 어디에서 시작되는지를 이해하기 위해 수많은 뉴런에 일일이 신호를 보내야 한다면 우리는 이 책을 절대 읽지 못할 것이다. 또 듣는 것이 보는 것보다 빠르므로 뇌가 소리와 이미지가 동시에 떠오르도록 편집하지 않는다면 시간은 엉망으로 뒤섞일 것이다. 뇌가 소리에서 단어를 구분하지 못하거나 빛과 어둠을 통해 형태를 인식하지 못하거나 맛과 냄새를 인식 가능한 범주로 분류하지 못한다면 모든 것이 뒤죽박죽되어버릴 것이다.

사람들은 입력되는 세계를 저마다 조금씩 다르게 여과하고 때로는 다른 사람들이 놓치는 정보를 선택하기 때문에 현실은 하나가 아니다. 이런 변형은 순전히 유전적인 요인 때문에 발생하기도 한다. 유전자가 우리의 인식 세계에 한계를 설정한다는 사실에는 의문의 여지가 없다. 마이클 토도프Michael Tordoff는 필라델피아 모넬 화학 감각 연

구소Monell Chemical Senses Center의 연구원이다. 1장에서 이야기하겠지만, 토도프는 단맛, 짠맛, 신맛, 쓴맛, 우마미umami의 다섯 가지 맛 이외에 인식 가능한 여섯 번째 맛을 찾고 있다. 어느 날 점심을 먹던 나는 고양이가 단맛을 느낄 수 없다는 그의 말에 너무 놀랐다. "고양이에게 설탕물 그릇과 그냥 물 그릇을 주면 둘 다 똑같이 그냥 물이 들어 있는 것처럼 행동합니다." 토도프가 말했다. 인간을 비롯한 다른 포유류와 마찬가지로 고양이에게도 단맛 수용체 유전자가 있지만 돌연변이가 발생하여 기능성 수용체의 구실을 못 하게 되었다. 토도프는 이 현상이 진화의 관점에서 타당하다고 설명했다. 육식동물은 단맛을 느낄 필요가 없기 때문이다. 그는 바다사자의 미각은 더욱 제한적이라는 말도 했다. "바다사자는 음식을 씹지 않아요. 통째로 삼켜 버리지요. 그러니 맛이라는 게 무슨 소용이 있을까요?"

토도프는 인간 중에도 변이 사례는 상당히 많다고 말을 이었다. 색맹의 경우를 보자. 백인 가운데 약 8퍼센트가 적록색맹으로, 빨간색과 녹색을 구분하지 못한다. (미맹검사 시약 PTC로 많이 알려진) 페닐치오카바마이드의 맛을 느끼는 쓴맛 수용체를 제어하는 유전자도 살펴보자. 전체 인구의 약 70퍼센트는 한 가지 이상의 유전자 변이로 PTC에 다소 민감하게 반응하지만 나머지 사람들은 PTC 맛을 전혀 느끼지 못한다. 연구에 따르면 이런 유전적 차이 때문에 PTC와 비슷한 맛을 함유한 담배, 차, 양배추나 브로콜리 같은 떫은맛의 채소에 대한 반응이 저마다 다르다고 한다. 그러니까 당신에게는 브로콜리가 맛있는 녹색 채소일지 모르지만 이웃에게는 녹색이 아닌 쌉쌀한 채소일 수도 있다. 이에 대해 토도프는 이렇게 말한다. "동물들은 각자 자신만의 감각 세계에 살고 있습니다. 우리 역시 마찬가지고요."

하지만 끊임없이 불어닥치는 정보의 폭풍 속에서 어떤 것에 주목해

야 하고 어떤 것을 무시해야 하는지를 파악하는 뇌의 여과 능력은 자연의 산물인 동시에 문화의 산물이다. 따라서 주목의 대상이 달라지는 것은 현대 과학기술 탓만은 아니다. 이런 변화는 줄곧 일어났다. 이에 관해서는 사회와 문화의 소프트 바이오해킹soft biohacking과 과학기술의 하드 바이오해킹hard biohacking을 넘나들며 살펴보겠다. 여기서 소프트 바이오해킹이란 우리가 타인과 주변 환경에 대한 중요 감각 정보에 주목하는 법을 무의식적으로 배우는 것이다. 우리는 평생 소프트 바이오해킹의 영향을 받으며 이를 수동적으로 경험한다. 소프트 바이오해킹에 해당하는 것으로는 언어, 문화, 일상적인 형성적 경험이 있다. 형성적 경험에는 음식, 평범한 사물의 이름, 주변 사람들의 행동 방식과 그것이 나의 행동을 강화하는 방식 등이 포함된다. 이 모두는 우리에게 무엇이 가장 중요한지, 어떤 식으로 감각 경험을 분류하고 이름 붙이고 떠올려야 하는지 알려준다. 과거의 경험은 앞으로의 감각 세계를 예측하는 틀을 제공하고 우리는 이를 통해 어떤 자극은 깊이 생각하고 어떤 자극은 무시하게 된다.

1장에서는 여섯 번째 맛을 탐색하는 선도적인 연구자들과 함께 소프트 바이오해킹이 어떻게 작용하는지 살펴볼 것이다. 미각 연구자들이 당혹스러워하는 난제는 기존 다섯 가지 맛과 뚜렷하게 구분되는 여섯 번째 맛을 표현할 단어가 없다는 것이다. 그들이 찾는 대상에 부합하는 언어, 즉 사고 구조가 없다면 어떻게 새로운 맛을 찾아낼 수 있을까? 다시 말해 인식의 대상을 이해하기 위해서는 언어가 필요할까? 아니면 언어를 만들어내기 전에 먼저 사고 구조가 있어야 할까?

언어는 우리의 의식을 이미 자리 잡은 개념과 연결시키므로 언어가 없으면 새로운 개념을 파악할 수 없고, 파악한다고 해도 여섯 번째 맛

을 다른 맛과 구분하기 힘들어진다. 지방의 맛을 느끼는 사람을 찾기 위해 최대 규모의 조사를 진행하는 유전학자 니콜 가르노Nicole Garneau 는 지방의 맛에 이름을 지을 때는 '지방 맛'이라고 하면 안 된다고 말한다. "지방 맛이라고 하면 베이컨이 떠오르지 않습니까?" 가르노는 어깨를 으쓱했다. 잠시 후 나는 시민 과학자로 구성된 연구팀에 이끌려 지방의 맛을 느낄 수 있는지를 알아보는 수많은 실험을 거쳤다. 이제는 말하겠다. 순수한 지방의 맛은 베이컨 맛과 전혀 다르다.

이제 프랑스로 건너가 보자. 마르셀 프루스트의 《잃어버린 시간을 찾아서》덕분에 이 나라에는 향기와 기억 사이에 영원불멸의 연결 고리가 형성되어 있다. 하지만 우리가 살펴볼 것은 향기와 망각의 관계다. 냄새를 구분하는 능력을 잃는 것은 알츠하이머병을 비롯한 기억력 관련 질병의 초기 임상 징후다. 아틀리에 올팍티프Atelier Olfactif에서는 냄새로 인지 기능 손상 환자들의 기억을 되살리는 연구가 진행되고 있다. 이곳에서는 문화의 소프트 바이오해킹이 어떻게 작용하는지 지켜볼 수 있다. 익숙한 음식, 흔한 생활용품, 근처에서 자라는 식물 등 모든 것이 언어와 냄새 사이의 연결 고리에 영향을 주기 때문에 성장 환경에 따라 같은 냄새를 맡고도 다른 것을 떠올린다.

그렇기에 아틀리에 올팍티프의 수석 조향사 알리에노르 마스네가 건넨 몇 가지 샘플의 냄새를 맡을 때마다 나는 그녀가 의도한 프랑스의 문화적 연결 고리가 아닌 내가 자란 캘리포니아의 문화적 연결 고리를 떠올렸다. 내게 라일락 향기는 꽃이 아닌 비누 냄새다. 나는 마스네가 건넨 라벤더 향에서 포근한 언덕을 떠올렸고 그 기억은 라벤더가 아닌 '소나무'로 연결되었다. "이 향이 너무 프랑스답기는 해요." 마스네가 너그럽게 말했다. 하지만 그녀와 내가 같은 기억을 떠올린 향기도 있었다. 우리 둘 다 바다 냄새는 맡자마자 알아차렸다. 그런데

알츠하이머병 환자의 경우 냄새를 맡히고 못 맡히고는 상관없다. 중요한 것은 냄새에서 떠올린 기억이다.

몬트리올, 팰로앨토, 워싱턴 DC에서도 소프트 바이오해킹이 감정의 영역에 어떤 방식으로 효과를 발휘하는지 살펴보자. 우리는 고향의 문화를 통해 감정과 관련된 신체적, 정신적 상태를 해석하는 법을 배우고 더 나아가 타인의 감정을 이해하는 방법까지 배운다. 임상심리학자 앤드루 라이더Andrew Ryder는 몬트리올 연구실에서 실험을 진행하는 학생들을 지켜보며 이런 가정이 타당하다고 말했다. 감정적, 사회적 정보가 무한정 쏟아지는 세계에서 사람들은 문화적으로 가장 중요하고 자신과 주변 사람들에게 가장 의미 있는 신호에 주목하고 싶어 하기 때문이다. "복잡하고 모호한 세계에서 끊임없이 새로운 정보가 들어옵니다. 우리는 자신에게 중요한 정보에만 에너지를 쓰고 싶어 하죠." 그가 말했다.

로스앤젤레스와 샌프란시스코에서는 전문가들이 어떻게 기능성 자기공명영상fMRI을 이용하여 고통을 연구하는지 알아보고, 칵테일 바와 술집에서 우리가 어떻게 내적 상태를 인식하는지 살펴볼 것이다. 우리는 신체적 고통과 감정적 고통이 별개라고 생각한다. 몸에 생긴 상처와 영혼의 상처를 떠올려보라. 하지만 사랑과 실연의 고통을 연구하는 사회심리학자 나오미 아이젠버거Naomi Eisenberger는 두 가지 고통 모두 뇌의 같은 부위, 즉 위협을 처리하는 부분에서 반응이 나타난다고 본다. 그녀의 출발점은 언어다. 우리는 사회적 고통과 신체적 고통을 완전히 다른 경험으로 생각하지만 '아프다'나 '깨지다'를 비롯해 컨트리 음악에나 어울릴 법한 여러 표현이 두 가지 고통에 공통적으로 쓰인다.

"감정적 고통에 대한 선입견이 있는 것 같아요." 어느 날 UCLA의

연구실에서 아이젠버거가 말을 꺼냈다. "사람들은 신체적 고통을 온전히 이해해요. 예를 들어 다리가 부러지면 아픈 게 당연하다고 생각해요. 그런데 사회적 고통에 대해서는 '이겨내'라든지 '마음먹기 나름인걸'이라고 말하는 경우가 많아요. 하지만 두 가지 고통에 반응하는 신경은 같습니다. 이는 우리가 신체적, 사회적 고통 모두 심각하게 받아들여야 한다는 의미입니다." 이런 생각은 곧 놀라운 의문으로 이어졌다. 마음이 아플 때는 타이레놀을 먹고 몸이 아플 때는 사랑하는 이의 손을 잡으면 고통이 진정될까? 우리는 오래전부터 몸을 다쳤을 때 얼음찜질과 아스피린으로 고통을 완화했다. 어쩌면 평생 가장 불쾌하지만 반드시 필요한 인식 경험일 사회적 고통을 치료할 새로운 방법이 있을지도 모른다.

그밖에 과학기술의 '하드 바이오해킹'을 다루는 연구팀도 만나보자. 나는 사람들이 인식을 바꾸기 위해 의도적으로 착용하거나 소지하거나 이식한 장치를 중점적으로 살펴보았다. 머릿속에서 벌어지는 일을 조종하기 위해 과학기술을 활용하는 것이 너무 앞서가는 과제라고 생각한다면 인류 초기의 인식 형성 장치인 시계를 생각해보자. 6장에서는 시간이라는 인식에 신경, 사회, 기계의 영향력이 섞여 있으며, 시간은 몸 안팎에서 전해지는 인식임을 확인해볼 예정이다. 런던의 박물관과 콜로라도의 정부 연구소에서 시간을 표준화하기 위한 시계와 반대로 표준시를 바꾸기 위한 시계 등 아주 특별한 시계를 관리하는 사람들을 만나보자.

시계는 (해시계와 시계탑처럼) 건물 외부에 걸린 아주 큰 것에서 시작하여 (탁상시계, 손목시계, 기타 감각 인식 장치 등) 인간이 착용하거나 이식할 수 있는 크기까지 작아졌다. "과학기술이 서서히 우리 몸으로 들어오고 있습니다." 어느 날 롭 스펜스Rob Spence가 토론토에 있는 자신

의 집에서 내게 말했다. '아이보그Eyeborg'로 유명한 스펜스는 오른쪽 안와에 카메라를 장착했다. 이와 관련해서 10장에서는 착용형 컴퓨터 장치를 통해 인간과 기계를 결합함으로써 인간의 인식을 향상하고자 하는 증강현실 탐험가들을 만나볼 것이다.

인식 형성 장치는 인간의 삶에 점점 깊이 파고들고 있다. 장치를 지속적으로 착용할 수 있기 때문이기도 하고 장치가 인간의 몸에 점점 깊숙이 결합되기 때문이기도 하다. 현재 판매 중인 장치는 대부분 손목이나 눈 위에 가볍게 착용 가능하다. 하지만 현재 의료계에서 사용하는 신기술은 몸속에 이식하는 형태다. 그리고 차세대 기술은 뇌로 향하고 있다. 인식 연구를 선도하는 과학자들 역시 뇌를 주목하고 있다. 3, 4, 5장에서는 시각, 청각, 촉각을 연구하는 현대 신경 과학을 다루고 뇌의 전기 언어를 분석하는 연구를 살펴볼 것이다. 이 연구는 신경 과학자들이 '입력writing in'과 '판독reading out'이라고 부르는 절차에 관한 것이다. 입력은 정보를 뇌에 전달하는 것, 판독은 그 정보가 지시하는 바를 해석하는 것을 뜻한다.

감각은 세상에서 얻은 정보를 뇌가 이해할 수 있는 전기 신호로 변환한다. 광자가 망막의 빛 수용체에 부딪히면 뇌가 이미지로 해석한 전기 신호가 중계된다. 혀의 수용체에 화학물질이 갇힐 경우 뇌는 이로 인한 전기 신호를 기록해둔다. 초창기의 입력 장치는 대부분 의학적 도움이 필요한 사람들의 감각 기능을 회복하기 위한 것이었다. 우리는 인공 눈을 이식한 딘 로이드Dean Lloyd를 만날 것이다. 색소성 망막염으로 시력을 잃은 로이드는 몇 년 전에 인공망막을 이식받았다. 인공망막은 로이드의 기존 망막에 전기 자극을 입력해서 뇌가 그 자극을 시각적 신호로 해석하게 한다. "이건 보통 사람들의 평범한 시각과 다릅니다." 로이드는 자신과 같은 임상실험 참가자들에게 주의를

준다. 그렇더라도 시각을 되찾은 것은 사실이다. 로이드에게 세상이 어떻게 보이는지 함께 살펴보자.

판독은 입력의 마지막 과정으로, 뇌의 신호를 감각으로 되짚어 해석하는 것을 의미한다. 예를 들어 누군가 당신에게 그림을 보여주거나 소리를 들려주었다고 하자. 이때 뇌의 활동 패턴을 통해 거꾸로 최초의 자극을 다시 만들어낼 수 있을까? 판독은 입력보다 훨씬 어렵다. 그러므로 판독을 연구하는 연구실에 가기 전에 이 정도만 뇌의 언어를 해석해도 엄청난 발전이며 여러 과학 분야 종사자들의 협업으로 이런 일이 가능했다는 것을 미리 알아두어야 한다. 감각에 대한 초창기 연구는 신체 표면, 감각기관, 신경 말단 같은 외부에 국한되어 있었다. 예를 들면 감각기관의 반응을 알아보기 위해 미뢰, 망막세포, 피부를 자극하는 정도였다. 이는 대부분 심리학자의 영역으로, 자극과 행동의 상관관계에 연구가 집중되었다. "이쪽 영역의 연구는 상대적으로 쉽습니다. 혀가 어떻게 작용하는지 알아내지 못하면 서로 연결되어 있는 수많은 신경 한가운데서 어떤 일이 벌어지는지 알아낼 수 없겠지요." 심리학자인 토도프가 말했다.

하지만 뇌는 불가사의한 '블랙박스'가 아니다. 물론 신체와 면역계에 의해 철저하게 보호되는 매우 복잡한 기관이기는 하지만. 살아 있는 인간의 뇌를 대상으로 실험을 하기에는 신체적, 윤리적 어려움이 많기 때문에 대부분의 연구는 다른 동물을 대상으로 실시되었다. 하지만 지난 20년간 몇 가지 주목할 만한 과학기술이 새로 개발되면서 인식과 관련된 생화학, 신경 과학, 유전학 분야의 이해가 깊어졌다. 인간 게놈 프로젝트Human Genome Project는 DNA와 감각 기능 사이의 연결 고리를 밝혀 유전자와 수용체 세계의 빗장을 풀었다. 신경 촬영법, 특히 기능성 자기공명영상 덕분에 연구자들은 뇌의 전기 활동을 기록하고

자극과 반응의 상관관계를 더 잘 알 수 있게 되었다. 다중 전극 뇌 이식 장치multielectrode brain implant라는 새로운 기술 덕분에 인간의 뇌에 장치를 이식하여 놀라울 만큼 정확하게 뇌 활동을 기록할 수 있게 되었다.

이를 더욱 자세히 알아보기 위해 캘리포니아 대학교 버클리 캠퍼스로 가서 기능성 자기공명영상을 이용해 자극을 재현하는 실험, 즉 뇌의 활동을 판독해 원래의 감각 경험을 재구성하는 실험을 지켜보자. 이 실험에서 스캐너 안의 피험자가 팟캐스트를 듣는 동안 연구팀은 피험자의 뇌를 관찰하여 피험자가 무슨 내용을 들었는지 판독한다. 연구팀은 다른 실험실의 동료들과 협력하여 인간의 정확한 청각 모델을 만들어 머릿속의 내적 언어internal speech를 읽어내고자 한다. 추상적인 생각을 읽어내는 일은 아직 불가능하지만 의식 속에서 말로 표현된 단어를 옮길 수만 있다면 뇌졸중이나 신경퇴행성 질환 때문에 정상적으로 말하지 못하는 환자들에게 도움이 될 것이다.

마지막으로 살펴볼 입력과 판독 연구는 외과 의사 셰리 렌Sherry Wren의 로봇 팔을 이용한 수술이다. 이런 수술은 인공 팔이 인간의 손만큼 민첩하게 움직일 정도로 발전했을 뿐만 아니라 언젠가는 인간과 똑같이 섬세한 촉각을 지니게 되리라는 사실을 시사한다. 인공 팔을 연구하는 연구팀은 마비 환자에게 인공 기관을 삽입하고 원격 조종으로 통제할 수 있기를 바란다. 입력과 판독을 융합하면 궁극적으로 사물의 무게, 충돌의 강도, 몸의 온도 등 외부의 감각 반응을 전달하고 뇌의 명령을 수행하는 인공 팔다리를 개발할 수 있다. 이는 실제 감각을 실시간으로 느낀다는 착각을 유지하기 위해 신체 기관과 기계가 완벽하게 조화를 이루어 발레를 하는 것과 같다. 스탠퍼드 대학교의 신경 보철 전문가 크리슈나 셰노이Krishna Shenoy는 이렇게 매끈한 인공 기관을 만들어내는 것이 최종 목표라고 말한다. 연구팀은 시냅스 간의 언

어를 유창하게 구사해 뇌와 원활하게 대화할 수 있기를 바란다.

입력과 판독 기술은 대부분 아직 실험 단계이고 외과적인 시술을 요구하므로 대학 연구소와 병원에서 많이 연구된다. 하지만 인식을 해킹하기 위해 반드시 수술을 해야 하는 것은 아니다. 이 책의 후반부에서는 탐험과 재미를 위해 감각을 왜곡하는 장치를 스스로 만드는 사람들을 만나볼 것이다.

먼저 몸의 가장 바깥쪽에 착용하는 장치부터 살펴본 다음 조금씩 몸속으로 들어갈 것이다. 맨 처음 살펴볼 것은 가상현실이다. 가상현실에는 헬멧이나 고글이 필수적인 것으로 알려져 있지만 사실 서라운드 음향, 진동하는 바닥, 냄새를 뿜는 하이테크 공간에서도 구현이 가능하다. 가상현실은 온전히 몸 밖에서 진행되는 기술로, 현실과 똑같아 보이는 시나리오를 만든 다음 뇌를 속여 행동을 바꾼다. 군인들이 현장 부대에 배치되기 직전 끔찍한 전투 상황을 '사전 체험'하면 외상 후 스트레스 장애에 대한 저항력이 높아질까? 이를 확인하기 위해 실험이 진행 중인 군부대에 가서 직접 고글을 착용해보자. 그런 다음 스탠퍼드 대학교 연구실로 가서 가상현실 속의 피험자가 하늘을 날고 풍선을 터뜨리고 손을 씻는 등의 행동을 통해 더 나은 사회적, 환경적 습관을 형성할 수 있는지도 알아보자.

하지만 너무 많은 것을 알려주지는 않겠다. 가상현실 실험이 인식에 마법을 부릴 수 있는 이유는 어떤 속임수가 쓰이는지 모르기 때문이다. 다만 한 가지 말하고 싶은 것은 나는 가상 농장을 체험한 뒤로 햄버거를 영원히 먹지 못하게 되었다는 점이다.

다음으로 몸 위에 착용해 감각 인식 수준을 높이는 안경과 시계 같은 증강현실 장치를 살펴보자. 이 분야에는 '왜 인간은 밤에 잘 보지 못하고 인간의 눈은 자동 줌이 불가능할까?', '기존 감각기관으로 느

끼지 못하는 맛을 느낄 수 있을까?', '보이지 않는 포옹을 보낼 수 있을까?'와 같은 독창적인 의문을 품은 사람들이 가득하다. 이곳에서 아이보그 등 신세대 증강현실 장치를 출시하고자 하는 기업인들을 만나보자. 안구와 맞닿는 콘택트렌즈 형태의 아이옵틱iOptik을 개발한 기술자들, 반지·휴대전화 앱·가짜 입술로 촉감·맛·냄새를 멀리 전달하는 실험을 하는 퍼베이시브 컴퓨팅pervasive computing● 교수 에이드리언 데이비드 척Adrian David Cheok을 만나보자. 척에게 증강현실이 가상현실과 다른 점은 헬멧을 쓰고 컴퓨터 화면을 응시하거나 특수한 방에 갇힐 필요 없이 가벼운 장치를 착용하기만 하면 일상적으로 움직이고 타인과 교류하는 것이 가능한, 몰입도가 높고 자연스러운 '혼합현실'을 경험할 수 있다는 것이다. "인간이 가상현실 시스템에 들어가는 것이 아니라 가상 세계를 우리 몸으로 불러오는 겁니다." 척이 말한다.

이 책은 지하실에서 끝난다. 지하실이야말로 기술 혁명의 발상지이기 때문이다. 인간은 이곳에서 열렬히 꿈꾸던 장치의 견본을 만들고 실험 대상에게 해킹을 시도한다. 자연은 오랜 시간에 걸친 무작위적 돌연변이를 통해 새로운 감각을 제공한 반면 이런 지하실에서 사람들은 빠른 속도의 진화를 꿈꾼다. 지하실에서 우리는 그라인드하우스 회원들을 비롯해 자신을 모딩modding●●하여 인식을 확장하려는 사람들을 다시 만나게 된다. 그들의 목표는 모딩을 하지 않고는 인간이 인식할 수 없는 환경 정보를 입력하는 것이다. 그 정보는 주로 전자기장이다. 그들의 실험이 대개 자석을 이식하는 데에서 시작하기 때문이다. 기자로서 나의 목표는 그들의 실험 중에 일어나는 현상을 신경 과

● 우리 삶에 스며들어 있는 컴퓨팅 기술을 뜻하는 용어로, 유비쿼터스와 비슷한 개념이다.
●● 튜닝이나 개조를 통해 자신만의 컴퓨터나 게임을 만드는 행위. 여기서는 자신의 신체에 대한 튜닝이나 개조를 의미한다.

학적으로 설명하는 일이다.

마지막으로, 인식을 해킹한다는 것이 무슨 의미인지 한마디만 하겠다. 사회적 힘을 통한 소프트 바이오해킹은 삶의 구석구석에 은밀하게 스며들어 통제하기 힘들기 때문에 영향력이 크다. 우리는 대개 소프트 바이오해킹이 일어나는지조차 모른다. 그러다 언어와 사회 환경이 다른 곳으로 여행을 떠났을 때처럼 문화가 달라졌을 때만 그 영향력을 어렴풋이 인식한다. 하지만 이런 습관은 학습된 것이기에 다시 학습할 수 있다. 여섯 번째 맛을 찾는 데 걸림돌이 되는 언어 문제를 다시 한 번 생각해보자. 우리에게는 아직 그 맛을 설명할 단어나 개념이 없다. 그러나 2000년대 이전에 초등학교에 다녔던 사람들은 기억하겠지만 당시에는 기본 맛이 다섯 가지가 아닌 네 가지였다. 1장에서는 과학자들이 다섯 번째 맛을 어떻게 찾았고 사람들이 그 맛을 어떻게 인식하게 되었는지를 통해 뇌의 적응력을 알아볼 것이다.

과학기술로 뇌 해킹의 영향력은 더욱 강력해질 것이다. 뇌 해킹은 완전히 새로운 개념이 아니다. 향정신성 약물도 일종의 뇌 해킹이다. 우리를 상상의 세계로 데려가는 이야기도 마찬가지다. 하지만 이런 해킹은 지속 시간이 짧고 '진짜 현실'을 대체하기보다는 잠깐의 도피처가 되어줄 뿐이다. 사람들이 스마트워치나 구글 글래스처럼 감각기관과 직접 상호작용하고 지속적으로 착용하는 장치를 이용해 인식을 바꾸기 시작하면서 우리는 지속 가능한 방식으로 인식을 통제할 수 있는, 어쩌면 특별한 방식으로 평범한 나를 발전시킬 수 있는 시대에 접어들었는지도 모른다.

그라인드하우스 회원들에게는 기존의 신체에 스스로 선택한 인식 장치와 발명품을 장착하는 것이 자유롭게 진화의 속도를 높이는

길일 것이다. 하지만 우리가 나중에 만나볼 '스톱 더 사이보그Stop the Cyborgs' 회원들은 신체의 인식 기관과 누군가가 조종하는 인위적인 기계가 얽힘으로써 '현실'이라는 허상을 만들어내는 것에는 위험 요소가 있다고 생각한다. 그들이 지적하듯이 과학기술은 절대 중립적이지 않다. 기술은 타인의 의도를 통해 우리의 경험을 여과하는 것이다. 과학기술은 감각과 세계 사이에 인공 막을 씌우는 엄청난 능력을 줄지 모르지만 주의와 경험을 제한·조정하거나 의미 있는 방식으로 행동을 바꿀지도 모른다. 게다가 이 장치들의 영향력은 꾸준하고 미묘해서 우리가 알아차리지 못할 수도 있다.

하지만 이런 비판에 대해 한마디만 하면, 인간의 행동에 영향을 미치는 것은 인간이다. 우리는 이미 언어, 문화, 사회적 상호작용을 통해 서로의 사고에 영향을 미친다. 새롭게 고민할 문제는 감각 인식을 기계와 얼마나 밀접하게 결합할 것인가, 그리고 자신의 감각 인식과 다른 사용자들의 네트워크를 얼마나 긴밀하게 연결할 것인가다. 어떤 의미에서 우리는 지금껏 바이오해커로 살아왔다. 함께 산다는 것만으로도 서로의 현실에 영향을 미치기 때문이다. 어쩌면 이제 과학기술이 제공하는 번드르르한 장비를 통해 자발적으로 자신의 현실에 영향을 미칠 수 있을지도 모른다.

물론 그리 간단치는 않을 것이다. 하지만 인류는 과학기술을 점점 몸속 깊이 주입하고 신체 외부가 아닌 인식이라는 영역으로 향함으로써 이미 스스로 진화를 시작했다. 우리는 뇌의 언어를 해석하고 전기화학 자극을 존재의 본질인 감각, 경험, 감정으로 바꾸는 정보의 흐름을 배우고 있다. 이 정보를 이해할 수 있다면 바꿀 수도 있다. 이를 다시 한 번 인쇄에 비유해보자. 해킹하는 사람이라면 입력과 판독이 중요하다는 것을 안다. 하지만 더 중요한 것은 편집이다.

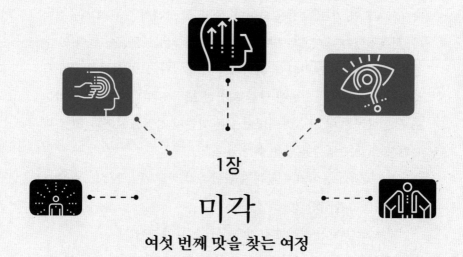

1장

미각

여섯 번째 맛을 찾는 여정

마이크 아처Mike Archer가 실험대 위에 물건들을 조심스레 내려놓는
다. DNA 모음 키트, 주방용 타이머, 물병, 굴 크래커, 초록색 서류철이
다. 서류철에는 테이프로 밀봉한 작은 투명 비닐봉투들이 들어 있다.
봉투 안에는 우표 크기의 젤 웨이퍼가 담겨 있다. 그리고 펜치 끝에 거
품처럼 몽실몽실한 원반이 달린 희한한 도구도 있다. 코를 틀어막는
도구다. 아처는 이 기구로 어떻게 코를 막는지 시범을 보인다. 코를 막
으면 맛을 봐도 냄새를 맡을 수는 없다.

"코로 공기가 들어가지 않는지 확인하기 위해 후각 테스트를 해보
겠습니다." 그가 말한다.

기구로 코를 막자 지독한 감기에 걸린 느낌이 든다.

"완벽해요." 아처가 말한다. 이제 실험 준비가 끝났다.

눈이 쌓인 아침 덴버자연과학박물관. 우리 뒤로는 현장 학습 중인
아이들이 실험복과 고글을 착용하고 모여 있다. 이내 아이들은 신나
게 우리 실험실과 붙어 있는 생물 전시실로 간다. 전시실에서는 맥아
에서 DNA를 추출하거나 시리얼의 당 함유량을 측정할 수 있다. 이따
금 아이들은 전시실과 실험실을 가로막은 커다란 유리문을 호기심 어
린 눈빛으로 흘끔댄다.

은퇴한 치과 의사인 아처는 생물 전시실에서 열리는 '미각 유전 연
구소Genetics of Taste Lab' 강습을 진행하는 소규모 '시민 과학자' 모임의
회원이다. 그는 실험복을 가리키면서 아이들이 좋아하기 때문에 보여
주기용으로 입었다고 말한다. 하지만 우리가 하려는 실험은 보여주기
용이 아니다. 이 실험이 성공하면 감각 과학의 큰 수수께끼가 풀릴 것

이다. 이제부터 나는 지방 맛을 느낄 수 있는지 알아볼 것이다.

끌어당기는 맛, 혐오스러운 맛

베이컨 맛이 아니다.

크림 맛도 아니다.

그냥 '지방' 맛이다. 구체적으로는 지방산의 맛이다. 더 자세히 들어가면 오메가 6계의 다가불포화지방산omega-6 polyunsaturated fatty acid인 리놀레산linoleic acid의 맛이다. 리놀레산은 인간의 뇌와 면역계에 반드시 필요한 성분이기 때문에 연구팀은 우리 몸이 음식에서 이 맛을 감지할 수 있을지도 모른다고 생각했다. 나를 비롯해서 이 실험에 참여한 박물관 관람객 1500명이 지방 맛을 느낀다면 다섯 가지 기본 맛 이외의 맛이 존재하는지를 입증하는 데 도움이 될 것이다. 다시 말해 우리가 이미 알고 있다고 생각하는 감각에 아직 이름이 붙지 않은 미지의 차원이 있음을 입증하는 데 도움이 될 것이다.

실험대에는 짠맛, 단맛, 신맛, 쓴맛, 그리고 때로 '풍미'라고 묘사되는 우마미 등 다섯 가지 기본 맛(또는 주요 맛)이 나열되어 있다. 이 다섯 가지는 맛을 구성하는 덩어리이자 더 이상 나뉘지 않는 필수 요소다. 음식의 화학물질이 미뢰라고 불리는 세포 무리 속의 수용체에 묶이면 이 정보가 미각 신경을 따라 뇌에 전달되어 최종적으로 해석된다. 기본 맛이 네 가지였던 시절을 기억하는 사람도 있을 것이다. 우마미는 2000년에야 공식적으로 기본 맛 목록에 올랐다. 일본에는 그 개념이 이미 한 세기 이상 존재했는데도 말이다. 1908년 우마미를 발견한 이케다 기쿠나에池田菊苗 박사는 이 맛이 글루탐산나트륨과 관련된 제5의 맛이라고 주장했다. 우마미를 다섯 번째 기본 맛으로 수용하자 식품계가 뒤집혔다. 이는 맛의 세계가 기존에 생각했던 것보다 크다는 의미였기 때문이다. 그들은 기본 맛의 정의 자체에 의문을 제기하며 더 많은 기본 맛을 찾아 나섰다. 그들은 목성의 궤도 밖에 또 다른 행성이 있을지도 모른다는 의혹을 품었던 17세기 천문학자들처럼 우리의 기존 시스템을 확장할 새로운 후보를 열심히 찾고 있다.

퍼듀 대학교의 영양학자 리처드 매티스Richard Mattes 박사가 또 다른 기본 맛이라고 주장하는 지방은 가장 유망한 도전자다. "우리는 지방산이 독특한 감각을 유발한다고 생각합니다. 다섯 가지 기본 맛과 구분되는 무언가죠." 그가 말한다.

기본 맛의 자격 요건이 공식적으로 존재하지 않는 상황에서 매티스 박사는 널리 인정되는 여섯 가지 요건을 제시했다. 그중 몇 가지를 소개하면, 우선 맛 자극에 반응하는 수용체가 혀에 있어야 한다. (미각 세포에 CD$_{36}$과 GPR$_{120}$이라는 두 가지 지방산 수용체가 존재한다는 것이 확인되었다. 매티스는 또 다른 수용체도 발견되리라고 예상한다.) 그리고 수용체가 받아들인 정보는 촉각 정보를 전달하는 3차 신경이 아닌 미각 신경을 따라 뇌에 전달되어야 한다. (음식의 '식감'에 해당하는 정보는 3차 신경으로 전달된다.) 마지막 요건은 지방의 경우 특히 혼란스럽다. 식감과 관련되는 요건인 동시에 부드럽고 되직한 지방질 음식이 계속 당기는 이유이기도 하기 때문이다. "논란이 되는 문제입니다. 지방이 풍부한 음식을 먹고 나서 느끼는 감각은 맛일까 질감일까 하는 것 말입니다. 둘을 구분하는 것은 아주 까다롭거든요. 무언가를 맛보는 행위는 반드시 혀와의 접촉을 수반하기 때문입니다." 매티스가 말한다.

연구팀은 지방을 액체로 만들어 맛과 질감을 구분하고자 한다. 이때 매끄러움을 감추기 위해 광물유를 첨가하고 점성을 감추기 위해 고무를 첨가한다. 냄새를 차단하기 위해 코마개를 이용하기도 하고, 시각적인 단서나 색을 제거하기 위해 눈가리개나 붉은 조명을 이용하기도 한다. 설치류를 대상으로 실시한 실험에서는 미각 신경을 차단하자 지방산에 덜 민감하게 반응하는 것으로 나타났다. 매티스에 따르면 이 실험은 지방 맛의 정보가 3차 신경뿐만 아니라 미각 신경으로도 전달된다는 것을 보여주었다.

그의 지침에 따르면 기본 맛은 반드시 생물학적으로 쓸모가 있어야 한다. 대부분의 미각 연구자들은 주요 맛이 크게 두 범주, 즉 끌어당기는 맛과 혐오스러운 맛으로 나뉜다고 생각한다. 그리고 사람들은 탄수화물 에너지가 함유되어 있음을 알려주는 단맛과 단백질(특히 아미노산)이 함유되어 있음을 알리는 우마미에 끌린다는 사실에 대체로 동의한다. 우리는 독성이 함유되어 있음을 알리는 쓴맛은 싫어한다. 필수 전해질이 함유되어 있음을 알리는 짠맛과 비타민C 같은 산이 함유되어 있음을 알리는 신맛의 경우에는 과학자들의 의견이 분분하지만 농도와 섭취량이 중요하다고 주장하는 이들도 있다. 우리는 짠맛과 신맛이 필요할 경우 짜거나 신 음식을 조금 먹는다. 하지만 지나치게 집중된 짠맛과 신맛은 싫어할 수도 있다. (매티스는 사람들이 필요가 아닌 즐거움만을 위해 이런 맛들을 먹기도 하지만 너무 많이 먹을 경우에는 싫어질 수도 있다고 지적한다.)

기본 맛은 신체 반응을 일으킨다. 지방은 대개 지방산을 함유한 트리글리세리드의 형태로 몸에 들어온다. 일부 식품에 존재하는 유리지방산과 농도가 너무 낮아서 감지하기 힘든 지방산을 제외하면 우리 몸은 트리글리세리드에서 지방산을 분리하기 위해 리파아제라는 침 효소를 생성해야 한다. "쥐는 리파아제를 다량 생성합니다. 이 효소의 활동을 차단하면 쥐는 지방을 감지하지도 못하고 그 맛을 좋아하지도 않습니다." 매티스가 말한다. 하지만 인간이 트리글리세리드를 분해할 만큼 충분한 양의 리파아제를 생성하여 지방산을 다량 분리함으로써 지방 맛을 느낄 수 있을지는 의문이다. 매티스는 코코넛이나 아몬드 같은 지방질 음식을 씹으면 리파아제 생성이 촉진된다는 사실을 밝혔다. 그는 지방 맛을 느낄 수 있을 정도의 충분한 리파아제가 생성된다고 보았다. 그러므로 지방을 씹으면 효소가 더 많이 생성되는 것은 지방이 일으키는 신체적 반응이라고 볼 수 있다. (매티스에 따르면 코코넛 같은 딱딱한 지방은 올리브유 같은 부드러운 지방보다 더 큰 반응을 일으킨다. 열심히 씹을수록 침이 많이 나와서 리파아제 농도가 높아지기 때문이다.)

하지만 중요한 것은 사람이 실제로 지방 맛을 감지할 수 있는지, 그것이 우리가 이미 아는 다섯 가지 맛과 구분되는지다. 이제 다시 박물관으로 돌아가보자. 나와 마찬가지로 피험자들은 큰 큐팁으로 입안의 점막을 문질러 실험용으로 건넨다. 또한 그들은 실험 사이사이에 물로 입안을 씻어내는 법을 배운 뒤에 극도로 역겨운 맛을 만날 경우 작은 굴 크래커를 이용하는 법도 배운다. 그러고 나서 지방산을 맛보게된다.

아처는 서류철을 펼쳐서 첫 번째 웨이퍼를 꺼낸다. 사각형의 젤라틴 웨이퍼는 양파 껍질과 같은 색깔이고 양파 껍질보다 조금 두꺼웠다. 이 웨이퍼는 입에서 녹는 구강 청결제의 느낌을 준다. 하지만 웨이퍼는 상쾌한 민트 향이 아니라 서로 다른 농도의 리놀레산을 함유하고 있다.

아처는 척도 검사를 실시하는 방법을 설명한다. 피험자는 웨이퍼를 혀 뒤쪽에 올리고 45초 동안 기다린다. 세 번의 연습과 네 번의 검사를 통해 농도가 다른 리놀레산을 감지할 수 있는지 알아본다. 그리고 검사가 끝날 때마다 감각의 강도를 평가한다. 웨이퍼의 리놀레산

농도는 저마다 다르고 지방을 전혀 함유하지 않은 '가짜'가 있을 수도 있다. "이중맹검 검사지요. 피험자와 실험자 모두 무엇을 검사하는지 모른다는 뜻입니다." 아처가 서류철을 가리켰다.

"코를 막으세요." 아처가 말한다.

처음 두 차례의 연습은 쉬웠다. 아처는 두 개의 웨이퍼 가운데 하나는 아무 맛이 없다고 솔직히 말해주었다. 이 연습은 웨이퍼의 느낌에 익숙해지기 위한 것이었다. 끈적끈적한 웨이퍼를 조심스레 혀에 올린 다음 씹고 싶은 충동과 싸우고 있자니 성당에서 영성체를 하던 기억이 떠올랐다. 다른 웨이퍼에는 다섯 가지 기본 맛이 가미되어 있었고 나는 그 맛을 맞혀야 했다. (단맛 같았다.) 세 번째는 어려웠다. 이번 웨이퍼에는 리놀레산이 함유되어 있었다. 연습 중에 지방이 함유되어 있다고 확신한 것은 이번이 유일했다. 연습의 핵심은 진짜 검사가 시작되면 무슨 맛을 찾아야 하는지 미뢰에 힌트를 주는 것이다. 또한 연습을 통해 지방 맛이라는 것이 진짜로 있는지, 아니면 내가 새로운 맛을 찾겠다는 부질없는 노력에 동참하는 것인지도 약간은 눈치챌 수 있었다.

아처는 웨이퍼를 내밀고 타이머를 준비했다. "눈을 감아요. 이제부터 당신이 하게 되는 경험에 집중하면 됩니다. 알겠지요?"

처음 15초가량은 아무 맛도 없는 젤리가 혀에 놓인 느낌이었다. 하지만 잠시 후 뭔가가 밀려왔다. 입이 저절로 오므라들었다. 그때 머릿속에 처음 떠오른 단어는 '쓰다'였다. 그런데 쓴맛은 이미 기본 맛이 아니던가. 다시 생각해보자.

'산미.' 이번에는 뇌가 이렇게 말했다. 하지만 산미는 신맛으로 역시나 기본 맛이다.

내 머릿속은 동요하기 시작했다. 다섯 가지 기본 맛에 해당하는 용어를 쓰지 않고 어떻게 여섯 번째 맛을 설명할까?

이제 나는 실험의 비밀스러운 두 번째 목적과 마주했다. 이 실험의 목적은 단순히 지방 맛을 느낄 수 있는지 없는지를 알아보는 것이 아니었다. '지방 맛을 설명할 수 있는지 없는지'를 알아보려는 목적도 있었다. 결국 여섯 번째 맛을 찾는 일은 기술적인 문제와 함께 단어 문제까지 포함한다.

어휘로 인한 난관은 다음과 같은 문제 때문에 생긴다. 단어가 없다면, 즉 정립된 개념이 없다면 어떻게 무언가를 인식할 수 있을까? 새로운 기본 맛을 식별하려면 지금까지 우리가 먹어온 음식에서 별도로 구분되는 특질을 포착하는 훈련을 해야 한다. 미각 연구원들은 이 난제를 색깔 구분에 비유한다. 우리는 무지개의 색을 새로운 방식으로 분류할 수도 있고, 무지개라고 묶어 부르는 대신 별개의 개체로 구분할 수도 있다. 연구팀은 모든 문화권이 무지개의 빛 스펙트럼을 똑같이 분류하지는 않는다고 지적한다. 예를 들어 어떤 언어권에는 초록색과 파란색에 해당하는 단어가 없다. 19세기 독일 문헌학자 라자루스 가이거Lazarus Geiger가 규명했듯이 여러 문화권에서 색에 대한 언어를 비슷한 순서로 발전시켜나갔다. 맨 처음이 검은색과 흰색, 그다음이 빨간색과 노란색과 초록색, 마지막이 파란색이었다. 당시 가이거는 이런 현상이 해부학적 진화의 결과일지 모른다고 생각했지만 오늘날에는 언어의 변화 또는 개념의 변화에 따른 결과로 해석된다. 미각의 경우도 마찬가지다. 지방 맛은 미각의 무지개에 계속 존재했는지도 모른다. 단지 그것을 지칭할 말이 없었을 뿐이다.

"전적으로 언어 문제입니다. 우리는 이내 그 문제에 부딪히고 말았어요." 박물관의 보건 책임자인 니콜 가르노 박사가 고개를 저었다. 푸른 눈동자에 속사포처럼 말을 하는 가르노는 활기 넘치는 젊은 유전학자로, 효모와 바이러스를 연구하다가 박물관으로 왔다. 박물관 측은 관람객에게 개인 맞춤 방식으로 유전학의 개념을 알려주고 싶어 했다. 그래서 관람객에게 자신의 몸에 대해 알려주고 박물관에서 진행 중인 과학 실험에 참여하게 했다. 담당 팀은 맛과 관련된 유전자는 개인차가 크기 때문에 미각에 초점을 맞추기로 했다. 여섯 번째 맛을 찾는 실험을 하면 관람객이 어디에 쓰일지 모른다는 씁쓸한 생각을 하며 DNA를 기증하는 것보다는 흥미를 느낄 것이라고 판단했던 것이다. "우리는 위험이 크되, 보상도 그만큼 큰 주제를 연구하고 싶었습니다. 대중이 관심을 가질 만한 주제이기도 하고요. 사람들은 최첨단에 동참하고 싶어 해요." 가르노가 말한다.

하지만 이 실험을 홍보하는 광고를 언론에 내보내면서 박물관 직원들은 언어 문제에 직면했다. 이것을 뭐라고 불러야 할까? 그들이 찾은 해결책은 '지방산 맛'이었다. 만족스럽지는 않지만 정확한 표현이고 적어도 마케팅용으로는 쓸 만했다. 가르노가 지적했듯이 문제는 '지방 맛'이라고 하면 머릿속에 특정 이미지가 떠오르지 않는다는 것이었다. 우리에게는 지방 맛의 개념이 없고 그것을 설명할 언어도 없다. 우리가 맛에 사용하는 언어는 다섯 가지 기본 맛을 바탕으로 한다. 우리는 표현의 한계가 있음에도 그 말을 고수하는 경향이 있다. "'쓰다'는 말을 사용하지 않고 블랙커피 맛을 설명하거나 '달다'는 말을 사용하지 않고 설탕 맛을 설명하기는 정말 어렵죠. 지금 우리는 그런 곤경에 처해 있어요." 가르노가 말한다.

박물관은 크라우드소싱으로 이 문제의 해결책을 찾고자 한다. 1500명의 피험자들이 맛에 대한 표현을 자유로이 연상하면 그것을 종합하여 맛을 설명할 것이다. "실제 맛과 그다지 관계없는 학구적인 이름을 내놓는 한 명의 과학자보다는 1500명의 머리가 훨씬 똑똑하죠. 우리는 맛과 관련되고 사회 전체가 받아들이며 '바로 이게 여섯 번째 맛이야, 그 맛이 뭔지 이해하겠어'라고 평가받을 만한 간단한 표현을 찾을 겁니다." 가르노가 말한다.

아처는 타이머를 누른다. 이제 맛을 표현할 시간이다. 아처는 내게 맛이 좋은지 나쁜지는 생각하지 말라고 한다. "맛이 좋은지, 나쁜지, 역겨운지는 우리의 관심사가 아닙니다. 그런 건 도움이 되지 않아요."

내가 떠올린 유일한 단어는 '광택제 맛'이었다.

아처는 고개를 끄덕이며 종이를 내민다. 나는 '세정제 맛, 용해액 맛'이라고 쓴다. 파인솔Pine Sol ● 맛, 부드럽게 꽉 차는 맛, 지독하게 강하고 역겨운 맛 같은 표현과 달리 그다지 재기가 번득이지는 않는다.

이제 아처가 코마개를 빼라고 했다. 대부분의 사람들이 맛이라고 부르는 경험은 정확히 말하면 풍미다. 풍미는 입과 코가 함께 작용한 결과물이다. 음식을 먹을 때 입안에서 냄새 분자가 비강을 타고 올라가면 뇌는 이 정보와 맛을 종합해서 처리한다. (이를 과학 용어로 '후비측 후각retronasal olfaction'이라고 한다.) 풍미에 대한 인식은 냄새에 따라 급격히 달라지기 때문에 박물관 측은 이것도 검사하고 싶어 했다. "조금 전의 감각이 완전히 사라지기 전에 얼른 코마개를 빼주세요. 자, 냄새가 어떤가요?" 아처가 묻는다.

냄새는 이미 많이 사라진 듯했다. 꿈결에서 맡은 것처럼 지속 시간이 짧았다. "구두약 냄새가 희미하게 나는데요." 내가 말했다.

이제 척도 검사를 받을 차례였다. 내 임무는 아까의 그 맛이 다시 느껴지는지, 그 강도가 어느 정도인지를 척도로 표시하는 것이었다. 앞으로 맛볼 네 개의 젤 웨이퍼에는 각기 다른 농도의 리놀레산이 함유

● 청소용 세제의 상표명.

되어 있다. 아처가 타이머로 시간을 재는 동안 나는 웨이퍼를 차례로 혀에 올린다.

첫 웨이퍼의 맛은 약했다. 나무 광택제 맛이 희미하게 났다. 나는 10까지 표시되어 있는 척도선의 1에 표시했다.

두 번째는 훨씬 강해서 7에 표시했다. 아처가 코마개를 빼라고 했다. 여전히 톡 쏘는 광택제 냄새가 났지만 퀴퀴한 냄새도 느껴졌다. "뭔가 오래된 냄새예요. 탁한 공기나 가죽 가방, 오래된 짐 같은 거요." 내가 말했다.

그리고 또 다른 반응이 있었다. 가만, 지금 내 입에 침이 고이는 건가? 점심시간이 다 되어서일까, 아니면 웨이퍼가 오늘 내가 처음으로 입에 넣은 음식 비슷한 것이라서일까? 혹시 지방을 직접 맛보기 전에 관련 연구에 대한 글을 하도 많이 읽어서 자기 암시를 하는 것일까? 아니면 매티스의 코코넛 실험에 참가한 사람들과 같은 이유로? 젠장. 내가 쥐와 같은 이유로 침을 흘린단 말인가?

한 가지는 확실했다. 무슨 일이 일어나고 있든 그리 유쾌하지는 않다는 것이다. 세 번째 웨이퍼를 입에 넣었을 때는 한참을 굶다가 비상 크래커를 뜯어먹은 기분이었다. 맛이 더 날카로웠을 뿐만 아니라 입 안에 감도는 신 느낌이 명치까지 전해졌다. '커피를 너무 많이 마셨을 때'처럼 위장이 꿈틀대기 시작했다. 45초라는 기나긴 시간이 지나서야 아처는 타이머를 멈췄다. 이건 말할 것도 없이 강도 9의 맛이었다.

"어……." 나는 적당한 표현을 찾으려고 했다. "어, 그러니까, 어……." 과학적으로 쓸모 있을 만한 말을 생각해내려 애썼다. 플라스틱? PVC관? 신발? 결국 비유는 포기하기로 했다. 내가 떠올린 형용사는 모두 불합격이었다.

이제 마지막 웨이퍼만 남았다. 나는 웨이퍼에 시선을 고정했다. 이번에는 위약일 것이라는 확신이 들었다. 나는 아무 맛도 느끼지 못했고 미각 과학을 위한 나의 헌신은 공식적으로 끝났다. 나머지 1499명의 피험자들이 얼마나 잘했는지 결과를 보려면 한참을 더 기다려야 한다.

물론 대부분의 사람들이 특별히 더 잘하지는 않았을 것이다. 매티스에게 지방 맛을 설명할 수 있느냐고 묻자 그도 이렇게 외쳤으니까. "이런! 못 해요! 그냥 끔찍한 맛이에요. 끝! 폐에서 공기가 모두 빠져나가는 느낌이 들 만큼 끔찍해요. 매스꺼워요. 악취도 나고요. 심하게 상한 요리용 기름 냄새예요." 대부분의 사람들이 맨 처음 떠올리는 친숙한 기본 맛은 쓴맛이다. "하지만 쓴맛이 들어맞는다는 생각은 들지 않아요. 그냥 맛이 형편없다는 의미로 쓴다고 하는 거예요." 매티스가 말한다.

매티스는 지방의 질감은 좋지만 맛이 끔찍한 데는 이유가 있다고 생각한다. 그에 따르면 지방은 우리가 반드시 섭취해야 하는 영양소이므로 다른 영양소와 마찬가지로 우리가 지방을 먹고 싶게 하는 무언가가 있어야 한다. 하지만 유리지방산은 몸에 해로운 상한 음식에서 생성된다. 매티스는 이렇게 말한다. "지방 맛은 쓴맛과 유사한 역할을 할 거예요. 불쾌함을 주는 자극인 셈이지요. 지방은 이런 맛을 통해 '이건 건강에 좋은 맛이 아니니까 피해야 해'라고 말하는 겁니다."

모든 사람이 리놀레산에서 불쾌한 맛을 느끼고 과격한 반응을 보이는 것은 아니다. 아처는 리놀레산 맛을 곰팡이 맛, 버섯 맛, 흙 맛이라고 묘사했다. 우리 뒤에서 서류철을 정리하던 연구팀 기술 담당 레타 킨은 아주 오래된 기름 맛이라고 했다. "왜 그런 경우 있잖아요. 자동차 의자 아래 패스트푸드 봉투를 깜빡 놔두는 경우 말이에요." 그녀가 말한다. 가르노는 맛과 냄새가 확연히 구분된다고 말한다. 그녀는 리놀레산의 맛이 톡 쏘는 칼라마타 올리브에서 소금을 뺀 것과 비슷하다고 말한다. 그리고 냄새는 오래된 팝콘 봉투의 냄새와 같다고 한다.

실험이 시작되고 6개월 동안 박물관이 수집한 가장 흔한 맛 표현은 '쓴맛', '버터 맛', 그리고 '아무 맛도 나지 않음'이었다. 냄새의 경우 가장 많이 나온 네 개의 표현은 '아무 냄새도 안 난다/모르겠다', '종이 냄새', '판지 냄새', '플라스틱 냄새'였다. 하지만 맛을 '상한 케이크 크림', '바닷물', '민들레', '곰 젤리'에, 냄새를 '해초', '잣', '우표 책', '벽돌'에 비유한 특별한 답변도 있었다. 2015년 4월 연구팀은 피험자 733명의 데이터를 활용해 예비 결과를 발표했다. 그때까지의 결과에 따르면 사람은 지방산 맛을 인식할 수 있었다. 초창기 피험자들은 리놀레산의 농도가 더 높은 웨이퍼를 정확하게 맞혔다. 흥미롭게도 남성보다 여성이, 어른보다 아이들이 지방 맛에 더 민감했다.

피험자들의 반응이 다양한 것은 유전자와 관련이 있는 듯하다. 염기쌍 8만 4090개로 구성된 CD_{36} 유전자는 지방 맛을 탁월하게 감지한다. (쓴맛 인식 유전자 TAS_2R_{38}의 염기쌍 1002개에 비해 엄청나게 많은 수다.) 염기쌍이 많다는 것은 유전자 발현에 영향을 미칠 변이가 일어날 기회가 더 많다는 뜻이고 나아가 수용체의 기능과 섭식 행동에까지 변화가 초래될 가능성이 높다는 뜻이다. 매티스 연구팀은 지방 맛에 대한 민감도와 체중 간의 상관관계를 입증하려고 한다. 지방 맛에 민감하면 지방을 기피할 테고 식단에 지방 함량이 줄어들 것이다. "이 가설이 옳은지는 아직 모르지만 매우 흥미롭기는 합니다." 매티스가 말한다.

이를 위해 박물관은 피험자들의 식습관과 체형 정보를 수집한다. 검사 중에 아처는 내게 샐러드드레싱, 땅콩버터, 달걀 같은 지방질 음식을 얼마나 자주 먹는지 표시하라고 했고 내 몸무게, 체지방, 체지방

률을 측정했다. (2015년 초에 발표된 예비 결과에서는 체지방과 지방 맛 민감도 사이에 상관관계가 발견되지 않았다.)

그리고 또 다른 변수가 있었다. 인식, 특히 새로운 자극을 인식할 때 사람들은 타인의 영향을 매우 쉽게 받는다. 가르노는 효모를 연구하던 시절 맥주 제조자 및 와인 제조자와 함께 작업한 적이 있다. 두 분야 모두 맛 표현에 집착한다. 와인 업계에서 쓰는 어휘는 풍부하고 복합적이지만 때로는 과장되고 허황되게 느껴지는 경우도 많다. 특히 아마추어들이 와인 맛을 표현할 때 그렇다. 가르노는 와인 시음회에 참석했던 때를 떠올린다. 그곳에서 그녀의 남편은 사람들의 반응을 알아보기 위해 자신이 마시던 와인에서 '화약' 맛이 난다고 말했다. 그러자 놀랍게도 다른 사람들 역시 화약 맛이 난다고 수긍했다. 가르노는 사람들이 백지 상태에서는 누군가가 '화약' 같은 얼토당토 않은 말을 해도 곧바로 수긍하게 된다고 말한다. 그때 뇌는 '맞아! 바로 그거야! 난 적당한 말을 떠올릴 수 없으니까!'라고 생각한다. 가르노는 잠시 쉬었다가 말을 잇는다. "와인은 익숙한 맛인데도 이런 현상이 나타나죠." 앞으로 찾을지 모를 여섯 번째 기본 맛에 대해 그녀는 이렇게 말한다. "여섯 번째 맛을 설명할 단어가 없다는 건 복잡한 문제예요. 뇌는 이 문제를 해결하고 싶어 하죠. 이 맛이 무엇인지 알아내고 싶어서 안달이에요. 그런데 단어가 없어요. 그러니까 다른 누군가가 무슨 말이라도 하면 '맞았어, 바로 그거야!'라고 생각해버리는 거죠."

인식이 먼저? 언어가 먼저?

게리 비샴Gary Beauchamp 박사와 마이클 토도프 박사 역시 이런 언어상의 문제를 해결해야 한다는 점에는 전적으로 동의한다. 단, 그들은 이미 해결책이 있다고 생각한다. 비샴은 미각과 후각을 연구하는 필라델피아의 민간 연구 단체인 모넬 화학 감각 연구소 소장이다. 이곳은 감각 연구계의 윙카 공장●이다. 미각 검사를 받기 위해 면봉으로 뭔가를 문지르고 침을 뱉는 사람들과 파스텔색으로 구분된 음식 알갱이를 씹어대는 실험쥐를 언제든 볼 수 있다. 이 연구소의 선임 연구원인 토도프는 여섯 번째 맛의 후보인 칼슘 맛을 실험 중이다. 불과 몇 층 떨어지지 않은 가까운 연구실에서 일하는 비샴과 토도프는 여섯 번째 맛에 대해 양극단의 입장을 취한다. 두 과학자 사이에서 벌어진 논쟁은 언어 문제로 귀결된다. '인식이 언어를 만드는 것일까, 아니면 언어가 인식을 만드는 것일까?'

아마 어떤 입장을 취하느냐에 따라 답이 다를 것이다. 그리고 그 입장은 어떤 과학 분야에 종사하느냐와 깊은 관련이 있다. 21세기에 접어들면서 주로 심리 과학에서 진행하던 미각 연구는 생화학 분야로 넘어갔고 외부의 신호를 분석하는 뇌보다는 외부 자극을 받아들이는 혀의 수용체에 초점이 맞춰졌다. 비샴은 원래 비교생물학과 행동생물학을 공부했고 토도프는 심리학을 공부했다. 두 사람 모두 생화학자는 아니지만 이런 변화를 그야말로 혁명이라고 부른다. "이 변화가 얼마나 대단한지는 설명할 수 없을 정도입니다. 믿기지 않을 만큼 놀라워요." 토도프가 말한다.

● 로알드 달의 소설《찰리와 초콜릿 공장》속의 초콜릿 공장.

초기 미각 연구는 쥐와 인간의 섭식 습관에 주로 초점을 맞췄다. 실험 대상이 얼마나 먹는지, 음식을 뱉어내는지 등 음식 섭취와 관련된 행동의 목록을 작성하고 분류함으로써 뇌에서 무슨 일이 일어나는지 결론을 도출할 수 있었다. 식욕, 피하는 음식, 식습관, 좋아하는 음식은 모두 내부 전기회로에서 무엇을 요구하는지에 대한 단서를 제공한다. 하지만 이런 요인들이 내부 전기회로의 의도를 명확하게 밝혀주지는 않았다.

과학자들은 우리가 먹고 싶어 하는 것(칼로리!), 우리가 혀에서 느끼는 구체적인 화학물질(당!), 뇌의 인식(달콤하다!) 사이의 생화학적 관련성을 밝히고 싶어 했다. 비샴에 따르면 1970년대 모넬 화학 감각 연구소의 핵심 목표는 단맛 수용체를 찾아내는 것이었지만 당시의 장비로는 불가능했다고 한다. 세기가 바뀌면서 유전자 기술은 호황을 맞았다. 인간 게놈 프로젝트를 통해 인간의 DNA를 해독하여 미각 수용체가 있을지 모르는 염기서열을 쉽게 찾을 수 있게 되었다. 중합효소 연쇄반응PCR, polymerase chain reaction [•] 기술이 발전함에 따라 과학자들은 유전자의 차이에 따라 맛을 감지하는 능력에 차이가 생기는지를 염기서열 분석으로 알 수 있게 되었다. 과학자들이 마음껏 유전자를 억제하고 발현하고 교체할 수 있는 실험용 유전자 변형 동물도 등장했다. DNA 조작으로 유전자, 수용체, 미각 능력 간의 관계를 입증하는 실험이 더 빠르고 쉬워졌다.

그러자 결과가 넘쳐나기 시작했다. 1999년 과학자들은 포유류의 미각 인식과 관련된 것으로 추정되었던 G단백질 연결 수용체GPCR, G protein-coupled receptors를 처음으로 규명했다. 2000년에는 쓴맛 수용체

● DNA의 특정 영역을 복제, 증폭하는 분자생물학 기술.

군을 찾아냈다. 현재 연구팀은 수천 가지의 서로 다른 화합물을 인식하는 수용체군이 최소한 25개는 있을 것으로 추정한다. 2001년에는 모넬 연구소를 비롯한 몇몇 연구소에서 단맛 수용체를 발견했다.

2000년과 2002년 과학자들은 우마미 수용체, 구체적으로는 글루탐산나트륨 수용체를 찾아냈다. 전부터 일본 과학자들은 우마미를 기본 맛으로 수용하자고 전 세계 과학자들에게 압력을 가했다. 하지만 일본에서는 우마미라는 말을 이해하는 사람이 많았지만 해외에서는 그렇지 않았다. 서구의 과학자들에게 풍미란 모호한 개념이었다. 혀에서 우마미에 반응하는 수용체를 발견하기 전까지는 우마미가 실재한다고 설득하기가 쉽지 않았다. 우마미 수용체의 발견은 미각 연구계의 상징적인 순간으로, 연구의 초점이 뇌에서 혀로 옮겨갔다는 신호였다. 또한 이 발견으로 미각 인식 과정에서 뇌의 반대쪽 끝이 강조되었다. 다시 말해 맛을 인식하고 구별하는 깨달음의 순간이 아니라 분자가 몸과 만나 화학물질이 수용체에 갇히는 순간에 초점을 맞추게 되었다.

우마미가 기본 맛으로 인정받자 사람들은 의문을 품기 시작했다. 기본 맛이 다섯 가지로 늘었다면 여섯 번째 기본 맛도 있지 않을까? 아니, 냄새가 수없이 많은 것처럼 기본 맛도 수천 가지가 아닐까? 후각과 미각은 떼려야 뗄 수 없는 화학 감각이기 때문이다. 후각에는 '기본 냄새'라는 것이 없고 코에 있는 수백 개의 냄새 수용체에 대한 정확한 기록도 없다.

우마미가 인정받으면서 기본 맛의 유용성에 의문을 제기하던 사람들이 힘을 얻었다. 1996년 당시 코넬 대학교에 재직했던 심리학자 지닌 델위치Jeannine Delwiche가 〈'기본' 맛이란 과연 존재하는가?〉라는 적나라한 제목의 논문을 발표해 기본 맛에 반대하는 주장을 펼쳤다. 그녀는 당시 네 가지였던 기본 맛은 제대로 규정되지 않았고 한계가 뚜렷하다고 주장했다. 실험에 참가한 사람들에게 맛에 대한 인식을 네 가지 범주로만 분류하게 함으로써 '자기충족적 예언●'이 나타났고, 이로 인해 표준에서 벗어나는 답이 나올 가능성이 사라졌다는 것이다. 델위치는 대안을 제시하는 대신 이렇게 기술했다. "잘못 체계화된 구조에 기대지 말고 미각의 다양성을 수용하는 편이 현명하다."

오늘날 과학자들은 맛의 종류가 '다섯 가지'가 아닌 '수천 가지'에 가까울 것이라는 점에 대부분 동의한다. 하지만 토도프는 어디까지를 한도로 정할지에 의문을 제기한다. 각각의 혼합물에 반응하는 20개가 넘는 쓴맛 수용체를 떠올려보자. "분자생물학적으로 접근하면 수용체가 있는 모든 것이 기본 맛이 됩니다. 그렇다면 20개가 넘는 쓴맛은 각각 기본 맛에 포함되는 것일까요?"

비샴은 기본 맛에 대한 논쟁이 '철학적'이라고 말한다. 그리고 그것은 미각 인식 과정에서 어느 부분을 가장 중요하게 생각하느냐와 관련이 있다. 비샴은 기본 맛과 혀의 수용체 발견은 아무런 상관이 없다고 생각한다. 중요한 것은 머릿속에서 일어나는 일이라는 것이다. "기본 맛은 심리적인 현상입니다. 기계론적 현상이 아니라 인식 현상이지요." 그가 말한다. 비샴에 따르면 기본 맛은 지각에 의한 인식의 대상으로, 정신적 이미지, 즉 해당 자극과 관련해 쉽게 인식할 수 있는 느낌을 유발해야 한다. 그리고 이런 인식의 대상은 반드시 단일해야 한다. 다시 말해 더 이상 작게 쪼개지지 않는 완전한 별개의 독립체여야 한다는 뜻이다. 두 가지 맛을 섞어야 단맛이 나는 것이 아닌 것처럼 말이다. 단맛은 독자적인 맛이다.

● 기대하는 대로 결과를 얻게 되는 현상. 자기실현적 예언, 자성 예언이라고도 한다.

비샴은 기본 맛의 범위가 제한적인 데는 언어 문제도 한몫한다고 말한다. "단맛, 짠맛, 신맛, 쓴맛이 더 이상 쪼개지지 않는 단일하고 완전하며 서로 다른 맛으로 인식된다는 정신물리학적, 언어적 증거는 많습니다. 맛을 설명하는 단어를 한번 살펴볼까요? '달다', '쓰다'라는 표현은 매우 보편적입니다. '짜다'라는 표현도 흔히 쓰고요." 이 세 가지 개념에 대한 단어가 수많은 문화권에 존재하는 이유는 꼭 필요하기 때문이다. 모든 사람이 그것을 인식하기 때문에 그것을 설명할 단어를 만든 것이다.

하지만 비샴은 몸에는 설탕과 소금 이외의 것도 필요하다고 말한다. 우리 몸에는 지방산도 필요하고 칼슘 같은 미네랄도 필요하다. 그렇다면 이 맛을 감지하는 수용체가 우리 몸에 있어야 앞뒤가 맞다. 비샴에 따르면 이런 맛의 인식은 의식적인 사고 하에 일어나는 생리적 반응일지도 모른다. 혀에 수용체가 있다고 해서 인식의 대상이 머릿속에 반드시 존재하는 것은 아니다. "마이클 토도프 박사는 칼슘에 주목해야 한다고 주장할 겁니다. 물론 일리 있는 말입니다. 하지만 심리적인 관점에서 보면 칼슘 맛을 기본 맛으로 인정할 만한 인식의 대상이 없습니다." 비샴이 말한다. 그의 관점으로는 지방도 마찬가지다. 우리가 지방을 먹으면 입에서 뭔가를 느낀다는 증거는 있지만 비샴은 이것이 미각과 관련되는지는 명확하지 않다고 생각한다. 설령 지방이 미각과 관련된다 해도 단맛이나 쓴맛처럼 쉽게 인식 가능한 수준인지는 확실치 않다고 생각한다. 그는 칼슘과 지방의 경우 맛이라고 부를 만한 의식적이고 단일한 인식의 대상이 없기 때문에 그 맛을 설명할 단어를 만들 수 없다고 주장한다. 문화는 인식하지 못하는 것에 대해서는 그에 해당하는 말을 만들지 않는다.

하지만 토도프는 반대의 설명이 가능하다고 생각한다. 맛을 설명할 단어가 없다면 그 맛을 인식하지 못한다는, 다시 말해 의식적으로 맛을 인식하지 못한다는 입장이다. "뇌에서 받아들이는 감각 신호는 똑같습니다. 다만 그 신호를 해석할 길이 없을 뿐입니다."

몇 년간 토도프는 우리가 칼슘 맛을 인식하는 법을 배울 수 있다고 주장했다. 매티스가 지방 맛에 대해 주장했듯이 토도프는 뼈는 물론이고 세포 사이의 화학적 소통에 필수적인 칼슘 역시 생존에 필수적이라고 주장한다. 지금까지 혀에 존재하는 것으로 밝혀진 칼슘 반응 수용체는 두 개다. 단맛과 우마미에도 반응하는 T_1R_3 수용체와 칼슘 감지 수용체, 즉 CaSR 수용체다. (하나의 수용체가 여러 가지 기본 맛을 감지한다는 사실이 혼란스러울 수도 있다. 하지만 T_1R_3 수용체는 단맛과 우마미를 감지하는 수용체의 반쪽에 지나지 않는다. 이합체화dimerization라는 작용을 통해 다른 수용체와 결합한 T_1R_3 수용체는 여러 가지 분자에 적합한 형태를 갖춘다. 마치 여러 가지 열쇠를 끼울 수 있는 만능 자물쇠 같다. T_1R_3 수용체는 T_1R_2 수용체와 결합하여 단맛 수용체가 되고 T_1R_1 수용체는 우마미 수용체다. 토도프는 T_1R_3 수용체가 CaSR 같은 다른 수용체와 결합하여 칼슘 맛을 인식할 수 있다고 주장한다.)

토도프의 연구팀은 설치류가 칼슘 함량이 다른 채소를 구별한다는 사실을 입증했다. 쥐는 칼슘이 부족할 때는 칼슘 함량이 높은 채소를 먹었고 칼슘이 충분히 채워졌을 때는 칼슘 함량이 낮은 채소를 먹었다. 이것은 '몸의 지혜'라고도 하는 항상성의 원리다. "기본적으로 몸에 무언가가 필요하면 그것을 찾게 됩니다." 토도프가 말한다.

하지만 토도프는 언어 문제에 거듭 봉착했다. 그는 새로운 논문을 쓰며 머리를 쥐어짜냈지만 결국 '칼슘 맛'이라는 단어를 쓰며 절망했다. 아직까지 그는 그보다 나은 단어를 생각해내지 못했다. '우유 맛'이나 '분필 맛'은 칼슘 맛을 일부만 설명할 뿐이다. 간혹 광천수 맛에 비유하는 사람들도 있다. 토도프는 한숨을 쉬며 칼슘 맛도 괜찮다고 했다. "더 이상은 생각나지 않아요."

크라우드소싱을 통해 적당한 표현을 찾으려고 하는 덴버 박물관과 달리 토도프 연구팀은 맛 구분에 초점을 맞춘다. 사람들이 칼슘 맛을 인식하고 농도의 차이를 구분할 수 있다면 칼슘이 무의식적인 생리 반응을 일으키고 칼슘 맛이 인식 가능한 수준에 이를 수 없다는 개념에 도전장을 내미는 셈이다. 인식은 어느 정도의 의식을 수반한다. "하지만 이것은 미각이라는 커다란 빙산의 일각에 불과할지도 모릅니다. 아무도 모르는 거죠." 토도프가 말한다.

그는 사람들이 24종의 채소를 씹은 뒤에 칼슘 함량에 따라 순위를 매길 수 있다는 사실을 알아냈다. (하지만 대부분 그 맛을 '쓴맛'이라고 설명했다.) "쉽지는 않겠지만 훈련으로 칼슘 맛을 감지할 수 있어요." 토도프가 덧붙인다. 그는 피험자에게 칼슘 농도가 다른 용액의 순위를 매기게 했다. 실험 당시 일부 피험자에게는 락티솔이 첨가된 용액을 주었다. 락티솔은 T_1R_3 수용체가 분자와 결합하지 못하게 방해하는 화학물질이다. 락티솔 용액을 마신 사람들은 칼슘 농도가 감소했다고 했다. 분자와 결합하지 못한 수용체가 칼슘 맛의 인식을 방해했다는 추측이 가능하다. "이것은 T_1R_3 수용체가 칼슘 맛과 관련이 있다는 핵심 증거입니다." 토도프가 말한다.

내가 찾아갔을 당시 그의 연구실에 칼슘 맛을 감지하는 훈련을 받는 사람은 없었다. 하지만 토도프는 내게 가르쳐줄 수 있다고 했다. 그는 나를 실험실로 데려갔다. 조교가 맑은 액체가 담긴 플라스틱 컵들을 분류하고 있었다. "자, 이제 칼슘 맛을 볼까요?" 토도프는 신이 났다.

첫 번째 컵에는 30밀리 몰농도*의 염화칼슘 용액이 있었다. (연구팀은 마시기 쉽게 녹는 칼슘염을 사용했다.) "탈지분유에 함유된 칼슘 농도와 비슷할 겁니다." 토도프는 이렇게 말하면서 우유의 칼슘은 단백질에 묶여 있기 때문에 그 맛을 느낄 수 없다고 설명한다. "이제 원하는 만큼 마시면 됩니다."

나는 탄산수 맛을 기대했다. 하지만 그보다 훨씬 묘했다. "분명 무슨 맛이 나기는 하는데 뭐라고 설명해야 하죠?"

"바로 그겁니다." 토도프가 힘주어 말했다.

"우유 맛을 떠오르게 하는 뭔가가 있어요." 나는 이렇게 말한 뒤에 '우유 맛'이라고 표현한 이유를 깨달았다. "아마 방금 전에 우유라는 말을 들어서 그런 것 같네요."

"사람들은 자신이 들은 말에 매우 쉽게 영향을 받습니다. 쇠고기 맛이 난다는 말을 들었으면 분명 쇠고기 맛으로 느꼈을 겁니다." 토도프가 대답했다.

우리는 최고 농도인 100밀리 몰농도의 용액을 시도해보기로 했다. 광천수의 100배에 달하는 칼슘 농도였다. "일상생활에서 이렇게 칼슘 농도가 높은 것을 마실 일은 없습니다." 토도프가 말했다. 나는 용액을 한 모금 마셨다. 배터리 끝부분을 핥는 것 같았다. "혀가 오그라들겠어요." 나는 가까스로 말했다. "혀가 저절로 말리는 느낌이에요. 하지만 특별한 맛은 모르겠어요. 딱히 비유할 대상도 떠오르지 않네요."

이번에는 다른 종류의 칼슘염인 젖산칼슘이 적당한 농도로 녹아 있는 용액을 마셔보기로 했다. 나는 어깨를 으쓱하며 수돗물 맛이라고 했다. 그러자 토도프는 오염된 수돗물 맛이라고 했다. 나는 뒷맛이 분필 맛이라고 말하고는 이내 분필을 먹어본 적이 없다는 사실을 떠올렸다. 하지만 토도프는 이미 맛 표현에 분필 맛을 추가했다.

● 용액 1리터 안에 녹아있는 용질의 몰mole 수로 나타내는 농도의 단위.

마지막 용액에는 엄청난 양의 젖산칼슘이 녹아 있었다. 용액을 마시자 지방 맛 검사를 했을 때와 같은 반응이 일어났다. 뱃속에서 신물이 올라오고 역겨움이 밀려왔다. 뭐라고 맛을 표현할 수는 없었지만 농도가 매우 진하다는 것만은 알았다. 매티스처럼 토도프 역시 칼슘을 지나치게 섭취했을 때 끔찍한 반응을 보이는 데는 이유가 있다고 생각했다. 우리 몸에는 칼슘이 필요하지만 지나치게 섭취하면 세포에 치명적이다. 토도프는 몸속의 칼슘 양이 전반적으로 떨어지면 칼슘을 찾게 되지만 필요 이상의 칼슘이 들어오면 즉시 거부감을 나타낸다고 생각한다.

그는 내가 마신 용액 모두 농도가 매우 진한 편이라고 설명하면서 피험자들은 훨씬 미묘한 농도 차이를 구별했다고 알려준다. 하지만 내가 받은 검사는 그가 중요하게 생각하는 문제들을 일목요연하게 보여주었다. 칼슘의 농도 차이를 감지하기는 쉬웠지만 이해하기 쉬운 단어로 맛을 설명하기는 매우 힘들었다는 것이다. 칼슘 맛은 쓴맛과 신맛 사이의 어딘가에 해당하는 듯했지만 그 맛이 독립된 맛인지, 아니면 쓴맛과 신맛에 포함되는지는 구별할 수 없었다. 내 사전에는 칼슘 맛을 설명할 단어가 없었다.

맛의 주기율표

우마미가 기본 맛으로 인정받은 이후 최소 여섯 가지 맛이 새로운 기본 맛의 도전자로 나섰다. 그중에는 물 맛도 포함되어 있었다. 캘리포니아 대학교 샌디에이고 캠퍼스의 과학자들은 동물이 이산화탄소 맛을 느낄 수 있으며 이는 탄산 기포에 반응하는 촉각과 별개라고 주장한다. 뉴욕 시립대 브루클린 칼리지의 심리학자 앤서니 스클래퍼니 Anthony Sclafani는 설치류가 (일반적인 설탕의) 당, 녹말 분자, 이보다 작은 말토덱스트린 분자(녹말이 분해될 때 생성된다) 등 세 가지 탄수화물 맛을 구분할 수 있다는 연구 결과를 발표했다.

그리고 여섯 번째 또는 그 이상의 기본 맛을 찾는 데 명왕성 역할을 하는 것이 있다. (명왕성이 행성의 요건을 갖추었는지에 대해 논쟁이 벌어졌었다.) '코쿠미kokumi'로 불리는 이 맛은 우마미와 마찬가지로 일본어에서 유래했지만 그 개념은 여러 아시아 요리에서 찾을 수 있다. 코쿠미에 대한 연구는 대개 일본 식품 회사 아지노모토에서 진행했다. 이 회사는 이미 우마미를 연구해 향미증진제 MSG(글루탐산나트륨)를 출시했다. '맛있는 맛', '입안 가득한 맛' 등으로 모호하게 번역되는 코쿠미는 그 자체로는 맛이 없고 다른 기본 맛을 향상시키는 것으로 설명되는 경우가 많다. 아지노모토를 비롯해 코쿠미를 옹호하는 사람들은 이 맛을 여섯 번째 기본 맛으로 수용하기보다는 '효과', '현상', '감각'처럼 좀 더 포괄적으로 칭하자고 주장한다.

"코쿠미는 입안 가득 풍부한 맛, 묵직한 맛, 지속적인 맛, 복합적인 맛 등을 표현하는 단어로 오래전부터 쓰였다. 일반인 사이에서 널리 쓰이는 말이라기보다는 특별한 조리 용어라고 볼 수 있다." 아지노모토의 대변인 요시다 신타로 박사가 썼다. 수의생리학자인 그는 회사의 연구 결과를 공식적으로 발표하는 역할을 한다. 그에 따르면 아지노모토는 1990년에 코쿠미라는 말을 채택했다고 한다. 당시 마늘의 성분을 연구하던 연구팀은 음식 속에서 맛을 활성화시키는 요소를 끌어내 우마미, 단맛, 짠맛을 증진하는 물질을 설명하면서 코쿠미라는 단어를 사용했다. 요시다는 코쿠미를 여섯 번째 맛이라고 칭하는 대신 '그 자체로는 아무 맛이 없는 향미증진제'라고 부른다.

코쿠미를 일반적으로 설명하면 '시간이 지남에 따라 나타나는 조화로운 맛'이다. 이는 음식을 뭉근히 끓이거나 숙성시키거나 발효시키는 동안 단백질이 분해되고 맛이 결합하는 것과 관련이 있는 듯하다. 코쿠미를 연구하는 사람들은 숙성 치즈인 고다를 비롯해 고기 국물과 발효 식품 등 시간이 걸리는 음식에서 이 맛을 찾고 있다. 아지노모토를 비롯한 몇몇 아시아 식품 회사에서는 빠르게 조리된 음식에 오랜 시간 끓인 듯한 풍미를 주는 코쿠미 증진 제품을 생산한다.

아지노모토 연구팀은 코쿠미가 칼슘 감지 수용체 CaSR과 연관되어 있다고 생각한다. 연구팀은 이 수용체가 글루타티온을 비롯한 몇 가지 펩티드에 반응하여 코쿠미가 생긴다고 믿는다. 쥐의 미뢰에서 추출한 생세포 실험에서 세포는 펩티드에 반응하다가 CaSR 억제제를 투여하자 그 반응이 중단되었다. 하지만 연구팀은 이런 수용체의 작용은 개별적인 맛을 감지하기보다는 가까이에 있는 미각 세포나 감각신경 섬유의 활동을 바꾸어 단맛과 우마미를 증진하는 것일지도 모른다고 결론 내렸다.

아지노모토 연구팀은 사람들에게 (기본 맛을 대표하는) 우마미 물, 설탕물, 소금물, 닭 국물에 코쿠미 관련 물질을 넣어서 마시게 했다. 그러자 사람들은 우마미 물, 설탕물, 소금물의 경우 기본 맛이 좋아졌다고 말했고 닭 국물의 경우 '묵직한 맛', '지속성', '입안 가득한 풍미'가 향상되었다고 응답했다. 연구팀은 시판 제품 중에 대표적인 숙성 식품인 간장과 피시 소스에서 코쿠미와 관련된 펩티드를 추출하기도 했다. 요시다는 이렇게 썼다. "오랜 조리 과정이나 발효를 거치면 음식의 코쿠미가 향상되는 듯하다. 하지만 코쿠미 물질을 생성하는 방법이 이런 과정뿐인지는 확실하지 않다."

다른 맛을 증진시키는 맛이 어떤 것인지 모르겠다고? 당신만 그런 것이 아니다. 서구의 수많은 식품 과학자들 역시 코쿠미라는 개념을 이해하지 못하겠다고 말한다. 코쿠미라는 개념은 폭넓고 낯설지만 생각해볼 가치가 있다. 이로 인해 생화학과 인식의 차이, 의식적인 맛이라는 개념과 이를 바꾸는 잠재의식의 과정, 뭔가의 분류 과정에 영향을 미치는 문화와 언어 등 미각 연구의 여러 가지 굵직한 의문을 고심하게 되기 때문이다. 코쿠미는 언어 문제가 드러나는 전형적인 예다. 코쿠미라는 단어는 요리 업계나 식품 연구자들에게는 익숙하지만 나머지 사람들에게는 낯설다. 20여 년 전 서구인들에게 우마미가 아무런 의미가 없었던 것과 마찬가지다. 그렇기에 여섯 번째 기본 맛의 후보자를 찾아 나서는 여정을 마치기 전에 다섯 번째 기본 맛을 수용하면서 식품 업계와 일반인들이 얼마나 큰 변화를 겪었는지 잠시 살펴보겠다.

어느 날 나는 알리 부자리Ali Bouzari 박사와 카일 코노튼Kyle Connaughton과 커피를 마셨다. 우리 셋은 샌프란시스코의 미션디스트릭트에 있는 포 배럴 커피숍에 앉아 있었고 카운터에는 요가 복장의 사람들과 수염을 희한하게 기른 사람들이 끝없이 줄지어 있었다. 미션디스트릭트는 최근 유행하는 요리와 맛을 파악하기에 딱 좋은 곳이다. 우마미가 폭발하는 쿵파오 파스트라미*를 파는 간판 없는 중국 식당에도 길게 줄을 서 있을까? 물론이다. 현대 캘리포니아식으로 요리한 헝가리 사퀴테리**와 피클을 파는 곳에는? 역시 줄이 길다. 고기 맛의 아이스크림은? 오래전부터 줄이 길었다.

부자리는 식품 과학자이고 코노튼은 요리사다. 코노튼은 미국에서

● 원래 삶은 닭에 매운 고추, 파, 마늘, 생강 따위의 양념을 넣고 볶은 요리를 쿵파오지딩이라 한다. 파스트라미는 양념한 쇠고기를 훈제하여 차게 식힌 것을 뜻한다.
●● 햄, 소시지, 살라미 같은 육가공품을 일컫는 프랑스어.

태어나 일본에서 요리를 배웠고 최근에는 미슐랭 별을 받은 영국 레스토랑 더 팻 덕에서 일했다. 코노튼은 서구 요리사들에게 동양의 요리법을 소개하는 조리계의 번역사다. 토머스 켈러 레스토랑 그룹처럼 유명한 곳에 자문을 하고 요리사들에게 식품 과학을 가르치는 부자리 역시 마찬가지다. 그들은 식품 회사의 후원을 받는 도쿄 소재 민간 단체인 우마미 정보 센터에서 일한다. 그들은 미국인들이 우마미를 좋아하게 된 과정을 추적하는 프로젝트도 진행했다. 아마도 이 프로젝트에는 식별과 동화를 거쳐 궁극적으로 음미에 이르는 미각의 기본 개념에 대한 이야기가 담겨 있을 것이다.

"우리는 우마미가 새롭다고 하지만 이케다 박사가 이 맛을 발견한 것은 1908년입니다. 100년이 넘은 셈이지요." 코노튼이 말한다.

"100년 동안 일본인들이 옳았다는 겁니다." 부자리가 씩 웃으며 말한다.

"그렇죠!" 코노튼이 열광한다. "우마미가 과학적이라는 것은 부정할 수 없습니다. 하지만 시간이 너무 오래 걸렸어요. 우마미라는 단어를 쓰기까지 왜 이리 오래 걸렸을까요?"

두 사람은 맛의 친숙함에서 이야기가 시작된다고 생각한다. 일본에는 '다시'라고 불리는 국물이 있다. "다시는 모든 일본 요리의 기본입니다." 코노튼이 말한다. "미소장국, 각종 소스, 각종 육수 등 90퍼센트가량의 일본 음식에 다시가 사용됩니다." 다시는 다시마를 우려서 만든다. 건조 숙성하여 풍미가 응축된 다시마에서는 글루탐산나트륨이 나온다. 여기에 가다랑어 포(발효, 훈제, 햇빛 숙성을 거친 말린 가다랑어 살)를 넣으면 우마미 수용체가 감지하는 육류 뉴클레오티드인 이노시네이트가 다량 생성된다. "다시마와 가다랑어 포가 만나서 시너지 효과가 일어납니다. 각각의 우마미를 합친 것보다 우마미의 효과가 훨씬 커지죠."코노튼이 말한다. 다시는 우마미의 정점을 보여준다. (1909년 이케다는 우마미를 소개하는 논문에서 다시가 우마미의 전형이라면서 이렇게 썼다. "우마미는 말린 가다랑어와 다시마로 만든 국물에서 가장 두드러지는 특징이다.")

그러므로 다시를 쓰는 음식을 먹고 자란 사람은 평생 우마미를 경험한 셈이며, 당연히 그 맛을 표현할 줄도 안다. 코노튼은 세계 각지에서 요리하면서 문화적 요인 때문에 우마미에 예민한 사람이 있는가 하면 반대로 우마미를 거의 느끼지 못하는 사람들도 있다는 것을 알게 되었다. "제가 다시 국물로 맛있는 콩소메° 형태의 수프를 만들면 일본 사람들은 '우마미'가 있다고 말할 겁니다. 맛있다는 뜻과 비슷하지요. 우마미라는 단어는 '맛있다'는 뜻의 일본어 '우마이'에서 왔거든요. 하지만 미국인들은 '어, 음…… 밍밍한 맛인데. 이게 뭐지?'라고 반응할 겁니다."

그렇다고 서구권 사람들이 우마미가 풍부한 음식을 먹지 않거나 좋아하지 않는다는 뜻은 아니다. "우린 스테이크를 좋아하죠." 부자리가 말한다.

"도리토스°°도 좋아하고요." 코노튼이 이어받는다.

"우린 A1 스테이크 소스의 나라에 살잖아요. 미국인들이 우마미가 느껴지는 음식을 먹어보지 못한 것은 아닙니다. 단지 우마미가 우리 음식 문화의 근원적인 특성이 아닐 뿐이지요." 부자리가 힘주어 말한다.

"일본이나 태국 등과 다르죠." 코노튼이 말한다.

그렇다면 왜 스테이크 소스를 사랑하는 미국인들이 우마미를 이해하기까지 100년이나 걸렸을까? 코노튼은 다시가 단순하면서도 집약

● 맑은 고기 국물로 만든 수프.
●● 미국의 스낵 기업인 프리토레이가 1964년부터 생산하는 토르티야 칩.

된 맛이기 때문에 우마미가 두드러진다고 설명한다. 미국에 대해서는 이렇게 말한다. "이 나라에서 먹는 우마미는 지방과 소금과 설탕에 둘러싸여 있습니다." 케첩과 토마토소스를 생각해보자. 토마토는 글루탐산나트륨이 풍부한 식품이지만 토마토를 사용한 시판 제품은 오랜 시간 숙성하거나 뭉근히 끓여서 우마미를 끌어낸 것이 거의 없고 대부분 설탕과 소금 때문에 우마미가 느껴지지 않는다. 그렇기 때문에 도리토스를 좋아할지라도 훈련되지 않은 혀가 짭짤한 나초 치즈 맛에서 우마미를 집어내기는 어렵다. (부자리는 "도리토스는 식품 과학이 낳은 위대한 기적이에요. 입맛을 교묘하게 속여서 엄청난 우마미를 만들어내거든요!"라고 흥분해서 말한다.)

요시다는 서구권에서 우마미가 그토록 강한 불신에 직면한 이유에 대해 이와 유사한 설명을 내놓았다. "우마미는 대부분의 일본 전통 요리에 담긴 기본적인 맛이다. 일본에서 사용하는, 지방이 적고 맛이 순한 맑은 국물은 우마미 그 자체다. 이렇게 자극적이지 않은 맛 때문에 우마미가 두드러지는 것이다. 반면 서구 음식은 동물성 지방과 양념에 지나치게 의존하기 때문에 미묘한 우마미가 가려지기 쉽다. 이 경우 의식적으로 우마미를 느끼려고 노력하지 않으면 감지하기가 어렵다."

서구인들이 우마미를 오랫동안 받아들이지 않은 이유는 또 있다. 그중에는 식품 회사의 주도 하에 진행되는 우마미 연구를 믿지 못한 탓도 있었다. (아지노모토는 1909년부터 MSG를 판매했고 지금은 코쿠미 증진제도 판매한다.) 또한 지금은 틀렸다는 것이 밝혀졌지만 1980년대에는 MSG에 대한 두려움이 컸다. "MSG는 눈에 보이는 우마미의 전형입니다. 이것을 해로운 독성 물질이라고 생각하는 것은 결코 도움이 되지 않습니다." 부자리가 말한다.

모넬 연구소 과학자들이 말한 대로 우마미 수용체가 발견되자 미각 연구는 심리학에서 생화학으로 전환되었다. 부자리와 코노튼은 그와 평행선상에서 두 번째 변화가 일어나고 있다고 본다. 바로 아시아 요리가 전 세계에 흡수되는 현상이다. 몇 십 년 전만 해도 서구권에서는 초밥을 찾기 힘들었다. 그런데 지금은 식료품점에서도 판다. 중국 음식만 먹던 사람들이 한국, 태국, 베트남 음식을 먹고 있다. "우리는 정통 아시아 음식을 중독성 있는 미국식으로 변형해서 먹는 수준으로까지 발전했습니다." 코노튼은 이렇게 말하면서 미국인들이 쇼핑몰에서 파는 팟타이와 미소장국 맛에 익숙해졌다고 덧붙인다. 미국 태생 요리사들은 그 익숙함을 이용해 제너럴 소 치킨*처럼 소금과 설탕 범벅을 하지 않고 우마미를 높인, 더욱 정통에 가까운 아시아 요리를 실험한다. "우리 요리사들이 놀라운 아이디어를 낼 수도 있겠죠." 코노튼이 말한다. 하지만 손님은 결국 먹고 싶은 것을 선택할 것이다. "손님이 우마미를 인지하지 못하거나 좋아하지 않거나 즐기지 않는다면 요리사가 무슨 생각을 하고 무엇을 좋아하는지는 중요하지 않아요. 과학적으로 만족스러운 결과 역시 중요하지 않죠."

"문화적으로 맞아야 하는 거죠." 부자리가 덧붙인다.

두 사람은 여섯 번째 기본 맛이 무엇이든 간에 우마미와 유사한 문화 변용이 일어날 것이라고 생각한다. 누군가 어떤 분자의 수용체를 발견하면 어떤 음식이 그 수용체와 관련되어 있는지 찾아낼 것이고 조리법과 식습관이 바뀔 것이며 결국 맛에 대한 인식이 달라질 것이다. 어딘가에 언어 문제에 대한 해법도 있을 것이다. 일단 맛을 인지하고 그 이름을 만들어낸다면 그 맛을 분리하는 데 도움이 될 것이다.

● 미국식 중화 요리를 대표하는 닭고기 요리.

"맛의 화학적 성질은 매우 분명합니다. 가장 먼저 드러날 테지요. 정작 시간이 오래 걸리는 것은 그 경험이 무엇인지 개념화하는 것입니다." 부자리가 말한다.

이들은 코쿠미가 여섯 번째 맛일지에 대해서는 분명히 말하지 않았지만 다섯 가지 기본 맛 이외에 다른 맛이 있다는 데에는 의견이 일치했다. "여섯 번째 기본 맛을 찾는 일은 매우 신중하게 진행되고 있습니다. 기본 맛 같은 건 아무래도 상관없다고 하는 사람들도 있거든요." 부자리가 말한다. 토도프와 마찬가지로 그는 쓴맛 수용체를 언급한다. 쓴맛을 인식하는 수용체가 여럿 존재한다면 카페인, 키니네, 알코올, 염화칼륨의 쓴맛을 구분할 수 있을까?

"주기율표와 마찬가지예요. 수용체를 발견하면 표에 추가하는 거죠. 완성되었다는 말은 절대 하지 않아요. 항상 다음 대상을 찾고 있으니까요." 코노튼은 기본 맛에 대해 이렇게 말한다. 그들은 새로운 맛을 발견할 때마다 문화적 적응이 서서히 진행될 것이라면서 맛을 만들어내는 요리사들이 한때는 이상하거나 끌리지 않는다고 여겼던 미묘한 맛의 차이를 인식하고 음미하는 법을 가르칠 것이라고도 했다. "미국 사람들이 아루굴라, 케일, 퀴노아를 먹는 이유는 요리사들이 그 재료로 요리했기 때문입니다. 케일 맛은 형벌에 가깝지만요." 부자리가 말한다.

"지금은 어느 음식점에든 케일 샐러드가 있지요." 코노튼이 덧붙인다. 두 사람은 한때 불쾌할 정도로 쓰다고 여겨졌지만 이제는 최신 유행을 좇는 사람들이 열광하는 음식에 대해 계속 얘기했다. 쓰디쓴 네그로니 칵테일, 방울양배추, 에스프레소가 대표적이다. "이곳은 쓴맛을 편리하게 즐길 수 있는 쓴맛의 성지 같은 곳이지요." 코노튼이 카운터를 보며 말한다. 카운터에는 사람들이 길게 줄을 서서 고튼의 어부Gorton's fisherman●처럼 생긴 직원이 내리는 커피를 기다리고 있다. 우리는 쓴맛을 더욱 세부적으로 구분하려는 문화적 움직임이 이미 시작된 것은 아닐까 생각했다. 그리고 조만간 새로운 맛을 재빨리 받아들이는 것이 미덕인 이곳에서 코쿠미가 인기를 얻을지도 모른다. "미래의 코쿠미 감식가들이 가득하군요." 부자리가 사람들을 둘러보았다.

"요가 매트를 매고 탐스 신발을 신고 말이지요." 내가 노트에 적으며 이렇게 말한다.

"쓴맛을 좋아하는 사람들이기도 하고요." 코노튼이 두 번째 카푸치노를 해치우며 말한다.

"그들은 우마미를 위해 줄을 서기도 하지요." 부자리가 말한다.

갈색의 맛

모넬 화학 감각 연구소의 다니엘 리드Danielle Reed 박사 연구팀은 미래에 미국인들이 코쿠미를 즐기게 될지에 처음으로 의문을 제기했다. 리드는 단맛과 쓴맛을 인식하는 유전자를 연구한 것으로 유명하다. 그녀의 연구팀은 매년 오하이오주 트윈스버그에서 열리는 쌍둥이 축제장에 부스를 설치하고 쌍둥이들은 이 부스에 들러 과학 발전을 위해 침을 기증한다. 2013년 연구팀은 한국식품연구원 소속 유미라 박사와의 합동 연구에서 쌍둥이들이 코쿠미를 감지할 수 있는지 알아보았다.

유 박사는 10년 이상 코쿠미에 관심을 가져왔다. 그녀에게 코쿠미는 직관적으로 이해할 수 있는 개념이었다. 그녀는 논문에 이렇게 썼

●　해산물 회사 고튼의 마스코트.

다. "카레나 할머니가 오랫동안 뭉근하게 끓인 국을 먹으면 깊은 맛, 복합적인 맛, 입안 가득 지속되는 맛, 묵직한 맛이 느껴진다. 나는 그 맛이 코쿠미라고 생각한다." 유 박사는 코쿠미가 다른 기본 맛을 강화해주지만 그 자체로는 아무 맛이 없다고 생각한다. (사실 그녀의 연구는 나트륨 섭취량을 줄이기 위해 코쿠미 혼합물을 짠맛 증진제로 사용할 수 있는지에 초점을 맞춘다.) 하지만 그녀 역시 언어 문제에 부딪혔다. '코쿠미'는 일본어이며 대부분의 연구가 일본 음식을 대상으로 하기 때문에 한국이 일본과 이웃임에도 한국인들에게 '코쿠미'라는 말은 낯설었다.

하지만 유 박사는 한국에도 자체적인 코쿠미 개념이 있다고 보았다. 한국에서 코쿠미와 비슷한 말은 '깊은 맛'이다. 한국 사람들은 이 맛을 잘 숙성된 된장, 김치, 간장 등과 연관 지으며, 특히 미역국 같은 것에 풍부하다고 생각한다. (주로 생일에 먹는 미역국은 칼슘 함량이 높아 임신과 수유 기간에도 많이 먹는다.) "아마 다른 나라도 마찬가지일 것이다." 유 박사는 이렇게 쓰고는 사람들이 코쿠미에 해당하는 말을 만들어 자기 나라의 대표적인 음식과 연관 지으면서도 다른 사람에게 어떻게 설명해야 할지를 모른다고 했다. 어쩌면 코쿠미라는 개념은 잘 보이는 곳에 있음에도 통용되는 말이 없어서 어렵게 느껴지는지도 모른다. "코쿠미를 보편적으로 설명해주는 말을 찾으면 코쿠미 연구가 더욱 과학적으로 진척될 것이다." 유 박사는 이렇게 썼다.

하지만 유 박사의 미국인 동료는 코쿠미가 무엇인지 떠올리지 못했다. "코쿠미를 대표하는 음식을 먹어보았지만 모르겠어요. 제게 코쿠미는 '벌거벗은 임금님' 같은걸요. 하지만 아시아인 동료들은 코쿠미의 존재를 굳게 믿더라고요. 그래서 이대로 제쳐놓지 말고 진지하게 접근해보기로 했어요. 사람들이 코쿠미에 대해 뭐라고 하는지 알아보기로 했던 거죠." 리드가 말한다.

그들의 실험은 단순했다. 사람들이 평범한 팝콘과 코쿠미 양념을 뿌린 팝콘의 차이를 구분하는지 알아보고 그들에게 맛을 설명하게 하는 것이었다. 쌍둥이 500쌍을 대상으로 실험한 뒤에 리드는 이렇게 말한다. "실험을 통해 사람들이 코쿠미 맛을 감지한다는 사실을 확인했습니다. 피험자들은 일반 팝콘과 코쿠미 팝콘을 구분했어요. 미국인들은 대체로 코쿠미 팝콘을 엄청나게 좋아하지는 않았어요. 호불호가 갈리더군요. 정말 좋아하는 사람이 있는가 하면 정말 싫어하는 사람이 있었어요." 그녀는 쌍둥이들에게 맛을 물어본 결과에 대해서는 이렇게 설명한다. "많이 고민하더라고요. '풍미'와 '짠맛'이라는 단어를 많이 썼어요. 맛이 아닌 풍미 같다는 대답도 있었고요. 하지만 어떤 풍미인지는 몰랐어요. '바비큐'와 '치즈'라고 설명한 사람들도 있었어요. 하지만 설탕을 먹고 '달다'라고 설명하는 것과는 달랐어요."

리드의 연구팀은 내게 실험에 사용한 코쿠미 양념을 맛보라고 권했다. 그 맛은 '갈색'이었다. 고기를 굽고 팬에 남은 갈색 육즙, 시커먼 호밀, 라면 스프 봉지 안쪽을 핥는 맛이었다. 리드 역시 설명에 애를 먹기는 마찬가지였다. "코쿠미를 먹었을 때 '음……' 하는 느낌은 있었어요. 하지만 뭐라고 설명해야 할지 몰랐죠. 의미상의 한계인지도 몰라요." 그녀가 말한다. 무언가에 해당하는 단어가 없으면 그것을 인식하기 어려운 것일까? 나의 질문에 리드는 잠시 생각에 잠기더니 이렇게 말한다. "오히려 제가 질문해야 할 것 같은데요. 왜 적당한 말을 떠올리지 못했는지 말이에요."

이런 실험에는 문제가 있었다. 코쿠미 양념은 설탕이나 소금처럼 단일 물질이 아니다. "코쿠미 양념 성분을 개별적으로 추출하기가 조금 어려웠습니다." 리드가 말한다. 그래서 연구팀은 조리된 음식에 시판 중인 코쿠미 양념을 뿌렸다. 코쿠미 양념은 그 자체로는 '코쿠미'가 아니다.

코쿠미를 이해하고 싶으면 그 정수를 보여주는 실제 음식인 다시를 알아야 했다. 하지만 어디에서 다시를 찾지? 서구의 요리사 중에는 다시는 고사하고 코쿠미라는 말을 들어본 사람조차 거의 없다. 일본 식료품점에 전화를 걸어보았지만 더 혼란스러워지기만 했다. 바로 이때 하늘이 도왔는지 파니 세티요와 저녁 식사를 하게 되었다.

세티요는 분자요리를 하는 요리사들에게 조리 도구와 향신료 양념을 판매하는 르 상튀에르를 운영한다. 인도네시아에서 태어나 세계를 여행한 세티요는 여러 나라의 말과 요리에 능숙했다. 그녀는 코쿠미라는 말을 들어본 적은 없었지만 개념에 대한 설명을 듣자마자 소금누룩인 시오 코지를 떠올렸다. 시오 코지는 밥에 넣는 일본 양념으로 그 자체로는 별다른 맛이 없지만 어쩐 일인지 밥맛을 더 좋아지게 했다. "설명하기 힘들어요. 시오 코지를 먹어보면 아무 맛이 안 나거든요. 하지만 음식에 넣으면 조리된 음식이든 조리 재료든 풍미가 달라지죠. 마법의 소금 같아요!" 세티요가 말한다.

누룩곰팡이를 뜻하는 코지는 아시아에서 미소(일본 된장), 술, 식초, 가다랑어를 발효시킬 때 사용한다. 코지는 맛이 서로 어울리게 하여 음식에서 부드럽고 풍부한 맛이 나게 한다. 코쿠미와 소름끼칠 정도로 똑같다. 세티요가 제대로 떠올렸음을 보여주는 단서는 또 있다. 아지노모토의 코쿠미 증진제 이름이 '코지 아지'다. 대변인인 요시다에 따르면 이 제품은 코지 곰팡이로 만들어졌고 거기에서 이름을 따왔다고 한다. 요시다의 글에는 이 곰팡이의 효소가 아미노산을 작은 펩티드로 분해하기 때문에 주로 간장 제조에 쓰이며, 간장은 코쿠미 물질과 관련된 것으로 보인다고 쓰여 있다. "나는 코지가 음식의 코쿠미를 증진한다고 생각한다." 그는 이렇게 결론 내렸다. 이와 유사하게 유 박사도 한국식 간장인 조선간장이 한국 코쿠미의 전형이라고 보았다. 코지를 이용한 이 간장은 미역국의 풍미를 돋운다.

그러므로 코쿠미를 이해하고 싶다면 코지를 먹어보는 것도 좋을 듯했다. 세티요는 코지가 음식에 어떤 역할을 하는지 알고 싶으면 유즈키 일식당에 가보라고 권했다.

시간이 만들어내는 맛

유즈키는 미션디스트릭트에 있는 일식당이다. (이 위치에 있는 것이 우연이 아닐지도 모른다.) 하야시 유코가 2011년에 이곳을 개업했다. 이 식당은 미국에서 최초로 코지를 만든다. 더운 가을 오후 사이토 다카시가 자그마한 위층 주방에서 코지를 만들 준비를 한다. 2014년까지 이 레스토랑의 총괄 주방장이었던 그는 새하얀 면 앞치마를 두르고 흰색 시식 숟가락을 들었다. 그는 단어 하나하나를 신중하고 정확하게 힘주어 말했다. "음!" 부주방장이 무를 아주 작은 주사위 모양으로 자르자 사이토는 '코지 룸'이라고 불리는 철제 선반 위의 스티로폼 상자를 확인하러 간다. (일본에서는 코지를 방에서 배양한다.) 상자 가운데에는 육류용 온도계가 꽂혀 있다. 상자 바닥에는 물이 약간 고여 있고 그 위에 나무 와인 상자가 놓여 있다. 나무 상자 안에는 천이 깔려 있고 그 위에 밥이 있다. 통통한 밥알에는 윤기가 흘렀고 몇 군데에서 하얀 솜털이 보였다.

어젯밤 사이토는 밥을 지어 향이 없는 옅은 색의 고운 가루 곰팡이를 섞어두었다. 상자 안의 온도가 상승하면 발효가 시작되었다는 신호다. 그는 앞으로 3일에서 2주일 동안 스티로폼 상자에 은색 단열제를 덮어두고 구멍도 뚫어가며 온도를 세심하게 조절할 것이다. 그는 발효가 되면 밥에서 단맛이 난다며 시식 숟가락으로 밥알을 떠서 우리 손에 조금 덜어준다. 밥알은 아직 많이 삭지 않아 평범한 밥맛을 냈다. "아직이군요. 발효가 다 되면 밥이 곰팡이처럼 피어납니다. 아름다운 하얀 꽃이 되지요." 사이토가 중얼거린다.

사이토는 발효가 잘된 밥을 물에 풀고 소금을 넣어 시오 코지를 만든다. 고기 양념에 쓰기 위해서다. 퓌레 같은 시오 코지는 불투명한 흰색이고 맛은 미소 드레싱의 톡 쏘는 맛과 훈제연어의 짭짤함 사이 어디쯤이다. 사이토는 발효된 밥과 물만으로 단맛이 나는 시오 코지도 만들었다. 이것은 덩어리가 더 많고 은은한 단맛이 났다.

사이토는 코쿠미라는 말을 들어본 적이 없었다. 하지만 코쿠미의 어근인 '코쿠'라는 말을 안다며 눈을 빛냈다. ('우마미'와 마찬가지로 '코쿠미'도 만들어진 말이다. 접미사 '미'는 '맛'을 뜻한다.) "일본에서는 '코쿠'라는 말을 씁니다." 사이토는 이렇게 말하더니 적당한 번역어를 떠올리려 애쓴다. "코쿠는 숨어 있는 한 방을 뜻합니다. 처음 느껴지는 맛이 아니라 나중에 느껴지는 뒷맛이지요. 깊이나 층을 뜻하는 말로 쓰이기도 합니다." 사이토는 잠시 생각에 잠기더니 또 다른 비유를 들었다. "기둥이라고 생각하면 되겠군요. 맛을 지탱하는 기둥이오. 집을 예로 들어볼게요. 기둥이 없으면 집은 쉽게 무너져 내립니다. 하지만 기둥이 튼튼하면 집도 튼튼하지요. 코쿠는 바로 그 기둥과 같습니다."

사이토의 말은 맛이 일체화되고 강화되어 조화를 이룬다는 뜻일까? "음! 그런 것 같군요." 그는 이렇게 말하면서 시간이 반드시 필요하다고 했다. 스튜를 30분 동안 끓여서는 코쿠가 생기지 않는다. 맛과 맛의 사이가 아직 너무 멀기 때문이다.

금요일 밤 파니 세티요와 나는 유즈키 일식당에 다시 가서 코지가 가장 잘 느껴지는 음식을 달라고 했다. 그리고 우리는 음식의 맛을 곱씹으며 무슨 맛인지 설명해보려고 했다. 큼직하게 자른 오징어 구이에 유자 조각을 뿌린 요리는 숯불에 구운 듯이 불향이 났지만 정말 부드러웠다. 하지만 세티요는 이 음식에서 가장 놀라운 점은 소금으로 밑간을 했음에도 짠맛이 느껴지지 않는 것이라고 말했다. "짠맛이 아닌 오징어의 맛이 느껴져요." 우리는 음식을 먹는 동안 계속 이 이야기를 했다. 유즈키 일식당의 닭 꼬치는 추수감사절에 먹는 칠면조만큼 육즙이 풍부했다. 어떻게 치킨에서 이런 맛이? 우리는 코지 덕분에 음식이 플라톤의 이데아에 가까워질지도 모르겠다고 생각했다. 어쩌면 코지는 고기를 더욱 고기답게 만들어주는지도 모른다.

레스토랑 주인 하야시가 이런 말을 듣고 웃음을 터뜨렸다. "어떤 닭을 쓰느냐고 묻는 사람들도 있어요." 그녀는 역적모의라도 하듯이 속삭이며 어느 농장의 어느 품종 닭이 이렇게 육즙이 많은지 알아내고 싶어 하는 미식가를 흉내 낸다. "중요한 건 그게 아닌데 말이죠." 하야시가 말을 잇는다. "사람들은 우리가 좋은 닭을 쓸 거라고 생각해요. 코지는 생각도 못 하죠." 이로써 우리는 수수께끼의 단서를 알아낸 것인지도 모른다. 코쿠미와 관련된 펩티드를 얻으려면 코지로 밑간을 하는 것처럼 음식을 분해해주는 무언가가 필요하다.

나는 식품 과학자 부자리에게 이 이야기를 했다. 그는 사람들이 코쿠미와 코지를 연관 짓는 이유는 코지가 맛을 탁월하게 끌어내기 때문인 것 같다고 했다. "코지의 마법은 여러 분자가 아주 작은 조각으로 분해되는 점에 있습니다. 그러면 혀의 수용체에 꼭 맞는 크기가 될 확률이 높아지죠." 부자리에 따르면 코지는 탄수화물뿐만 아니라 단백질과 지방을 분해하는 효소도 생성한다. "이 세 가지를 분해하면 온갖 종류의 맛과 향을 얻게 됩니다. 그래서 깊은 맛이 생기는 것이 아닐까요."

하지만 또 한 가지가 있다. 나는 부자리에게 코쿠미가 생성되는 과정에서 왜 그렇게 숙성이 중요한지 물었다. 그는 숙성 과정에서 큰 분자가 작은 화합물로 분해되므로 모든 맛이 우러나온다고 설명한다. 설탕, 글루탐산나트륨, 코쿠미 혼합물 모두 마찬가지다. "코쿠미는 시간의 산물입니다. 하지만 시간은 코쿠미만 만들지는 않습니다." 그가 말한다. 그러므로 정말 특별하고 집약된 코쿠미를 느끼고 싶다면 숙성된 식품을 찾아보는 것이 좋다. 유즈키 일식당의 음식은 대부분 고작 몇 시간 동안 밑간에 재워둔 것이었다. 어떤 분자 변화가 코쿠미를 만들어내든 시간이 오래 걸리는 음식일수록 코쿠미를 더욱 뚜렷하게 느낄 수 있을 것이다. 명왕성 문제처럼 코쿠미까지 가는 여정도 시간이 걸린다. 이제 마지막 한 정거장만 가면 된다.

맛의 연금술

캘리포니아주 이스트베이의 버클리에 있는 더 컬처드 피클 숍. 강철과 콘크리트로 만든 이곳 작업실에는 유리병이 달그락거리는 소리와 냉장고의 모터 소리가 가득하다. 이곳에서 앨릭스 호즈벤과 케빈 팔리 부부가 알록달록한 사우어크라우트*, 콤부차(홍차버섯), 절인 채소를 만든다. 앞치마를 두른 호즈벤은 작업실 한가운데의 나무 탁자에서 동그랗게 말린 아르메니아 오이의 무게를 달고 있다. 탁자 맞은편에서는 팔리가 쌀겨에 파묻힌 노란색 촉수 모양의 뿌리채소 피클을

● 양배추를 잘게 썰어 발효시킨 시큼한 맛의 독일식 양배추 절임.

꺼내 과도로 얇게 썰었다.

부부는 코지는 알지만 코쿠미는 들어본 적이 없었다. 채소 피클이 유행하지 않았던 15년 전에 그들은 코지 포자로 쌀, 보리, 밀, 콩에 미생물을 배양하고 불에 찐 다음 곰팡이가 자라도록 온도를 조절하여 미소를 만든 적이 있었다. 하지만 시오 코지와 달리 미소는 한 달에서 3년이라는 긴 시간이 필요했다. 그 정도의 시간이 걸려야 쌀이나 콩이 새로운 무언가로 달라질 수 있었다. 부부의 입에는 그 맛이 특별히 풍미가 좋지는 않았다고 한다. "코지는 모든 아미노산과 효소를 분해해요. 그래서 곡식의 풍미가 달라지죠." 그녀가 말한다.

부부는 미소를 만들어 판매하는 일은 포기했지만 그들의 가게에서는 아직도 미소를 사용한다. 그들은 코지로 다른 발효 식품도 만든다. 심지어 그들은 초기에 쓰던 효모를 아직도 가지고 있다. 팔리는 촉수 같은 피클을 밀어놓고 냉장실에서 유리병들을 차례로 들고 오더니 갈색 반죽 같은 것을 접시에 조금씩 덜었다.

우리는 코지 발효 식품을 가장 숙성되지 않은 것부터 가장 오랫동안 숙성된 것까지 차례로 맛보았다. 팔리는 오트밀 색의 반죽을 가리켰다. 몇 주 전에 담가 가장 숙성되지 않은 것이었다. "이건 사케카스입니다. 사케의 지게미죠." 그가 말했다. 인근 사케 공장에서 가져온 사케의 지게미에 코지를 넣어 발효한 것이었다. 팔리는 여기에 설탕, 소금, 채소를 넣고 1년 이상 발효하여 피클을 만든다.

두 번째는 6개월 발효한 사케카스로, 색과 질감이 으깬 바나나 같았다. 그 옆에는 2년 발효한 황갈색 보리 미소가 있었다. 팔리는 가장 색이 어둡고 탁한 것을 가리켰다. "우리 집의 골동품 미소예요." 12년 된 미소는 오래 볶은 양파처럼 검은색에 가까웠다.

팔리가 포크를 건네자 우리는 색이 가장 옅은 것부터 순서대로 맛을 보기 시작했다. 가장 최근의 것은 맛을 보자마자 단맛과 짠맛이 날카롭게 느껴졌다. 6개월 숙성된 것은 과일의 풍미가 약간 느껴지면서 혀를 공격한다기보다는 입천장부터 목구멍 뒤쪽까지 입안 전체를 가득 채우는 느낌이었다. "설탕은 대부분 대사 작용이 끝났고 염분의 맛은 아주 부드러워졌습니다." 팔리가 말한다.

우리는 2년 된 미소를 먹어보았다. 풍미가 더욱 깊었다. 마지막으로 12년 된 미소를 입에 넣었다. 놀랍게도 내가 처음 보인 반응은 스테이크 맛이 난다는 것이었다. 풍미는 짙고 깊었다. 나는 우스터소스나 간장을 떠올렸다. 둘 다 숙성된 것이고 쇠고기에 맛을 더하는 데 쓰였다. 우리는 기나긴 화학 작용이 만들어낸 마법을 체험하고 있었다. 그리고 이것은 분명 코지가 시간과 함께 만들어낸 것이었다. "숙성이 덜 된 코지 발효 식품의 맛이 뭔가 조화롭지 않은 느낌이었다면 오래 발효될수록 완벽한 조화를 이룹니다." 팔리가 말한다. 숙성이 덜 될수록 단맛과 짠맛이 따로 노는 것 같았다. 하지만 숙성될수록 맛이 강하면서도 융합된 느낌으로, 콧속과 목 깊은 곳까지 부풀어 오르는 듯했다. 이것이 바로 아지노모토 연구팀이 말한 입안 가득 오래 지속되는 느낌이었다.

호즈벤이 말했다. "맛을 설명하기가 정말 힘들어요. 정말로요." 그녀는 모든 미각 연구원들과 똑같은 불평을 하면서도 맛을 설명하려고 노력했다. 그녀의 묘사에는 모양이나 동작과 관련된 비유가 모두 동원되었다. 그녀는 숙성 기간이 짧을수록 "맛이 밋밋하다"고, 숙성될수록 맛이 "점점 둥글게 원형을 이룬다"고 했다. 그러고는 잘 짜인 직물 같은 느낌과 여행을 떠나는 느낌을 준다고 했다. 그리고 숙성된 미소는 '완전한 맛'이 난다고도 했다. "단순히 단맛, 신맛, 짠맛이 아니에요. 잘 숙성된 미소를 먹으면 그 맛을 오랫동안 생각하게 되죠." 그녀가 말한다.

부부는 내가 왜 이곳에 왔는지 궁금해했다. 나는 그들에게 여섯 번째 기본 맛을 찾는 일과 개념이 존재하지 않는 감각을 설명하는 어려움과 그에 따르는 언어 문제를 설명했다. 그러면서 그들에게 맛을 설명할 만한 단어가 없는 상황에서 어떻게 맛을 설명해야 할지 물었다.

"저는 그렇게 생각하지 않아요." 호즈벤이 조심스레 대답했다. 그녀는 적당한 단어가 없어서 비유만 가능할 뿐이라도 괜찮다고 말했다. 설명을 하지 못할지라도 입으로 맛을 보고 있기 때문에 머릿속으로는 그 맛을 아는 것이다. 과학자들처럼 굳이 그 맛을 수용체나 특정 단어나 인식 범주와 연결 지을 필요가 없다는 것이다. 그녀처럼 오랫동안 피클을 만든 사람들에게는 시간도 요리 재료에 속한다. 어쩌면 시간이 코쿠미를 만들어내는 것일지도 모르고 어쩌면 다른 무언가 때문에 코쿠미가 생기는 것인지도 모른다. 무엇 때문에 코쿠미가 생기든 맛에 정확한 이름이나 숫자를 부여하는 것이 아니라 직접 요리를 하는 행위와 그것을 맛보는 경험이 호즈벤의 관심을 끌었다. 중요한 것은 무지개 자체지, 무지개를 어떻게 분석하느냐가 아니었다.

"시간 자체가 귀중한 재료예요." 그녀가 말한다. 내가 자세히 이야기해달라고 하자 그녀는 조용히 웃었다. "그냥 그렇다는 거예요. 전 자세히 따지거나 분석하지 않고 즐길 뿐이에요. 연금술 같은 과정을 지켜보고 기뻐할 수는 있지만 완전히 이해할 수는 없어요. 그걸로 만족해요."

잠시 후 그녀는 오이가 있는 곳으로 돌아갔고 나는 포크를 내려놓고 노트북을 챙겼다. 나는 가게를 나서면서 어깨너머로 외쳤다. "수수께끼가 풀리면 알려드릴게요."

호즈벤은 미소 지으며 어깨를 으쓱했다. "꼭 안 그러셔도 돼요." 그녀가 말했다.

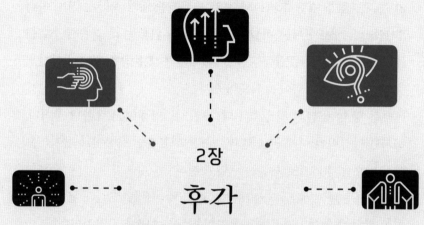

2장

후각

기억과 감정을 소환하는 향

프랑스 앙브루아즈 파레 병원 꼭대기 층의 작은 방에서 안느 카밀리Anne Camilli가 냉장고 자물쇠를 열고 서늘한 냉기 속에서 상자 하나를 꺼낸다. 상자 안에는 비닐봉투가 있고 그 안에는 더 작은 봉투들이 들어 있다. 작은 봉투 안에는 우표 크기의 사각 유리병이 하나씩 담겨 있다. 그 병에는 기억이 보관되어 있다.

사실 병 안에 담긴 것은 향수다. 과일, 꽃, 음식에서 뽑아낸 향이다. 하지만 카밀리가 이제 곧 진행할 소규모 워크숍인 아틀리에 올파티프에서 향수는 추억으로 향하는 수단이 된다.

카밀리는 빠르게 일을 시작한다. 병의 뚜껑을 열고 냄새를 맡으며 향이 변하지 않았는지, '너무 복잡한' 향이 아닌지 점검한다. 구분이 쉽고 따뜻한 기억을 불러일으키는 향이어야 효과가 있다. "루바브. 대표적인 향이죠." 그녀는 병에 담긴 향을 깊이 들이마시며 말한다. "한번 맡아보세요. 전 이 냄새를 맡으면 언제나 영국이 떠올라요. 커스터드를 곁들인 영국의 루바브 파이요. 그 냄새가 기억나요. 눈을 감으면 영국에서 살던 열두 살의 내 모습이 떠오르죠."

후각 테라피

카밀리는 만족스럽게 병을 쟁반 위에 내려놓고 자주색 공책에 자주색 잉크로 향수 이름을 쓴다. 쟁반 위에 병 열 개를 골라놓은 뒤에 조향사들이 쓰는 시향지 꾸러미도 가져다둔다. 이제 준비가 끝났다.

카밀리는 샌들우드 오일, 파촐리 잎, 베티베르 풀 같은 천연 재료로 향수를 만드는 회사에 다니면서 '코를 훈련하는 법'과 향을 기억하는 법, 그리고 같은 꽃이나 향료라도 다른 곳에서 수확한 것의 향을 구분하는 법을 배웠다. 그 후 화장품 용기 디자인 회사에서 일했고 지금은 조향사와 제품 디자이너를 비롯한 창의적인 사람들과 교류하는 에이전시를 운영한다. 성격이 활달한 그녀는 보브컷 헤어스타일에 세련된 바지 정장을 입었다. 오늘 그녀는 화장품 업계에 종사하는 여성 관리자들의 단체인 CEWCosmetic Executive Women에서 사상 최초로 진행하는 프로젝트의 자원봉사자로 이곳에 왔다.

CEW는 2001년부터 프랑스 병원 16곳의 환자들에게 '후각 테라피', 즉 향기 요법을 시행했다. 주요 대상은 두부 외상, 뇌졸중, 항암 화학 요법의 부작용으로 후각을 상실한 환자들이다. 하지만 파리 서쪽 외곽에 위치한 앙브루아즈 파레 병원에는 특수한 후각 문제를 지닌 아주 특별한 환자들이 있다. 아틀리에 올팍티프에서 오늘 만날 사람들은 대부분 알츠하이머병 같은 치매 질환을 앓고 있는 노인 병동 환자들이다.

카밀리가 가져가는 작은 병은 알츠하이머병이 뇌의 회로를 갉아먹어 기억이 꾸준히 부식된 환자들에게 작은 위안이 되는 경험을 선사할 것이다. 흥미롭게도 이 경험은 코끝에서 시작된다. 후각 상실은 알츠하이머병을 진단하는 초기 임상 징후다. 파킨슨병 같은 신경퇴행성 장애를 초기에 진단하는 징후이기도 하지만 지금까지는 후각과 알츠하이머병의 상관관계가 가장 많이 연구되었다.

엘리베이터가 금방 도착하지 않자 카밀리는 서둘러 계단으로 내려가면서 워크숍이 열릴 때마다 어떤 사람들을 만나게 될지 모른다고 설명한다. 짧은 시간 진행되는 워크숍에는 다양한 병을 앓는 환자들이 모인다. 워크숍 참가자들의 나이는 대개 80~100세로, 인지 장애가 있는 경우가 많다. 그중에는 자주 넘어지거나 자신이 어디에 있는지 기억하지 못하는 등 일반적인 치매 증상 때문에 병원에 왔다가 나중에 후각 상실을 진단받는 경우도 있다.

어느 쪽이든 상관없다. 카밀리는 환자들이 냄새를 맡고 무언가를 떠올리고 즐거워하기를 바랄 뿐이다. 이런 식으로 감각 기능에 접근하는 방식은 그라인더와 크게 다르지 않다. 다만 아틀리에 올팍티프는 감각 강화가 아니라 감각 상실을 목적으로 하고 현재 의술로는 불치인 병을 앓는 사람들을 대상으로 하기 때문에 기존 감각 기능에 불만스러운 태도가 아닌 인내심 있는 태도를 보인다. 하지만 아틀리에 역시 해킹 기법을 사용한다. 물론 그들이 기억 상실에 대한 해결책을 내놓을 수는 없다. 하지만 차선책으로 뇌의 손상된 연결 고리를 우회하는 방법을 제시한다.

카밀리가 환자들이 모여 있는 방에 들어서자 노인 병동 과장 소피 물리아Sophie Moulias 박사와 워크숍 진행을 도와줄 심리학자 로르 펠르랭Laure Pellerin이 따뜻하게 맞아준다. 남자 한 명과 여자 네 명으로 구성된 환자들이 가구가 거의 없는 방에 놓인 탁자 주변에 듬성듬성 앉아 있다. 환자들은 향수 병을 호기심 어린 눈길로 쳐다본다.

"오늘 우리가 뭘 할지 아시나요?" 카밀리가 활기차게 묻는다.

"글쎄요?" 누군가가 머뭇머뭇 말한다.

카밀리는 삶에서 냄새는 소중하고 음식을 즐기는 데에도 중요하므로 오늘은 코를 함께 '작동할' 것이라고 말한다. 그러면서 향긋한 과일 냄새를 맡을 것이라고 덧붙인다. 카밀리는 첫 번째 병에 시향지를 적신 뒤에 환자들을 정중하게 '마담'이라고 부르면서 시향지를 한 장씩 건넨다. 그러고는 코밑에서 시향지를 흔들어 향을 퍼뜨리는 시범을 보인다. "어때요? 냄새가 좋은가요?" 카밀리가 묻는다. 환자들이 일제히 그렇다고 대답하자 그녀는 더욱 자세히 묻는다. "이 향기를 맡고 뭔가 떠오르는 게 있나요?"

한동안 침묵이 흘렀다. "오렌지?" 카밀리의 오른쪽 휠체어에 앉아 있던 조세핀이 용기 내어 말한다. 청록색 가운을 입은 그녀는 장난기 어린 표정이다.

"비슷해요. 같은 계통이에요. 잘하셨어요." 카밀리가 격려한다.

물리아는 깔끔한 외모에 푸른색 파자마를 입은 방 안의 청일점 줄리엔에게 몸을 숙인다. "뭐 기억나시는 거 없어요? 과일 같은 거요."

"없어." 줄리엔이 조용히 말한다.

방 안에는 다시 당혹스러운 침묵이 흐른다. 마침내 엘리너가 상냥한 표정으로 말을 꺼낸다. 그녀는 밝은 색 스카프를 둘렀고 팔에는 삼각붕대를 하고 있었다. "레몬?"

"맞아요! 레몬이에요!" 카밀리가 말한다. 그녀는 시향지를 수거하면서 환자들에게 일일이 향수를 뿌렸는지 묻는다. 개별적으로 대화를 나누는 동시에 환자들에게 냄새와 추억 간의 연결 고리를 만들어주기 위해서다.

환자들에게는 다른 향기가 묻은 시향지를 나눠준다. 카밀리는 1년 내내 나는 유럽 과일이고 모든 식료품점에서 판매된다고 귀띔해준다. 하지만 환자들은 갈피를 잡지 못한다. 이번에도 의사가 줄리엔에게 다가가 떠오르는 것이 없는지 묻는다. "없어." 그는 퉁명스레 대답한다. 카밀리는 환자들을 계속 격려한다. 종류가 다양한 과일로, 달콤한 것도 있고 시큼한 것도 있으며 색깔은 빨간색이라고 설명한다. 이 말에 엘리너가 답을 찾는다. 사과였다.

이 방만 보아도 인지 기능의 상태는 물론이고 냄새에 대한 민감도가 각자 매우 다르다는 것을 쉽게 알 수 있다. 가장 잘 맞히는 엘리너는 팔을 다쳐서 병원에 왔고 의사는 그녀에게 인지 기능 장애가 전혀 없다고 판단했다. 또 다른 환자 조세핀은 워크숍 내내 말없이 무릎에 놓인 지갑만 움켜쥐고 이따금 방 안을 둘러보며 온화하게 미소 지었다. 의사는 그녀의 경우 일부 기능 장애가 의심된다고 했다. 이 두 환자는 다른 질병 때문에 입원했고 아직 인지 기능 검사를 받지는 않았다. 하지만 줄리엔은 알츠하이머병을 진단받았다. 휠체어에 웅크리고 있는 자그맣고 수척한 델핀 역시 마찬가지였다. 델핀은 가까이에 앉아 있던 펠르랭이 코 아래에 시향지를 흔들어주는데도 말을 한마디도 하지 않고 이따금 졸기만 했다. 물리아에 따르면 델핀의 경우 병이 많이 진행되었다고 한다. 치매를 앓는 사람들이 흔히 그렇듯이 델핀은 내성적이고 말이 없었다. 그녀가 병동에서 "네", "아니요" 이외의 말을 하는 것을 들은 사람은 없었다.

카밀리는 다음 향을 적셨다. 루바브였다. 이번 향은 어려웠기 때문에 방 안에는 킁킁대는 소리만 가득했다. 그런데 잠시 후 델핀이 앉은 곳에서 부스럭거리는 소리가 났다. 잠에서 깨어난 그녀가 냄새를 맡고 흠칫 놀랐다. 이뿐만 아니라 델핀은 화가 났는지 기분이 좋은지 모를 애매한 미소를 지었다. 카밀리와 병원 관계자들은 다행이라는 눈빛을 나누었다. 방 안의 분위기가 따뜻해졌다. 사람들이 게임의 요령을 터득한 것이다.

이제 카밀리는 아몬드 향을 나눠주었다. 그러자 델핀이 휠체어를 앞으로 움직이며 카밀리를 뚫어지게 처다보았다. 이번에는 냄새가 싫다는 기색이 역력했다. 다른 사람들은 향에 대해 활발하게 이야기를 나누었다. 모두 약간 쓰다는 데에는 의견을 같이했다. 아몬드 케이크와 아마레토* 얘기도 나왔다. 델핀은 펠르랭에게 몸을 숙였다. 노부인은 카밀리를 손으로 가리키며 뭐라고 중얼거렸고 펠르랭은 그녀의 요청을 전했다. "다음번에는 냄새가 좋은 것으로 부탁해요."

프루스트 효과

향수와 마르셀 프루스트의 나라 프랑스는 향기에는 기억뿐만 아니라 감정적인 반응까지 불러오는 힘이 있다는 것을 잘 안다. 프루스트의《잃어버린 시간을 찾아서》1권에는 문학계에서 가장 유명한 기억과 향기의 예가 등장한다. 그는 마들렌을 린덴(라임 꽃) 차에 적셔 먹은 것과 어린 시절 콩브레의 숙모 집에 갔던 기억이 어떻게 연결되는지 묘사한다. 학자들은 이에 경의를 표하여 강한 감정과 함께 과거의 일이 떠오르는 현상을 '프루스트 효과'라고 부른다.

냄새는 원초적인 감각으로, 위험하거나 중요한 화학물질을 알리는 체계다. 뇌의 후각 담당 영역은 다른 영역보다 일찍 발달하기 때문에 기억, 학습, 감정 중추와 긴밀하게 연관되어 있다. 그래서 후각이라는 현재의 감각을 과거의 경험과 연결할 수 있는 것이다. 그리고 그 연결 고리가 손상되면 우리는 기억을 잃는다.

알츠하이머병은 기억과 그 기억을 불러오는 향기 사이의 연결 고리가 흐트러진 반反 마들렌 상태다. 이 병은 냄새를 맡는 능력을 완전히 없애는 대신 향을 구별하는 능력을 서서히 잠식하며 우리를 미묘하게 공격한다. 결국 알츠하이머병 환자는 마들렌, 라임 꽃, 쇠고기 스튜, 담배 연기, 쓰레기 냄새가 모두 비슷하다고 느끼게 된다. 이로써 차와

● 아몬드 향이 나는 이탈리아 술.

비스킷과 콩브레를 연결 짓지 못하게 된다. 숙모와 함께 보낸 여름을 연상시키는 특유의 조합을 잃어버리면 그 순간으로 가는 연결 고리는 사라지고 만다.

하지만 두려워할 필요는 없다. 정상적인 후각 상실도 있기 때문이다. 후각은 어린 시절 가장 예민하다가 점차 감기, 알레르기, 오염 물질 흡입 등으로 둔감해진다. 코의 감각 세포는 28일 주기로 교체되므로 손상 후에도 회복력이 뛰어나다. (이 외에 재생되는 감각 세포는 미각 수용체뿐이다.) 하지만 이런 세포에도 한계가 있다.

알츠하이머병은 단순히 정상적인 후각 쇠퇴가 반복되거나 그 속도가 빨라지는 것이 아니라 후각 이상 이후에 뇌를 급격히 대량으로 손상시키는 병증이다. 4750만 명에 달하는 전 세계 치매 인구 대부분이 알츠하이머병 환자다. 2050년에는 그 수가 지금의 약 세 배에 이를 것으로 전망되지만 뚜렷한 치료법은 없다. 의료 전문가들은 향기 업계가 알츠하이머병 치료의 단서를 찾기 바란다. 어떤 전문가들은 향기가 알츠하이머병 조기 진단에 매우 효과적이고 조기에 의료진이 개입할수록 치매 진행을 늦출 수 있다고 생각한다. 또 어떤 전문가들은 이미 치매가 많이 진행된 환자들이라도 향기 기억 요법이 효과가 있을 것이라고 생각한다. 알츠하이머병 때문에 냄새를 구분하고 이름을 떠올리는 능력이 흐려졌다 해도 냄새와 관련된 기억은 머릿속에 계속 남아 있다. 과거에 직접 다가가는 방법이 효과를 발휘하지 않는다면 또 다른 방법을 동원할 수 있지 않을까?

지금은 은퇴한 남프랑스 출신의 향수 회사 경영자 마리 프랑스 아르샹보는 아틀리에 올팍티프에 대한 아이디어를 떠올리면서 알츠하이머병 환자보다 훨씬 폭넓은 대상을 목표로 했다. 그녀가 활동하는 CEW에서는 불쾌한 음식 냄새와 병원 냄새에 신물난 장기 입원 환자들에게 잠시나마 즐거움을 주고 싶었다. 그들은 워크숍에 사용하는 향수를 만드는 인터내셔널 플레이버 앤드 프래그런스와 손잡고 세상과 격리된 환자들이 좋아할 만한 향이 무엇일지 고민했다. 그 결과 어린 시절과 관련된 달콤한 냄새, 상쾌한 야외 향기, 맛있는 음식 냄새가 선정되었다. 그들이 고른 향기 중에는 립스틱 향처럼 업계 종사자들은 분명히 아는 냄새지만 일반인들에게는 미묘한 냄새도 있었다. 아르샹보에 따르면 거의 모든 사람들에게 립스틱과 관련된 어린 시절의 좋은 기억이 있었다. 립스틱 향기를 맡으면 어머니의 입맞춤이 떠오르기 때문이다.

하지만 노인 환자들과 외상 환자들도 자주 접하는 아르샹보는 향기가 얼마나 많은 기억을 불러오는지 깨닫고 워크숍 프로그램을 기억과 관련된 것으로 재정비했다. 그녀는 워크숍에서 알츠하이머병 환자들까지도 기억이 매우 강하게 되살아나는 경험을 한다고 말한다. "냄새는 어떤 장소, 사람, 행동과 연결됩니다. 정원에 있었다, 바다에 있었다, 배를 타고 있었다, 할머니와 함께 있었다, 친한 친구와 함께 있었다라는 식으로요. 그리고 가장 중요한 것은 그런 기억이 항상 감정으로 연결된다는 점입니다. 예외가 없어요." 그녀가 말한다.

카밀리는 때로 그 기억은 명절이나 어린 시절의 습관에 대한 기억처럼 보편적이라고 말한다. 그녀의 고객 중에는 호두 냄새를 맡고 가톨릭 축일인 주님공현대축일에 먹던 '킹 케이크'를 떠올리며 즐거워한 사람도 있었고 프랑스 학생들이 학교에서 자주 쓰는 흰색 접착제를 떠올린 사람도 있었다. 여자들은 꽃향기를 맡고 특별한 날에 뿌리던 향수를 떠올리는 경우가 많았다. 버섯과 산딸기 냄새를 맡은 사람들은 숲속을 거니는 기억을 많이 떠올렸다.

어떤 사람들은 짤막한 이야기를 들려주기도 했다. "어느 날 체구가 자그마한 노부인이 찾아왔어요. 온통 검은색으로 차려입은 그분은 100세를 앞두었는데 재치가 넘쳤죠." 카밀리가 말한다. "그날 전 오렌지 블러섬 향을 준비했어요. 노부인은 냄새를 맡더니 눈을 감고 이렇게 말했어요. '이 냄새를 맡으니 튀니지가 떠오르는군요.'" 그곳에서 10대를 보낸 노부인은 카밀리에게 오렌지 블러섬을 수확하기 위해 어떤 마을에 갔던 일을 이야기해주었다.

물리아는 줄리엔만큼 알츠하이머병이 진행된 어느 환자의 이야기를 들려주었다. "향기를 맡을 때마다 그는 아무 말도 하지 않았어요. '아무 냄새도 나지 않는다', '무슨 냄새인지 모르겠다' 같은 말도 하지 않았죠." 물리아가 말한다. 그러다 그에게 향수로 자주 쓰이는 베티베르 폴 향기를 주었다. 그러자 그가 갑자기 활기를 띠며 말문을 열었다. "'아! 베티베르 향으로 유혹한 여자들이 정말 많았는데!' 그 말을 하는 순간 환자는 정말이지 소년 같았어요." 물리아는 그때의 기억을 떠올리며 웃음을 터뜨렸다.

아르샹보는 전직 은행가인 치매 말기 환자를 떠올렸다. 오랫동안 말을 하지 않고 지낸 그는 와인 향기를 맡더니 아내와 함께 떠난 와인 시음 여행에 대해 길게 이야기했다. 또 오토바이 사고로 머리에 중상을 입고 말을 하지 못하던 청년은 아스팔트 냄새를 맡고는 '사고', '오토바이', '죽음'이라는 단어를 쏟아냈다. (아르샹보는 좋은 기억만 떠오르는 것은 아니라고 말한다.)

향기 기억 요법에 대해 그녀는 이렇게 말한다. "작은 서랍을 열었는데 그 안에 이야기가 들어 있는 거죠." 치매 환자의 경우 안에 담긴 이야기를 쏟아내고 나서 서랍이 다시 닫히는 속도가 매우 빠르다. "아마 5분 뒤에 내게 했던 이야기를 기억하느냐고 물으면 기억나지 않는다고 할 걸요?" 아르샹보는 말을 멈추고 어깨를 으쓱했다.

그래도 이런 식의 돌파구는 의미가 있다. 그래서 앙브루아즈 파레 병원에서는 워크숍에 가족이 함께 참석하기를 권장한다. 치매 환자들의 정신이 명료해지는 순간 사랑하는 사람들을 알아볼 수도 있기 때문이다. "가족들은 환자가 달라질 수도 있음을 직접 확인하게 됩니다. 상태가 항상 똑같지는 않다는 것을 알게 되는 거죠. 환자에게도 자기만의 지난날과 생각과 취향이 있다는 것을요." 물리아가 말한다. 치매를 앓더라도 사랑하는 사람은 여전히 기억 속에 존재한다. 향기 기억 요법은 그 기억을 끌어내는 수단이다.

카밀리의 워크숍은 순조롭게 진행 중이며 이제 델핀도 관심 있게 지켜보고 있다. 방 안의 분위기는 제법 즐거웠다. 냄새를 맡지 못한다고 말하던 줄리엔마저 즐거워 보였다. 사람들은 산딸기, 배(프랑스인에게 익숙한 술 냄새라서 그런지 모두들 상당히 빨리 맞혔다), 블랙커런트(블랙커런트로 카시스라는 술을 담그기 때문인지 역시 빨리 맞혔다), 코코넛(모두 헤맸다), 블랙베리(조세핀이 매우 기뻐하며 바로 맞혔다) 냄새를 맡았다.

"마담, 조향사로 일해보시면 어때요? 후각이 정말 대단해요!" 카밀리가 조세핀에게 농담을 던졌다. "새로운 일이라니, 좋지요." 조세핀이 웃으면서 농담에 응했다.

이제 거의 끝났다. 델핀은 몸을 앞으로 숙이고 손으로 턱을 괬다. "좋은 냄새가 나는 것으로 부탁해요." 이번에도 펠르랭이 델핀의 말을 전했다.

"좋은 냄새요?" 카밀리가 웃으며 물었다. "노력해볼게요. 하지만 사람마다 달라서요."

그녀가 다음 향기를 준비하는 동안 병원 관계자가 델핀의 달라진 모습을 이야기했다. 카밀리가 내게 그 말을 전해주었다. "델핀은 걷기와 표현에 어려움을 겪고 있는데 이런 모습은 처음이라고 하네요."

이제 마지막 향기가 남았다. "여름 과일이에요." 카밀리가 사람들에게 눈을 감으라고 한다. "복숭아?" 엘리너가 말하자 카밀리는 더 큰 과일이라고 귀뜸해준다. 그러자 율리아가 전채요리와 디저트에도 쓰인다고 추가로 설명한다. 모두 정답을 아는 눈치였다. 방 안에 기뻐하는 반응이 넘실댔다. 이것은 프랑스인들, 특히 남부에서 자란 프랑스인들이 좋아하는 과일로 따뜻한 날씨와 달콤함의 대명사였다. 사람들은 모르는 척하며 손을 내젓고는 "음" 소리를 내며 장난을 친다.

펠르랭이 델핀의 코밑에서 시향지를 흔든다.

"냄새가 느껴지세요?" 펠르랭이 묻자 델핀의 입술이 달싹거린다.

"응." 델핀의 입에서 아주 작은 소리가 흘러나온다. "멜론 냄새야."

후각과 감정의 상관관계

기억과 관련해서 냄새와 알츠하이머병은 함께 연구된다. 덕분에 정상적인 후각에 대해 많은 것이 밝혀졌고 후각이 제 역할을 하지 못하는 경우 어떤 기능 장애가 의심되는지도 밝혀졌다. 이런 연구가 최근에야 본격적으로 진행되었다는 사실이 놀라울지도 모르겠다. 후각 전문가들은 후각 영역이 다른 감각 영역에 비해 수십 년이나 뒤처져 있다는 사실에 좌절한다. 이렇게 후각 영역이 등한시된 이유는 문화적으로 후각과 나쁜 냄새를 연관 짓는 부정적인 인식 때문일 수도 있고 냄새를 정량화하기 힘들어서일 수도 있다. 아니면 맛이라는 감각에 코가 중요한 역할을 함에도 혀가 모든 영광을 차지하기 때문인지도 모른다. 어쩌면 가장 먼저 발달하는 감각인 후각의 아이러니한 운명 탓일지도 모른다. 어릴 때는 후각과 기억 간의 연관성이 크지 않다. 하지만 기억이 쌓일 정도로 나이가 들면 둘 사이의 연관성이 분명해진다.

몸속에 넣어야 이해할 수 있는 미각과 달리 후각은 멀리에서도 작용한다. 후각은 근처에 누가 있는지를 판단하고 다가가야 하는지 달아나야 하는지 결정할 단서를 제공한다. 우리가 맛있는 음식에 유인되게도 하고 독성이 있거나 상한 것을 물리치게도 한다. 후각은 우리가 어디에 있고 무엇이 다가오는지 알려준다. "냄새를 감지한다는 것은 주변에서 무슨 일이 일어날지 예측할 수 있다는 것입니다." 노스웨스턴 대학교에서 냄새 인식을 연구하는 신경학자 제이 고트프리드Jay Gottfried 박사가 말한다.

연구팀은 냄새를 맡고 맛을 보는 데 필요한 '화학 감각'이 가장 먼저 진화했을 가능성이 높다고 본다. 그래서 박테리아처럼 원시적인 생명체도 무엇에 접근하고 무엇을 피해야 하는지 알 수 있는 것이다. (인지 용어로는 '진행go'과 '정지no-go' 정보라고 한다.) 오랜 세월을 거치면서 후각 기관은 더욱 복잡해졌고 이와 함께 인간의 기억력도 진화해 냄새를 더욱 잘 구분하게 되었다.

인간에게는 1000개 정도의 냄새 수용체 유전자가 있지만 평균적으로 그중 350~400개만 발현된다. 발현된 유전자 수는 활성 수용체의 종류와 수에 영향을 미치고 이 때문에 사람마다 후각이 달라진다. 하지만 아무리 냄새를 잘 맡는 사람이라도 모든 냄새를 맡을 수는 없다. 냄새 분자는 공기 중에 떠다녀야 하고 비강 속의 수용체와 결합할 정도로 작아야 하며 우리가 감지할 수 있을 만큼 그 수가 충분해야 한다. 설치류, 개, 일부 곤충은 냄새 분자가 훨씬 적어도 감지할 수 있다. 그렇기에 꿀벌은 폭탄 냄새를 맡는 반면 인간은 맡지 못한다.

숨을 들이쉬면 냄새 분자는 후각 상피(콧속 깊은 곳에서 점액을 분비하는 세포막)에 존재하는 2000만 개의 감각 뉴런 일부와 결합한다. 이 뉴런은 후각 신경구로 정보를 보낸다. 후각 신경구는 콧구멍마다 하나씩 있고 눈 뒤에 위치하며 솜털이 보송보송한 주사위 모양이다. 이 신경구는 전뇌의 몇몇 영역으로 정보를 보내는데, 그중 가장 두드러지는 곳이 이상피질piriform cortex이다. ('이상'은 '배 모양'이라는 뜻이다.) 이상피질은 냄새를 구분할 때 주도적인 역할을 한다.

대부분의 냄새는 복잡한 화학 혼합물이다. 예컨대 버터 바른 토스트 냄새만 해도 단일 분자가 아니다. "초콜릿에는 약 500가지의 냄새 성분이 있습니다." 고트프리드가 설명한다. 냄새를 처리하는 분자가 수백 개이고 그에 따른 수용체도 수없이 많다는 것을 감안하면 둘이 조합되는 경우의 수는 엄청나게 많다. 뇌는 이런 수학적 문제를 똑똑하게 처리한다. 미각 세포처럼 분자와 수용체를 일대일로 연결하지 않고 여러 뉴런이 함께 냄새를 처리하는 것이다. 뉴런이 활성화하면 공간적(뉴런의 배열), 시간적(뉴런의 활동 순서)으로 독특한 3차원 패턴이 만들어지는데, 이 패턴을 지형도로 생각할 수 있다. 어떤 곳은 점이 높고 험준한 산맥처럼 배열되었을 수도 있고 어떤 곳은 완만한 언덕처럼 배열되었을 수 있다. "예를 들면 캔자스의 지형도는 민트 향을, 아이다호의 지형도는 레몬 향을 의미하는 것입니다." 고트프리드가 말한다.

사실 민트와 레몬 냄새에 같은 뉴런 집단이 반응할 수도 있다. 하지만 두 가지 향에 같은 뉴런이 반응해도 배열과 반응 강도가 달라진다. 이런 유연성 덕분에 우리는 수천, 수만 가지의 다양한 냄새를 인식할 수 있다. 2014년 뉴욕 록펠러 대학교 연구팀은 인간이 인식할 수 있는 냄새의 수가 1조 개 이상이라고 주장하는 연구 결과를 발표했다.

해부학적 관점에서 후각 처리 과정이 차지하는 위치 또한 특별하다. 여느 감각과 달리 후각은 뇌의 감정과 기억 중추에 가까운 영역이 담당하기 때문에 특히 예민하다. 어린 시절의 아름다운 기억을 불러오는 향을 떠올려보자. 생일 날 집 안에 감도는 케이크 굽는 냄새 같은 것 말이다. 후각 정보는 다른 감각 처리 과정의 첫 번째 정거장인 시상에 들르지 않는다. 케이크 향기를 들이마시면 그 정보는 후각 신경구를 통해 곧바로 대뇌변연계로 간다. 대뇌변연계에서는 편도체가 감정(케이크와 관련된 행복한 감정)을 통제하고 해마가 학습과 기억(지난 생일을 회상)을 돕는다. 그 근처에 있는 내후각 피질(말 그대로 '몸 안의 코') 역시 기억과 감각 처리를 담당한다.

브라운 대학교의 심리학자이자 인지신경학자인 레이철 허즈Rachel Herz 박사는 이렇게 말한다. (그녀는 냄새와 기억을 연구하며, 《욕망을 부르는 향기The Scent of Desire》의 저자이기도 하다.) "후각으로 들어온 정보가 감정과 연상을 담당하는 뇌 영역으로 온전히 전달되는 겁니다." 이런 이유로 케이크 냄새를 맡으면 따뜻한 기억에 사로잡히는 것이다.

인간의 뇌가 진화하면서 시각이 지배적인 감각이 되었다. 시각 피질이 점점 커지면서 후각 중추는 줄어들었고 후각의 경고 기능 다수가 대뇌변연계로 이동했다. 허즈는 오늘날 동물의 후각이 담당하는 역할을 인간의 경우 감정이 담당하게 되었다고 주장한다. "냄새는 위험, 사랑, 진행, 정지 같은 기본적인 정보를 제공합니다. 그런데 지금은 감정이 같은 역할을 하죠." 감정은 우리가 냄새의 특징을 학습하는 데도 도움을 준다. 냄새를 맡은 다음 무슨 일이 일어나는지에 근거해 긍정적이거나 부정적인 연결 고리를 형성하기 때문이다. 고인 물을 마시고 탈이 나면 불쾌한 냄새를 피하는 것이 좋다고 인식한다. 또 베티베르 향수로 여자를 유혹했다면 그 향은 젊은 시절의 사랑과 연결된다.

연상 학습은 인간처럼 전 세계 각지에 서식하는 동물 종에게 유리하다. 이를 통해 새로운 환경과 위치에 적응하기 때문이다. "인간, 바퀴벌레, 쥐는 지구상의 어떤 서식지에든 적응할 수 있습니다. 그 결과 그들의 먹이가 끝없이 많아졌습니다. 어쩌면 그들을 먹어치우려고 하는 것도 많을지 모르겠군요." 허즈가 말한다. 첫 번째 연상으로 감정이 강한 타격을 받는다면 같은 실수를 되풀이하지 않을 것이다. 인간은 타인의 실수를 통해 배우기도 한다. 악취가 나는 대상에 인상을 쓰거나 그것을 뱉어내는 사람을 보면서 그것을 피해야 한다는 단서를 얻는다.

향기로 기억을 불러내는 것에 깊은 인상을 받은 허즈의 연구팀은 실제로 냄새가 다른 감각에 비해 정확한 기억을 불러오는지 알아보고 싶었다. 그들은 실험을 통해 크레용, 플레이도*, 코퍼톤 사의 자외선 차단제 같은 어린 시절에 자주 쓰던 물건의 사진과 냄새 모두 생생하고 정확한 기억을 불러낸다는 것을 발견했다. 하지만 피험자는 냄새를 맡을 경우 그때 그곳에 있는 듯한 느낌이 들면서 더욱 감정이 풍부해지고 기억이 잘 떠올랐다고 말한다.

허즈 연구팀은 향수를 일으키는 팝콘, 모닥불 연기, 갓 베어낸 잔디로 두 번째 실험을 했다. 피험자들은 세 가지의 이름만 듣고 기억을 떠올린 뒤에 기억의 선명함, 그에 따르는 감정의 강도 등을 평가했다. 그 다음에는 세 가지의 냄새를 맡고 영상을 보고 소리를 들은 다음 기억과 감정 등을 평가했다. 예를 들어 모닥불 영상을 보고, 불이 타는 소리를 듣고, 그 향이 담긴 오일 비즈 냄새를 맡는 식이다. 이번에도 다른 감각보다 후각이 기억을 쉽게 불러냈고 감정이 풍성했다. 하지만 기억의 선명함에는 차이가 없었다.

냄새는 프루스트가 린덴 차에 적신 마들렌 향기를 맡았을 때처럼

● 밀가루, 물, 소금, 붕산, 광유 등으로 만든 아이들용 점토.

여러 향기들이 조합되어 좀처럼 떠올리지 않던 기억을 활성화하는 경우 가장 큰 감정을 일으킨다. "프루스트처럼 어떤 기억이 머릿속에 반짝 떠오르는 경험이 특별한 것은 그에 따르는 놀라움 때문입니다. 특정 냄새가 아니었다면 절대 떠오르지 않았을 무언가의 빗장이 풀려버린 거죠." 허즈가 말한다. 이 기억은 의도적으로 떠올린 것이 아니고 매일 맡는 냄새를 통해 떠올린 것도 아니다. 오랫동안 잊고 있다가 갑자기 다락방에서 발견한 유아용 담요에서 나는 복합적인 향기가 이런 기억을 불러일으킬 수 있다. 아니면 갑자기 느껴진 할아버지의 화장품 냄새나 지나가는 사람의 담배 냄새가 이런 기억을 불러일으킬 수도 있다. 아니면 초등학교에 찾아간 어른이 운동장 포장재 냄새, 젖은 낙엽 냄새, 학교 식당 냄새에서 이런 기억을 떠올릴 수도 있다.

이런 조합은 유일무이하기 때문에 아무런 방해 없이 관련된 기억을 불러올 수 있다. "커피 냄새 같은 경우는 너무 많은 경험과 연관되어 있어서 특정한 기억의 빗장을 풀어줄 가능성이 낮아요. 하지만 음식 냄새나 야외에서 나는 냄새가 독특하게 조합된 경우 열두 살 때의 캠핑이 불현듯 떠오르는 거죠." 허즈가 말한다.

그러므로 어떤 냄새가 그때의 기억을 불러온다면 제대로 된 것이다. 이제 다시 알츠하이머병으로 돌아가 어디에서부터 잘못되기 시작하는지 알아보자.

냄새의 지형도

후각은 기억과 밀접하게 연관되어 있기 때문에 기억 퇴행 질환에 취약하다. 아니면 그 반대일 수도 있다. 후각과 관련된 무언가 때문에 알츠하이머병이 발병하고 발전하는 것인지도 모른다.

과학자들은 후각 상실이 알츠하이머병의 초기 증상이라는 것을 오래전부터 알고 있었다. 1991년 독일의 해부학자 하이코 브락Heiko Braak과 에바 브락Eva Braak은 알츠하이머병의 진행 단계를 설명한 논문에서 알츠하이머 병원체가 내후각 피질과 초내후각(내후각 피질과 해마를 연결)에서 최초로 나타난다고 했다. (이와 유사하게 파킨슨병의 진행 단계를 설명한 2003년 논문에서 두 명의 브락 박사와 동료 연구팀은 후각 신경구와 이상피질 사이에 있는 전후각핵anterior olfactory nucleus에 병변이 처음 생긴다고 밝혔다.) 의사들은 알츠하이머병 환자가 인지 기능을 잃더라도 대부분 시각, 청각, 촉각에는 문제가 없다는 것을 관찰했다. (미각은 혀에 문제가 생겨서가 아니라 후각이 둔해짐에 따라 약화되었다.) 알츠하이머병 환자의 후각 상실은 정상적인 노화에 수반되는 신경 둔화가 아니라 갑자기 심하게 나타난다.

오하이오주 케이스 웨스턴 리저브 대학교의 신경 과학자 대니얼 웨슨Daniel Wesson 박사 연구팀에서는 쥐를 이용해 이런 증상의 원인을 찾고 있다. 후각 체계가 인간과 비슷한 설치류는 훌륭한 실험 대상이며, 특정 유전자가 발현되도록 전략적으로 번식시키기도 쉽다. 쥐는 생존을 위해 냄새를 맡기 때문에 굳이 냄새 맡는 훈련을 시킬 필요도 없다. 그저 본능적으로 냄새를 맡을 뿐이다.

연갈색 머리카락을 아주 짧게 깎은, 젊고 친절한 조교수 웨슨은 2008년 박사 후 연구원 시절부터 기록해온 공책을 자세히 읽는다. 당시 그는 알츠하이머병 유전자가 발현되도록 쥐의 유전자를 조작하여 뇌에 병리학적 이상이 일어나는지, 학습과 기억에 문제가 생기는지 실험했다. "하지만 아무도 알츠하이머병의 초기 증상인 후각 상실에는 주목하지 않았어요." 웨슨이 말한다. 그래서 그는 동료들과 함께 실험해보기로 했다.

　그의 공책에 적힌 실험 내용을 본격적으로 살펴보기 전에 알츠하이머병에 관한 몇 가지 기본적인 사실을 알아보자. 현재 이 분야에는 해답보다 수수께끼가 더 많다. 무엇 때문에 알츠하이머병으로 이어지는 복합적인 현상이 발생하는지, 정확히 어떤 메커니즘으로 뉴런이 손상되는지에 대해 모든 전문가들이 동의하는 의견은 없다. 몇몇 유전자가 알츠하이머병과 관련되어 있다고 추측될 뿐, 명백한 증거도 없다. 관련 유전자가 없는 사람에게서도 알츠하이머병 징후가 나타나기도 하고 유전자가 있는 사람이 건강하게 살아가기도 한다. 관련 유전자를 보유한 사람들은 뇌 외상, 스트레스, 병력 같은 외부적인 요인 때문에 유전자가 발현될 수도 있지만 이런 요인의 영향력을 예측할 수는 없다. 심지어 진단도 확실하지 않다. 표준검사는 아직 검증 과정을 밟고 있다.

　그래도 주요 원인이 무엇인지 말해보라고 하면 대부분의 연구팀은 플라크plaques와 엉킴tangles을 꼽는다.

　웨슨은 플라크에 초점을 맞추어 연구한다. 플라크란 아밀로이드 베타amyloid beta라는 뇌의 펩티드가 뭉친 것이다. 플라크의 출발점은 모든 뉴런에 내재하는 아밀로이드 전구 단백질이다. 이 단백질의 기능은 아직 완전히 밝혀지지 않았다. 세포 내의 효소가 미세한 실처럼 엉킨 이 단백질을 조각으로 분해하면 가용성 아밀로이드 베타가 되어 뇌 속을 떠다닌다. 어느 시점이 되면 뉴런에 너무 많은 아밀로이드 베타가 쌓이게 된다. 이는 아밀로이드 베타를 과잉 생성해서일 수도 있고 이를 빠르게 제거하지 못해서일 수도 있다. 또는 아밀로이드 전구 단백질이 너무 쉽게 조각나기 때문인지도 모른다.

　이유가 무엇이든 뉴런이 인접한 뉴런과 소통할 때 뇌세포를 둘러싼 기질matrix 안으로 가용성 아밀로이드 베타를 뱉어낸다. 이 가용성 아밀로이드 베타는 인접한 뉴런 외부에 붙어 플라크라는 끈적끈적한 막을 형성한다. 뉴런의 본질은 끊임없이 소통하는 것이다. 그런데 이제 뉴런은 플라크 때문에 말을 하기도, 듣기도 힘들어진다.

플라크는 뇌세포 기질에 머물며 뇌로 정보를 전달하는 고속도로의 과속방지턱 역할을 한다. 뉴런은 플라크를 우회하도록 정보의 경로를 재설정하는 과정에서 대가를 치른다. "뉴런의 점화에서 정확한 타이밍이 매우 중요합니다. 그런데 그 정확한 타이밍이 바뀌어버리는 겁니다. 게다가 하나의 뉴런이 아닌 엄청나게 많은 뉴런에서 이런 일이 벌어지면 문제가 생기겠지요." 웨슨이 부른다.

두 번째 원인은 신경섬유 매듭의 엉킴 현상이다. 스탠퍼드 대학교와 미국 보훈부 산하 병원에서 노화와 알츠하이머병을 연구하는 신경정신과 의사 웨스 애시퍼드Wes Ashford 박사는 이런 엉킴 현상을 '알츠하이머병의 근본적인 병리학적 특징'이라고 부른다.

문제를 일으키는 엉킴 현상의 근원에는 자연 발생적인 타우tau 단백질이 있다. 타우 단백질은 뉴런의 구조와 관련되며, 뇌 곳곳의 뉴런으로 물질을 운반하도록 도와준다. 하지만 이 단백질이 필요 이상의 인산기phosphate group에 붙으면 미세한 섬유조직을 형성하고 서로 엉키기 시작한다. 이때도 인접한 뉴런의 소통 능력에 문제가 생긴다. 뉴런은 시냅스라고 부르는 연결망을 형성하여 서로 소통한다. 작은 가지나 팔처럼 생긴 뉴런의 축색돌기가 전기화학적인 접촉을 통해 인접 뉴런에 신호를 보내면 시냅스가 활성화된다. 축색돌기가 보낸 신호는 작은 잎이나 손가락처럼 생긴 인접 세포의 수상돌기에 수신된다. 애시퍼드는 엉킨 타우 단백질이 '축색돌기와 수상돌기를 단절시키면' 그들이 제대로 작동하지 못하게 된다고 말한다. 그는 이런 단절 때문에

'나무의 가지를 잘라낸 것처럼' 뉴런의 안정성이 위태로워진다고도 말한다. 가지를 너무 많이 잃으면 나무는 시들기 시작한다. 애시퍼드는 시냅스를 대량으로 잃어도 마찬가지이며, 이렇게 치매가 시작된다고 주장한다.

그는 이렇게 말한다. "엉킨 타우 단백질은 뉴런 세포체에 다시 빨려 들어가 신경섬유 매듭을 만들 수도 있습니다. 바로 이것이 눈으로 확인되는 알츠하이머병의 병리학적 증거입니다."

과학자들은 알츠하이머 병원체가 내후각 피질에 처음 나타나는 이유를 알아내기 위해 머리를 쥐어짜고 있다. 어쩌면 내후각 피질이 새로운 기억 형성에 매우 적극적으로 개입하기 때문인지도 모른다. 내후각 피질은 입력되는 정보에 적응하고 그것을 기억할지 말지 결정하느라 시냅스를 끊임없이 형성하고 파괴한다. 애시퍼드의 말처럼 알츠하이머병은 신경가소성neuroplasticity으로 알려진 새로운 정보와 기억을 처리하는 과정을 근원적으로 공격한다. 그러므로 뇌에서 가장 유연한 부분이 알츠하이머병에 가장 취약한 것은 당연할 수도 있다.

우리가 쉬지 않고 숨을 쉬기 때문에 이와 관련된 뉴런은 쉼 없이 소통한다. 이처럼 후각 기관이 언제나 활발하게 활동한다는 사실이 문제의 확산에 일조할 수도 있다. "뉴런의 작용이 활발할수록 병원체, 특히 아밀로이드 베타를 방출할 가능성이 높아집니다." 웨슨이 말한다. 그리고 인접한 뉴런이 아밀로이드 베타와 결합하여 똑같은 과정을 거칠 가능성도 높아진다. 웨슨에 따르면 후각 기관은 여러 갈래로 갈라진 도로처럼 체계화되어 있고 각 도로를 통해 아밀로이드를 운반할 수 있다. "한곳에서 입력된 정보가 뇌 곳곳으로 전달될 수 있습니다." 그가 말한다. 뇌의 아밀로이드가 후각 영역에 모두 모인다는 가설과 부상, 질병, 독성 물질 흡입으로 후각 영역이 손상되면 알츠하이머병 유전자가 있는 사람들의 신경 퇴화가 시작된다는 가설도 있다.

문제가 어떻게 시작되고 원인이 무엇이든 나이가 들수록 손상이 심해진다. "알츠하이머병의 가장 큰 위험 요인은 나이입니다. 나이가 들수록 뭔가가 발생하고 축적될 가능성이 높아지지요." 웨슨이 말한다. 현재의 가설에 따르면 알츠하이머병이 발생한 뇌는 한계점에 도달할 때까지 견디다가 정상적인 노화가 아닌 질병으로 분류될 정도로 급격한 손상이 진행된다.

이쯤에서 다시 웨슨의 공책으로 돌아가 보자. 그의 첫 번째 실험은 단순히 플라크와 쥐의 냄새 적응력의 상관관계를 알아보는 것이었다. 웨슨은 건강한 쥐라면 냄새를 한 번만 맡아도 인지할 것이라고 생각했다. 그래서 쥐는 계속 똑같은 냄새를 맡게 되면 킁킁거리는 횟수가 점점 줄어들 것이고 나중에는 전혀 킁킁거리지 않을 것이라고 예측했다. 하지만 웨슨이 실험에 사용한 유전자 조작 쥐는 생후 몇 개월밖에 되지 않았는데도 뇌에 아밀로이드 베타가 뭉쳐 있었다. "실험 결과 같은 냄새에 거듭 노출되었음에도 쥐는 필요 이상으로 킁킁거렸습니다. 냄새 인지에 문제가 있다는 거죠." 그가 공책을 넘기며 말한다.

다음으로 그는 유전자 조작 쥐가 나이가 들면 문제가 악화되는지 알아보았다. 그의 예상대로 쥐는 나이가 들수록 냄새에 적응하는 시간이 오래 걸렸다. 유전자를 조작하지 않은 야생 쥐와 비교하면 특히 그랬다. 이는 뇌에 아밀로이드가 퍼진 것과 관계가 있다. 생후 3개월밖에 되지 않았지만 후각이 결손된 쥐를 해부한 결과 후각 신경구에 이미 아밀로이드가 쌓여 있었다. 또 다른 쥐의 경우 양이 많아진 아밀로이드가 이상피질 같은 곳으로까지 이동했다. 이는 노화와 후각 결손이 쥐의 뇌에 퍼진 플라크와 상관관계가 있음을 보여준다. 웨슨은 인간에게도 이런 현상이 나타날 것이라고 추측한다.

알츠하이머병 초기 단계의 인간을 부검할 수는 없지만 그들이 냄새를 인식하고 적응하는 것에 문제가 있음은 분명했다. 일례로 노스웨스턴 대학교의 고트프리드 실험실에서는 중년의 알츠하이머병 환자들과 같은 연령의 건강한 사람들이 냄새를 맡는 동안 기능성 자기공명영상을 촬영했다. 기능성 자기공명영상은 혈액의 흐름을 추적해 뇌의 활동을 이미지화한다. 피험자들에게는 네 가지 향이 주어졌다. 두 가지는 민트 계열, 두 가지는 꽃향기 계열이었다. 두 집단 모두 향의 강도와 호감 정도에 대해서는 비슷하게 평가하여 동일하게 냄새를 인지했다는 것이 확인되었다. 하지만 알츠하이머병 환자들은 같은 계열의 향은 물론이고 다른 계열의 향을 구분하는 것도 어려워했다. 기능성 자기공명영상에서도 건강한 사람들의 경우 이전에 맡았던 냄새와 비슷한 냄새를 다시 맡을 경우 친숙한 냄새임을 인지하여 이상피질이 덜 활성화되는 것으로 확인되었다. 하지만 알츠하이머병 환자들은 웨슨의 실험 쥐와 마찬가지로 이전에 맡았던 냄새에 적응하지 못하는 양상을 보였다.

웨슨은 초기에는 행동을 연구했지만 나중에는 쥐에게 전극을 장착하여 알츠하이머병의 진행에 따른 뇌 활동을 기록하기 시작했다. 이번에도 그의 연구팀은 쥐가 노화할수록 비정상적인 두뇌 활동을 보인다는 것을 발견했다. 웨슨은 알츠하이머병에 걸린 쥐의 후각 결절의 세타 진동●을 기록한 그래프를 보여주었다. 그래프는 뇌의 활동을 나타낸다. 쥐가 숨을 들이쉬면 곡선이 올라갔다 내려갔고 냄새를 맡으면 더욱 심하게 오르내렸다. 그 그래프는 사인 곡선처럼 매끄러워야 하지만 알츠하이머병에 걸린 쥐의 곡선은 들쭉날쭉했다. 웨슨은 알츠

● 설치류의 공간 및 후각 기억과 관련이 있는 뇌파.

하이머병 초기에는 후각 신경구가 과하게 활성화되어 후각 피질로 너무 많은 정보를 전달하기 때문에 신호가 왜곡된다고 생각한다. "이건 마치 당신에게 100명이 한꺼번에 말을 거는 것과 같습니다." 그가 말한다.

전극을 보면 이 단계에서 해마의 활동은 아직 정상적이다. 그래서 쥐는 후각에만 문제가 있을 뿐, 학습이나 기억은 정상이었다. 하지만 웨슨은 머지않아 학습과 기억의 영역에도 문제가 생길 것이라고 생각한다. 과잉 활성화된 후각 신경구 때문에 이상피질, 내후각 피질, 해마 같은 '하위' 구조에 아밀로이드가 빠른 속도로 주입되기 때문이다. 쥐가 생후 7개월쯤 되면 이런 과잉 활성화는 줄어들지만 그때는 이미 병원체가 퍼진 상태다. 이제 플라크의 영향으로 하위 구조의 반응이 무뎌진다. 두 가지 문제, 즉 지나친 활성화와 저조한 활성화 모두 냄새 인식에 필요한 뉴런의 섬세한 점화 타이밍을 망가뜨린다.

내가 웨슨의 실험실을 방문했을 당시 신경 과학 대학원생 케이틀린 칼슨Kaitlin Carlson과 박사 후 과정 연구원 마리 개드지올라Marie Gadziola가 알츠하이머병과 관련된 차세대 프로젝트를 진행 중이었다. 개드지올라는 머리에 전극을 장착한 짙은 고동색 쥐를 조심스레 들어 올린다. 전극은 여덟 개의 가는 선으로 쥐의 후각 결절과 연결되어 일부 뉴런을 추적하도록 되어 있다. 쥐는 호흡 측정 장치도 달고 있었다. 이를 통해 뇌 활동과 후각의 상관관계를 파악할 수 있다.

개드지올라는 상자 안의 작은 플라스틱 터널에 쥐를 넣는다. 그러고는 터널 안으로 냄새를 주입한다. 그녀는 쥐의 머리에 장착된 전극에 연결 단자를 부착한 뒤에 쥐가 물이 나오는 작은 관과 냄새가 분출되는 구멍을 마주하게 한다. 쥐는 바나나와 파인애플 냄새를 구분하도록 훈련받았다. 바나나 냄새가 분출될 때 관을 핥으면 물이 나오는 반면 파인애플 냄새가 분출될 때 관을 핥으면 물이 나오지 않는다. 쥐가 쿵쿵거리기 시작하자 뉴런이 반응하면서 여덟 개의 선에 자극이 전해지고 화면에 두뇌 활동이 나타난다. (칼슨은 설치류의 냄새 처리 과정도 연구 중이다. 하지만 이 실험에서는 쥐가 고정된 자세로 갇혀 있는 대신 우리 안을 자유롭게 돌아다니게 하여 일부 뉴런의 활동이 아닌 더 광범위한 뇌의 움직임을 추적한다.)

두 실험 모두 건강한 쥐를 대상으로 냄새를 감지하고 구분할 때, 그리고 보상 향기인 바나나 냄새를 다른 냄새로 바꿨을 때 뉴런이 보내는 신호에 대해 알아내고자 한다. 이후 연구에서 웨슨은 지금과 동일한 장치로 알츠하이머병에 걸린 쥐의 뇌 활동을 관찰함으로써 질병이 어떻게 진행되는지, 아밀로이드가 확산되기 전에 상부 뉴런이 정보를 처리하는 과정에서 어떻게 문제가 생기는지 알아보고자 했다.

연구팀은 이 모든 것이 후각 상실에 따르는 근본적인 문제, 즉 정보의 양이 잘못되었을 경우 뉴런이 활동을 멈추는 현상을 분명히 보여주리라고 예측한다. 냄새를 인식하는 것은 함께 패턴을 형성하는 뉴런 네트워크라는 사실을 기억하자. "장미 향을 인식하기 위해 시냅스 500개가 활성화되어야 한다고 치죠." 웨슨이 말한다. 후각 신경구가 과잉 활성화되는 알츠하이머병 초기에는 700개 정도가 활성화될 것이다. "그래서 장미 향을 인식하지 못하는 겁니다." 그가 말한다. 시간이 지나 병변이 퍼지면 정반대의 문제가 발생한다. 활동하는 시냅스의 수가 필요 이하로 적어지는 것이다. 장미 향에 해당하는 패턴의 절반에만 불이 들어오면 이를 해석할 수가 없다.

그래서 냄새를 맡는 전반적인 능력은 물론, 냄새를 구분하는 능력도 손상된다. 고트프리드가 말한 지형도를 떠올려보자. 캔자스는 민트고 아이다호는 레몬이다. 뉴런이 손상되면 지형도에 표시된 데이터도 지워진다. 따라서 각 향을 구분해주던 특징이 점점 흐릿해진다. "애리조나 지형도가 있다고 생각해봅시다. 그 지형도에서 특징적인 지역은 세도나국립공원입니다. 그런데 갑자기 소행성과 충돌해 지형도가 납작해진 겁니다. 그러면 지형도를 보면서 '이건 애리조나 지형도가 아닌데'라고 생각하겠지요." 고트프리드가 말한다.

지도가 희미해질수록 구분이 힘들어진다. 그렇게 되면 애리조나와 뉴멕시코가 같아 보이고 캔자스가 아이다호로 보인다. 민트와 레몬향이 같다고 느끼는 것이다.

후각과 알츠하이머

수년간 전문가들은 알츠하이머병 조기 진단을 위한 후각 검사를 개발하여 지형도가 흐려지기 시작하는 시점을 정확히 찾아내려고 노력해왔다. 알츠하이머병 환자에게는 후각 상실이 맨 처음 진행되므로 기능성 자기공명영상이나 아밀로이드 이미지 스캔으로 신경 손상을 발견하기 전에, 심지어 환자 자신이 문제가 있다고 인식하기도 전에 후각 검사를 통해 기능 이상을 파악할 수 있다. 후각 검사에 찬성하는 의사들은 진단이 빠를수록 일찍 관리를 시작해 손상을 늦출 수도 있다고 주장한다. 내과 의사와 제약 회사 역시 알츠하이머병을 초기에 진단하면 맞춤형 관리와 치료법을 활용할 수 있다는 입장이다. 하지만 이를 비판하는 목소리도 있다. 그들의 주장에 따르면 후각 검사는 알츠하이머병과 후각 상실을 수반하는 일반적인 질병을 구분하기에 충분하지 않으며 불필요하게 환자들에게 겁을 준다는 것이다.

펜실베이니아 대학교 후각과 미각 센터Smell and Taste Center의 리처드 도티Richard Doty 박사가 운영하는 클리닉에 가면 후각 검사가 어떻게 이루어지는지 볼 수 있다. 여기서는 자체적으로 개발한 후각 검사가 아주 오래전부터 사용되었다. 많은 의사들이 시나몬 스틱이나 마늘 소금처럼 향이 나는 것을 병에 넣고 검사 재료로 사용했다. 후각과 미각 센터 센터장이자 공동 설립자인 심리학자 겸 이비인후과 전문의 도티는 매달 3일씩 후각 장애 강좌를 진행한다. 의사들은 환자가 냄새를 맡지 못하는 원인을 찾지 못하면 최후의 수단으로 환자들을 이곳에 보낸다.

특별한 강습에 참가한 사람들의 나이는 냄새를 한 번도 느껴본 적이 없다는 10대 초반의 소년부터 어느 날 탁자에 머리를 부딪힌 뒤로 계속 악취가 난다는 40대 여성까지 다양하다. 노환으로 후각에 문제가 생긴 사람도 있었다. 아내 에스더와 함께 이곳을 찾은 하워드는 도티의 책상 맞은편에 자리 잡았다. 그는 키가 크고 조용했으며 머리가 하얬다. 위트가 넘치는 에스더는 남편 대신 말을 했다. 두 사람은 모든 일을 함께하는 오래된 부부가 그렇듯이 놀라운 텔레파시를 자랑했다. "남편은 90세지만 지금도 단독으로 비행을 한답니다." 에스더가 말한다.

"정말 멋진데요." 도티가 말한다.

"하지만 맛을 못 느껴요." 에스더가 말한다. 지난 몇 개월 동안 하워드는 먹는 즐거움을 잃었다. 단맛은 조금 느꼈지만 짠맛은 너무 강하게 느꼈고 다른 양념에서는 쓴맛을 느꼈다. "대부분의 음식에서는 아무런 맛이 느껴지지 않아요." 그가 말한다.

"냄새는 어떤가요?" 도티가 질문한다.

"글쎄요. 특별히 문제가 있다는 생각은 안 했는데요."

의사가 고개를 끄덕인다. "미각 문제는 결국 후각 문제인 경우가 많습니다. 미뢰는 단맛, 신맛, 쓴맛, 짠맛만을 인식하죠. 그밖에 나머지,

예를 들면 스테이크 소스, 초콜릿, 커피 등은 사실 냄새로 느끼는 겁니다." 도티는 이렇게 말하고는 최근 병력, 새로 복용하는 약, 화학물질 노출을 비롯해 하워드의 진료 기록을 꼼꼼히 살핀다. 특별히 눈에 띄는 내용은 없었다. "80세가 넘으면 네 명 중 세 명이 눈에 띄게 후각이 둔해졌다고 느낍니다. 65~80세의 경우 절반 정도가 그런 증상을 겪습니다. 후각에 문제가 생긴 사람들 가운데 10퍼센트가 후각을 완전히 상실합니다. 그러므로 지금 여러분이 겪는 문제는 단순히 노화 때문일 수도 있습니다. 하지만 아닐 수도 있으니 어디 한번 보죠." 도티가 말한다.

친절하게도 하워드는 여러 가지 검사가 진행되는 여덟 시간 동안 내가 따라다니는 것을 허락했다. 이들 검사는 대부분 도티가 개발한 것이다. 그중 도티가 가장 최근에 개발한 검사는 거대한 헤어드라이어처럼 생긴 공기 확산기 안에 머리를 넣고 각기 다른 농도로 분사되는 장미오일 같은 향기를 맡아 후각 민감도를 검사하는 것이었다. 기계가 공기 중으로 향을 두 번 분사하면 하워드는 어느 향이 강한지 선택한다. 또 다른 검사에서는 그가 정말 맛을 느낄 수 없는지 측정한다. 젊은 연구원이 피펫●으로 하워드의 혀에 짠맛, 단맛, 쓴맛, 신맛이 나는 투명한 액체를 각각 떨어뜨린다. 그리고 그에게 무슨 맛인지 묻고 강도를 평가하게 한다. 또 다른 검사에서는 그의 코가 막혀 있는지, 공기의 흐름은 원활한지 살핀다. 하워드는 금속 막대 같은 전기 미각 검사기를 혀에 대고는 미세한 전류가 두 번 가해지면 어느 쪽이 강한지 고른다. 이는 미뢰의 기능을 확인하는 검사다. 인지 검사에서는 목록을 보고 그대로 반복하고 단어의 철자를 거꾸로 쓰고 선을 따라 긋고

● 일정량의 액체를 다른 용기에 넣거나 빼내는 기구.

종이를 접어 바닥에 놓는 등의 활동을 한다.

하지만 이 클리닉에서 가장 유명한 검사는 긁고 냄새 맡기scratch-and-sniff다. 그중 첫 번째는 펜실베이니아 대학교 냄새 식별 검사University of Pennsylvania Smell Identification Test의 약자인 UPSIT로 알려져 있다. 이 검사에서는 냄새를 얼마나 잘 구별하는지 평가한다. 도티는 1980년대에 제작된 밝은 색의 작은 책자를 가지고 왔다. 책자에는 테레빈유, 감초, 딜 피클 같은 40가지의 평범한 냄새를 맡고 네 개의 보기 중에 어떤 냄새인지를 고르는 검사가 실려 있었다. 두 번째 검사는 냄새 기억 검사Odor Memory Test로, 오래된 의료 기기가 전시되어 있는 회의실에서 도티의 직원인 제럴딘 브레넌Geraldine Brennan이 진행한다. 그녀의 설명에 따르면 이번에는 향을 구분하는 것이 아니라 작은 책자에 실린 탭을 긁고 냄새를 맡게 된다. 그리고 10초, 30초, 또는 60초를 기다리는 동안 280부터 3씩 빼며 숫자를 센다. 그런 다음 브레넌이 책자를 넘기면 탭이 네 개 나온다. 그중 하나는 앞서 맡았던 냄새와 동일하고 나머지 셋은 오답이다. 이제 하워드는 정답을 맞혀야 한다.

브레넌은 첫 번째 탭을 연필로 긁어서 냄새를 방출한다. 그리고 10초 뒤에 페이지를 넘겨 네 개의 탭을 긁은 다음 하워드에게 차례로 건넨다. "넷 중에 어떤 것이 앞서 맡았던 냄새와 가장 비슷할까요?" 그녀가 질문한다.

"모르겠어요." 하워드가 대답한다. 하지만 반드시 하나를 골라야 하기 때문에 그는 하나를 찍는다. 검사가 진행될수록 보기를 고르기까지 기다리는 시간이 길어지면서 검사의 난이도가 높아진다. 모두 흔한 냄새지만 하워드는 몇 개밖에 인식하지 못한다. 그가 '악취'라고 말한 냄새도 있었고 '바나나'라고 말한 냄새도 있었다. 사실 향의 이름을 말하는 것은 검사 항목이 아니다. 하워드는 기억하기 쉽게 말한 것뿐이다.

마침내 브레넌이 검사가 끝났다고 말한다. "휴, 끝나서 다행이군요. 난 아마 40개 중에 두 개쯤 맞혔을 거예요." 하워드가 진지한 표정으로 말했다.

그가 받은 여러 검사를 통해 후각 검사가 무엇인지 알 수 있었다. 검사는 쉬웠고 장비는 단순했다. 게다가 수술을 요하지도 않았고 자기공명영상 촬영에 비해 비용과 시간도 들지 않았다. 세계보건기구 WHO는 2050년에는 전 세계의 치매 환자 가운데 저소득 국가와 중간 소득 국가의 인구 비율이 70퍼센트를 넘을 것으로 추정한다. 빈곤 지역의 임상의에게 유통 기한이 길고 따로 장비가 필요 없는 긁고 냄새 맡기 검사가 매우 유용할 것이다.

후각 검사를 지지하는 사람들은 후각 검사와 다른 검사를 병행하면 진단이 더욱 정확해진다고 주장한다. 컬럼비아 대학교의 신경정신과 의사이자 뉴욕 장로교 병원 기억 장애 센터Memory Disorder Center의 공동 센터장인 다반제르 데바난드Davangere Devanand가 2008년 발표한 3년간의 연구 결과를 보면 UPSIT, 일반 기억력 검사, 기능적 동작 검사, 자기공명영상 촬영을 함께 실시하면 경미한 인지 손상 환자 가운데에서 알츠하이머병이 진행될 환자를 비교적 정확하게 예측할 수 있다.

"이 후각 검사에서 낮은 점수를 받은 사람들은 점수가 낮지 않은 기억 상실 환자에 비해 알츠하이머병으로 발전될 가능성이 4~5배 정도 높습니다." 데바난드가 말한다. 그는 다른 검사 지표까지 종합하면 예측의 정확도가 훨씬 높아진다고 했다. 그에 따르면 몇 가지 검사를 동시에 받는 것은 심장발작 가능성을 예측하기 위해 가족력, 콜레스테롤 수치, 비만 등 여러 위험 요인을 따지는 것과 비슷한 맥락이라고 한다.

도티는 이런 검사가 효과적인 이유는 넓은 그물을 던지기 때문이라고 했다. 냄새와 그 이름을 연결하는 UPSIT로 감지, 식별, 구별, 기억 능력도 확인할 수 있다. "UPSIT는 냄새와 의미를 연결하는 능력을 포함하여 해당 시스템에서 확인할 수 있는 모든 기능을 압축적으로 보여줍니다. 시스템 안에서 넓은 시각으로 기능을 바라보는 것이지요." 그가 말한다.

하지만 후각 상실은 파킨슨병 같은 인지 장애뿐만 아니라 정신분열증, 우울증, 감기 등 여러 질병에서 나타난다. 후각 검사만으로는 그중 어떤 병에 걸렸는지 진단할 수 없다. 신경학적으로 정상이되, 단순히 후각이 형편없는 사람들이 거짓 양성false positives에 포함될 가능성이 있기 때문에 후각 검사가 널리 수용되지 못하고 있다. 프랑스 의사 물리아는 어떤 사람이 젊은 시절 냄새를 얼마나 잘 맡았는지에 대한 기록이 있으면 비정상적 노화와 건강한 노화를 구분하는 데 도움이 될 것이라고 했다. 그리고 허즈는 알츠하이머병 초기에 후각 검사를 받으면 냄새와 이름을 연결 짓는 능력을 통해 후각 결손이 아닌, 언어 결손을 파악할 수 있을 것으로 예측한다.

이제 하워드는 대기실에서 에스더 옆에 앉아 사과를 먹고 있다. 그는 "별맛이 안 난다"고 불평한다. 두 사람은 결과를 기다리는 동안 후각 상실로 인해 삶의 질이 얼마나 떨어졌는지 이야기한다. 에스더는 전날 저녁 식사로 먹은 스테이크의 맛을 느꼈는지 물었다. 하워드가 '30퍼센트가량' 느꼈다고 대답하자 에스더는 한숨을 내쉰다. 알츠하이머병을 비롯해서 90세 노인이 후각을 잃을 만한 병을 언급한 사람은 아무도 없다. 하지만 하워드는 결과를 꽤나 확신하고 있었다. "둘 중 하나겠죠. 절망적인 상태거나 그냥 늙어서 그렇거나요." 그가 심드렁하게 말한다.

그때 도티가 그들을 부른다. 잠시 긴장된 순간이 흐르자 모두들 농담을 던졌다. 그리고 도티가 하워드의 검사 결과를 알렸다. 그의 후각 상실은 노화 때문이었다. 하워드의 검사 결과에서 치매의 징후는 발견되지 않았다. "냄새 기억 검사, 숫자를 거꾸로 세야 했던 그 끔찍한 검사 말이에요. 그 검사 결과가 좋군요." 도티가 말한다. 장미오일로 했던 검사에서 하워드의 성적은 또래와 비교해 정상이었다. 전반적으로 그는 또래 90대의 4분의 3보다 뛰어났다. 하지만 대개 65세 전후에 시작되는 경미한 감각 상실이 있었다.

도티에게 결과를 듣는 동안 하워드와 에스더는 "와!"라는 감탄사만 되풀이했다. 도티는 영양보충제, 특수한 요리책, 가정용 후각 훈련 키트를 권했다. 아틀리에 올팍티프에서 카밀리가 그랬듯이 도티 역시 환자에게 코를 훈련하라고 조언한다.

"어쨌든 절망적인 상황이 아니잖아요." 에스더가 남편을 다독였다.

"맞아요. 난 절망적이지 않아요." 하워드가 아내의 말을 되풀이한다. 그는 둘만 아는 눈빛을 아내에게 보낸다.

언어적 정의, 문화적 연상, 개인의 기억

알리에노르 마스네의 책상에는 작은 사각 유리병이 가득하다. 유리병처럼 사방이 유리로 덮인 사무실에서는 봄날의 공원이 내려다보인다. 마스네는 인터내셔널 플레이버 앤드 프래그런스의 파리 사무소에서 일하는 조향사로, 아틀리에 올팍티프에서 사용할 향수 키트를 만든다. 하지만 오늘 그녀에게는 다른 일이 있다. 향수의 가짓수를 줄이는 일이다.

키트에 포함된 120가지 향을 80가지로 줄여야 한다. 그녀가 가장

'직관적'이라고 부르는, 즉 금세 기억을 불러오는 단순하고 쉬운 향을 골라야 한다. 완전히 순수한 향을 만드는 일은 조향사에게 흥미로운 도전이다. 일반적으로 새로운 향을 만들 때는 시간이 지남에 따라 펼쳐지는 추상적인 아이디어를 표현하기 위해 향을 여러 겹으로 쌓는다. 하지만 머리를 다쳤거나 치매를 앓는 사람들에게 이렇게 복잡한 향은 좌절감을 안겨줄 뿐이다. 그래서 마스네는 프로그램의 '비블리오테크', 즉 서가라고 할 수 있는 길고 가느다란 상자 속의 향수 병을 보며 고심한다. 그녀는 하나를 꺼내 시향지 두 개를 적시더니 하나를 내게 건네고 다른 하나를 자신의 코밑에 흔든다. 달콤하고 가벼운 향기였지만 무엇인지 생각해내기가 힘들었다. 아틀리에 올팍티프 프로그램에서 두부 외상 환자들을 위해 자원봉사를 하고 있는 마스네는 카밀리가 노인들에게 그랬듯이 답을 유도하는 질문을 던진다. "먹는 것일까요? 혹은 집에 있는 것일까요?"

시트러스 종류일까? "먹는 거예요. 하지만 시트러스는 아니에요." 그녀가 말한다. "과일일까요, 채소일까요?"

과일? 틀렸다. 꽃? 틀렸다. 나무? 역시나 틀렸다.

"보셨죠? 이런 향기는 직관적이지 못해요. 너무 여러 가지가 떠오르니까요." 마스네가 고개를 젓는다. 그녀는 달콤한 맛이 나는 채소라고 힌트를 준다. 당근? 틀렸다. "비슷해요. 미국인들이 좋아하는 먹거리예요. 특히 가을에요."

음, 모르겠다.

"당근과 같은 색이고요."

절망에 빠진 나는 한번 찍어보기로 했다. 호박? 맞았다.

그런데 정말 이상했다. 나는 이 냄새가 전혀 호박으로 느껴지지 않았다. 마스네가 만든 호박 향기는 생호박 냄새였기 때문이다. 나는 호박 하면 추수감사절과 핼러윈데이가 떠올랐고 계피와 육두구를 넣은 호박 파이와 잭오랜턴●에서 나는 호박 타는 냄새가 떠오른다. 다시 말해 내게 호박 냄새는 조리된 호박의 냄새였다.

이렇게 말하자 마스네는 눈이 휘둥그레지더니 강한 관심을 보였다. 그녀가 모든 사람에게 '직관적'인 향을 만들려고 노력할 때마다 이런 해석의 문제에 부딪히기 때문이다. 우리는 모두 출신지, 주식, 기념하는 명절 등의 영향으로 같은 냄새를 맡고도 서로 다른 기억을 떠올린다. 프랑스에서는 호박을 채소 냄새로 기억하지만 미국에서 호박은 일종의 향신료 같은 개념이다.

"이거 한번 맡아봐요. 좀 까다로울 거예요." 그녀는 또 다른 시향지를 건넨다. 달콤한 과일 아이스크림 냄새가 났다. 풍선껌일까? 아니면 솜사탕?

"풍선껌에 들어가는 맛이에요." 마스네가 힌트를 준다. 나는 좀 더 코를 킁킁거린 뒤에야 멜론 향임을 알아냈다. 그러자 코끝에서 느껴지는 향기가 다르게 다가왔다. 향기와 단어를 연결 짓고 나자 향이 분명하게 멜론으로 느껴졌다. 미각과 마찬가지로 단어와 결합하자 인식에 집중할 수 있었다. 하지만 마스네가 주의를 준다. "풍선껌이나 사탕 냄새 같다는 대답도 틀리지 않아요." 내가 멜론 향을 맡고 떠올린 기억이 델핀이 떠올린 신선한 과일과 남프랑스의 여름과 달랐을 뿐이다. 1980년대에 캘리포니아에서 자란 나는 졸리 랜처 사탕과 후바 부바 풍선껌의 멜론 향에 익숙하다.

"정말이지 문화 차이일 뿐이에요." 마스네가 힘주어 말한다. 시향지를 킁킁대던 나는 그녀가 언어 문제와 씨름할 것이라는 확신이 들

● 속을 파낸 큰 호박에 도깨비의 얼굴을 새기고 안에 초를 넣어 도깨비 눈처럼 번쩍이게 하는 핼러윈데이의 호박등.

었다. 우리는 언어적 정의, 문화적 연상, 개인의 기억을 통해 학습한 대상을 인식한다. 그렇기에 같은 냄새 분자가 코에 들어오더라도 향에 대한 인식은 매우 다를 수 있다.

알츠하이머병 환자를 대상으로 후각 검사를 하는 사람들이 바로 이런 문제에 부딪혔다. UPSIT는 미국 음식과 풍경에 익숙한 사람들을 대상으로 만들어졌다. "하지만 다른 나라 사람들은 감초나 스컹크에 익숙하지 않겠지요. 호박 파이 냄새를 한 번도 못 맡아본 사람들도 있을 거예요." 도티가 말했다. 그래서 연구팀은 미국 이외의 나라를 대상으로 검사를 만들고 있다. 타이완, 오스트레일리아, 브라질에서 실시한 연구에 따르면 자신이 사는 지역의 향기와 용어를 적용했을 경우 검사 결과가 더 좋았다. 예를 들어 브라질 버전에서는 루트비어●● 대신 타이어 고무를, 소나무 대신 그곳에 흔한 나무를 쓰는 식이다.

물론 단순히 국가적 배경만 문제가 되는 것은 아니다. 다른 차이도 냄새에 대한 인식에 영향을 미친다. 마스네는 예를 보여주겠다면서 내게 톡 쏘는 꽃향기가 나는 시향지를 건넨다. 세제 냄새였다. 그녀에 따르면 여자들은 이 냄새를 즉시 알아차렸지만 남자들은 그렇지 않았다고 한다. 모든 남자들이 빨래를 하는 것은 아니기 때문이다. 마스네는 이렇게 말한다. "남자들은 휘발유 냄새는 금세 알아차릴 거예요." 도티의 클리닉에 참가한 어느 환자는 자신이 너무 어려서 30년 전에 개발된 UPSIT를 하는 동안 애를 먹었다고 말했다. 당시 세대는 고체 비누로 손을 씻고 빵에 정향을 넣었다. 두 가지 모두 검사에 포함된 냄새였다. 소비 이력도 영향을 미친다. 즉 장미나 사과 등의 냄새를 맡고 샴푸를 떠올릴 수도 있는 것이다.

●● 식물의 뿌리로 만드는 갈색의 미국식 탄산 음료.

하지만 이런 모호함을 정면 돌파하는 향도 있다. 마스네는 이런 향을 키트에 채우려고 한다. 커피나 바닐라 같은 향이 대표적이다. "한번 맡아보세요." 그녀가 말한다. 의문의 여지 없이 초콜릿이었다. "어때요, 직관적이죠?" 물론 직관적인 향이라고 해서 무조건 좋은 것만은 아니다. 가령 피 냄새가 그렇다. 마스네는 이 향을 실제로 만들었다. "이 냄새는 즉각 알아차릴 거예요." 그녀의 말이 옳았다. 금속 냄새와 비슷한 불쾌한 냄새가 부비강을 강타했다. 나는 생물 시간에 해부 실험실에서 맡았던 냄새가 떠올랐다. 최근 병원에서 수액을 맞았거나 수술을 받은 사람은 더 잘 알아차릴 것이다.

비블리오테크를 정비하는 마스네는 오래된 향기를 빼고 방금 만든 향기를 넣었다. 그리고 동료 연구원 셀린 마네타, 심리학과 식품과학을 교차 연구하는 도미니크 발랑탱을 불렀다. 세 사람은 쾌활한 분위기에서 조향 중인 향을 가차 없이 평가하기 시작했다.

그들은 첫 번째 향을 한참 동안 쿵쿵대고 잠시 아무런 말이 없었다. 이윽고 발랑탱이 꿀이라고 말했다. "매우 집중해야 했어요." 그녀의 말에 마스네가 고개를 끄덕인다. "향이 너무 약한가 봐요." 나는 멜론 냄새를 맡았을 때와 비슷한 경험을 했다. 꿀 냄새를 맡고 헤이즐넛이나 바클라바●가 아닐까 추측했지만 꿀이라는 말을 듣고 다시 냄새를 맡자 꿀 냄새가 분명히 느껴졌다.

스모키한 다음 냄새에 대해 발랑탱은 이렇게 말한다. "마늘 아닌가요? 아니, 양파인가?" 마스네는 대답이 마음에 들지 않은 듯했다. 향이 너무 애매한 모양이었다. "내가 만들려고 했던 향은 마늘 냄새였어요. 냄새를 맡으면 바로 먹고 싶다는 생각이 드는 진짜 마늘 향이오.

● 종이같이 얇은 파이 반죽 사이에 견과류를 넣고 달콤한 시럽을 부은 터키의 전통 과자.

그런데 이건 냄새가 좋지 않군요. 쓰레기 냄새가 나요."

다음 향은 정말 쓰레기통으로 들어갔다. 방귀 냄새 같았지만 프랑스에서 가스 누출을 감지하기 위해 주입하는 약품 냄새였다. 미국인인 나는 방귀 냄새를 연상했지만 프랑스 여성 세 명은 썩은 달걀 냄새와는 다른 그 냄새를 즉시 알아맞혔다. 내게 이 냄새는 서커스장에서 맡아본 동물의 배설물 냄새와 비슷했다. "정말 강한데요." 마스네는 시향지를 쓰레기통에 넣은 다음 쓰레기통을 복도에 내놓았다.

어떤 향도 그들의 시험을 통과하지 못했다. 누구에게나 직관적인 향을 만들기는 어려웠다. 냄새에는 '기본 맛' 같은 개념이 없고 그저 수많은 패턴이 있을 뿐이었다. 그래서 보편적으로 인식 가능한 패턴을 만들기가 어려웠다. 그리고 마찬가지로 향을 맞히기도 어려웠다. 오늘 나는 거듭 향의 이름을 맞히지 못했다. '정답'은 없다고 하지만 왠지 뒤처진 기분이었다.

마스네는 향을 하나 더 건네면서 이렇게 단순한 향을 만들기가 얼마나 힘든지 토로한다. 시향지에서는 따뜻하고 부드러운 향이 풍겼다. 나는 피자 도우나 구운 밀가루를 떠올렸다. 하지만 달콤한 냄새도 났고 희미하게 아몬드와 바닐라 향도 났다. "프랑스, 이탈리아는 물론 미국에서도 흔한 향이에요. 그런데 다들 대답이 달라요." 마스네가 말한다. 이탈리아인 조부모의 식탁에서 행복한 시간을 보낸 내게 이것은 분명 비스코티** 냄새였다.

하지만 프랑스인 조향사 마스네는 다른 것을 떠올렸다. 마들렌이었다. 마들렌이라니! 잃어버린 시간을 찾아준다는, 세계 문학에 등장하는 기억의 대명사라니! 하지만 나는 이 냄새를 맡고 별다른 기억을 떠

●● 이탈리아의 쿠키. 비스코티는 이탈리아어로 '두 번 굽다'라는 뜻.

올리지 못했다. 잃어버린 기억의 냄새를 맡기 위해 프랑스까지 왔지만 성공하지 못했다.

그곳에서 내 둔한 코를 탓하며 마음 졸이는 동안 문득 그럴 수밖에 없다는 것을 깨달았다. 나는 프랑스인이 아니기 때문에 마들렌과 연결될 만한 기억이 없는 것이다. 내게는 콩브레에 사는 숙모가 없었다. 어린 시절 비스킷을 차에 적셔 먹지도 않았다. 내게 바닐라와 아몬드와 구운 반죽 냄새는 다른 기억과 연결되었다. 또다시 향과 기억, 시간과 문화적·언어적 연결 고리가 문제로 대두된다. 우리에게는 모두 프루스트와 같은 종류의 기억이 있다. 다만 프루스트와 똑같은 기억이 없는 것일 뿐.

과거로의 여행

향을 말하는 언어가 다르다면 '비블리오테크'도 다를 것이다. 사실 서로 완전히 다른 문화에 뿌리를 내린 향기 기억 요법은 역사가 얼마 되지 않았다. '스멜 어 메모리Smell A Memory'라는 이름의 이 프로젝트는 싱가포르에서 시작되었다.

광고 회사인 제이 월터 톰슨JWT 싱가포르 지부의 크리에이티브 팀은 향수 워크숍에 참석했다가 향과 기억 사이에 관련이 있음을 알고 나서 이 프로젝트를 시작하게 되었다. 이후 어떤 팀원은 알츠하이머병에 관한 책을 읽기도 했다. "전 세계가 빠른 속도로 노령화되고 있습니다. 우리는 치매나 알츠하이머병 환자의 수와 비율을 보고 큰 충격을 받았어요." JWT의 크리에이티브 디렉터인 아이린 탄이 당시의 기억을 떠올린다. 그들은 가족과도 함께하지 못하는 환자들의 이야기에 마음이 아팠다. "생각해보세요. 그렇게 가깝게 지내던 엄마와 대화를 나눌 수 없고 엄마가 당신을 기억하지도 못한다면 어떻겠어요?" 탄이 말한다. 그녀의 팀은 어머니의 젊은 시절과 관련된 냄새를 광범위하게 모아 비블리오테크를 구성하면 어머니가 추억을 떠올리고 다시 대화를 나눌 수도 있을 것이라고 생각한 듯하다.

프랑스의 프로그램과 달리 스멜 어 메모리는 알츠하이머병 환자만을 대상으로 했고 중국, 인도, 말레이시아, 유라시아 유산이 섞인 다문화 사회인 싱가포르의 과거를 연상시키는 향만을 사용했다. 스위스 향수 회사 지보단은 동남아시아에서 자란 사람들에게 울림이 있을 만한 비블리오테크를 구축했다.

작은 플라스틱 용기 열 개에는 민족적 특성과 문화적 배경을 반영한 63가지 향이 끈적끈적한 액체 형태로 담겨 있다. 그중에는 버터와 설탕을 넣고 함께 볶은 원두로 만든 '하이난 커피' 향도 있었다. '불꽃놀이 축제' 향은 지금은 금지되었지만 음력설에 중국에서 쏘던 폭죽을 떠오르게 한다. 생강, 고추, 타마린드, 판단 잎처럼 요리에 자주 쓰이는 향도 있었다. 어떤 향은 '직관적'이라기보다는 특정 분위기를 풍기기도 한다. '베드타임 스토리' 향은 활석과 면 이불 냄새를 섞어 목욕을 하고 침대에 누웠던 때를 떠오르게 하고, '해변' 향에는 바다 냄새와 자외선차단제 냄새가 섞여 있으며, '아편 나이트' 향은 특정 장소를 경험해본 세대만 이해할 수 있다. 그들은 수많은 싱가포르 노인이 어린 시절을 보낸 작은 촌락 캄퐁의 냄새를 재현하려는 시도도 했다. 뭐라 설명할 수 없이 좋은 풀 냄새, 돼지 냄새, 닭 분변 냄새를 섞어보았지만 제대로 된 조합을 찾기 어려워서 풀 냄새만 남겼다.

2013년 그들은 양로원 두 곳을 대상으로 프로그램을 시범 진행했다. 탄과 동료들은 사람들에게 냄새를 맞히라고 하는 대신 냄새를 맡은 뒤에 자유롭게 연상하게 했다. "냄새에는 정답이 없습니다. 냄새를 맡고 그에 대한 대화를 나누면 되는 겁니다." 탄이 말한다. 프랑스에서 자원봉사자들이 그랬듯이 JWT 팀은 치매가 후각을 앗아간다는 사실을 금세 파악했다. 탄은 80대의 아주 여윈 대머리 노인을 떠올렸다. 그는 이가 몇 개 빠지고 수염이 까칠하게 자라 있었지만 특유의 분위기가 남아 있었다. JWT 팀은 그가 고향 인도에서 교사나 군인이었을 것이라고 예상했다. 그는 어떤 냄새를 맡든 고개를 저을 뿐이었다. 무슨 향인지 모르겠다는 것이었다.

"그래도 괜찮습니다. 뭐든 생각나면 말씀해보세요." 탄이 말했다.

하지만 남자는 요지부동이었다. 탄은 다른 향을 시도해보기로 했다. 그러자 이번에는 남자의 얼굴에 미소가 번졌다. "장미야!" 그의 말투는 고압적이었다.

그 향은 장미가 아니었다.

사실 재스민 향이었다. 인도 사람들이 좋아하는 향이라서 특별히 고른 것이었다. 인도인들은 재스민 향을 맡고 대개 사원에 바치는 화관을 떠올린다. 하지만 향을 맞히지 못해도 상관없었다. 그에게 이 향은 장미였고 '여자친구'라는 단어를 연상시켰다. 이런 연결 고리 덕분에 그는 기억을 쏟아내기 시작했다. 10대 시절 사립 남학교에 다니던 그는 친구와 용돈을 모아 길 건너편 수녀원 부속학교의 여학생들에게 건넬 장미를 샀다고 한다.

이것이 바로 향기 기억 요법이 알츠하이머병 환자에게 부리는 마법이다. 고트프리드가 말한 지형적 특징이 사라져버린 후각 지형도처럼 남자의 지도는 흐릿해지고 있었다. 그에게 재스민 향의 지형도는 장미 향의 지형도와 같았다. 하지만 목적지가 어디든 상관없다면, 즉 어떤 기억이든 단순히 뭔가를 떠오르게 해서 감정을 불러일으키는 것이 목적이라면 지도가 잘못되어도 괜찮다. 남자는 길을 잘못 접어들었지만 오래전 여자친구에게 꽃을 주던 기억은 치매로 손상되지 않은 뇌에 지금도 남아 있다. 그리고 향이 생생하게 불러온 기억은 그때 느꼈던 달콤한 감정까지 전한다.

탄은 어느 비오는 날을 떠올린다. 그때 그녀는 동료들과 함께 양로원 식당의 식탁에 둘러앉아 악천후 때문에 도착이 늦어지는 누군가를 기다리고 있었다. 어느새 그들은 누군가를 관찰하고 있었다. 그 대상은 90대로 보이는 원기 왕성한 노부인이었다. 짧은 은발에 코가 작고 둥근 그녀는 탄과 동료들을 향해 느릿하게 걸어오더니 식탁 의자에 털썩 주저앉았다.

탄은 이내 호기심을 느꼈다. "아주머님, 저희랑 잠깐 게임하실래요?" 그녀가 물었다. 노부인이 즉각 허락했다. 탄은 단순하면서도 좋은 냄새를 줘야겠다는 생각에 망고 향을 노부인의 코 아래에 갖다 댔다. 노부인이 흠칫 놀랐다. "이 냄새 정말 싫어! 끔찍해! 개 오줌 냄새 같은걸."

이때 노부인의 뇌에서 어떤 일이 벌어졌는지 잠시 살펴보자. 강렬하고 달콤한 망고 향은 과일과 개라는 두 가지 기억으로 연결되었다. 어쩌면 후각 뉴런이 서로 충분히 소통하지 않아서인지도 모른다. 그래서 중요한 데이터가 사라지고 잘못된 지도를 불러냈을 것이다. 민트가 레몬 냄새로, 재스민이 장미 냄새로 느껴지는 것처럼 망고가 개소변 냄새로 느껴진 것이다.

이것이 인식이다. 이런 인식은 양로원에서 실제로 일어나고 있었다. 향기 기억 요법 덕분에 사람들은 지도가 희미해졌음에도 과거로 여행을 떠날 수 있었다. 잘못 연결된 냄새와 기억에 자극받은 노부인은 말레이시아에서 보낸 젊은 시절을 이야기해주었다. 결혼 후 캄퐁으로 이사해 개를 세 마리 키웠는데 그중 한 마리가 그녀를 지독히도 쫓아다녔다는 이야기, 해변에 갔던 이야기, 춤추기를 좋아했다는 이야기였다. 노부인은 자리에서 일어나더니 노래를 부르기 시작했다. 〈케 세라 세라〉 같았지만 가사는 제멋대로였다. 그녀가 손을 내밀자 누군가가 그 손을 잡았다.

두 사람이 춤을 추기 시작했다.

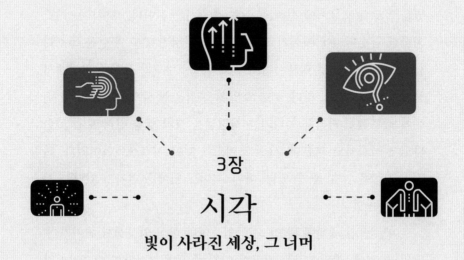

3장

시각

빛이 사라진 세상, 그 너머

딘 로이드는 방금 버스에서 내렸다. 지팡이와 검은색 가죽 서류 가방을 들고 길모퉁이에 서 있는 그는 출근하는 길이다. 로이드는 희끗희끗한 곱슬머리에 어깨가 떡 벌어졌다. 안정감 있고 우렁찬 목소리는 변호사라는 직업 덕분이기도 하고 사우스다코타 목장주 집안에서 물려받은 것이기도 하다. 검은색 알의 두꺼운 뿔테 안경과 지팡이 때문에 팰로앨토 거리를 지나가는 사람들은 그가 앞을 전혀 보지 못한다고 생각할지도 모른다. 사실 로이드는 한때 시각장애인이었다. 하지만 지금은 앞을 볼 수 있다. 아니, 적어도 앞에 무언가가 있다는 것을 볼 수는 있다.

로이드는 전 세계에 몇 안 되는 인공망막 이식 임상실험 참가자다. 그의 눈 뒤에 배열된 작은 전극이 안경 중앙에 고정된 비디오카메라를 통해 정보를 받은 다음 뇌가 시각적인 단서로 해석할 수 있도록 전기 신호로 변환한다. 그가 착용한 장치는 아르구스 2 인공망막 시스템 Argus II Retinal Prosthesis System이다. 이렇게 정확하게 부르고 싶지 않다면 인공 눈이라고 불러도 된다. 로이드는 '모델 T'라고 부르곤 한다. 그는 카메라의 신호를 몸에 이식된 안테나 코일에 연결해주는 영상 처리 장치를 두드리며 "제 주머니에는 포드 모델 T⦁가 있습니다"라고 말한다. 자신이 세계 최초의 이식형 시신경 자극기 기술의 시험 대상임을 잘 안다는 뜻이다.

로이드는 원래 앞을 볼 수 있었지만 색소성 망막염으로 서서히 시

⦁ 미국 자동차 대중화의 시초가 되었던 포드의 자동차 모델명.

력을 잃었다. 색소성 망막염은 빛을 감지하는 눈의 광수용체 세포가 파괴되는 유전 질환이다. 그는 17년 동안 낮과 밤 정도만 구분하는, 사실상 시각장애인으로 살았다. 그러다가 2007년 아르구스 2 임상실험에 지원해 미국에서 일곱 번째로 인공망막을 이식받고 전 세계에 30명뿐인 인공망막 이식자가 되었다. 덕분에 로이드는 보는 방법을 다시 배워야 했고 세간의 호기심을 모으게 되었다.

반사와 대비로 이루어진 세상

시력은 수동적인 작용으로 여겨지기 쉽지만 사실은 해석 능력을 요하는 능동적인 과정을 거친다. 시각은 인간의 지배적인 감각이지만 세상이 제공하는 엄청난 양의 시각 정보를 모두 분석할 수는 없다. 게다가 그 정보 중에 상당수는 모호하고 복잡하며 순간적이다. 언어와 문화 같은 외적 요인을 통해 우리는 무엇에 주의를 기울여야 하는지 배운다. 그리고 감각 계통에도 잡음 속에서 신호를 걸러내주는 신경 기전이 있다. 로이드처럼 망막을 이식받은 사람은 무엇에 주의를 기울여야 하는지를 다시 배워야 한다.

로이드를 비롯한 임상실험 참가자들은 아르구스 2를 개발한 세컨드 사이트Second Sight 사와 지속적으로 경험을 공유하며 새로운 인공망막의 개발을 위해 힘쓴다. (캘리포니아주 실마에 있는 세컨드 사이트는 2011년 말에는 유럽에서, 2014년 초에는 미국에서 인공망막 판매를 시작하여 세계 최초의 상업적 망막 이식을 가능하게 했다.) 우리는 임상실험 참가자들을 통해 입력된 감각이 어떻게 처리되는지를 살펴볼 수 있다. 이 처리 과정을 기술적인 용어로 '변환'이라고 하는데 실제 세계의 자극을 신경과 뇌의 전기 언어로 바꾸는 것을 의미한다. 뇌에 말을 거는 방법과 뇌의 지시를 읽는 방법을 배우는 일은 뇌 언어 연구의 시작점에 불과하다. 과학자들이 뇌의 언어를 어떻게 연구하는지는 4장과 5장에서 살펴볼 것이다. 인공망막 같은 신경보철neuroprosthetics은 정보를 뇌로 전달한다. 즉 일반적으로 감각기관이 하는 일을 흉내 내서 '입력'한다. 미각과 후각의 경우 입력되는 정보는 화학적 신호, 즉 수용체에 갇힌 분자에서 시작된다. 청각의 경우 음파라는 공기 압력의 변화에서 시작된다. 촉각은 피부에 가해지는 기계적 압력에서 정보를 얻는다. 그리고 시각 정보의 토대는 빛이다.

로이드는 빛을 기억한다. 색도 기억한다. 문자도 기억한다. 사물과 사람들의 형상도 기억한다. 그에게는 이런 기억이 있기 때문에 아르구스를 통해 전해지는 시각적 정보가 실제보다 단순하다는 것을 잘 안다. 하지만 그 시각적 정보는 의미가 있다. 그가 매일 사용한다는 것이 그 증거다. "인간의 뇌는 입력되는 정보가 무엇이든 간에 처리해야 합니다. 말도 안 되는 것에서 의미를 찾아내기도 하지요. 뇌는 인체에서 가장 경이로운 기관입니다." 로이드가 말한다.

10월의 어느 포근한 아침이었다. 해가 뜬 지 얼마 되지 않아 아직 빛이 희미했다. 로이드는 길을 건너기 시작한다. 열심히 지팡이를 더듬거리자 아스팔트에 부딪쳐 딱딱 소리가 난다. 그는 걸어가는 동안 보이는 것들을 기운차게 설명한다. 그는 2, 3차원 형상으로는 보지 못한다. 그에게 보이는 사과는 굴곡이 없고 버스는 원통형이 아니며 바퀴도 둥글지 않다. "하지만 경계와 가장자리는 보입니다." 그가 말한다. 어둠과 빛이 경계를 이루는 지점이 보인다는 뜻이다. 빛이 번쩍거리는 것처럼 보이는 이 경계를 그는 '인식 지점'이라고 부른다. 그는 이 경계를 통해 사물이나 공간의 가장자리를 인식하고 이를 길을 찾는 지점으로 활용한다.

"표지판 옆에 흰색 선이 있는 것 같은데요." 로이드가 길에 그려진 차선을 보며 말한다. 아르구스가 흰색 차선과 진회색 아스팔트 사이의 대비를 포착한 것이다. "저는 이걸 일종의 표지로 이용합니다."

그는 작은 회사 건물을 지나친다. 그러다가 오른쪽에 나타난 연회색의 도로 경계석에 주목한다. 그가 걷고 있는 인도 가까이에 있는 자갈 깔린 화단의 경계도 알아차린다. "도로를 한번 볼까요? 저기, 저곳이 아스팔트예요." 그는 왼쪽의 더 어두운 길을 가리키며 말한다.

로이드가 도심 도로만 이렇게 설명할 수 있는 것은 아니다. 그에게 세상은 반사와 대비가 가장 심한 부분을 표시하는 밝은 점으로 보인다. 자동차 앞 유리의 번쩍임으로 달려오는 차를 보고 유리의 반짝임으로 건물의 창문을 본다. 식탁 위의 접시는 왼쪽 끝의 빛에서 오른쪽 끝의 빛까지를 살펴보는 데 걸리는 시간으로 크기를 가늠한다. 알파벳 E의 경우는 컴퓨터 모니터로 아주 크게 확대해서 네 개의 막대가 만들어내는 대비점으로 인식한다.

그는 매 순간 이렇게 세상을 본다. 1초 이상 지속되는 빛이 없음에도 빛에 대한 기억을 차곡차곡 모아 머릿속으로 세상의 이미지를 그린다. 이런 노력은 친숙한 공간에서 가장 빛을 발한다. 로이드는 동네를 걸어 다니면서 아르구스로 얻은 정보와 예전 기억을 결합해 감각 정보를 계속 만든다. "전 팰로앨토를 매우 잘 압니다. 예전에는 운전을 하기도 했고요. 머릿속에 베이에어리어가 훤히 들어 있지요. 사람들이 길을 잃으면 나에게 전화할 정도라니까요. 내가 GPS예요." 그가 잠시 킥킥댄다.

로이드의 말은 농담이 아니었다. 길을 찾는 그의 능력은 불가사의할 정도였다. 그는 외출할 때는 지팡이를 사용했지만 실내에서는 기억, 촉각, 아르구스에 의지해 돌아다녔다. 법률 문서 등을 읽는 일은 다른 사람의 도움을 받고 '말하는 시계' 같은 전자 기기의 도움도 받는다. 하지만 시각장애인 안내견의 도움을 받지 않고 점자를 읽지 않으며 일반적인 타자기를 사용한다. 물론 그가 30년 넘게 가족법 전문가로 일하면서 엄청난 기억력을 요하는 세세하고 집중적인 일에 훈련이 되었기 때문이기도 하다. 하지만 그가 아르구스의 드문드문한 정보를 이용할 수 있는 덕분이기도 하다. "아르구스는 빛 스펙트럼의 일부만을 봅니다. 흰색, 회색, 검은색밖에 못 보죠. 그것으로는 할 수 있는 일이 별로 없습니다. 하지만 아르구스는 그렇게 적은 양의 정보로 최대한의 효과를 냅니다." 로이드가 말한다.

이제 로이드는 조용한 마당이 딸린 건물에 도착해 주방으로 향한다. 그곳에서 그는 커피메이커를 작동시킨다. "커피메이커 가장자리가 보여요." 그가 말한다. 반짝이는 흰색 플라스틱 정육면체인 커피메이커는 흰색 벽 앞의 흰색 조리대 위에 놓여 있다. 흰색은 언제나 어렵다. 빛이 너무 많아서 대비점을 명확하게 찾기가 힘들기 때문이다. 하지만 로이드는 어렵지 않게 기계의 경계와 크기와 모양을 파악해 커피메이커임을 알아차린다. "눈에는 경계만 보이지만 머리로 빈 공간을 채웁니다." 그가 말한다.

유기체는 파악하기가 더욱 어렵다. "생물은 차이를 실감할 정도의 에너지를 발산하지 않습니다." 그는 실망스럽지만 재미있다는 듯이 말한다. 그는 대개 소리로 사람을 파악한다. 물론 가끔은 가장 빛나는 부분이 얼핏 보이기도 하지만, "이제 당신을 한번 살펴볼게요. 가장자리를 파악하고 있어요." 그는 커피가 끓는 동안 나를 뚫어지게 바라본다. "눈이 빛나는군요." 로이드가 내 눈을 향해 손을 흔들고 우리 둘다 당황한다. 잠시 후에야 우리는 무슨 일인지 이해했다. 그는 내 안경을 봤던 것이다.

이미지로 인식하다

원래 시각 기관은 다음과 같이 작용한다.

우리는 전자기파 띠의 일부인 400~700나노미터 파장의 가시광선을 감지한다. (전자기파 중에 엑스선, 자외선, 적외선, 전파는 볼 수 없다.) 눈의 투명한 각막과 그 아래의 수정체는 빛을 굴절시키고 초점을 맞춘다. 눈에서 색깔이 있는 부분에 해당하는 홍채는 수정체로 들어오는 빛의 양을 측정해 홍채 가운데의 구멍인 동공의 크기를 제어한다. 동공은 빛의 양이 적어서 어두우면 확장하고 빛의 양이 많아서 밝으면 수축한다. 빛은 눈 안에 투명한 젤이 채워진 유리체를 통과하고 이제 초점이 맞춰진 이미지는 눈 뒤쪽의 망막에 부딪힌다. 망막은 변환, 즉 입력이 시작되는 곳이다.

망막에는 막대 모양의 간상체와 원뿔 모양의 추상체라는 두 종류의 광수용체가 있다. 간상체는 어두울 때, 추상체는 밝을 때 작용한다. 우리는 추상체를 통해 색을 인식하기도 한다. 색이 인식이라는 것은 꼭 알아두어야 한다. 놀랍게도 세상의 사물이 원래 갖고 있는 색은 없다. 우리가 색이라고 인식하는 것은 사물의 표면에 반사된 빛의 파장이다. 빛의 파장이 짧으면 보라색에 가깝게, 파장이 길면 빨간색에 가깝게 보인다. 우리는 파장과 추상체의 상호작용으로 색을 경험하는 것이지 사물이나 파장 자체가 색을 지닌 것은 아니다. (어두울 때는 추상체가 아닌 간상체가 작용하기 때문에 색이 '사라진다'.)

학창 시절 추상체는 파란색, 초록색, 빨간색에 반응하는 세 종류가 있다고 배웠을 것이다. 하지만 깊이 들어가면 약간 까다롭다. 아마도 추상체는 모든 파장에 반응하지만 단파장, 중파장, 장파장에 더욱 민감하다고 말하는 편이 정확할 것이다. 세 가지 추상체의 반응이 결합한 패턴이 색이라는 인식을 만들어낸다.

　시각 처리 과정은 망막에서 시작된다. 이곳에서 시각 기관은 외부 세계에서 들어오는 정보를 여과하기 시작한다. 광수용체가 전달하는 정보를 받아들이는 신경절 세포가 좋은 예다. 신경절 세포에는 두 종류가 있다. 중심 흥분ON-center 세포는 수용장receptive fields의 중심에 떨어지는 빛에 민감하다. 이 세포들은 중심에서 빛이 감지되면 신경 발화율을 높이고 주변부에 빛이 떨어지면 신경 발화율을 낮춘다. 중심 억제OFF-center 세포는 정반대다. 두 세포 모두 중심부와 주변부의 서로 대비되는 빛의 세기에 민감하며, 둘 사이에 어느 정도 차이가 나는지도 감지한다. 신경절 세포는 주변 빛의 절대적인 밝기, 예를 들어 방에 경기장용 조명을 켰는지 성냥불 하나를 켰는지를 전달하기보다 수용장 중심부와 주변부의 대비에 더욱 신경 쓴다. 다시 말해 신경절 세포는 시야 내의 두 영역 사이의 밝기 차이, 즉 주변의 빛과 관계없이 안정된 상태를 유지하는 대비를 감지한다. 이제 시각 기관은 전반적인 밝기에 대한 정보를 포기하는 대신 대비에 대한 정보를 보내기로 한다. 우리가 보고 있는 것을 판독하기에는 그 편이 도움이 되기 때문이다.

　정보가 시각 처리 경로를 통과하는 동안 이런 식의 여과는 여러 차례 반복되며, 입력된 정보의 각기 다른 특징을 처리하는 뉴런은 가장 핵심적인 세부 정보를 우선적으로 통과시킨다. (이 여과 장치에 대한 신경 과학적인 설명은 4장에서 살펴보자. 이는 대단히 복잡한 연구 분야로, 신경 과학자들도 연구를 시작한 지가 얼마 안 됐다.) 우선은 정보가 눈을 떠나는 순간부터 시신경(신경절 세포의 축색돌기가 결합된 것이다)을 통해 시각 처리 과정이 시작된다는 점을 알아두는 것이 중요하다. 정보가 시각 피질을 지날 때 위치, 크기, 방향 등을 파악하는 뉴런은 이를 분석해 이미지로 인식시킨다. 우리가 인식하는 것이 객관적인 현실이 아니라 이미지라는 것을 반드시 기억하자. 이미지란 뇌가 지극히 편향된 여과 장치와 인간의 눈이 읽을 수 있는 전자기 스펙트럼의 좁은 영역을 활용해서 이용 가능한 정보를 모아 만들어낸 것이다. 우리의 시각 세계에는 1억 개에 달하는 광수용체가 활동하기 때문에 몇 안 되는 광수용체가 활동하는 딘 로이드의 시각 세계보다 정밀하겠지만 말이다.

아르구스 2는 이런 시각 처리 과정이 시작되기 전에 망막에 닿으려는 빛을 가로챈다. 이는 극히 어려운 바이오해킹이다. 4장과 5장에서 살펴볼 판독 보조 기술처럼 뇌나 감각기관에 직접적으로 작용하는 기술은 고도로 전문적이고 수술을 요하므로 대부분 대학이나 병원 연구팀의 영역에 속한다. 아르구스처럼 시판 중인 장치는 극히 드물고 이마저도 고객 수가 매우 적다. 아직까지 이런 장치는 의학적 도움이 필요한 사람들을 위한 보조 기기로 개발되어 선천적으로 또는 후천적으로 감각기관이 제 기능을 하지 못하는 사람들이 감각 기능을 되찾도록 돕는다. 이 책의 뒷부분에서 만나볼 미래주의자들은 건강한 사람들의 감각 경험을 향상시키고 폭을 넓히는 입력 이식 장치를 꿈꾸지만 오늘날의 신경보철은 그보다 훨씬 단순하다. 오늘날의 신경보철은 환각을 일으키는 소리와 빛의 쇼를 보여주는 대신 입력되는 데이터의 흐름을 최대한 단순하게 요약한다.

세컨드 사이트의 사업개발팀 부팀장 브라이언 메크에 따르면 색소성 망막염 환자들이 아르구스의 임상실험 대상으로는 완벽하다고 한다. 색소성 망막염 때문에 간상체와 추상체가 파괴되지만 일부 신경절 세포, 양극성 세포, 시신경은 제 기능을 하기 때문이다. 제 기능을 하는 이들 세포의 활동을 이식 장치로 촉진할 수 있다. "우리가 하는 일은 그 세포들을 발화하는 겁니다. 그다음에는 기존의 시각 처리 과정이 나머지를 처리하게 두는 거죠." 메크가 말한다.

아르구스 2를 이식받은 사람들은 원래 눈의 시력을 더 이상 활용하지 않는다. 대신 안경 코걸이에 장착된 카메라가 망막으로 가는 빛을 포착·처리한다. 빛을 포착한 카메라는 케이블을 통해 사용자가 주머니에 넣고 다니는 영상 처리 장치로 정보를 보낸다. 영상 처리 장치는 이미지의 화질을 높인 다음 케이블을 통해 플라스틱 안경 옆에 달린 첫 번째 디스크 안테나로 보낸다. 안테나는 눈 안의 이식 장치에 전원을 공급하고 이미지를 비춘다.

로이드의 집도의는 코일, 전자 패키지, 전극 배열판의 연결부를 이었다. 전자 패키지는 아스피린 크기의 은색 금속 원반이다. 이 작고 동글납작한 원반에는 이식 장치의 전극 배열판을 제어하는 칩이 담겨 있다. 의사는 이것을 로이드의 오른쪽 눈 공막(눈의 흰색 외부 조직)에 부착한 다음 결막(공막을 덮어 보호하는 세포막) 아래에 고정했다. 전자 패키지는 안와 뒤쪽에 위치하므로 로이드가 안경을 벗어도 보이지 않는다. 의사는 두 번째 안테나를 삽입했다. 중합체를 코팅한 납작한 타원형 금색 코일이다. 이 안테나는 외부 안테나에서 신호를 수신해 전자 패키지에 전원을 공급하고 영상 이미지를 보낸다. 두 번째 안테나 역시 안와 뒤쪽에 위치하며, 공막에 부착한 뒤에 결막으로 덮어 주었다.

끝으로 의사는 기계와 인체가 소통하는 다리 역할을 하는 전극 배열판의 위치를 잡았다. 배열판의 시작 부분에는 구부러지는 실리콘 중합체 테이프가 붙어 있다. 이 테이프는 전자 패키지의 은색 디스크에서부터 로이드의 홍채와 가까운 곳까지 연결된다. 배열판 역시 결막 아래에 있기 때문에 겉에서는 보이지 않는다. 배열판이 지나가는 눈 안의 유동체를 수술용 렌즈로 들여다보면 촉촉하게 반짝이는 구멍처럼 보인다. 배열판의 끝 부분에는 초소형 금속 점 60개가 격자 무늬로 배열된 탭이 있다. 이 점들은 로이드의 살아 있는 세포에 시각적 자극을 주는 전극이다.

배열판은 구체인 안구에 맞춰 살짝 휘어 있다. 의사는 눈의 가장 깊은 곳에 있는 망막의 중심부 망막 황반에 배열판을 조심스럽게 내려놓았다. 로이드의 눈에서 색소성 망막염 때문에 손상된 곳이 바로 이 부분이다. 망막에서 색소를 분비하는 층에 변화가 생김에 따라 조직은 얼룩덜룩하게 어두운 색을 띠고 있다. 의사는 배열판의 위치를 잡고 작은 압정 같은 것으로 고정했다. 이제 아르구스의 카메라를 통해 들어온 영상 정보는 전기 신호가 되어 배열판에서 세포체로 이동한다. 그러면 로이드의 시신경은 정상적인 경로를 통해 신호를 뇌로 전달한다.

로이드의 망막은 각각의 전극이 전하는 60가지 정보를 수신한다. (사실 로이드의 경우 52가지 정도다. 그가 이식받은 전극 60개가 모두 제대로 작동하지는 않기 때문이다.) 전극을 풋볼 경기 득점판의 불빛이라고 생각할 수도 있다. 각 전극은 신호를 받으면 반짝하고 켜진다. 하지만 로이드의 득점판은 불빛이 아주 잠깐 동안만 반짝일 뿐이고 어떤 형상을 비추기 위해 필요한 불빛이 모두 동시에 반짝이지 않을 수도 있다. 이런 득점판으로는 이미지를 지속적으로 보여주거나 높은 해상도로 보여주기 힘들다. 세부적인 것은 나타나지 않고 명암도 거의 없다. 하지만 사물의 위치, 크기, 방향, 밝기, 존재 여부 같은 유용한 정보는 전달할 수 있다. 그리고 방법을 배우기만 하면 이 정보를 활용해 얼마든지 돌아다닐 수 있다.

아르구스의 직계 조상은 이보다 훨씬 이전에 등장한 인공 감각기관인 인공달팽이관이다. 이 장치는 외부 마이크, 음향 처리 장치, 몸속에 이식하는 전극 배열판(음향을 전기 신호로 전환하여 청신경으로 전달)을 결합해 청각장애인의 청력을 일부 복원한다. 1960년대와 1970년대 이 장치에 대한 실험이 시작되었고 1982년 미국에서 세계 최초의 다중 전극 장치가 승인되었다.

인공달팽이관은 인공망막에 비해 입력되는 정보의 양이 적기 때문에 모든 소리가 심하게 단순화된다. 장치를 이식받은 사용자들은 자신들이 듣는 소리를 음이 몇 개밖에 없는 피아노 연주에 비유하기도 한다. 그들은 장치를 이식받은 후의 첫 느낌은 어리둥절하고 불쾌했다고 말한다. 인공망막과 마찬가지로 인공달팽이관 사용자들은 기존에 들었던 소리에 대한 기억을 바탕으로 소음과 신호를 구분하는 법을 배워야 한다. 이 장치는 청각장애인을 '치료할 수 있다'는 광고, 일관성 없는 이식 결과, 어린아이들에게 이식했을 경우의 문제점들 때문에 비난을 받았다. 하지만 전반적으로 인공달팽이관 이식은 상업적인 면에서 성공을 거두었다. 미국 식품의약국FDA은 2012년을 기준으로 전 세계의 인공달팽이관 사용자가 약 32만 4000명이라고 추산했다. 이 장치는 신경보철을 품질 저하나 감염 없이 장기간 착용할 수 있다는 것과 사용자들이 매우 적은 정보에도 적응할 수 있다는 것을 보여줌으로써 인공망막의 앞길을 터주었다.

세컨드 사이트의 공동 창업자 앨프리드 만Alfred Mann은 서던캘리포니아에 소재한 인공달팽이관 제조사인 어드밴스드 바이오닉스Advanced Bionics를 설립하기도 했다. 색소성 망막염을 앓는 동료에게서 아이디어를 얻은 그는 인공달팽이관과 비슷한 인공 기관을 눈에도 적용할 수 있지 않을까 하는 의문을 가졌다. 1990년대 말에 만은 롭 그린버그Rob Greenberg 박사를 비롯한 몇몇 연구팀과 이 아이디어를 연구하기 시작했다. 존스 홉킨스 의과대학에 재직했던 그린버그 박사는 눈에 작은 탐침을 넣어 망막에 전기 자극을 주는 실험을 했었다. 메크는 "이 실험에서 환자들은 전선이 하나일 때는 하나의 빛을, 둘일 때는 두 개의 빛을 볼 수 있었습니다"라고 말한다. 이는 매우 중요한 결과였다. 연구 초기에 과학자들은 전기 자극이 빛을 개별적인 지점으로 나타내지 않고 쓸모없는 빛 덩어리를 만들어내는 것이 아닌지 걱정했기 때문이다. 하지만 점으로 나타나는 빛으로는 충분하지 않았다. "당시 그린버그는 나머지 부분을 해결할 기술이 필요하다고 생각했습니다." 메크가 말한다.

세컨드 사이트는 1998년에 설립되었고 그린버그는 최고경영자이자 회장이 되었다. 이후 아르구스는 계속 개발 중이다. 첫 번째 버전은 두 가지 의문만 해결하기 위한 것으로, 상당히 조악했다. 메크에 따르면 이 버전은 오랫동안 안전하게 망막을 자극할 수 있는지, 그리고 그 효과가 약해지지 않는지를 알아보기 위한 것이었다. 최초의 이식 장치인 아르구스 1은 사실상 어드밴스드 바이오닉스의 기술로 만든 것이었다. "우리는 이미 승인된 인공달팽이관 기술을 활용했습니다. 이 장치의 전극을 눈에 맞게 변형했죠." 메크가 말한다.

2002~2004년 여섯 명의 임상실험 참가자가 아르구스 1을 이식받았다. 메크는 임상실험 결과가 희망적이기는 했지만 한계가 있었다고 말한다. 인공달팽이관의 전극 16개만으로는 이미지의 해상도가 너무 낮았다. 게다가 앞이 거의 보이지 않는 사람들을 대상으로 시력의 개선 여부를 측정하기가 힘들었다. 그들에게 시력검사표를 쓸 수도 없었고 시력이 정상인 사람들을 대상으로 하는 검사를 실시할 수도 없

었다. "그저 임상실험 참가자들이 무엇을 해내는지 관찰할 수밖에 없었습니다. 그들은 걸어 다니다가 중간에 있는 사물을 피할 수 있었고 문과 창문을 찾을 수 있었습니다. 집 안에서 블렌더나 커피메이커 같은 물건을 찾은 사람도 있었습니다. 밖에 나가서 지붕의 선을 알아보고 방에 사람들이 있다는 것을 알아차리기도 했지요." 메크가 말한다.

다음 버전은 전극의 개수를 늘리되, 크기를 줄여서 이식 수술 시간을 단축했다. 아르구스 1을 이식하는 데는 외과 전문의 세 명이 여덟 시간 동안 매달려야 했다. 이제 세컨드 사이트는 의사 한 명이 더 빠른 시간 안에 안전하고 저렴하게 이식할 수 있기를 바란다. 그러려면 해결해야 할 기술적인 과제가 있다. 그중 하나는 (메크의 설명에 따르면) "젖은 휴지처럼 쉽게 손상되는" 망막이 전극 배열판에 다치지 않게 해야 한다는 것이었다. 이를 위해 세컨드 사이트는 배열판을 곡선 디자인으로 만들었고 배열판에 중합체를 사용했다. 또 다른 과제는 눈 안에 이식할 수 있을 정도로 작은 방수 캡슐에 60개의 전극을 넣는 것이었다. 2006년 새로운 버전이 개발되었고 이를 이식받을 사람이 필요했다.

두 번째 눈

딘 로이드의 사무실. 컴퓨터는 로이드의 책상 의자에서 멀리 떨어져 있다. 컴퓨터 모니터는 비서를 향하고 있다. 그것만 제외하면 여느 변호사 사무실과 다를 바가 없다. 벽에는 변호사 자격증이 붙어 있고 책상에는 서류철이 쌓여 있으며 커피 잔이 여기저기 놓여 있다. 로이드는 오늘 법정에 가야 하기 때문에 짙푸른색의 줄무늬 정장을 입었다. 그는 책상 의자에 앉아 고개를 약간 들고 있다. 카메라가 맞은편에 앉은 사람을 비추게 하려면 이렇게 해야 각도가 맞다.

그는 안경을 벗고 장치를 이식받은 눈을 보여준다. 실례를 무릅쓰고 자세히 쳐다봐도 짙은 색의 동공과 초록색 홍채만 보일 뿐, 전극 배열판은 보이지 않는다. 신경자극기를 이식받았음을 알려주는 유일한 단서는 안경을 벗었을 때 울린 경고음이었다. 안경테의 안테나와 눈의 코일 간의 연결이 끊어졌다는 신호였다.

로이드는 원래 의사가 되려고 했다. "집안 내력이죠. 할아버지는 시골 의사였고 삼촌도 의사였어요. 가족들은 내가 당연히 의사가 되어야 한다고 생각했어요." (목장에서 3주 동안 일한 뒤에는 또 다른 가업인 목장 일은 포기했다. "말은 나를 싫어했고 나도 말이 싫었어요. 우린 서로 안 맞았어요." 그가 말한다.) 그는 사우스다코타 대학교 의대에 진학했지만 현미경으로 조직 표본을 보기가 힘들었다. 로이드의 시력은 0.5 정도로 일상생활에는 그리 불편하지 않았기 때문에 그는 적잖이 당황했다. "운전도 했고 모든 일을 정상적으로 했어요." 그가 말한다. 하지만 현미경만은 흐릿해 보였다.

그는 안과에서 시력과 청력을 모두 상실하게 되는 어셔증후군이라는 오진을 받았다. 로이드는 3~5년 내에 시력을 잃을 것이라 생각하고 의대를 자퇴했다. "생화학과 해부학에서 내리 A학점을 받은 덕분에 상까지 받았어요." 그가 재미있다는 듯이 웃으며 말한다.

캘리포니아로 이사한 로이드는 5년 동안 스탠퍼드 대학교에서 생화학자로 일했다. 그곳에서 일하는 동안 안과 검진을 다시 받았고 이번에는 색소성 망막염이라는 진단을 받았다. 의사는 로이드에게 이병은 변이의 폭이 넓어서 유전적 변종이 수없이 많기 때문에 증상의 시작이나 심각성을 예측할 수 없다고 말했다. 그러므로 걱정하지 말라는 말도 했다. "미래는 생각하지 말고 하루하루 열심히 살기로 결심했어요." 로이드가 회상했다.

그는 컴퓨터에 매력을 느끼고 소프트웨어 공학으로 분야를 바꾸었다. 그리고 결혼을 하고 두 아이를 낳았다. 그는 교통 흐름을 통제하는 가로등 시스템, 의료 데이터 소프트웨어, 철물점용 페인트 혼합 프로그램 등을 설계하며 베이에어리어의 여러 회사에서 일했다. 컴퓨터로 일을 하면서 번쩍이는 화면 속의 작은 글자를 장시간 보는 것은 시각적으로 집중 강도가 높았다. 하지만 1970년대 초반까지도 시력 상실은 진행되지 않았다. "밤이 되면 다른 사람들만큼 어둠에 적응하지 못했어요." 로이드가 그때를 회상한다. 하지만 그것 말고 다른 불편함은 없었다. 그러던 어느 날 뒷마당에서 테라스 지붕을 만들기 위해 유리섬유를 드릴로 뚫다가 파편이 눈에 튀어 응급실에 가게 되었다. "응급실 의사가 눈을 검사하더니 '이런, 유리섬유 말고 또 뭐가 있네요'라고 말했습니다. 눈 속이 엉망이라면서 백내장이 있다고 했죠."

당시 30대였던 로이드는 백내장에 걸리기에는 너무 젊었지만 색소성 망막염과 관련이 있을 수도 있었다. 그는 수술을 받았지만 임시방편일 뿐이었고 시력의 정확도가 눈에 띄게 떨어졌다. "이런 거죠. 예를 들어 길에서 누군가의 자동차 번호판을 봐도 읽을 수가 없는 거예요." 그의 시력은 빠르게 나빠졌다. "정상 시력에 가까웠는데 6개월 만에 앞이 보이지 않았어요." 그는 그때를 담담하게 회상한다. 처음 문제를 발견했을 때는 3년 만에 시력을 잃을 것이라 생각했지만 시력을 완전히 잃기까지 10년이 걸렸다.

로이드는 시력을 상실하자 해부학과 생화학을 공부하던 시절에 익힌 암기 기술에 의지하게 되었다. 그는 코드를 암기하고 머릿속에서 디버깅을 했으며 보지 않고 키보드를 눌렀다. 하지만 결국 감당이 되지 않자 프로그래머 일을 그만두어야 했다. 결혼 생활도 끝났다. 양육권을 협의하는 동안 로이드는 법에 관심이 생겼다. 그는 작은 전문대학에서 야간 수업을 듣기 시작했다. "변호사로 일할 생각은 없었습니다. 그저 개인적인 일을 위해 공부했을 뿐이에요." 그가 말한다.

읽을거리가 엄청나게 많았지만 법은 그와 잘 맞았다. 게다가 변호사 업무 중에는 말로 하는 일도 많았다. 로이드는 사람들 앞에서 말하기를 좋아했고 법정에서는 마음이 편안했으며 자신의 주장을 전달하는 대화를 즐겼다. 그는 법률 서적을 들고 시각장애인을 위한 녹음 센터로 갔다. 그곳에서는 사람들이 책을 읽어 테이프에 녹음해주었다. 지문이 많은 변호사 시험에서는 두 사람이 그를 위해 얼음과 레몬을 먹어가며 글을 읽어주었다.

로이드는 재판이 열리기 전에 법정에 미리 가서 자리 배치를 익혔기 때문에 항상 제 방향을 보며 변론했고 배심원이 있는 곳도 잘 알았다. 걸을 때는 친구의 오른쪽 어깨에 가볍게 손을 얹고 반걸음 뒤에서 따라갔다. 실내에서는 손으로 벽을 더듬어 방향을 찾았다. 로이드가 동료 변호사 네 명과 함께 사용하는 언덕 중턱의 건물 로이드 로지에는 중앙에 계단이 있다. 로이드는 엘리베이터 대신 이 계단을 이용하면서 항상 벽에 가볍게 손을 대고 계단 수를 센다. 공간 감각, 소리, 촉감, 기억은 아르구스가 개발되기 17년 전부터 그가 이용하던 수단이었다. "필요는 발명의 어머니라고 하지요. 제가 갖지 못한 감각의 빈틈을 채우기 위해 다른 감각을 총동원하는 겁니다." 로이드가 말한다.

하지만 그는 시력을 조금이나마 되찾은 것이 좋았다. 그는 안과 의사 자크 덩컨Jaque Duncan에게서 아르구스 2에 대해 처음 들었다. 덩컨은 아르구스 2의 시험 기관인 캘리포니아 대학교 샌프란시스코 캠퍼스 부속병원 의사다. 당시 로이드는 임상실험 요건을 갖추고 있었다.

50세가 넘었고 낮과 밤은 구분했으며 이따금 찌르는 듯한 빛이 보였지만 그 이상은 보이지 않았다. 아르구스 2는 새로 나온 장치였고 수술에는 위험이 따랐지만 그는 실험에 참가하기로 했다. "별로 잃을 것이 없다고 생각했어요." 그가 말한다. 2007년 7월 로이드는 미국에서 일곱 번째 임상실험 참가자가 되었다.

누군가 로이드의 사무실 문을 두드린다. 사무장 앨릭스 샌도벌이 오후 공판에 필요한 서류를 가져왔다. 샌도벌은 양육권 소송에 관한 서류철을 열어 날짜와 숫자를 비롯한 내용을 읽기 시작한다. 로이드는 주의 깊게 들으며 숫자를 중얼중얼 따라 한다. 그는 종이에 뭔가를 쓰기도 했지만 대부분 원을 그린 낙서였다. "이 낙서가 보이지요? 이건 제가 들은 내용을 암기한 흔적입니다." 로이드가 말한다. 오래전 펜으로 종이에 적으면서 암기하던 기억이 그에게 도움이 되었다.

시간이 되자 로이드는 서류 가방을 들고 아르구스 배터리 충전기가 있는 책꽂이로 간다. 아침에 충전한 배터리를 거의 썼기 때문이다. "충전된 배터리를 끼우면 여덟 시간은 버틸 겁니다." 그는 이렇게 말하며 배터리를 교체하고는 샌도벌의 차로 향한다. (나는 로이드와 다른 차를 타고 법정에 가다가 길을 잃었다. 그에게 두 번이나 전화해서 길을 물었고 그는 교차로 이름만 듣고도 즉시 방향을 알려주었다. GPS 얘기는 농담이 아니었다.)

법원에 도착한 로이드와 사무장과 의뢰인은 서둘러 안으로 들어가 길고 지루한 오후를 보냈다. 법원은 붐볐다. 마침내 판사가 로이드 의뢰인의 사건을 그날의 마지막 사건으로 목록에 올렸다. 이제 로이드는 통계와 날짜를 벼락치기로 외워야 했다. 그는 의뢰인 옆에 앉아 이따금 의자에 기대기도 하고 이따금 손끝으로 턱을 쓸어내리기도 했다. 또 어떤 때에는 감정이 전혀 드러나지 않은 표정으로 뭔가를 그렸다. 들여다보니 파란색과 검은색 원이 잔뜩 그려져 있었다. (공식적인 기록은 샌도벌이 했다.) 변론하는 로이드의 목소리는 걸걸했고 말투는 약간 느렸다. 그는 고개를 약간 왼쪽으로 기울여 판사를 보며 말했다. 이따금 아르구스가 작은 소리로 울렸다.

결정된 사항이라고는 날짜를 잡아 다시 심리해보자는 것뿐이었다. 로이드와 의뢰인은 복도로 나가 다시 의논했다. 로이드는 기계 같았다. 인공망막 때문이 아니었다. 오늘 아침에 출근 버스에 오른 이후 거의 12시간이 지나는 동안 그는 한 번도 쉬지 않았다. 아르구스의 배터리는 갈았지만 정작 그는 점심식사를 하지 않았다. 뭔가를 먹어야 하지 않을까? "커피 마셨잖아요." 로이드가 어깨를 으쓱하더니 사무실로 향했다.

전자 언어로 세상을 읽다

로스앤젤레스국유림을 구불구불 지나가는 5번 주간고속도로를 따라 달리면 교외의 산업지구 실마가 나온다. 똑같이 생긴 건물이 길게 늘어선 이곳에 세컨드 사이트 본사가 있다. 건물 안에서는 브라이언 메크가 아르구스 2의 전극 배열판이 조립되는 클린룸을 창문으로 들여다보고 있다. 광식각공정photolithography●에 필요한 노란 불빛 아래에서 작업복과 일회용 안전 마스크 그리고 파란색 라텍스 장갑을 착용한 사람들이 현미경처럼 생긴 기계를 들여다본다. 그들은 전극이 모두 제대로 작동하는지 확인하는 중이다. 생산 라인에서 멀리 떨어진

● 반도체의 표면에 사진 인쇄 기술을 써서 집적회로, 부품, 박막회로, 프린트 배선 패턴 등을 만들어 넣는 기법.

곳에는 배열판과 칩이 포함된 전자 패키지를 결합하는 기계가 있다. "기계는 기술적으로 가장 어려운 일을 합니다. 아르구스는 지금껏 개발되어 승인받은 장치 중 크기가 가장 작고 신경 자극 장치의 밀도가 가장 높습니다. 따라서 저렇게 작은 곳에 많은 전극을 연결해 넣으면서도 물이 들어가 방전되지 않도록 해야 합니다. 정말 어려운 일이지요." 메크가 말한다.

그는 복도를 따라가다가 두 번째 클린룸을 살펴본다. 이곳에서는 전극 패키지를 레이저로 용접하고 누수를 점검한 뒤에 다시 검사한다. 곧 아르구스는 세상으로 나갈 준비를 마칠 것이다. 내가 방문한 날은 세컨드 사이트가 미시간 대학교와 함께 진행한 제1차 상업용 인공 망막 이식이 성공적으로 완료되었음을 발표하기 전날이었다. 메크는 앞으로 사용자가 얼마나 될지는 모른다고 말했다. 하지만 회사 측은 전 세계에 150만 명의 색소성 망막염 환자가 있는 것으로 추산한다.

물론 세컨드 사이트에도 경쟁업체가 있다. 몇몇 우수한 대학교의 연구팀이 인공망막을 개발 중이다. 2013년 독일 회사 레티나 임플란트 AGRetina Implant AG의 알파 IMS가 유럽 판매를 승인받고 색소성 망막염 환자를 대상으로 임상실험을 진행했다. 이 장치는 빛에 민감한 광다이오드photodiodes 1500개가 담긴 전극 칩을 망막 앞이 아닌 아래에 이식해 남아 있는 정상적인 광수용체 세포를 자극한다. 그러면 아르구스와 마찬가지로 시신경이 신호를 포착한 다음 정상적인 시각 처리 경로를 통해 뇌로 전달한다. 하지만 눈 속에서 빛을 신호로 변환하기 때문에 이식받는 사람이 외부에 카메라를 장착할 필요는 없다. (외부 전원 공급 장치는 가지고 다녀야 한다. 이 장치는 귀 뒤쪽의 두피 아래에 이식하는 보조 코일에 자석으로 부착되어 있다.)

눈에 장치를 이식하지 않는 방법을 제안한 사람도 있다. 웨일 코넬 의대의 쉴라 니렌버그Sheila Nirenberg 박사 연구팀은 안경에 설치하는 장치와 광유전학optogenetics 기술이 결합된 시스템을 꿈꾼다. 뇌에 정보를 입력하는 방법을 연구하는 과학자들 사이에서 광유전학은 점점 중요성이 커지는 분야다. 별개의 빛 파장으로 뉴런을 자극하여 매우 정밀하게 제어하는 광유전학은 빛에 민감한 단백질 옵신opsin을 세포 안에 주입해서 유전자를 치료한다. 옵신 유전자를 빈 바이러스 껍질에 주입한 뒤에 눈의 망막 신경절 세포에 넣는 방식이다. 이 세포는 광수용체와 시신경 사이에 있으며, 색소성 망막염 같은 질병으로 광수용체가 공격당해도 살아남는다. 따라서 유전자 치료를 받으면 특정한 종류의 빛에 활성화되는 건강한 세포를 갖게 되는 것이다.

이제 이렇게 회복된 세포가 처리할 정보를 주어야 한다. 계산신경과학자인 니렌버그는 기존의 인공망막이 제공하는 자극은 정상적인 입력과 전혀 유사하지 않기 때문에 사용자들이 빛과 모서리 같은 조악한 정보만 파악할 수 있다고 주장한다. 그녀는 현실 세계의 이미지를 뇌가 이해하는 전자 언어로 더 유창하게 번역할 수만 있다면 고해상도 이미지를 볼 수 있을 것이라고 생각한다. 그래서 그녀의 연구팀은 망막세포의 활성화 패턴과 일상적인 이미지에서 망막세포가 감지하는 빛 패턴의 상관관계를 구하는 방정식을 만들었다. 그다음 이 수학적인 코드를 역으로 뒤집으면 이미지를 망막이 이해하는 전기 자극으로 바꿀 수 있다.

그러니까 시각장애인의 눈에 옵신을 주입한 뒤에 카메라가 장착된 안경을 착용한다고 상상해보자. 안경 안에는 '인코더', 즉 영상 이미지를 전기 자극으로 바꾸는 칩이 있다. 안경 안의 작은 영사기는 전기 신호를 빛 패턴으로 변환하여 눈에 쏜다. 옵신 덕분에 이런 빛에 민감하게 반응하게 된 신경절 세포는 정상적인 망막이 만드는 패턴과 매우 유사한 패턴을 받아 시신경으로 보낸다. (아쉽게도 안경을 씌울 수는 없었지만) 쥐를 대상으로 실험한 니렌버그 연구팀은 시각장애 쥐의 망막 활동이 거의 정상에 가까워진다는 것을 입증했다. (이 실험으로 니렌버그는 맥아더재단으로부터 '천재 상'을 수상했다.)

하지만 세컨드 사이트는 모든 경쟁업체를 물리쳤다. 메크는 미래의 아르구스 사용자들이 로이드보다 더 정확한 시력을 경험할 것으로 기대한다. 메크는 로이드가 이식받은 아르구스는 지속성이 낮아, 다시 말해 시각 자극이 오래 지속되지 않아 번쩍이는 빛이 보이는 것이라고 말한다. 지속성이 향상된 장치를 이식받은 환자들 중에는 3차원 이미지는 아니지만 실루엣이 보인다고 말하는 경우도 있다. 5~7단계 음영의 흑백 스펙트럼이 보인다는 사용자도 있었다. 그 정도면 사람의 얼굴과 옷은 구분되는 수준이다. 이런 구분이 중요한 이유는 사람을 알아보지는 못할지라도 사람들이 어디를 보고 있고 언제 오가는지 같은 사회적으로 유용한 정보를 수집할 수 있기 때문이다.

메크는 아르구스의 향상된 성능을 보여주기 위해 프랑스 임상실험 참가자의 영상을 틀어주었다. 광장에서 그는 검은색 코트를 입고 그의 앞을 지나가는 여자를 손가락으로 가리키며 따라간다. 다른 사람의 동작을 추적할 수 있다는 뜻이다. 또 다른 영상에서 그는 인도를 걸어가며 지팡이를 지그재그로 흔든다. "자, 이제 무슨 일이 일어나는지 잘 보십시오." 메크가 들뜬 목소리로 말한다. 화면 속에서 행인이 그의 앞에 불쑥 끼어들자 그가 걸음을 멈춘다. "보세요! 멈췄어요! 멈춰섰다고요!" 메크가 외친다. "지팡이로 행인을 느꼈기 때문이 아니라 사람을 보고서 멈춘 겁니다."

아르구스를 통해 입력되는 정보가 적기는 하지만 얼마든지 요령을 부릴 수 있다. 사용자들이 가지고 다니는 영상 처리 장치의 버튼 세 개에는 특별한 힘, 즉 일반적인 눈에는 없는 기능이 있다. 로이드의 장치에 있는 버튼 하나를 누르면 흑과 백이 바뀌어 문이나 창문을 더욱 쉽게 찾을 수 있다. 어두운 이미지는 더 어둡게, 밝은 이미지는 더 밝게 하는 버튼도 있다. 나머지 하나는 모서리 감지 버튼으로, 날카로운 선과 직각으로 구성된 환경이나 실내에서 방향을 찾는 데 도움을 준다.

메크는 앞으로 안면 인식 소프트웨어가 유용하게 활용될 것이라고 말한다. 아니면 더욱 과감하게 생각해볼 수도 있다. "일반 카메라 대신 적외선 카메라를 시스템에 연결하면 정상 시력을 가진 우리보다 그들이 밤에 더 잘 볼지도 모릅니다." 메크가 말한다. 그리고 그 적외선 카메라는 안경테뿐만 아니라 어디에든 부착할 수 있으며, 인터넷과 연결될 수도 있다. "사람들은 사용자의 컴퓨터에 부착된 카메라를 통해 볼 수 있습니다." 아주 멀리서도 볼 수 있는 이 능력이야말로 진정한 '텔레비전●'이다. 현재 카메라 영상은 실시간으로 지나갈 뿐, 어디에도 저장되지 않는다. 나는 되감기 버튼이 있는지 물었다. "없습니다. 하지만 흥미로운 발상이군요." 메크가 대답한다.

세컨드 사이트는 인공망막을 이식받은 사람들이 시각적으로 유용한 정보를 재학습할 수 있도록 가정용 키트를 개발했다. 키트에는 하얀색 자석 칠판, 칠판에 붙일 수 있는 검은색 도형과 문자가 들어 있어서 사용자들은 그것을 손으로 만지고 눈으로 보며 시각과 촉각으로 인식한다. (로이드는 크고 두꺼운 종이에 기하학적 도형을 올록볼록하게 양각한 초기 버전으로 연습했다.) 하지만 아주 오랫동안 앞을 보지 못한 사람들이 이런 이미지가 의미하는 바를 다시 떠올리기란 쉽지 않다. 메크는 컴퓨터로 이와 비슷한 훈련을 했던 임상실험 참가자를 떠올린다.

● 텔레비전television은 '원거리'라는 뜻의 'tele'와 '시각'이라는 뜻의 'vision'을 합친 말이다.

"그분은 화면 위의 알파벳 S를 그대로 따라 쓸 수 있었습니다. 분명히 볼 수 있었다는 거죠. 문제는 그 문자가 의미하는 바를 모른다는 것이었습니다. 이미 잊어버린 거예요."

아르구스 2 임상실험의 흥미로운 결과는 이런 재학습 양상이 매우 다양하다는 것이다. 절반이 넘는 사용자가 사물을 보는 방법을 다시 배우고 조정하기까지 상당한 시간이 걸렸다. 나머지 사용자는 장치의 전원을 켜자마자 곧바로 이해했다. 시간이 오래 걸린 사람들은 이런 말을 하곤 했다. "아, 좌절감이 엄청났어요! 매일 숙제를 하고 하루에 두어 시간씩 아르구스를 사용하는데도 아무것도 이해하지 못했거든요. 아무것도요! 그런데 어느 날 갑자기 모든 것이 이해되기 시작했어요."

메크와 동료들은 왜 이런 편차가 존재하는지 궁금했다. 그들은 결과에 영향을 줄 만한 변수를 최소 100가지로 추측했지만 아직까지 아르구스 사용자가 100명을 조금 넘을 뿐이기 때문에 결론을 도출할 데이터가 충분하지 않다. 가장 명확해 보이는 요인은 '시각장애인으로 지낸 기간'이지만 이 역시 명확하지는 않다. 물론 색소성 망막염은 유전적 변이가 워낙 많은 질병이기 때문에 요인 역시 다양할 것이다.

그 해답은 인공망막을 이식받은 사람들이 많아지면 명확해질 것이다. 아직까지 아르구스는 색소성 망막염 환자들만을 대상으로 하지만 앞으로는 노화로 인한 시력 감퇴처럼 망막세포의 기능을 일부 상실하여 중심 시력은 파괴되었지만 주변 시력은 어느 정도 남아 있는 사람들까지 대상으로 삼을 예정이다. 이렇게 되면 사용자 수가 훨씬 많아질 것이다. 세컨드 사이트는 이런 질병 때문에 시력을 잃은 사람들이 전 세계에 200만 명 정도라고 추산한다. 하지만 망막과 시신경을 손상시키는 다른 질병까지 포함하면 그 수는 더 늘어난다. 시각 처리 경로의 더 깊숙한 곳에 장치를 이식하는 기술이 개발된다면 더 많은 환자들을 도울 수 있을 것이다.

이제 세컨드 사이트는 차세대 이식 장치에 적용할 두 가지 아이디어를 연구 중이다. 그중 하나는 눈 안에 이식해야 한다는 사실은 변함없지만 업그레이드된 버전이다. 회사 측은 '커런트 스티어링current steering'이라는 기술을 도입하려고 한다. 이 기술은 배열판의 두 전극 사이에 전기장을 만들어 그 사이에 놓이는 조직에 초점을 맞추는 것이다. 이렇게 하면 '가상 전극virtual electrode'이 추가로 형성되어 정보를 더 많이 입력할 수 있다. 영상 처리 장치가 업그레이드되면 시각의 해상도도 높아질 것이다.

하지만 메크는 사용 가능한 전극의 개수에는 생물학적 한계가 따를 것이라고 말한다. 전극과 세포를 일대일로 연결할 수는 없다. 사실 하나의 전극이 여러 세포를 자극한다. 입력이 과하면 신호가 여러 세포에 번지면서 초점이 정확히 맞지 않고 빛이 흐릿하게 번지는 '구름 효과'가 나타난다. (광유전학적 접근 방식으로 이 문제를 해결하려고 시도 중이다.) 그렇기에 세컨드 사이트는 인공 피질을 개발하여 눈과 시신경 단계를 건너뛸 방법을 모색 중이다. 인공 피질을 개발하면 전극 배열판은 시각 피질에 위치하고 전자 패키지는 두개골 위나 안에 이식될 가능성이 크다. 메크는 시신경을 거치지 않고 곧장 뇌로 정보가 전달되는 방식은 여러 종류의 시각 장애에 활용될 수 있다고 말한다.

"모양은 아르구스 2와 크게 다르지 않을 겁니다. 60개 정도의 전극을 설치할 생각이고요." 안경이 없는 버전은 외부 안테나와 카메라를 특수 제작된 모자에 설치하거나 손에 들어야 한다. 하지만 이를 위해서는 몇 가지 중요한 기술이 개발되어야 한다. 눈과 시신경의 해석을 건너뜀으로써 훨씬 멀리 떨어진 하위 구조로 신호를 보내게 되므로 무의미한 정보에서 신호를 가려내기가 더욱 힘들어질 것이다. "피질에 도착하기 전에 시각 처리 경로에서 이루어지는 판독 과정이 모두 생략되므로 피질에는 처리되지 않은 날것의 신호가 전달되는 거예요. 그 신호를 뇌가 이해하는 법을 배우려면 병원에서 많은 시간을 보내야 할 겁니다." 메크가 말한다.

놀랍게도 세컨드 사이트 이외에도 자극을 뇌에 곧바로 연결하려는 곳들이 있다. 이 개념 자체는 오래전에 나왔지만 초기 연구는 감염의 위험과 이식 장치에 전원을 공급하는 문제로 무산되었다. 뇌 안에 장치를 이식해서 성공한 초기 사례들은 감각이 아닌 운동 신경과 관련된 것들이 많았다. 가령 파킨슨병 환자의 뇌에 자극을 주는 전극을 이식하여 근육 떨림을 치료한 경우가 있었다. 그리고 5장 촉각에서 알아보겠지만 인공 팔다리를 위한 뇌 이식 장치 역시 개발 중이다.

과학자들은 뇌의 감각 영역에 말을 걸고 그곳에서 보내는 정보를 판독하는 방법을 연구하면서 이에 따르는 골치 아픈 문제와 멋진 가능성도 탐구하고 있다. 이에 대해서는 4장과 5장에서 자세히 살펴보자. 지금은 세컨드 사이트 공장을 통해 뇌에 무언가를 입력하는 것이 더 이상 공상과학 영화에나 나오는 꿈같은 일이 아니라는 사실을 알아낸 것에 만족하자. 사무실에서 나오는 길에 우리는 판매 부서가 들어올 넓은 빈 공간을 지나갔다. 세컨드 사이트는 성장을 꿈꾸는 회사임이 틀림없다.

환자가 아닌 기니피그

딘 로이드는 안과 정기 검진을 가는 길이다. 임상실험 참가자로서 6개월마다 장치에 아무 문제가 없는지 검진을 받아야 한다. 로이드는 오늘 출근하지 않는데도 정장을 입었다. 아끼는 카우보이 부츠를 신은 것을 보고 그가 느긋한 오후를 보내리라는 것을 짐작할 수 있었다.

건조한 겨울이었기에 도로를 따라 펼쳐진 언덕 역시 칙칙한 회갈색으로 메말라 있었다. 로이드는 목을 길게 뺐지만 자동차 앞 유리의 번쩍거림만 보였다. "아르구스로 창밖을 볼 수 있는지는 아직 확실하지 않아요."

로이드는 열성적인 피험자로, 아침에 일어나서 잠들 때까지 아르구스를 사용한다. 그는 아르구스가 제공하는 시력의 흥미로운 점을 제법 쉽게 발견했다. 아르구스로 무언가를 보려면 동작이 필요하다는 것이다. 실제로 그의 눈은 끊임없이 움직인다. 아르구스를 이식받지 않은 사람들의 눈도 매 순간 단속성 운동을 하며 몇 차례 빠르게 움직인다. 그렇게 함으로써 눈의 주시점fixation point을 바꾸어 대상을 자세히 볼 수 있게 된다. 아르구스 사용자는 코 위에 카메라를 장착하고 있기 때문에 눈을 움직여서 이 과정을 똑같이 따라할 수는 없다. 대신 그들은 새처럼 머리를 움직여서 훑어보아야 한다. "저처럼 농장과 친숙한 사람이라면 닭이 머리를 앞뒤로 움직이는 모습을 보았을 겁니다. 예전에는 왜 그러는지 몰랐어요. 아르구스 2를 이식받은 후에야 그 이유를 알게 되었지요."로이드가 말한다.

사실 아르구스를 통해 무언가를 보았다고 인식하기 위해서는 로이드가 말한 '닭의 움직임'을 익혀야 했다. 아르구스에 대한 흔한 오해는 사용자가 이식 수술을 받자마자 볼 수 있으리라는 것이다. 하지만 수술 직후에는 이식 장치를 카메라와 안경에 연결하지 않는다. 수술에서 회복하고 나면 사용자가 직접 장치를 조정한다. 각 전극의 주파수 한도를 측정하고 자신에게 가장 맞게 설정한다. (주파수가 너무 낮으면 이미지가 흔들리고 너무 높으면 이미지가 흐릿하다.)

또 그들은 퇴원해서 집으로 가기 전에 장치 사용법을 훈련해야 한다. 로이드는 수술을 받고 한 달 정도 지난 뒤에야 의사와 함께 병원 뒷마당으로 산책을 나갔다고 한다. 그때 의사는 뭔가의 앞에 멈춰 서서 무엇이 보이는지 물어봤다. "저는 의사가 뭔가를 보라고 하기에 사진 같은 장면이 보일 줄 알았어요. 그런데 아르구스로는 그렇게 볼 수가 없더라고요. 의사는 '딘, 머리를 왼쪽에서 오른쪽으로 움직여야죠. 닭 얘기를 했었잖아요. 기억하죠?'라고 말했죠." 그래서 로이드는 머리를 좌우, 위아래로 움직였고 17년 만에 처음으로 뭔가를 보게 되었다. 눈앞에서 번쩍이는 빛을 통해 앞에 폭 1미터, 높이 3미터가량의 뭔가가 있다는 것을 알았다. 그러나 그는 그것이 대학 설립자의 동상이라는 것은 파악하지 못했다.

이렇게 정보의 양이 얼마 안 되기 때문에 로이드는 아르구스가 쓸모 있을지 확신이 들지 않았다. 그래서 '양말 테스트'라는 것을 직접 만들었다. 로이드는 규칙적으로 체육관에서 운동을 한다. 아침에 운동을 나갈 때면 흰색 스포츠 양말을 신었다. 그리고 법정에 가기 전에 '더 어두운 색', 즉 검은색 양말로 갈아 신었다. "글쎄, 어느 날에는 양말을 한 짝씩 섞어 신었지 뭡니까." 그가 말한다. 상대측 변호사가 로이드의 양말을 보고 장난을 쳤다. "이봐, 로이드. 이러고도 소송에 이기겠다는 건가? 양말도 제대로 못 신었잖아!" 로이드는 충격을 받고 집으로 돌아갔다. "집에 가서 양말을 전부 꺼냈어요. 그리고 이렇게 말했죠. '그 멍청한 변호사 놈에게 모욕을 당하다니. 일단 씻고 나서 양말을 구분하는 연습부터 해야겠군.'"

양말 테스트에는 30켤레의 양말이 필요하다. 흰색, 회색, 검은색 양말이 각각 열 켤레씩이다. 첫 번째 테스트에서 로이드는 흰 양말은 구분했지만 나머지는 구분하지 못했다. 하지만 그의 실험에는 뜻밖의 변수가 영향을 주었다. 이식 장치를 망막과 먼 곳에 임시로 붙여놓는 바람에 접촉 상태가 좋지 않았던 것이다. 그래서 그는 '리셋'이라는 두 번째 수술을 통해 눈 뒤쪽에 전극 배열판을 정확하고 단단하게 붙였다. 로이드는 수술에서 회복한 뒤에 양말 테스트를 다시 했고 이번에는 성공했다. "그때 난 아르구스에 정말 가능성이 있다고 믿게 되었습니다." 그가 말한다.

로이드는 차츰 더 잘 볼 수 있게 되면서 뜻밖의 무언가를 알게 되었다. 영상 처리 장치가 색을 판독하지 못하는데도 가끔 색이 폭발하듯 번쩍인다는 것이었다. 메크는 아르구스 사용자는 흰색, 검은색, 회색 음영만 보도록 되어 있고 아주 드물게 노란색을 볼 수도 있다고 말한다. 로이드가 본 색은 실제 사물의 색과 일치하지 않았다. "초록색 나무가 분홍색, 자주색, 주황색, 빨간색 같은 터무니없는 색으로 보일 때가 있어요." 로이드가 말한다. 로이드는 자신이 색을 실제로 본 것이 아니라 과거의 인식이 나타나는 것이라고 확신한다. "시력을 잃기 전에 사물의 색을 모두 보았잖아요. 그래서 그때 인지한 요소가 아직 머리에 남아 있는 겁니다." 그가 말한다.

로이드의 주치의와 메크는 그의 생각이 옳다고 생각한다. 색이 보인다고 말한 사용자가 또 있었기 때문이다. 추상체에서 색 정보를 수신하는 양극성 세포들 중에 아직 기능을 잃지 않은 세포를 전극이 무작위로 자극하기 때문에 실제 사물의 색과 관계없는 색이 번쩍일 수 있다. 또는 특정 주파수의 자극이 머릿속에 색이라는 인식을 만들었는지도 모른다. (이 경우에 해당한다면 향후 주파수를 더욱 정확하게 조정해서 색을 볼 수 있는 인공망막이 나올 수도 있다.) 어느 쪽이든 로이드는 그 짧은 순간을 좋아하고 아름답다고 생각한다. "보통 빨간색이 많아요. 어떤 때는 루비 색 같은 완벽한 빨간색이 보이기도 해요. 예쁜 빨간색이지요. 그리고 파란색도 흥미로워요. 하늘처럼 빛나는 새파란색이 보이지요." 로이드가 말한다. 그에게 색은 세상을 구성하는 중요한 요소이자 항상 그리운 무언가다. 그는 다시는 완전한 스펙트럼으로 색을 보며 그 미묘함과 음영을 알아차리지 못하리라는 것을 잘 안다. 하지만 소박한 바람은 있다. "그냥 초록색 나무를 보고 초록색이라는 것만 알았으면 좋겠어요."

로이드는 이런 인식의 실마리와 그동안의 적응력을 결합하는 연습을 충분히 해서 이따금 사람들에게 시력이 정상이 아니냐는 놀림을 받기도 한다. 로이드는 더 이상 운전을 하지 않지만 도로에 대한 감각이 뛰어나다. 그의 차고에는 대학 시절의 꿈이었던 짙은 녹색 몸체에 뚜껑은 상아색인 멀끔한 머스탱 컨버터블 1969년형이 주차되어 있다. '그린 머신'으로 잘 알려진 차다. 그는 이 차에 자전거를 싣고 나가기도 했다. "그린 머신을 몰고 나가면 마음 구석구석이 훈훈해졌죠. 자신감이 넘치는 녀석이었어요. 액셀을 밟기만 하면 그야말로 점프를 했죠." 로이드의 말에는 애정이 담겨 있다.

그의 차보다 매력이 떨어지는 내 새턴을 타고 20분쯤 달리자 로이드가 인근 교외 도시인 달리시티를 빠져나가고 있다고 알려준다. 그의 말은 사실이었다. 어떻게 알았을까? "시간이 곧 거리죠. 그리고 차의 속도가, 음, 시속 65에서 70킬로미터 사이인 것 같군요. 차에 타고 있으면 속도가 어느 정도인지 알 수 있습니다. 이걸 바탕으로 시간을 계산해보니 어디를 지나가고 있는지 알겠더군요." 로이드가 말한다.

로이드는 임상실험 참가자라는 자신의 처지를 순순히 받아들인다. 농담으로 자신을 기니피그라고 부르기도 하고 장시간 검사를 받는 동안 불평하지 않으며 아르구스의 가치를 미국 식품의약국에 성의 있게 증명한다. 그리고 내가 그를 만나기 전에 이미 호기심 넘치는 기자들을 대상으로 인터뷰를 65회나 진행했다. (이걸 세고 있었다.) 하지만 그는 자신을 '환자'라고 부르지 않는다. ("난 환자가 아니니까요. 난 그냥 스스로 그리고 주변 사람들에게 더 많이 노력해야 하는 사람일 뿐이에요.") 로이드는 세컨드 사이트가 자신의 뒤를 이어 아르구스를 사용할 사람들을 위해 더 좋은 제품을 만들도록 돕는 것이 자신의 역할이라고 생각한다. "이건 포드 모델 T라니까요. 아직 캐딜락 근처에도 못 갔어요." 그가 말한다.

로이드는 자신에게 사이보그 같은 면이 있다는 사실에 조금도 당황하지 않는다. 그는 기계가 몸의 일부라는 사실, 그래서 기계와 몸 모두 정기적인 유지보수가 필요하다는 사실을 담담하게 받아들인다. 이내 우리는 병원에 도착해 주차를 했다. 그는 차에서 내리면서 예비 배터리가 들어 있는 서류 가방을 챙긴다. "배터리가 없으면 나도 죽는 거죠."

병원 안의 어두운 검사실에서 검안사가 몇 가지 기본 검사를 한다. 안압과 혈압은 모두 정상이다. 검안사는 근육을 점검하기 위해 로이드에게 눈을 움직여보라고 한다. 그리고 그의 동공을 측정하고 확장시킨다. 그다음 로이드를 이 여정으로 이끈 안과 의사 덩컨이 들어와 따뜻하게 인사를 건넨다. "오늘로서 6년 반이 되었군요!" 그녀가 컴퓨터 앞에 앉아 이렇게 말하고는 로이드의 파일에 뭔가를 입력한다. 그리고 로이드가 아르구스를 얼마나 자주 착용하는지와 지금 사용하는 약에 대해 묻는다. 로이드는 안연고는 이제 사용하지 않는다고 말한다. 더 이상 필요가 없다는 것이었다. "시간이 지날수록 좋아지고 있어요." 그가 말한다.

"좋은 소식이에요. 눈이 차츰 적응하고 있다는 뜻이에요." 덩컨이 말한다. 그녀는 뭐라고 중얼거리며 자판을 두드린다. "잘 때를 제외하고는 항상 장치를 사용함."

"좋습니다. 이제 눈을 볼까요?" 덩컨은 이렇게 말하며 검안경의 불을 켠다. 새하얀 빛이 로이드의 눈을 곧바로 비춘다.

"밝은 빛이 보입니다. 번쩍이며 사라지는 빛이 아니라 계속 비치는 빛이에요." 로이드가 말한다.

"양쪽 눈이 모두 보이나요, 아니면 한쪽만 보이나요?"

"오른쪽 눈만 보여요."

덩컨은 더 가까이 다가가 자세히 살핀다. 이번에는 검안경을 머리에 얹고 큰 렌즈를 갖다 대며 눈 속을 면밀히 검사한다. "망막을 살펴보고 눈 상태를 확인하는 거예요. 이식 장치가 잘 있는지, 감염 같은 문제는 생기지 않았는지 확인하는 거죠." 덩컨이 말한다. "위를 보세요. 이번에는 왼쪽이오. 이제 발을 보세요." 덩컨은 앞으로 몸을 숙이며 중얼거린다. "다시 오른쪽이오. 아주 좋습니다."

로이드는 의사의 지시에 따라 조용히 눈을 이리저리 움직인다. 덩컨은 몇 분간 자세히 살펴본 뒤에 모델 T 사이보그의 눈 건강과 그의 인공 눈에 대한 판결을 내렸다. 그중 눈에 띄는 내용은 눈 속에 속눈썹이 들어가 있다는 것뿐이었다.

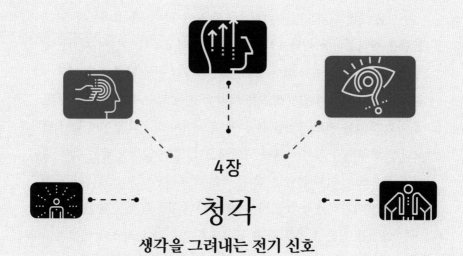

4장

청각

생각을 그려내는 전기 신호

이 장에서는 머릿속에서 일어나는 일들을 다룬다.

우선은 애런 프리드먼의 머릿속에서 일어나는 일을 살펴보자. 프리드먼은 캘리포니아 대학교 버클리 캠퍼스 연구동의 기능성 자기공명영상 스캐너 안에 누워 있다. 스캐너의 좁다란 원통 안에 놓인 이동식 침대 위에 똑바로 누워서 양손은 허리에 댄 채로 눈 위를 지나가는 얼굴 가리개 같은 헤드 코일을 본다. 무릎 아래와 정수리 주변에 놓인 발포고무 받침대가 그의 자세를 지탱해준다. 그는 알갱이 같은 것이 채워진 부드러운 이불을 덮고 있다. 덕분에 프리드먼은 스캐너가 작동하는 동안 편안하게 누워 있다. 기계가 뇌의 활동을 읽는 동안 자석이 내는 전기톱 같은 소리를 듣지 못하도록 커다란 플라스틱 이어폰이 귀에 꽂혀 있다.

프리드먼은 그곳에 누워서 작가와 코미디언이 모험담이나 놀라운 이야기를 직접 들려주는 팟캐스트 방송 '더 모스 라디오 아워The Moth Radio Hour'를 듣는다. 제니퍼 힉슨이 '담배가 있는 한Where There's Smoke'●이라는 이야기를 마무리하고 있었다. 두 여자가 담배를 피우며 나누는 우울한 이야기다. 옆방 관찰실에서는 대학원생 앨릭스 후스Alex Huth와 웬디 드 히어Wendy de Heer가 방송이 거의 끝났음을 알아차리고는 서둘러 회전의자에서 일어나 책상으로 간다. "괜찮으세요?" 후스가 프리드먼에게 연결된 마이크로 묻는다.

"괜찮습니다." 그의 머리를 둘러싼 것들 덕분에 한결 작아진 목소

● 《모스 : 평범한 인생을 송두리째 뒤바꾼 50편의 비밀스러운 이야기》에 '각자의 인생'
  이라는 제목으로 실렸다.

리가 흘러나온다.

"그럼 계속해서 다른 이야기를 들려드릴게요." 후스가 이렇게 말하고 드 히어가 다음 이야기를 튼다. 오디오가 다시 나오자 두 사람은 오늘 연구의 핵심을 놓치지 않기 위해 자리로 돌아간다. 그들은 사람의 목소리를 들을 때 뇌 활동이 어떻게 달라지는지 관찰하고 있다. "이 데이터를 통해 청각 언어 처리 과정 전체를 파악해보려고요." 후스가 말한다.

후스는 그 과정의 맨 꼭대기에서 일어나는 일, 즉 어떻게 뇌가 언어의 의미를 파악하는지에 관심이 있다. 드 히어의 관심사는 단어를 구성하는 음소와 그것의 발화 같은 하위 구조를 뇌가 어떻게 처리하는지 파악하는 것이다. 두 사람은 딘 로이드의 인공망막에 쓰인 것과 같은 '입력' 기술과 그와는 정반대의 과정인 뇌의 '판독' 활동을 함께 연구한다. 그들은 '인코딩encoding'과 '디코딩decoding'이라는 두 가지 절차를 이용하는데 특히 디코딩은 정말 놀라운 방식으로 적용될 수 있다. 뇌의 전기 언어를 파헤치면 누군가가 무엇을 보고 들었는지 알 수 있다. 또한 뇌의 활동을 통해 원래의 자극이 무엇이었는지 대략적으로나마 알 수 있다. 이론상으로는 이를 통해 인공망막이나 인공달팽이관과 반대로 뇌의 자극을 현실 세계의 신호로 바꾸는 새로운 신경 보철을 만들 수도 있다. 머릿속의 들리지 않는 목소리를 실제 목소리로 바꿀 수 있는 것이다.

생각을 읽어주는 모자

캘리포니아 대학교 버클리 캠퍼스의 몇몇 연구팀을 비롯해 여러 연구팀이 청각 처리 과정을 정확하게 파악해서 머릿속의 언어를 판독한 다음 화면에 문자로 표현하거나 장치를 통해 소리로 표현하는 방법을 연구하고 있다. 그들은 뇌-기계 인터페이스brain-machine interface[•]를 활용해 생각으로 직접 조종하는 장치를 개발할 예정이다. 신경 과학의 운동신경 분야에서도 인공 팔다리를 조종하기 위해 이런 인터페이스를 연구 중이다. 예를 들어 커피 잔을 집어 든다는 생각만 하면 인공 팔이 움직여 잔을 드는 것이다.

이런 기술은 감각 과학의 영역에도 적용 가능하다. 연구팀은 뇌졸중, 루게릭병 등으로 인해 말을 머릿속으로 떠올릴 수는 있어도 발화할 수는 없는 환자들을 도울 수 있으리라고 기대한다. 연구팀은 만능 통역기를 꿈꾸기도 한다. 어떤 말을 생각만 하면 장치가 통역하는 시스템이다. 드 히어에 따르면 컴퓨터나 전화기를 자판이나 음성 대신 생각으로 조종할 수도 있게 된다. "기계와 의사소통한다는 개념은 쉽게 떠올릴 수 있지요. 시리Siri처럼 말이에요. 그런데 소통할 때 굳이 소리 내어 말할 필요가 없는 거예요." 그녀가 말한다. 후스는 이런 기술을 음악에도 적용할 수 있다고 했다. "머릿속으로 멜로디를 떠올리면 곡이 되어 흘러나오는 거죠. 정말 근사하지 않아요?"

물론 아직까지 이런 장치는 개발되지 않았다. 하지만 자극 재구성stimulus reconstruction이라는 최신 기술이 이런 장치의 개발을 이끌고 있다. 그래서 프리드먼이 팟캐스트를 들으며 스캐너에 누워 있는 것이다. 자극 재구성의 목표는 최초의 자극이 무엇인지 모르는 상태에서 어떤 사람이 보거나 들은 내용을 정확하게 다시 만들어내는 것이다. 2008년 캘리포니아 대학교 버클리 캠퍼스의 심리학자 잭 갤런트Jack

---

[•] 인간의 뇌와 기계를 연결하여 뇌의 신경신호를 판독함으로써 외부 정보를 입력하고 변환하여 인간의 능력을 증진하는 기술.

Gallant 연구팀은 자극 재구성을 시각에 적용하여 피험자가 본 사진이나 동영상을 재생산하는 실험을 시작했다. 연구팀은 그 과정에서 놀라움이나 두려움을 느끼기도 했다. (후스는 갤런트 연구팀에 소속되어 박사 과정을 밟고 있고, 드 히어는 이 팀과 공동 연구를 진행하는 다른 연구팀 소속이다.)

갤런트는 자신의 연구를 '뇌 읽기'라고 불러도 좋다고 했다. 그들의 연구가 사실상 뇌의 활동을 디코딩하는 것이기 때문이다. 특정 시점에 각 뉴런이 정확하게 무엇을 하는지 판독할 수는 없다. 개별 뉴런 수준에서 읽어들이기에는 기능성 자기공명영상의 속도가 너무 느리기 때문이다. 하지만 기능성 자기공명영상을 통해 전반적인 뉴런의 활동을 저해상도로 볼 수는 있기 때문에 입력된 감각 정보와 뇌 반응 간의 상관관계를 살펴볼 수는 있다. 연구팀은 이를 바탕으로 각 뉴런의 관련성을 보여주는 모델을 만들 계획이다.

갤런트는 뇌 기능이 노화하고 있는 베이비붐 이후 세대에게 이런 식의 모델링이 의학적으로 큰 도움이 될 것이라고 말한다. "수명이 점점 길어지면서 이 문제도 심각해지고 있습니다. 몸에는 이상이 없지만 뇌 건강이 안 좋은 경우가 많지요. 이 문제를 본격적으로 다루려면 신경 과학 쪽에서 연구하는 수밖에 없습니다." 갤런트가 말한다. 그는 근본적인 연구를 통해 공학적 결과물을 만들 수 있다고 덧붙인다. 뇌의 작동을 파악하면 뇌의 활동을 디코딩할 수 있다는 뜻이다.

시각에서 성공을 거둔 갤런트 연구팀은 뇌의 다른 처리 과정, 그중에도 언어를 디코딩하기 위해 노력하고 있다. 뇌가 청각 신호를 어떻게 처리하는지 알아낸 연구팀은 실제 귀를 통해 들은 것뿐만 아니라 머릿속의 귀를 통해 들은 상상 음성도 해석할 수 있으리라고 생각하게 되었다. "인간이 만들 수 있는 가장 유용한 뇌 디코더는 '생각 모자 thinking hat'일 겁니다. 머릿속에서 작은 여자가 항상 말을 건네며 디코딩을 해주는 거죠. 이게 가능하다면 엄청나게 돈을 벌 겁니다. 모든 사람이 원할 테니까요. 그렇게 되면 모든 것을 디코딩할 수 있을 거예요. 모든 뇌-기계 인터페이스가 대체될 거고요." 갤런트가 말한다.

하지만 누군가가 머릿속에서 듣고 상상한 것을 재창조하려면 먼저 뇌가 소리를 처리하는 모델을 알아야 한다. 후스와 드 히어는 말에 관심이 있기 때문에 스캐너에 누운 프리드먼에게 천둥 소리가 섞인 재즈 음악이 아닌 말이 많이 나오는 팟캐스트를 들려주는 것이다.

후스 앞에는 두 대의 평면 모니터가 있다. 그중 하나에는 몇 초 전에 수신한 프리드먼의 뇌 활동 이미지가 떠 있다. 기능성 자기공명영상 스캐너는 혈중 산소의 농도, 양, 흐름의 변화를 측정하여 뇌 활동을 추적한다. 뉴런은 활동할 때는 당과 산소를 소비하기 때문에 이 둘을 보충해야 한다. 세포에 에너지를 공급하기 위해 신선한 피가 밀려들면 그 부분의 자기장이 달라지고 기계가 이런 변화를 감지한다. 연구팀이 지켜보는 프리드먼의 뇌 활동 이미지는 간접적이고 시간차가 있다. 하지만 뉴런의 신호를 기록하기 위해 전극을 이식하는 것과는 달리 수술이 필요 없고 일부 세포가 아닌 피질 전체의 활동을 볼 수 있다.

기능성 자기공명영상을 통해 860억 개에 달하는 뇌의 뉴런을 하나하나 관찰하는 대신 과학자들은 '복셀voxel'이라는 3D 화소를 기반으로 뇌의 구역을 가상의 격자로 나눈다. 하나의 복셀에는 50만~200만 개의 뉴런이 포함된다. 그다음 연구팀은 특정 자극에 어떤 복셀이 반응하여 활성화되는지를 측정한다.

오늘 후스와 드 히어는 단순히 프리드먼의 청각 피질에서 무슨 일이 일어나는지만 기록하고 있다. 화면에서 뉴런이 빽빽하게 들어찬 회백질은 옅은 황백색으로 표시된다. 더 어두운 색인 뇌척수액과 암회색 유수축삭(뇌 부위를 연결)이 회백질을 가로지른다. 디코더에는 혈액 흐름의 변화가 표시된다. 마치 물이 차고 빠지는 강 하구의 삼각주를 저속 촬영으로 지켜보는 것 같다. "바로 이 부분이 바쁘군요. 불규칙하게 깜빡거리네요." 후스가 화면 위의 청각 피질에서 춤추듯 깜빡이는 불빛을 가리킨다.

"듣고 있다는 거예요. 아주 열심히 듣는다는 뜻이죠." 드 히어가 말한다.

귀에서 뇌까지

프리드먼의 뇌에서 무슨 일이 일어나는지 자세히 살펴보기에 앞서 소리가 어떻게 뇌까지 전해지는지 알아보자. 귀의 역할은 소리의 기압파pressure wave를 전기 신호로 변환하는 일이다. 외이는 기압파를 모으고 증폭하여 외이도를 통해 고막으로 보낸다. 그러면 망치뼈, 모루뼈, 등자뼈가 서로 지렛대 역할을 하며, 난원창이라고 불리는 작은 세포막으로 기압파를 모아 더욱 증폭한다.

기압파가 전기 신호로 바뀌는 곳은 축축한 달팽이관이다. 달팽이관은 림프액이 들어찬 세 개의 관으로 구성된 달팽이 모양의 기관이다. 앞서 언급한 세 가지 뼈가 난원창을 누르면 기압파가 림프액을 통과하여 달팽이관을 진동시키고 마침내 달팽이관을 분할하는 막에 부딪힌다. 이를 감지하는 것이 유모세포다. (유모세포는 작은 수상돌기, 즉 부동섬모가 달린 청각 신경 섬유로, 림프액 안에 뻗어 있다.) 기압파가 달팽이관의 분할 막에 부딪히고 그 진동으로 부동섬모가 구부러지면 유모세포가 이 역학 에너지를 전기 신호로 바꾸어 청각 신경 섬유에 전달하고 청각 신경은 이를 뇌로 보낸다.

시각 신호와 마찬가지로, 청각 신호도 처리 과정에서 분해된다. 청각의 처리 과정은 달팽이관에서 시작된다. 달팽이관은 복잡한 파형을 저주파, 중주파, 고주파로 분해해서 소리를 구성하는 각 주파수의 비율을 파악한다. 하지만 그다음에 정확히 뇌의 어느 영역에서 어떤 분해가 일어나는지는 아직 밝혀지지 않았다. 달팽이관을 지난 청각 정보는 우리가 소리를 인식하기까지 7~10개의 시냅스를 통과한다. 다시 말해 7~10단계의 정보 처리 과정을 거친다.

감각 경로의 각 단계에서 뉴런이 정보를 포착하여 처리하는 것을 해당 뉴런이 그 정보를 '좋아한다', '신경 쓴다', '조율한다'고 표현한다. 신경 과학자들은 각 단계 뉴런의 특징이 나타나는 영역을 '특징 공간feature space'이라고 부른다. 말을 들을 때의 감각 경로는 소리를 주파수에 따라 처리하는 것에서 시작된다. 그리고 경로가 진행되는 과정에서 뉴런은 각 언어 특유의 소리 특성에 신경 써야 하고 끝으로 갈수록 의미에 신경 써야 한다. 이 일이 언제 어디에서 일어나고 그 과정에서 소리가 어떤 방식으로 분해되는지는 아직 연구 중이다.

"물론 청각 처리 과정의 말단에서 어떤 일이 일어나는지는 잘 알려져 있습니다. 하지만 각 단계에서 이 정보로 무엇을 하는지는 제대로 알려져 있지 않습니다."캘리포니아 대학교 샌프란시스코 캠퍼스의 신경외과 의사이자 생리학자로, 청각과 말에 적용되는 뇌 기능 매핑brain mapping●을 연구하는 에드워드 창Edward Chang 박사가 말한다. 창은 캘리포니아 대학교 버클리 캠퍼스의 로버트 나이트Robert Knight 연구팀에서 박사 후 과정을 거쳤다. 갤런트 연구팀과 마찬가지로 나이트 연구팀 역시 청각 자극의 재구성 분야에서 선도적인 역할을 해왔다.

● 인간이 생각이나 반응을 할 때 그에 상응하는 뇌 부위를 지도화하는 작업.

두 팀 모두 헬렌 윌스 신경 과학 연구소Helen Wills Neuroscience Institute 소속이며 청각 처리 과정의 수수께끼를 풀기 위해 연구를 계속하고 있다. 창은 자신의 관심사를 구체적으로 설명한다. "인식이란 무엇일까요? 다시 말해 우리 귀를 통해 들어오는 것과 실제로 우리가 경험하는 것의 차이는 무엇일까요? 대개 이 둘은 같지 않습니다."

시각 기관과 마찬가지로 청각 기관 역시 압도적인 양의 정보를 받아들인 다음 그중 의미 있는 신호를 걸러내야 한다. "청각 기관은 수동적인 관찰자가 아닙니다. 사실 인식은 매우 능동적인 과정입니다." 창이 말한다. 뇌가 이 정보를 어떻게 처리하는지 이해하면 각 단계에서 어떤 특징이 처리되는지 단서를 찾을 수 있을지도 모른다.

사람의 경우에만 특별히 두드러지는 소리 유형이 있다. 바로 다른 사람의 말이다. 뇌는 우리가 다른 사람의 말을 잘 이해하도록 '범주화된 지각categorical perception'이라는 여과 전략을 사용한다. 창은 나이트 연구팀에서 진행했던 실험 파일을 연다. 그러자 소리 파일 14개가 화면에 나타난다. 그는 첫 번째 파일의 재생 버튼을 클릭한다.

"바." 기계음이 이렇게 말한다.

창은 다음 버튼을 클릭한다. "바." 다시 이렇게 말한다. 그리고 같은 소리가 세 번 더 나온다. "바, 바, 바."

여섯 번째 버튼을 클릭하자 "다"라는 소리가 나온다.

"이제 '바'에서 '다'로 갔습니다." 창이 말한다. 그가 다음 몇 개의 버튼을 누른다. 컴퓨터가 네 번 더 "다"라고 말한다.

그리고 다시 소리가 바뀌었다. 이번에는 분명히 "가"로 들렸다.

물론 이렇게 간단할 리가 없다. 컴퓨터가 들려준 소리는 세 가지 같지만 사실 열네 가지였다. 각 파일의 소리는 '바'가 '가'로 옮겨가기까지의 자연스러운 변화를 보여준다. 우리의 뇌는 조금씩 달라지는 열

네 가지의 소리를 알아차렸어야 했지만 인식한 것은 세 가지뿐이었다. "조금씩 다른 소리를 연속으로 들었지만 우리는 인식하지 못합니다." 창이 말한다.

왜 인식하지 못하는 것일까? 우리 뇌는 소음과 신호를 구분하고 소리를 의미 범주로 분류하려고 한다. 창은 뇌가 입에서 만들어지는 소리를 기준으로 소리를 범주화하기 때문이라고 생각한다. "'바' 소리를 낼 때는 입술이 닫힙니다." 그가 직접 시범을 보인다. "그리고 '다' 소리를 낼 때는 혀가 앞에 위치하지요." 그는 혀가 입천장을 누르는 것을 보여준다. "'가' 소리를 낼 때는 혀가 뒤로 빠집니다."

다들 직접 해보기 바란다. 세 가지 발음 모두 혀와 입술에서 매우 다르게 느껴진다. 그리고 이제 두 소리의 중간 소리를 내보자. 아마 어색하게 공기만 내뱉었을 것이다. "두 소리의 중간 소리를 내기는 쉽지 않습니다." 창이 말한다.

'바', '가', '다'의 중간에 해당하는 소리를 자연스럽게 낼 수 없기 때문에 인간의 언어는 그 소리를 사용하지 않는다. 그 결과 우리 머릿속에 그에 해당하는 인식이나 범주가 존재하지 않는다. 따라서 인간이 아니라 컴퓨터가 내는 두 소리 사이의 소리를 들으면 뇌는 미세한 차이를 얼버무리고 범주에서 가장 가까운 소리와 연결한다. 이것은 매우 유용한 전략이다. 청각 경험의 미세함을 희생하는 대신 다른 사람의 말을 이해하도록 도움을 주기 때문이다. 우리가 정말 신경 쓰는 것은 후자다. (어디서 들어본 이야기 같지 않은가? 이 개념은 일부 미각 연구팀이 제시한 여섯 번째 기본 맛을 구분하기 힘든 이유와 지방이나 칼슘의 맛을 '쓰다' 같은 기존 표현으로 설명하는 이유와 비슷하다. 새로운 맛은 머릿속에 인식 대상이 없기 때문에 가장 가까운 범주로 연결되는 것이다. 우리가 쓴맛과 칼슘 맛의 차이에 둔감하듯이 '바'와 '가' 소리 중간에 위치하는 미묘한 소리를 알아차리지 못하는 것이다.)

창의 연구에서는 말소리와 뇌 활동의 관계를 파악하는 것이 중요하다. 이를 위해 그는 살아 있는 사람의 뇌를 들여다본다. 그의 연구팀은 상측두이랑에 초점을 맞추어 실험한다. 상측두이랑은 측두엽의 일부로, 청각 피질 체계의 가장 상위에 있다. 창은 언어 처리와 인식에 매우 중요한 무언가가 상측두이랑에 있다고 말한다.

갤런트 연구팀에서 기능성 자기공명영상으로 뇌를 엿들은 것과 달리 창은 사람의 뇌에 직접 여러 개의 전극을 배치하는 뇌피질전도ECOG, electrocorticography●를 이용한다. 창은 간질 환자를 대상으로 연구를 진행한다. 간질 환자 중에는 개두술을 통해 두개골을 열고 뇌에 전극을 부착해야 하는 경우도 있다. 이때 전극은 뇌 표면에 배치된다. 전극 배열판의 크기는 2.5~10제곱센티미터다. 전극 배열판을 부착한 환자는 일주일가량 입원해서 간질 발작이 일어나기를 기다린다. 발작이 일어나면 전극이 이를 기록하고 진원지를 찾는다. 그러면 신경외과 의사가 어느 부분을 수술해야 하는지 알 수 있다.

환자들은 발작을 기다리는 길고 지루한 시간 동안 읽기, 말하기, 돌아다니기, 퍼즐 풀기 등 온갖 인지 활동에 적극적으로 참여한다. 그동안 연구팀은 실제로 활동하는 인간의 뇌를 기록할 드문 기회를 얻게 된다. 뇌피질전도는 기능성 자기공명영상과 달리 수술이 필요하지만 장점이 있다. 뇌의 활동을 간접적으로 이해하는 대신 자극에 노출되는 순간 뉴런의 활동을 매우 자세하게 실시간으로 파악할 수 있다는 것이다. 말소리는 빨리 바뀌기 때문에 타이밍이 특히 중요하다.

창은 전극 배열판을 부착한 환자에게 말을 들려준 실험을 설명한

● 대뇌 피질에 직접 전극을 연결하는 뇌파 측정법.

다. 창과 동료들은 전극을 하나하나 살피면서 뉴런의 활동 패턴과 상두측이랑의 뉴런이 '좋아하는' 소리의 특성을 알아내려고 애썼다. 그들의 결론은 뉴런이 소리의 조음적 특성, 즉 사람들이 소리를 내기 위해 어떻게 입을 움직이는지에 반응해 활성화된다는 것이었다. "말의 청각 처리 과정은 성도에서 실제로 생성되는 소리에 맞춰진 것 같습니다. 그렇다면 입술, 혀, 턱, 후두에서는 무슨 일이 벌어지는 것일까요?" 창이 말한다.

그는 특정 전극의 뉴런이 반응한 소리 목록을 가리킨다. 친숙한 '바', '다', '가' 소리였다. 이 세 가지 소리는 발음 방식은 다르지만 중요한 공통점이 있다. 발음 시에 성도를 닫아 공기의 흐름을 막는다는 것이다. 이런 소리는 '파열음'이라고 불린다.

창은 다른 전극에서 얻은 결과를 가리킨다. 이번에는 'z', 'f', 'sh' 소리, 즉 입의 특정 부분으로 공기가 빠져나가는 소리인 마찰음에 가장 민감했다.

목록을 계속 살펴보았다. 성도에서 생성되는 방식이 다른 소리는 반응하는 뉴런의 영역도 달랐다. 창에 따르면 이 결과는 뉴런이 반응하는 단위가 자음과 모음이 아니라 말을 구성하는 요소라는 점에서 중요한 의미를 지닌다. "이런 결과는 모든 언어에 적용됩니다." 창이 말한다. 이것은 소리의 주기율표로서 서로 결합하여 무한대의 의미를 만들어낸다. 따라서 창의 연구팀이 내린 결론이 맞는다면 뉴런이 어떤 기준으로 소리를 여과하는지가 밝혀짐으로써 청각 처리 경로를 그린 지도의 빈 곳이 하나 채워진 셈이다.

청각적 심상

브라이언 파슬리Brian Pasley 역시 지도의 빈 곳을 메우는 일에 관심이 있다. 목소리가 조용한 파슬리 역시 캘리포니아 대학교 버클리 캠퍼스의 나이트 연구팀에서 박사 후 과정을 밟으면서 청각 처리 경로의 각 단계에서 뇌가 무엇을 입력하는지 규명하기 위해 오랜 시간 공을 들였다. 이뿐만 아니라 그는 이를 공학적으로 활용할 수 있을지에도 관심이 있다. 2012년 그가 주요 저자로 참여하고 창을 비롯한 연구팀이 공동 저자로 참여한 논문은 내적인 언어 재구성에 대한 통념을 근본적으로 깨버렸다.

두 가지 디코딩 전략을 비교한 그들의 논문은 꽤 불안하게 진행되었지만 여러 사람에게 주목받았다. 피험자가 들은 내용을 제법 완성도 높게 재구성한 데다(연구팀은 이를 증명하기 위해 인터넷에 음성 파일을 올렸다) 차세대 신경보철 기술이 가야 할 길을 제시했기 때문이다. 파슬리는 감금증후군locked in syndrome●이나 루게릭병을 앓는 환자들을 도울 장치를 꿈꾼다. "마비된 사람들은 말을 하지 못합니다. 그런데 대부분의 경우 뇌 속의 언어 체계는 제대로 작동하지요." 그가 말한다. 파슬리 연구팀이 초창기에 개발한 디코더는 사람들이 말을 듣는 데만 도움을 주었지만 2013년 그들은 상상 음성 디코더를 실험하기 시작했다. 파슬리는 이를 통해 말을 못 하는 사람들의 머릿속 음성을 읽어낼 수 있기를 바란다. "말을 하지 못해도 말을 떠올릴 수는 있습니다. 상상 음성 디코더를 통해 그들이 의도한 말을 재구성하는 거지요." 그가 말한다.

● 의식은 있지만 전신마비로 인하여 외부 자극에 반응하지 못하는 상태.

파슬리의 연구 역시 뇌피질전도 분석을 기반으로 한다. 그는 실험에 자원한 환자에게서 데이터를 얻는다. 2012년 연구에서는 상측두이랑에 전극 배열판을 장착한 사람들의 데이터를 활용했다. 그의 연구는 상측두이랑이 주파수, 본질적으로는 소리의 높낮이를 어떻게 처리하는지에 초점을 맞춘다. 상측두이랑을 3D 키보드라고 생각해보자. 이곳의 뉴런은 각기 다른 영역에서 높고 낮은 주파수에 맞게 조율된다. 사람들의 목소리에 담긴 주파수는 시간이 흐르면서 달라진다. 그러면 특정 주파수에 민감한 각 영역의 뉴런은 활성화되기도 하고 비활성화되기도 한다. 그러면서 뇌 활동 패턴이 생겨난다. 이제 뉴런이라는 건반을 피아노에 대입해보자. 어떤 건반을 눌러야 하는지 패턴을 알면 연주할 수 있다.

이것이 파슬리의 가설이다. 그는 자원한 피험자들에게 단순한 임무를 주었다. 병상에서 단어 음성 파일을 듣게 했던 것이다. 그러면 그들에게 부착된 전극이 상측두이랑의 반응을 알려주었다. 이를 통해 연구팀은 음성과 상측두이랑의 영역을 깔끔하게 짝지을 수 있었다. "우리는 환자가 무엇을 듣는지, 그때 뇌에서 어떤 신호가 나타나는지 정확하게 알아냈습니다. 특정 소리를 들려주고 뇌에 어떤 전기 반응이 초래되었는지도 측정했지요." 파슬리가 말한다.

"그러니까 입력과 출력 정보를 모두 갖고 있는 겁니다. 우리는 이 두 가지를 연관 짓는 통계 모델을 만들고자 합니다." 그가 덧붙였다. 우선 소리 자극부터 뇌의 반응까지 부호화할 인코더를 만든다. 이런 종류의 자극-인코딩 과정은 쉴라 니렌버그 연구소가 이미지를 신경절 세포 코드(쉴라 니렌버그 연구소의 시각 인공보철 시스템의 토대다)로 변환하는 방식과 유사하다.

이제 인코딩 모델이 제대로 작동하는지 알아보려면 뉴런의 활동을 이용해 자극을 재구성하는 디코딩을 거쳐야 한다. 파슬리는 모델이 재구성한 단어를 사람이 제대로 알아듣는지 확인했다.

파슬리가 컴퓨터의 키보드를 두드리자 연구팀에서 최초로 구성했던 단어가 흘러나온다. 각 단어는 세 번씩 재생된다. 첫 번째는 환자가 들었던 원래의 소리고 나머지 둘은 연구팀이 두 가지 디코더로 재구성한 소리다.

"왈도." 또렷한 여자 목소리가 들린다.

"왈도." 물속에서 로봇이 말하는 듯한 소리다.

"왈도." 이번에는 물속에서 로봇이 모래를 머금고 말하는 것 같다.

다음 세 단어인 '스트럭처structure', '다우트doubt', '프라펄리properly'에서도 똑같은 현상이 나타났다. 재구성된 단어는 알아들을 수는 있었지만 비틀리고 기계적이었다. "솔직히 원래의 단어를 들었기 때문에 알아들은 겁니다." 파슬리가 웃으며 말한다. "그게 많은 도움이 된 거죠. 원래 단어를 듣지 않고 재구성된 단어를 들으면 아마 알아듣지 못했을 겁니다. 하지만 원래 단어를 듣고 무엇을 듣게 될지 알았기 때문에 조금만 비슷해도 알아들을 수 있는 거죠."

이 실험의 핵심은 소리의 정확성이 아니라 재구성의 가능성을 입증해냈다는 것이다. 사실 이것은 본질적으로 수학의 문제로, 연구팀이 통계 모델을 발전시키면 더 나은 결과를 얻을 수 있다. 하지만 현재는 뇌가 소리의 주파수를 분류하는 방식을 알아볼 최적의 위치가 상측두이랑인지조차 확실하지 않다. 청각 처리 과정 초반에 뇌 안쪽에서 주파수가 분류될 수도 있지만 그곳에 전극을 밀어 넣기는 너무 힘들다.

지금까지 파슬리는 사람들이 소리를 듣는 동안 청각 피질의 일부에서 뉴런의 활동을 기록할 수 있다는 것, 그리고 소리와 뉴런 활동을 관련짓는 모델을 구축하여 (비록 떨리는 듯한 목소리지만) 그 소리를 재구성할 수 있다는 것을 입증했다. 하지만 갤런트가 '머릿속의 작은 여자'라고 부르고 파슬리가 '청각 심상auditory imagery'이라고 부르는 내적 언어를 판독하는 수준은 아직 만족스럽지 못하다.

"청각 심상은 정의하기 어렵습니다. 굳이 정의하자면 내적이고 주관적인 경험이라고나 할까요?" 파슬리가 말한다. 지금 이 순간 여러분은 조용히 책을 읽으면서 문자를 청각 심상으로 바꾸고 있다. 또는 거울 속의 자신을 격려하거나 가스레인지를 껐는지 궁금해하는 순간 머릿속에서 울리는 작은 목소리가 바로 청각 심상이다. "얼굴이나 장면 등을 떠올리는 시각 심상과 마찬가지로 대부분의 사람들에게 청각적 심상이 있습니다. 좋아하는 노래나 짜증나는 광고 음악을 떠올릴 수도 있습니다. 때로는 무심결에 말이지요." 파슬리가 말한다.

이를 전문 용어로 '외현적' 언어(입으로 말하는 언어)와 '내현적' 언어(머릿속에서 듣는 목소리)라고 한다. 2013년 파슬리 연구팀은 내현적 언어를 재구성하는 새로운 실험을 시작했다. 이번에는 피험자들이 글자를 소리 내어 읽은 다음 다시 소리 내지 않고 읽어서 내적 청각 심상을 만들게 했다. 파슬리는 사람들이 읽은 구절 몇 개를 보여준다. '그것 때문에 행복해'와 '배고파'다. 연구팀은 피험자들이 문장을 소리 내어 읽을 때의 뇌 활동을 바탕으로 디코더 모델을 만들고자 했다. "예상치 못하게 상황이 바뀌는 바람에 우리는 그 모델을 '목소리를 들을 때'의 데이터에 적용하지 않고 '목소리를 상상할 때'의 데이터에 적용했습니다." 파슬리가 말한다.

이것이 제대로 적용되었는지 확인하기 위해 연구팀은 재구성한 문장과 원래의 문장을 짝지어보았다. '식별'이라 불리는 이 과정은 단순히 제한된 선택지 안에서 짝을 찾을 수 있는지 시험하는 것이었다. 카드 뭉치에서 한 장을 고르게 하는 마술사를 떠올려보자. 무엇을 고르든 52장의 카드에서 벗어날 수 없다. "이 실험의 기본 개념은 우리가 재구성한 소리가 의미 없는 소음 패턴이 아니라는 것을 증명하는 것입니다. 우리는 그 패턴을 통해 실제로 피험자가 떠올린 문장을 알아낼 수 있기를 바랍니다. 그리고 비록 초기 데이터지만 그런 일이 가능하다는 점이 입증되었지요." 파슬리가 말한다.

그들은 소리도 재구성했다. 파슬리가 버튼을 누르자 '그것 때문에 행복해'라는 문장이 나왔다. 첫 번째는 외현적 언어, 그다음은 내현적 언어를 재구성한 소리였다. 파슬리는 '배고파'라는 음성 파일을 재생했다. 외현적 언어를 재구성한 소리는 로봇이 모래를 잔뜩 머금고 말하는 것처럼 왜곡이 심하긴 해도 알아들을 수는 있었다. 내현적 언어를 재구성한 소리는 알아듣기가 훨씬 힘들었다. 음절이 뒤엉키는 데다 길게 늘어지는 단어 하나하나가 염소 울음소리처럼 뒤틀려 들리는 경우가 많았다. 하지만 문장 전체로 보면 분명 말이었다. 원래의 문장처럼 억양이 있었고 몇몇 모음과 자음은 뚜렷하게 들렸다. 문장의 전체적인 '윤곽'도 괜찮은 느낌이었다. 하지만 무슨 문장을 말하는지 모르는 상태에서 들으면 알아들을 길이 없었다. 하지만 파슬리는 환자들을 좀 더 모집하여 추가로 실험을 진행하면 우연히 비슷하게 들리는 수준을 넘어선 재구성 결과물을 내놓을 수 있을 것이라고 생각한다. (이듬해 봄, 파슬리 연구팀은 피험자 일곱 명을 대상으로 연구했다. 그러고는 재구성의 성공률은 우연히 맞힌 것보다 약간 높은 수준이지만 전반적으로 소리의 재구성이 가능하다고 결론 내렸다.)

재생된 음성의 낮은 품질을 감안하면 이런 재구성 기술이 다소 이론적이고 허황되게 보일지도 모른다. 하지만 연구팀은 여러 차례 재구성에 성공했고 다른 연구팀에서도 이 기술을 활용하고 있다. 파슬리가 추구하는 청각 연구의 방향을 이해하려면 피험자들을 스캐너에 높히고 팟캐스트를 들려주는 갤런트 연구팀으로 돌아가야 한다. 그들은 이미 몇 년 전에 자극을 재구성한다는 아이디어로 세상을 놀라게 했다. 하지만 당시 그들이 재구성한 것은 시각이었다.

자극의 재구성

잭 갤런트 박사는 말이 빠르고 강단이 있다. 그에게는 재미있는 농담을 섞어가며 고차원적인 신경 과학을 쉽게 설명하는 재주가 있었다. 연구실에서 만난 그는 상아색 스웨터와 청바지를 입고 파란색 테니스 신발을 신었으며 짙은 갈색 머리를 약간 덥수룩하게 길렀다. 그는 감각 정보를 처리하기 위해 뇌의 뉴런이 어떻게 체계화되는지는 거의 알려지지 않았다면서 연구의 어려움을 굳이 숨기지 않았다. "우리는 뇌를 역으로 분석하려고 합니다. 그 영역이 어디인지는 그리 중요하지 않습니다. 이렇게 생각해볼까요? 누군가가 당신에게 고기를 주었어요. 고기에는 다양한 부위가 있겠지요. 고기를 보고 부위를 어떻게 구별하겠습니까?" 갤런트가 말한다.

갤런트의 주요 연구 영역인 시각에서 이는 특히 골치 아픈 문제다. 시각 기관에는 수천 톤의 고기가 있는 것과 마찬가지이기 때문이다. 영장류의 뇌에서 시각을 처리하는 영역은 32~40군데다. 특히 인간은 뇌가 크고 언어를 사용하기 때문에 시각 처리에 더 많은 영역을 할애한다. 이 영역들은 후두부 피질, 후두와 정수리 사이, 후두와 측두 사이에 분포되어 있다. 그중 넓은 여섯 영역을 V1~V6라고 부른다. 하지만 이밖에도 시각 처리 영역은 광범위하게 분포되어 있다.

청각 처리 영역과 마찬가지로 시각 처리 영역도 다양한 정보를 처리한다. 일차 시각 피질인 V1의 뉴런만 해도 망막에 맺힌 이미지의 좌표, 입력된 눈, 방향, 크기, 시간 주파수temporal frequency(대상이 바뀌는 속도) 등 10~15가지 정보를 처리한다. 정보가 시각 처리 경로를 따라 흘러가는 동안 어떤 시각 정보가 어디에서 처리되는지는 아직 제대로 밝혀지지 않았다. 갤런트는 뇌가 1000가지 이상의 시각 정보를 처리하는 것으로 추측한다.

아마도 시각이나 감각을 처리하는 영역이 왜 그렇게 많은지 궁금할 것이다. "여러 가지 가능성을 생각해볼 수 있습니다. 첫 번째 가능성은 뉴런이 정말 멍청하다는 겁니다." 갤런트의 표정이 사뭇 진지했다. 그에 따르면 기본적으로 뉴런은 한쪽 끝의 수상돌기 분지로 정보를 수신해서 아날로그를 디지털로 변환하는 단순한 역할을 한다. 그러고는 축색돌기를 따라 활동 전위action potential를 일으킨 뒤에 다음 뉴런으로 정보를 전달한다. 이 과정은 매우 복잡하다. 뇌가 이렇게 온갖 불필요한 중복과 추가 과정을 거치는 비효율적인 구조인 것은 진화 탓인지도 모른다. "우리가 정말 멍청한 동물이고 V1밖에 없다고 가정해봅시다. 이런 상황에서 시각적으로 복잡한 것을 보려면 어떻게 해야 할까요? V1을 그때그때 전환하는 것과 새로운 시각 처리 영역을 찾아 그곳으로 정보를 보내는 것 중 무엇이 나을까요?" 갤런트가 말한다.

그에 따르면 오랫동안 특별히 눈에 띄는 영역도 없이 무작위로 만들어진 이런 복잡한 시스템을 구석구석 알지 못하는 것은 당연하다. 하지만 뇌의 특정 영역이 무슨 일을 하는지 파악함으로써 그 정체를 이해할 수 있다. "신경 과학자의 과제는 측정한 활동을 바탕으로 특정 공간을 규명하는 것입니다." 그가 말한다. 다시 말해 피험자에게 그림을 보여주고 뉴런의 반응을 관찰하여 피험자가 무엇을 보았는지 추측하는 것이다.

지금까지 설명한 내용은 자극의 재구성과 매우 비슷하게 들린다.

하지만 모든 뇌 판독이 자극의 재구성은 아니다. 갤런트는 이를 3단계로 나눈다. 가장 단순한 단계는 분류다. 누군가에게 이미지를 보여주고 뇌 활동을 근거로 그 이미지에 해당하는 넓은 범주를 추측하는 것이다. "만약 스캐너 안의 피험자가 카드 한 장을 뽑는다고 칩시다. 그리고 실험자가 '자, 그럼 이제 그 카드가 사람이 그려진 카드인지 아닌지 제가 맞혀볼까요?'라고 말하면 이게 바로 분류입니다." 갤런트가 말한다.

다음 단계는 식별이다. 이 단계에는 마술사가 52장의 카드 가운데 당신이 고른 카드를 맞히는 것과 같이 제한된 선택지가 있다. "식별은 '좋습니다. 이제 그 카드가 다이아몬드 잭인지 클로버 10인지 맞혀보지요'라고 말하는 겁니다." 갤런트가 말한다. 이는 파슬리가 재구성한 내현적 언어와 원래의 문장을 짝짓는 것과 똑같다. 그리고 정지된 이미지를 사용한다는 것을 제외하면 갤런트 연구소의 출발점도 동일하다. 2008년 갤런트 연구팀은 음식, 동물, 풍경 등의 흑백사진을 피험자에게 보여주는 실험을 통해 신뢰도 높은 식별이 가능하다는 것을 입증했다.

그다음 그들은 가장 어려운 단계인 자극의 재구성으로 넘어갔다. 자극의 재구성이 어려운 이유는 최초의 입력 정보에 대해 사전에 단서를 얻을 수 없기 때문이다. "재구성의 경우는 이렇게 말하는 겁니다. '자, 난 당신이 카드 뭉치를 봤는지조차 모릅니다. 어쩌면 당신은 사진을 봤을지도 모르죠. 당신이 무엇을 보았는지 나는 전혀 모릅니다.'" 갤런트가 말한다. 파슬리가 실험에서 얻은, 모래를 머금은 듯한 로봇 목소리의 '왈도'가 바로 그것이며, 지난 몇 년간 갤런트 연구팀에서 연구한 내용도 바로 그것이다.

갤런트는 2009년의 연구 결과를 꺼낸다. 당시 실험에서 연구팀은 피험자가 본 사진을 재구성하려고 했었다. 재구성은 선택지가 주어지지 않는다는 점에서 어렵다. 대신 피험자가 본 사진과 겹치지 않는 수많은 사진을 모아야 한다. 이를 '사전정보'라고 부른다. 사전정보는 다양하고 무작위적일수록 좋다. 그래야 최초의 정보와 똑같지는 않더라도 비슷하기는 한 이미지를 재구성할 확률이 높아진다. 그래서 연구팀은 5000만 장의 사진이 담긴 사전정보에서 최초의 정보와 가장 근접한 사진을 골라내는 모델을 구축했다.

갤런트는 이 실험에서 재구성 결과가 가장 좋았던 몇 가지 사례를 보여준다. 항구는 모양이 비슷한 만의 사진과 짝지어졌고 무대에 늘어선 배우들은 계단에 줄선 아이들의 사진과 짝지어졌다. 두 경우 모두 원래의 사진을 완전히 잘못 파악하지 않았고 대체로 비슷한 범주의 사진을 골랐다.

하지만 결과가 항상 좋지는 않았다. 실험 1단계에서 모델은 상당히 낮은 수준의 시각 요소인 공간적 특성과 관련된 뇌 활동만 이용했다. 갤런트는 이 실험에서 재구성한 결과를 보여주었다. 원래의 사진에는 건물 두 채가 있었다. 하지만 재구성한 사진은 개였다. 전혀 비슷하지 않은 짝이었다. 그런데 재구성한 사진 속의 사물만 자세히 들여다보면 이해가 되었다. 건물 사이의 공간이 개의 머리 위쪽에 있는 어두운 공간과 비슷한 형태였다. 개가 앉아 있는 침대 시트의 격자무늬는 빌딩 창문처럼 보이기도 했다. 사진에 나오는 사물의 윤곽만 보면 두 사진은 제법 관련이 있었다. 아주 기초적인 모양 분석을 기준으로 하면 두 사진은 짝이 될 만했다. 하지만 의미 면에서는 전혀 그렇지 않았다.

그래서 실험 2단계에서 연구팀은 보다 높은 수준의 특징인 사물의 의미 범주를 활용해서 짝을 찾기로 했다. 다시 말해 사물이 동물인지

식물인지 건물인지, 범주로 짝을 짓는 것이다. 갤런트는 공간적 특성만 이용한 매칭 알고리즘으로 짝지어진 사진 두 장을 꺼냈다. 포도 한 송이와 아기의 손을 잡은 어른 손이었다. 이번에도 결과가 좋지 않았다. 갤런트는 의미 정보가 추가된 모델로 다시 짝을 지었을 때의 결과를 보여주었다. 이제 포도와 짝지어진 사진은 버섯이었다. 포도와 버섯 모두 비슷한 크기의 둥근 덩어리로, 먹을 수 있는 것이다. 물론 이 것도 정확한 짝은 아니지만 처음보다는 나아졌다. 공간과 의미라는 두 가지 특징을 연관 지었을 뿐인데도 정확도가 향상되었다. 갤런트의 추측이 옳다면 수백 가지 특징을 적용해 정확도를 훨씬 높일 수 있다.

사진을 이용한 연구 결과는 점점 나아졌지만 갤런트는 만족하지 못 했다. "정지된 이미지에 뇌가 어떻게 반응하는지 누가 관심이나 갖겠 습니까?" 그가 묻는다. "자연스럽지 않잖아요." 그래서 2011년 연구 팀은 피험자에게 사진이 아닌 영상을 보여주는 것으로 실험을 전환 했다. 현재 일본 정보통신연구기구NICT 연구원이며 당시 박사 후 과 정을 밟고 있던 니시모토 신지 박사는 피험자에게 영화 예고편을 보 여주었다. 그는 영화 예고편에는 일상생활에서 익숙한 동작이 나오기 때문에 재구성 결과가 좋을 것이고 기하학적 무늬와 얼굴이 나오는 실험용 영상보다 덜 지루할 것이라고 추측했다. "스캐너 안에서 영화 를 보는 일은 오랫동안 깜빡이는 바둑판 무늬를 보는 것에 비해 재미 있습니다." 일본에서 니시모토가 보내온 이메일에는 이렇게 쓰여 있 었다. (연구팀은 직접 피험자가 되는 경우가 많았다. 오랫동안 스캐너 안에 누워 있을 지원자를 찾기 힘들기 때문이다.)

그래서 니시모토와 동료 연구원들은 영화 예고편을 보는 동안 자 신들의 뇌 활동에 기초한 모델을 만들었다. 이제 재구성을 실험할 차 례였다. 사전정보를 구축하기 위해 그들은 유튜브에서 영상을 다운로

드해서 5000시간 동안 무작위로 보여주는 컴퓨터 프로그램을 만들었다. (왜 5000시간이냐고? 갤런트는 이렇게 대답한다. "1년 동안 우리가 깨어 있는 시간의 총합이 5000시간쯤 됩니다. 따라서 우리의 사전정보는 1년 내내 유튜브 영상만 본다고 가정할 경우의 시각적 경험을 모두 합친 것입니다." 5000시간이라니, 눈물이 앞을 가린다.)

그다음 그들은 모델을 구동하여 원래의 영상을 재구성해보았다. 갤런트는 영화 예고편과 그들이 얻은 가장 근접한 영상을 나란히 틀었다. "어떤 때는 꽤 잘 맞고 어떤 경우에는 형편없습니다." 그가 말한다. 왼쪽 영상에 점점 번져나가는 잉크가 나온다. 그리고 오른쪽 영상에는 알록달록한 얼룩이 나온다. 납득하기 어려운 결과였다. "이 결과는 형편없습니다. 우리의 사전정보에 잉크가 번지는 것과 조금이라도 비슷한 것이 없기 때문입니다." 갤런트가 말한다.

또 다른 쌍이 나왔다. "우리 사전정보에는 이 코끼리처럼 보이는 것이 없습니다." 갤런트는 이렇게 말했고 모델은 코끼리를 수탉과 짝지었다.

그리고 새는 배우이자 코미디언인 에디 이저드와 짝지어졌다.

그다음부터는 결과가 좋아지기 시작했다. 사람과 사람을 짝짓는 경우에는 전체적인 모양과 위치를 제대로 파악했다. 스티브 마틴이 클루조 형사로 등장하는 영상은 〈호기심 해결사Mythbusters〉의 진행자 애덤 새비지가 나오는 영상과 짝지어졌다. 두 사람 모두 남자였고 화면의 같은 위치에 서 있었다. 클로즈업한 얼굴을 비슷한 것과 짝짓거나 글자를 글자와 짝짓는 경우에도 결과가 좋았다. "그렇습니다. 유튜브에는 글자도 많고 얼굴도 많기 때문입니다. 고양이 영상을 재구성하는 경우 유튜브에 정말 많은 고양이 영상이 있기 때문에 고양이를 쉽게 찾아낼 수 있는 겁니다. 즉 재구성하려는 대상이 사전정보에 정말 많으면 아주 잘 찾아낼 수 있습니다. 하지만 사전정보가 별로 없으면 못 찾는 거죠." 갤런트가 말한다. 그는 사전정보가 더 커지면 정확도도 높아질 것이라고 말한다. "현재 우리의 사전정보에는 5000시간 분량의 영상밖에 없습니다. 5000만 시간 분량의 사전정보를 구축하게 되면 더 나은 결과를 얻겠지요."

갤런트는 개념을 증명하는 차원에서는 현재의 결과가 꽤 만족스럽다고 했다. 하지만 니시모토는 그렇지 않았다. 그래서 그는 '사후정보 상위 평균'이라는 것을 개발하여 재구성한 영상 중 결과가 좋은 100개의 평균치를 구하면 정확도가 높아지는지 확인했다. 니시모토는 이메일에 이렇게 썼다. "각 영상은 원래의 영상과 조금씩 달랐습니다. 그래서 결과가 좋은 100개의 평균치를 구해 편차를 없애려고 했습니다. 현재 우리의 디코딩 결과가 정확하다고 생각하지는 않지만 첫 단계에서 얻은 결과로는 나쁘지 않다고 생각합니다."

니시모토가 너무 겸손한 것인지도 모른다. 그가 말한 방식으로 재구성한 영상을 갤런트가 보여주었는데, 꽤나 놀라웠다. 갤런트는 원래 영상을 틀었다. 코끼리가 사막을 걷고 있었다. 나란히 틀어놓은 재구성 영상은 바셀린을 바른 것처럼 보였다. 코끼리가 코끼리인지는 제대로 보이지 않았지만 특정 크기와 모양의 동물이 보통 속도로 왼쪽에서 오른쪽으로 움직인다는 것과 배경에 하늘이 보인다는 것은 알 수 있었다. 이쯤 되면 매우 흥분하는 사람도 있을 테고 반대로 두려움에 빠지는 사람도 있을 것이다. 재구성한 영상이 원래의 영상과 제법 비슷해 보였기 때문이다.

연구팀이 연구하려던 또 다른 개념은 현재의 연구 과제와 청각을 이어주는 역할을 했다. 의미 기능에 관심이 있는 후스 연구팀은 다섯 명의 피험자를 스캐너에 눕히고 똑같은 영화 예고편을 보여주었다.

이번에는 영상에 1705가지의 일상적인 사물이나 동작이 몇 번이나 나타나는지 셌다. 그다음 이 사물이나 동작의 등장과 뇌 활동 간의 상관관계를 구하는 모델을 설계했다. 이를 바탕으로 연구팀은 뇌의 '연속 의미 공간continuous semantic space'이라고 불리는 모델을 개발하여 ('동물'과 '개'처럼) 뇌가 비슷하다고 판단하는 범주는 모델에서 서로 가까이 붙어 있고, 다르다고 판단하는 범주는 서로 멀리 떨어져 있다는 사실을 입증했다.

갤런트는 다시 영상 두 개를 나란히 틀었다. 왼쪽 영상은 원래의 영화 예고편이다. 오른쪽 영상에는 단어 무리가 나타났다. 화면에 등장하는 내용에 따라 해당 이미지와 관련된 단어들이 나타났다가 사라지는 것이다. 왼쪽 영상에서는 로맨틱 코미디 스타인 앤 해서웨이가 친구들과 수다를 떨고 있었다. 오른쪽 영상에는 '여자', '남자', '말', '방', '걷기', '얼굴' 같은 단어들이 나타났다. 갤런트는 화면에 나타나는 단어를 소리 내어 읽었다. 모두 왼쪽 화면을 제법 잘 설명하는 단어였다. 이제 왼쪽에는 물속에서 찍은 듯한 영상이 나온다. "이제 바다가 나옵니다. '물고기', '수영하다', '물', '해저' 같은 단어가 나올 겁니다. 이건 해우입니다." 갤런트는 물속에서 헤엄치는 소형 비행선 같은 동물을 가리킨다. "이 동물은 사전정보에 없지만 제법 비슷한 '고래'로 인식될 겁니다."

잠시 후에 모델이 몇 차례 버벅거리더니 넓게 펼쳐진 은빛 설원을 바다로 잘못 판단한다. 그리고 북극의 스노 크롤러*를 건물로 인식한다. 쇼핑몰 경비원 폴 블라트(케빈 제임스 출연)가 유리문으로 들어가다가 엉덩방아를 찧는 장면에서 모델은 '방', '걷다', '건물'이라는 단어

---

* 눈 위를 달리는 이동 수단.

를 골라낸다. 모두 맞다. 하지만 '도로'라는 단어는 틀렸다. 쇼핑몰의 긴 복도를 잘못 분석한 결과였다.

뇌가 의미를 처리하는 방법을 모델링하기 시작한 연구팀에게 말과 청각 연구는 어려운 과제가 아니었다. 갤런트는 모든 자극을 재구성할 수 있다고 말한다. "우리는 이 기술의 개발 플랫폼으로 시각을 이용했고 사실상 기본적인 개발은 완료되었습니다. 그래서 이제 그 기술을 모든 자극에 적용할 생각입니다. 청각과 언어에도, 의사결정과 기억에도 적용할 수 있습니다. 뇌의 모든 시스템에 적용할 수 있습니다." 그가 말한다.

그래서 나는 뇌의 모든 활동을 재구성하는 것이 연구의 최종 목표인지 물었다. "글쎄요. 허황된 꿈일까요?" 갤런트의 무심한 말투에 실험실 학생들이 웃었다. "인간이 처할 수 있는 모든 상황에서 모든 뇌 활동을 예측하는 것이 목표입니다." 그는 학생들에게 신경 쓰지 않고 말을 이었다.

"혹시 박사님이 농담을 한다고 생각하시는 건 아니죠?" 한 학생이 내게 물었다.

나는 갤런트의 말이 농담이라고 생각하지 않았다.

"저는 진지합니다. 농담이 아니에요." 그가 말한다.

생각을 감시당하는 시대

재구성의 정확도가 점점 높아지면서 이 기술이 얼마나 발전하고 어떻게 이용될지 의문이 대두되고 있다. 그리고 애런 프리드먼은 아직도 스캐너 안에 누워서 마지막 팟캐스트를 듣고 있다. 옆방에서는 후스와 드 히어가 토론 중이다. 뇌는 상상 속의 자극에도 실제 자극과 동일하게 반응할까? 다시 말해 뇌는 실제 귀가 들은 소리에 반응하듯이 머릿속 귀가 들은 소리에도 반응할까?

1세대 재구성 모델은 머릿속에서 상상한 소리가 아닌 피험자가 실제로 감지한 소리와 이미지를 바탕으로 만들어졌다. 그래서 피험자가 머릿속으로 떠올린 말을 제대로 해석하지 못할 수도 있다. 입으로 내뱉은 말은 근육 운동을 수반하기 때문에 혀와 턱이 움직이면서 뉴런의 활동이 발생한다. "상상 음성과 발화 음성은 정말 다릅니다. 발화 음성은 기능성 자기공명영상을 촬영하기가 힘들어요. 소리를 내는 순간 문제가 생기기 때문이지요." 후스가 말한다. 턱을 움직이면 머리 주변의 자기장이 바뀌고 뇌가 거칠게 움직이기 때문에 이미지를 읽기 어려워진다.

발화 음성은 미세한 시간 차이에도 결과가 달라진다. "단어를 말하는 순서에 따라 의미가 매우 달라질 수도 있거든요." 후스가 말한다. 그러자 드 히어가 덧붙인다. "단어 안에서도 음소의 순서에 따라 단어가 달라집니다." 그리고 기능성 자기공명영상은 이렇게 급격한 변화를 제대로 감지하지 못한다.

갤런트는 상상에 반응하는 뉴런의 활동과 감각 인식에 반응하는 뉴런의 활동이 같을 수 없다고 말한다. "상상할 때 뇌의 반응은 실제 세계를 볼 때 뇌의 반응과 분명 다릅니다. 두 가지가 똑같다면 상상과 실제를 구분할 수가 없겠죠. 아마 우리 조상들은 죄다 호랑이에게 잡아먹혔을 겁니다." 갤런트가 말한다. 그랬다면 우리는 입력되는 감각 자극과 상상의 조각 사이에 갇혀 끊임없이 백일몽을 꾸는 상태일 것이다. 내적 언어에도 같은 문제가 생긴다. 갤런트가 계속 말한다. "뇌는 내적 언어에 대해 실제로 소리를 들었을 때와 같은 반응을 보일 수 없습니다. 같은 반응을 보였다가는 머릿속의 목소리를 바깥세상에서 들리는 소리로 인식하기 때문입니다." 즉 인간의 뇌에는 내적 자극과 외적 자극을 구분하는 장치가 있을 가능성이 높다. 동물이 입으로 소리내는 동안에는 청각 피질의 활동이 억제된다. 일부 영장류 과학자들에 따르면 이것이 그 소리가 외부가 아닌 내면에서 나는 것임을 알리는 방식일지도 모른다.

하지만 그렇다고 해서 상상을 재구성하려는 노력을 막을 수는 없다. 갤런트 연구팀은 시각을 대상으로 이미 연구를 진행했다. 2014년 갤런트 연구팀의 토머스 내셀러리스Thomas Naselaris(지금은 사우스캐롤라이나 의과대학에 있다)는 기억한 이미지를 재구성하는 실험을 했다. 연구팀은 피험자에게 〈모나리자〉를 비롯한 미술 작품 다섯 점을 외우게 했다. 피험자는 그림을 반복적으로 보면서 머릿속에 이미지를 완벽하게 심었다. 스캐너에 누운 피험자가 단어 힌트를 듣고 그림을 떠올리면 연구팀은 그림을 떠올리는 피험자의 뇌 활동을 근거로 그림을 재구성했다. "문제는 결과였지요." 갤런트는 이렇게 말하며 결과를 보여준다. 디코더는 〈모나리자〉를 떠올릴 때의 뇌 활동을 분석하여 영화배우 살마 아예크의 사진과 짝을 지었다. 그리고 고양이는 개, 채소는 다른 종류의 채소와 짝지었다. 갤런트는 전반적인 정확도가 기억이 아닌 실제 이미지를 디코딩하여 재구성했을 때의 3분의 1 수준이라고 했다.

그럼에도 상상을 읽어내는 기술은 파슬리의 바람대로 의료계뿐만 아니라 사람들의 의사소통에도 매우 강력한 도구가 될 수 있다. 소근육을 움직이지 못하는데도 그림을 그릴 수 있다거나 음감이 완벽하지 않고 노래를 잘 부르지 못하는데도 작곡을 할 수 있다고 상상해보자. 생각만 하면 이미지나 소리가 컴퓨터로 재현된다. (갤런트는 이를 '뇌 보조 예술brain-aided art'이라고 부른다.) 연구팀이 〈모나리자〉 실험에서 제안했듯이 인터넷 검색에 이미지 회상을 활용할 수도 있다. 키워드가 아닌 기억 속의 사진으로 인터넷을 검색하는 것이다. 그러면 머릿속으로 생각하는 것만으로 거의 모든 기기를 구동할 수 있게 된다. "말도 안 되게 멋있는 기술이지요. 생각을 곧바로 컴퓨터에 전달하는 건 공상과학 영화에서나 보던 거잖아요." 후스가 말한다.

하지만 판독 기술에도 문제점이 있다. 〈마이너리티 리포트〉처럼 '프리크라임Precrime' 시스템으로 생각을 감시당하는 시대가 도래하여 두개골 안에 담긴 것조차 사생활의 영역이 아니라면 어떻게 될까? 다른 사람이 내 머리를 스캔하여 은밀한 정보를 읽어낸다면? 우리의 생각을 낱낱이 떠벌리는 로봇을 정말 원하는 사람이 있을까?

이런 공상과학 시나리오가 무리 없이 실현되려면 재구성 기술이 뛰어넘어야 할 장애물이 두 가지 있다. 첫 번째는 추상적인 개념과 관련된 문제다. 아직까지 재구성은 실제로 입력된 감각 정보만 제대로 처리했고 암기한 입력 정보는 제대로 처리하지 못했다. 게다가 수많은 사고 과정은 방금 언급한 것들보다 실체가 빈약하기 때문에 포착하기도 힘들다.

꿈 얘기를 해보자. 꿈꿀 때는 뇌의 시각 처리 영역이 매우 활성화된다. 하지만 꿈의 구성 요소를 파악하는 것은 아직 불가능해 보인다. 2013년 일본 국제전기통신기초기술연구소의 가미타니 유키야스神谷之康 연구팀은 피험자 세 명이 입면 상태의 이미지hypnagogic imagery(렘수면에 빠지기 전에 꿈을 꾸는 상태에서 나타나는 이미지)로 본 사물의 종류를 식별할 수 있다고 발표했다. (그들이 개발한 모델은 피험자가 깨어나 영상을 볼 때의 뇌 활동을 기록한 기능성 자기공명영상과 스캐너 안에서 잠들었을 때의 뇌 활동을 기록한 기능성 자기공명영상 사이의 상관관계를 도출했다. 연구팀은 잠에서 완전히 깨고 나면 꿈이 잘 기억나지 않기 때문에 중간에 피험자를 계속 깨워서 꿈의 내용을 묻기도 했다.) 그들의 실험은 분류 단계에 해당했다. 범주를 짝지을 수는 있었지만 꿈속의 동작이나 이미지를 재구성하지는 못했기 때문이다.

반복적으로 보고 암기한 이미지가 아닌 일반적인 기억을 재구성할 때는 더 큰 문제가 나타난다. 심상은 원래의 기억만큼만 정확할 뿐이다. 갤런트는 재구성 기술로 범죄 목격자의 기억을 되살릴 수 있느냐는 질문을 자주 받는다. 그는 단호하게 '아니다'라고 대답한다. "목격자의 증언은 신뢰도가 매우 떨어집니다." 그가 말한다. 기억은 빛을 충실히 포착한 컬러사진이 아니다. 기억이란 보고 들은 것에 대한 인식을 되살리는 것이라서 편견, 오류, 감정적 포장, 시간에 따른 퇴색을 겪게 된다. "물론 뇌를 판독하면 형편없는 결과일지언정 뭔가가 나오기는 하겠지요." 갤런트가 말한다.

무엇이 되었든 '생각'을 읽기는 여전히 어렵다. 파슬리는 이렇게 말한다. "내적 언어의 재구성은 이미지에 생생한 청각적 요소가 있는지에 전적으로 좌우됩니다." 하지만 생각은 의식적으로 발화하지 않는 모호한 의도, 판단, 욕구인 경우가 많다. 파슬리에 따르면 내적 대화는 그보다 상위 단계인 생각의 '해석'이라고 한다. 재구성으로 그 해석을 얻는다고 해도 원래의 생각이 의도한 바를 전할 수 있을지는 분명하지 않다.

두 번째 장애물은 인간의 머릿속으로 들어가려면 엄청난 수고가 필요하다는 것이다. 오늘날 재구성은 대상의 동의 없이 진행할 수 없다. 현재의 재구성 기술은 모두 몸속에 뭔가를 집어넣어야 하고 시간이 오래 걸리며 겉으로 드러나지 않게 적용할 수 없다. 기술을 적용하기 위해서는 혁신적인 수술 절차를 거치거나 스캐너 안에 가만히 누워 있는 등의 헌신이 필요하다. 이는 매우 어려운 형태의 바이오해킹으로, 높은 수준의 기술과 감독이 필요하다. "이 기술은 다른 선택권이 없는 사람들에게 의료 목적으로 사용할 때만 유용합니다. 두피에 전극을 끼워 넣는 것처럼 단순한 문제가 아니에요." 파슬리가 말한다.

갤런트는 앞으로 나올지도 모를 착용형 뇌 판독 장치를 '아이햇iHat' 또는 '구글햇Google Hat'이라고 빈정대며 부른다. 갤런트는 이런 전망에 대해 복합적인 감정을 느낀다. "인간에게 생각은 가장 사적인 부분이기 때문에 생각을 판독하는 디코더를 만든다는 아이디어가 정말 흥미로우면서도 두렵습니다." 그가 말한다. 그런 장치의 남용을 상상하는 일은 그리 어렵지 않다. 갤런트가 말을 잇는다. "예컨대 경찰이 속도 측정기처럼 생긴 것을 당신에게 겨누면 내적 언어가 판독될지도 모릅니다. 불가능한 일이 아닙니다. 뇌는 신호를 내보내는 컴퓨터와 마찬가지니까요." 그는 아직까지는 이렇게 멀리서 뇌를 읽어내는 기술이 없지만 앞으로는 가능할지도 모른다고 말한다. "구글햇까지 가기도 전에 매우 심각한 윤리적 문제를 해결해야겠죠."

개인의 정보를 판독하려는 사람을 어떻게 통제하고 그 정보는 어떻게 쓰일 것인가? 인식과 기계를 연결하는 또 다른 기술들을 살펴본 뒤에 10장과 11장에서 사생활 침해와 감시 문제를 깊이 파헤쳐보자. 지금은 점점 심각해지는 정부의 사생활 침해와 스마트워치, 손목밴드, 휴대전화 등으로 수집된 개인 정보의 무분별한 공유를 짚고 넘어가는 것으로 충분하다. 어쨌든 이 시대에는 뇌 활동을 판독하는 인공보철의 도움이 절실한 사람들이 많다. 미국에서만 매년 80만 명이 뇌졸중을 진단받는다. 그리고 1만 2500명이 척수를 다치고 5600명가량이 루게릭병을 진단받는다.

정보의 판독과 입력을 학습하는 것은 아직 신기술이다. 하지만 둘은 같은 지점을 향해 나아가고 있다. 바로 두 가지가 동시에 가능하도록 사람과 컴퓨터를 부드럽고 자연스럽게 연결하는 것이다. 그래야 뇌-기계 인터페이스가 일상생활에 도움이 될 것이며, 이 기술을 지지하는 가장 강력한 근거도 생길 것이다. 그리고 미래의 연구는 로봇으로 시작해 인간으로 끝나는 이야기일 것이다.

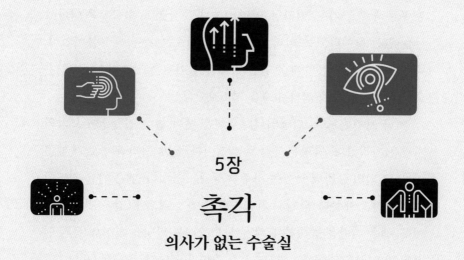

5장

촉각

의사가 없는 수술실

셰리 렌 박사는 수술 중이다. 그녀는 갈색 눈을 제외한 온몸을 살균한 푸른색 수술 가운, 머리망, 안면 보호대로 감췄다. 수술실은 어둡고 서늘했다. 빛이라고는 비디오 화면에서 나오는 것이 대부분이었다. 화면에는 환자의 몸속에 주입한 카메라가 비추는 장면이 나왔다. 수술팀은 화면을 통해 렌의 수술을 지켜보았다.

"지금 보이는 것이 담낭입니다." 렌은 색이 연한 민달팽이 모양의 기관을 가리켰다. 담낭은 적출될 예정이다. 돌에 둘러싸여 있기 때문이다. 그 위의 물컹해 보이는 자주색 장기는 간이다. 렌은 간을 건드리지 않으려고 애쓴다. 담낭과 간을 모두 감싼 노란 보풀 같은 것은 지방이다. 렌은 지방을 능숙하게 제거한다. 그녀는 담낭을 찾아내 몸과 연결된 관을 끊을 것이다. 그러면 적출 준비가 끝난다.

렌은 왼손에 그래스퍼grasper●를, 오른손에 전기소작기(전기로 태워서 조직을 분리한다)를 들고 솜씨 좋게 수술을 진행한다. 수술을 보조하는 또 다른 외과 의사 아가반 살레스 박사는 환자의 엉덩이 근처에 서서 렌이 수술할 수 있도록 그래스퍼로 다른 장기를 오므린다. 하지만 정작 렌은 수술대 건너편에 있다. 그녀는 로봇 팔을 통해 환자와 소통한다. 구부러진 로봇 팔은 잠자듯 수술대에 누워 있는 환자의 몸 위에서 부드럽게 움직인다. 환자의 배에 작은 사각형 모양으로 드러난 부분을 제외하고는 모두 파란색 종이 가리개로 가려져 있다.

이 로봇의 공식 명칭은 다빈치 수술 시스템da Vinci Surgical System으로,

● 복강경 수술 시 복부 세포 조직을 안전하게 눌러 수술 부위로 접근이 용이하게 도와주는 도구.

세계 최초의 상업용 수술 로봇이다. 1999년 실리콘밸리 기업 인튜이티브 서지컬Intuitive Surgical이 출시한 이 로봇은 췌장, 심장, 장, 생식기 등을 수술할 때 의사가 절개 부위를 최소화하도록 도왔고 지금껏 수요가 계속 증가해왔다. 로봇 팔로 수술하면 더욱 조심스럽고 정확하게 몸속에 접근할 수 있다. 렌은 이렇게 말한다. "로봇은 작고 어두운 구멍 안에서도 아주 잘 움직입니다."

외과 의사들은 배꼽에 2.5센티미터 크기의 절개부를 만들고 카메라를 포함하여 세 가지 기구를 주입한다. 그러면 수술 자국이 배꼽처럼 보이면서 렌의 말처럼 '아름다운 상처'가 남게 된다. 절개 부위를 통해 기구를 넣은 다음에는 모래시계 모양의 실리콘 도구로 절개 부위가 닫히지 않도록 고정한다. 그리고 절개 부위로 긴 관처럼 생긴 투관침 네 개를 집어 넣고 이를 통해 수술기구를 넣고 뺀다. 수술기구는 로봇 팔에 장착할 수 있도록 아랫부분이 유연하고 끝부분에는 그래스퍼와 바늘이 달려 있다. 렌은 수술실 한쪽에 놓인 조작 콘솔에서 이 둘을 조종한다. 이산화탄소가 주입된 환자의 배는 공처럼 부풀었다. 절개 부위가 작지만 이산화탄소와 삼각 대열로 놓인 기구와 카메라 조명 사이로 의사는 밝게 트인 수술 공간을 확보할 수 있다. 로봇 팔은 거미의 다리처럼 생겼다. 렌의 조종에 따라 로봇 팔들은 환자 위에서 차분하게 춤추듯 움직인다. 어두운 수술실 안에서 로봇 팔의 조명이 흰색이나 파란색으로 깜빡거린다.

"알렉산더, 클립 어플라이어clip applier●● 준비됐나요?" 렌이 수술실 간호사 알렉산더 라오에게 묻는다. 렌이 수술대 옆에 있었더라면 라오는 이 도구를 렌에게 직접 건넸을 것이다. 라오는 클립 어플라이어

●● 주로 지혈에 쓰이는 클립을 장착하는 수술기구.

를 로봇 팔에 붙인 다음 투관침으로 내린다.

렌은 양손의 엄지손가락과 가운뎃손가락 사이에 조종 장치를 꽉 쥐고 수술기구를 조종한다. 조종 장치는 움직임이 자유롭도록 설계되었기 때문에 렌은 손목을 자연스럽게 움직이며 수술기구를 조작한다. 그녀는 허공에다 손을 조금 올렸다가 내리기도 하고 오므리거나 비틀기도 한다. 실제로 수술할 때와 같은 동작이다.

렌은 자신의 모습을 직접 보지 못한다. 조작 콘솔은 크기가 크고 아케이드처럼 생겼다. 그녀는 이 안에 머리를 집어넣고 손을 아래로 내린다. 그녀에게는 기구 끝이 움직이는 영상만 보인다. 밝게 빛나는 3D 화면은 몸속 공간을 확대해서 보여준다. 몸속은 이상하게도 아름답다. 짙은 노란색과 분홍색으로 빛나는 몸속에서 전기소작기로 살을 건드리면 불꽃과 함께 하얀 수증기가 치솟아 오른다. 하지만 시각적으로는 이렇게 화려해도 렌은 아무런 감촉을 느끼지 못한다. 렌이 교수이자 외과 의사로 일하는 스탠퍼드 대학교의 연구팀은 그녀에게 촉각을 전해줄 방법을 연구하고 있다.

촉각은 압력과 질감을 아우르는 매우 복잡하고 포괄적인 차원이다. (감각 과학자들 중에는 통증이 촉각에 속한다고 보는 사람들도 있다. 고통스러운 자극에 반응하는 통각 수용체가 피부에 있기 때문이다. 7장에서 살펴보겠지만 통증은 다중감각 인식이기도 하다.) 촉각을 구성하는 여러 요소는 기계 인터페이스를 통해 해석하기 어렵다. 수술에 필요한 섬세한 촉각은 더욱 그렇다. 맨 처음에는 로봇공학자들이 이런 문제를 해결하려고 노력했다. 하지만 그들이 알아낸 사실은 이제 막 발전하기 시작한 신경보철 분야에도 중요한 의미를 지닌다. 미래에는 렌처럼 멀리 떨어진 콘솔에서 로봇 팔을 조종하는 대신 사람의 몸에 로봇 팔다리를 부착하고 생각으로 조종할 것이다. 그러려면 로봇 팔다리에 섬세한 운동 기능뿐만 아니라 외과 의사의 손처럼 민감한 촉각도 부여해야 한다.

로봇공학과 신경보철 분야는 비전을 공유한다. 입력과 판독이 동시에 매끄럽게 일어나게 함으로써 동작이 완전히 자연스러워지게 하고, 로봇을 통해 전달되는 감각이 실제 손을 통해 전달되는 것과 동일하게 만드는 것이다. 로봇공학 용어로는 이를 '투명성transparency'이라고 부르고 신경보철 용어로는 '짧은 지연시간low latency'이라고 부른다. 의사의 동작을 실시간으로 기계에 전달하는 문제는 이미 해결되었다. 렌은 무척 부드럽게 움직일 수 있다. "내 손이 무엇을 하는지 의식조차 하지 못할 정도로 자연스러워요." 그녀가 말한다.

하지만 수술기구에 환자의 몸이 어떻게 반응하는지를 렌에게 전달하려면 손쉬운 방법을 택할 수밖에 없었다. 촉각을 느끼지 못하는 렌은 대부분 시각에 의존한다. "뭔가 느낌이 있냐고요?" 그녀는 이렇게 말하고는 화면에 비친 담낭을 보며 수술을 계속한다. "재미있게도 시각적으로 너무 몰입하다 보니 뭔가 느껴지는 것 같기도 해요."

그녀가 말을 잇는다. "뇌가 속고 있는 거죠. 내가 뭔가를 느낀다고 생각하도록 뇌가 조종하는 거예요."

하지만 어떻게? "그건 저도 모르지요." 렌이 당황한 목소리로 대답한다. "뭔가를 하고 있는 느낌이 있기는 해요. 아니, 거의 느낄 뻔했다고 해야 할까요? 설명하기 어렵네요."

시각을 촉각으로 치환하다

렌이 찾는 말은 아마도 '감각 치환sensory substitution'일 것이다. 이는 어떤 감각이 다른 감각의 자리를 대신 채워주는 것이다. 촉각을 연구하는 앨리슨 오카무라Allison Okamura 박사팀이 주목하고 있는 이 개념은 어쩌면 의사들에게 막강한 촉각을 줄지도 모른다. 기계공학 교수인 오카무라는 인튜이티브 서지컬과 파트너 관계인 스탠퍼드 대학교의 참 연구소CHARM Lab, Collaborative Haptics and Robotics in Medicine를 운영한다. 연구실 한가운데에는 화면, 플라스틱 외장, 금속 골조로 구성된 다빈치 콘솔 뼈대가 놓여 있다.

오카무라는 말한다. "다빈치가 실제로 촉각을 전달하지 못하는데도 아직 제 기능을 하는 것은 감각 치환 덕분입니다. 사용자가 시각 정보를 활용하는 법만 배우면 되거든요." 하지만 그녀는 이것으로는 충분하지 않다는 말을 덧붙인다. "시각 정보가 원하는 것을 전달하지 못하는 상황도 있습니다. 그래서 수술용 로봇이 널리 쓰이는 데는 한계가 있습니다." 예를 들어 힘이 전달되지 않는 상태로 다빈치를 사용하면 얼마나 세게 수술기구를 누르고 있는지 느낄 수 없다. 오카무라는 의사들이 시각적 단서를 통해 얼마나 힘이 들어갔는지 파악하는 법을 배우기는 하지만 눈으로 보는 것보다는 직접 힘을 전달받는 것이 더욱 효과적이라고 말한다.

실제로 힘은 몸을 움직이는 방식에 영향을 미친다. 탁자에 기대도 넘어지지 않는 이유는 탁자가 기댄 사람을 밀고 있기 때문이다. 물건을 집어들 때도 물건의 무게가 힘을 전달하기 때문에 얼마나 세게 쥐어야 할지 알 수 있다. "로봇 수술에서 힘을 전달받으면 물리적으로 실제와 같은 느낌이 듭니다. 그러면 제대로 하고 있다는 확신이 들지요." 그녀가 말한다. 실수로 조직을 너무 세게 누르는 일이 없어야 하기 때문에 힘의 전달은 중요하다.

오카무라는 이런 사실감을 살릴 방법을 연구 중이다. "어떻게 해야 사용자가 원거리에 있는 기기의 감각을 느낄까요? 복잡한 연결선을 통해 조작하는 느낌이 아니라 직접 조직을 만지는 것처럼 느끼게 하려면 말입니다." 그녀는 이렇게 물으면서 아직 갈 길이 멀다고 했다. 현재의 기술로는 의사가 수술할 때 느끼는 감각을 재창조할 수 없다. "하지만 결국에는 기술을 통해 의사의 촉각을 향상시킬 수 있을 겁니다. 실제 손이 느끼는 것과 똑같은 감각을 전하는 것까지는 아니더라도 말입니다."

오카무라는 사람들과 함께 일하는 로봇을 설계하고 싶어 한다. 학창 시절에는 기계공학에 끌렸다고 한다. 원자나 우주를 주로 다루는 물리학보다 '인간적인' 대상을 다뤄서 좋았다고 한다. "인간이 로봇과 육체적으로 상호작용하는 것만큼 인간적인 연구가 있을까요?" 그녀가 묻는다. 대학원 시절 그녀는 촉각을 느끼는 로봇 손가락을 연구했지만 로봇을 조종하는 사람에게 감각이 전해지지는 않았다.

그녀는 의료 실습에 쓰일 촉각 전달 기술을 개발하는 회사에서 파트타임으로 일한 적도 있다. 당시 그녀는 부비강 수술 실습용 마네킹 머리를 만드는 일에도 참여했다. 마네킹 머리는 의사가 콧속으로 수술기구를 집어넣고 수술하는 동안 힘이 전달되도록 설계되었다. "의료 쪽으로는 처음 해본 일이었어요. 그전에는 의료 계통에 전혀 관심이 없었거든요. 하지만 이 기술이 의사들의 실습에 얼마나 도움이 되는지를 깨닫고는 관심을 갖게 되었어요." 그녀가 말한다. 오카무라는 존스 홉킨스 대학교에서 강의하면서 인튜이티브 서지컬과 일하기 시작했고 스탠퍼드로 옮긴 뒤에도 계속 함께하고 있다.

어떤 사람은 고도로 훈련된 의사의 손과 환자 사이에 왜 기계를 끌어들이는지 의아해할지도 모른다. 사실 그 이유는 의사의 손 때문이다. 손은 크기 때문에 큰 구멍이 필요하다. 게다가 몸속에 빛이 들어갈 정도의 충분한 공간도 확보해야 한다. 하지만 로봇 부품은 크기가 훨씬 작기 때문에 구멍을 작게 뚫어도 된다. 이는 상처가 작고 부차적인 조직 손상도 덜하다는 뜻이다. "개복을 해서 의사의 크고 두툼한 손을 집어넣는 것보다 환자의 몸이 덜 상합니다." 오카무라가 말한다. 게다가 손이 항상 수술에 적합하지는 않다. 로봇은 조종 장치를 크게 움직여도 실제로는 조금밖에 움직이지 않기 때문에 고도로 섬세한 일에 적합하다. "인형의 신발끈을 묶는다고 생각해보죠. 로봇은 우리가 신발끈을 묶듯이 인형의 신발끈을 묶을 수 있습니다." 오카무라가 말한다.

그녀의 연구팀이 진행 중인 연구 가운데에는 형태 인자form factor를 복제하지 않고 촉각 민감도와 손의 기능을 재현하는 프로젝트도 있다. 촉각은 체감각somatosensation(피부와 근육을 통해 느끼는 모든 감각)에 속한다. 체감각에는 체온도 포함된다. 우리에게는 피부의 온도가 올라가고 떨어지는 것을 감지하는 온도 수용체가 두 가지 있다. 조금 뒤에 살펴보겠지만 근육과 관절에도 감각기관이 있다. 하지만 '촉각'은 구체적으로 압력을 감지하는 방식을 뜻한다. 표피와 그 아래에 위치한 진피에는 기계적 자극 수용체가 있다. 다른 감각 수용체와 마찬가지로 그들 역시 서로 다른 특정 정보에만 반응한다. 이 수용체는 수용장receptive field(반응하기 위해 촉각을 느껴야 하는 면적)에 따라, 그리고 촉각의 종류와 자극의 지속성에 따라 구분된다.

이 수용체에는 서로 다른 자극에 민감한 네 가지 신경섬유가 들어 있다. 손가락 끝에 몰려 있는 메르켈 세포 신경돌기 복합Merkel cell-neurite complexes은 미세한 공간 해상도spatial resolution, 뾰족함, 모서리, 질감을 감지한다. 마이스너 소체Meissner corpuscles는 손에 들고 있는 도구를 떨어뜨렸을 때처럼 주파수가 낮은 진동에 반응하며 쥐는 힘을 조절하는 데 도움을 준다. 파치니 소체Pacinian corpuscles는 손에 들고 있는 도구가 단단한 표면을 건드렸을 때처럼 주파수가 높은 진동에 반응한다. 끝으로, 넓은 영역에서 서로 협력하여 작용하는 루피니 말단Ruffini endings은 몸을 움직이는 동안 늘어나는 피부에 민감하다.

참 연구소의 대학원생 샘 쇼르Sam Schorr는 피부를 늘이지 않고도 이 세포를 활성화하는 방법을 연구 중이다. 이는 외과 의사에게 유용한 감각이 되어줄 것이다. "펜을 쥐고 책상에 뭔가를 쓴다고 생각해보죠. 얼마나 세게 누르고 있는지 쉽게 알 수 있습니다. 그런데 그 정보는 어디에서 오는 것일까요? 팔의 근육이 활성화되어 팔꿈치가 얼마나 세게 책상을 누르고 있는지 전달하는 것 같지는 않습니다." 쇼르는 마커를 들고 시범을 보인다. "얼마나 세게 밀고 있는지에 대한 인식은 대부분 손가락 끝에서 느껴지는 것 같습니다. 특히 손가락 끝의 평평한 부분에서요."

피부의 신축성이 힘을 얼마나 잘 전달하는지 알아보기 위해 쇼르는 인간의 장기가 전하는 느낌을 비슷하게 전해주는 '유령 조직'이라는 둥근 고무 조직 안에 커피 젓는 플라스틱 막대를 끼워 넣는 실험을 했다. 이는 외과 의사가 심장의 단단해진 동맥을 만질 때의 느낌을 고스란히 전한다. 손가락으로 고무 조직을 누르면 그 안의 가짜 동맥이 어렴풋이 느껴진다. 쇼르는 가짜 심장 조직이 담긴 접시를 가져와 작은 로봇 팔 아래의 회전판에 놓는다. 로봇 팔 끝에는 구슬 크기의 흰색 플라스틱이 달려 있다. 이것은 로봇의 '손가락'이다. 이 손가락은 접시 위에 놓인 것을 면밀히 검사해 그 안에 숨어 있는 동맥을 찾아낼 것이다. 쇼르는 동맥의 위치를 꼼꼼하게 기록한 뒤에 기계 전체를 판지로 가린다. 이제 피험자는 로봇 팔이 움직이는 것을 보지 못하게 되었다.

그런 다음 쇼르는 피험자인 다른 학생을 불러다 별도의 장소에 앉힌다. 그곳에 놓인 컴퓨터 모니터에는 판지로 가린 어두운 상자 속의 접시를 클로즈업한 어둑한 영상이 상영된다. 이를 통해 피험자는 매우 제한적인 시각 정보를 얻는다. 피험자의 오른쪽에는 로봇을 조종하는 장치가 있다. 이 장치의 끝에는 크기와 모양이 턴테이블 바늘 같은 플라스틱 바늘이 달려 있다. 피험자는 이 바늘을 엄지손가락과 집게손가락으로 잡고 천천히 위아래로 움직인다. 그와 동시에 어두운 상자 속의 로봇 손가락이 접시에 놓인 가짜 조직을 천천히 누른다. 이제 쇼르가 피험자에게 과제를 설명한다. 피험자는 숨어 있는 동맥의 위치를 찾아야 한다.

피험자는 다섯 가지 조건 하에서 똑같은 실험을 수없이 했다. 우선 피험자가 오로지 모니터의 막대그래프를 통해서만 로봇 손가락이 얼마나 힘을 주고 있는지 파악하게 했다. 두 번째는 바늘이 진동하게 했다. 세 번째와 네 번째는 피험자에게 어느 정도 힘을 전달하여 얼마나 세게 누르는지를 알게 했다. 다섯 번째는 바늘에 빨간색 버튼을 달아 피험자가 장치를 조종할 때 엄지손가락이 약간 당겨지게 했다. (빨간색 버튼은 IBM 싱크패드의 트랙포인트다. 여러분의 노트북에도 달려 있을지 모른다.) "여기에는 손가락 끝의 평평한 피부가 느끼는 감각을 적용하고자 했습니다." 쇼르가 말한다. 사물이 피부를 미는 감각이다.

피험자는 몸을 숙여 로봇 팔을 위아래로 움직인다. 그러다가 동맥의 위치를 찾았다고 생각되면 모니터 속의 해당 위치에 선을 긋는다. 그사이 쇼르는 상자 안으로 몸을 숙여 접시를 돌린다. 이 실험을 더 많은 피험자에게 실시하면 피부 신축성이 촉각을 얼마나 잘 전달하는지 드러날 것이다.

그렇다면 기구를 얼마나 깊이 눌렀는지 손을 밀어 알려주는 인터페이스를 만들어서 의사에게 힘을 전달하면 되지 않을까? 쇼르에 따르면 문제는 안정성이다. 힘이 전달되기까지 시간차가 있으면 사용자와 로봇의 움직임이 맞지 않는다. 바늘을 눌러도 로봇이 아무런 반응을 보이지 않으면 사용자는 또 누르게 된다. 그러면 로봇은 신호를 두 번 수신하게 되고 그대로 실행하면 힘이 지나치게 가해지게 된다. 쇼르는 약간 시간차가 발생하도록 시스템을 조정한다. "제어가 불가능할 정도로 진동이 심해지는 것이 보이죠?" 그가 말한다. 그의 말처럼 로봇 손가락이 몇 초 동안 꼼지락거리더니 갑자기 거칠게 위로 올라간다. 수술 중에 절대 일어나서는 안 될 일이다. 피부 신축성을 통해 힘을 전달할 수 있음이 충분히 입증되면 이런 오류가 사라질 것이다. 오카무라의 연구팀은 다빈치 조종 장치에 피부 신축성 버튼을 추가하여 의사가 수술기구로 조직을 누를 때 의사의 엄지손가락과 집게손가락 아래에서 버튼이 움직이게 하는 방법을 연구 중이다. 그녀는 피부 신축성이 촉각의 범위 안에서 작용하지만 실제로 힘을 전달하는 것은 아니기 때문에 이를 일종의 감각 치환으로 생각한다.

'햅틱 재밍haptic jamming●'이라는 인터페이스를 통해 직접적으로 힘을 전달하려는 시도도 있다. 이 프로젝트는 대학원생 앤드루 스탠리 Andrew Stanley가 진행한다. 그의 책상 앞에는 단일 세포 버전과 12세포 버전의 두 가지 모델이 놓여 있다. 모델들은 알갱이 같은 물질이 채워진 말랑말랑한 실리콘 막이다. 막에서 공기를 빼내면 알갱이가 서로 뭉쳐지면서 어떤 모양이든 만들 수 있다. 연구팀은 이 모델이 최초의 촉진 실습 장치로 채택되기를 바란다. 각기 다른 신체 기관의 모양과 단단함을 흉내 낼 수 있기 때문이다. "부드러운 조직을 촉진해서 단단한 혹을 찾아내고 종양과 체액으로 채워진 낭종을 구분하는 법을 배우려면 촉각에 크게 의존하게 됩니다." 스탠리가 말한다. 그들의 모델은 피부 병변, 뼈 구조, 상처 내부의 느낌을 파악하고 몸속에서 이물질

● 작은 입자나 공기를 채워 넣은 물질의 모양과 역학적 형질에 동시다발적 변화를 주는 기술.

을 찾아내는 실습에도 매우 유용할 것이다.

이런 기술을 연구하는 연구팀 중에는 실리콘 막을 작은 유리구슬과 톱밥으로 채운 곳도 있었다. 하지만 스탠리는 커피 가루를 넣기로 했다. 입자의 모양이 불규칙해서 더 잘 뭉치기 때문이다. (음, 그런데 어떤 커피를 말하는 것일까? 에스프레소용? 정답은 폴저스Folgers• 커피였다.) 스탠리는 3D 프린터로 만든 플라스틱 상자 위에 놓인 12세포 버전의 모델을 가져와 진공 모드를 켠다. 그러자 12개의 세포가 저마다 불룩해지거나 오므라들기도 하고 단단해지거나 말랑말랑해지기도 하며 서로 다른 모양을 만들어낸다. 세포들의 크기는 가로세로가 각각 2.5센티미터 정도로 제법 컸다. 스탠리는 크기를 줄여서 더욱 복잡한 모양을 만들고 싶어 한다. "이건 사진의 픽셀 같은 겁니다. 픽셀의 크기가 작을수록 해상도가 높아지고 수가 많을수록 형상이 섬세하게 드러나죠." 그가 말한다. (2015년 초 연구팀은 100세포 버전을 개발 중이었다.)

미국 국방부의 보조금을 받아 인텔리전트 오토메이션 주식회사Intelligent Automation, Inc.와 함께 진행하는 이 프로젝트는 원래 가상현실 디스플레이에 넣을 목적으로 시작되었다. 스탠리 뒤편에는 커다란 검은색 상자가 있다. 상자 안은 거의 비어 있다. 그는 이 상자가 의대생을 위한 실습용 가상 침상이 될 것이라고 설명한다. 학생들은 콘솔 앞에 서서 몸을 보여주는 화면을 보며 손을 움직일 것이다. 그러면 손으로 서로 다른 모양과 질감이 느껴질 것이다. 햅틱 재밍은 외과 의사들의 실습에도 유용하게 쓰일 수 있다. "다세포 모델은 다빈치 장치에 넣기에는 너무 복잡해요. 세포 하나만 의사의 손가락 아래에 둠으로써 만지는 강도에 따라 말랑말랑해지거나 단단해지게 하는 거죠." 오

● 미국의 대중적인 커피 브랜드.

카무라가 말한다. 촉각을 다른 감각으로 치환하는 대신 의사가 직접 살을 만지는 듯한 착각을 일으켜서 사실상 촉각을 전달하는 것이다.

1세대 수술 로봇

렌 박사의 담낭 절제 수술이 막바지에 이르렀다. 수술은 팰로앨토의 재향군인 병원에서 두 시간째 진행 중이었다. 어둑한 수술실 분위기는 차분하고 낙관적이었다. 렌이 활기찬 목소리로 수술팀을 호출하자 그들은 렌의 지시대로 도구와 위치를 바꾸었다. 라디오에서는 오페라, 재즈, 엘비스 코스텔로의 조용한 음악이 섞여 나왔다. 렌은 지방 제거를 마쳤다. 그리고 몸과 담낭의 연결 고리를 끊는다. 이제 담낭을 꺼낼 차례다.

노련한 외과 의사가 다른 의사들을 훈련할 때와 마찬가지로 다빈치 사용자들은 다빈치의 여러 팔을 나눠서 조종한다. 수술이 거의 끝났으므로 렌은 살레스 박사를 제2 콘솔에 앉히고 대프니 리 박사를 수술대의 환자 옆으로 보낸다. 간호사는 새로운 장치를 삽입한다. 환자의 몸에 작고 투명한 비닐봉투를 넣는 장치다. 이제 의사 셋이 담낭을 비닐봉투에 넣을 차례다. "담낭을 잡아서 바로 아래로 내려요. 바로 여기로요." 렌의 지시에 따라 살레스가 미끈거리는 몸속에서 기구를 움직인다. 리는 그래스퍼로 비닐봉투를 가볍게 흔들어서 담낭이 미끄러지듯 들어가게 한다. 젖은 세탁물을 비닐봉투에 담듯이. 담낭이 비닐봉투에 들어가자 봉투 위의 끈을 조인다. 이제 봉투를 몸에서 꺼내기만 하면 된다. 이로써 로봇의 임무는 끝이다. 간호사들은 수술기구를 빼낸 다음 로봇을 벽 쪽으로 밀어놓는다. 이제 배꼽에 뚫은 작은 구멍을 제외하고 온몸을 가린 채로 수술대에 누워 있는 환자만 보인다.

　로봇으로 수술해도 의사는 환자의 몸을 직접 만지고 촉각에 근거해 판단을 내려야 한다. 수술을 시작할 때와 끝낼 때, 즉 환자의 몸을 절개할 때와 닫을 때는 외과 의사가 직접 시술한다. 렌은 환자의 복부를 촉진한 다음 절개 부위로 손가락을 세 마디 정도 집어넣어 이물질과 손상된 조직을 훑어보는 것으로 수술을 시작했다. 손으로 하는 수술은 체력적으로 매우 힘들다. 렌은 암 수술을 하다가 회전근개가 파열된 적이 있다. 그리고 그녀는 매우 촉각 지향적이다. 그녀의 사무실 책상에는 자질구레한 장식품이 많은데 모두 촉감에 좋다는 이유로 놓아둔 것이다. 마음이 불안할 때마다 만지작거리는 마디 그라Mardi Gras● 목걸이, 원하는 대로 모양을 만들 수 있는 철사 장난감, 손가락 사이에 넣고 굴리는 작은 적철석 돼지 등이다. "저는 촉각에 많이 의존합니다. 그래서 이런 장난감들을 갖고 있나 봐요." 렌이 말한다. 그녀의 책상에는 수술에 쓰이는 파침기도 있다. 이야기 도중 그녀는 무의식중에 파침기 손잡이를 손가락에 끼우고 총잡이들이 총을 돌리듯이 가볍게 돌리거나 잠금 장치를 열었다 닫았다 하며 소리를 냈다. 그녀에게는 기구의 무게가 중요했다. "이건 잘 만들어진 기구예요. 잡았을 때의 느낌이 좋거든요." 그녀가 감탄하듯이 말한다.

　렌이 외과를 선택한 가장 큰 이유는 환자의 몸과 직접 부대낄 수 있기 때문이다. "환자의 몸은 커다란 퍼즐 같아요. 뭐가 잘못됐는지 알아내려고 애쓰고 내 판단이 옳았는지 직접 보면서 문제를 해결하죠." 그녀는 그 퍼즐을 맞추는 일이 즐겁다. "인간의 해부학적 구조는 아름다워요. 그걸 다루는 일은 예술이죠." 그녀가 말한다.

● 뉴올리언스에서 열리는 축제로, 퍼레이드 행렬이 축제 관람객들을 향해 목걸이를 던진다.

그렇다면 렌은 어떻게 촉각을 느끼지 않고도 로봇으로 제대로 수술할 수 있었을까? 아마 그녀가 매우 노련한 것도 도움이 되었을 것이다. 렌은 1986년부터 전통적인 방식, 그러니까 '개복' 수술을 했다. 1990년대 복강경 수술이 인기를 얻자 그녀는 복강경 수술법도 배웠다. 복강경 수술에서 의사는 열쇠구멍 같은 절개 부위를 통해 로봇 수술에 쓰이는 것과 비슷한 긴 수술기구를 집어넣고 수술을 진행한다. 하지만 수술기구는 자신의 손으로 조작한다. 많은 의사들이 복강경 수술을 젓가락으로 뭔가를 건드리는 것에 비유한다. 뭔가 느낄 수는 있지만 간접적으로 느껴진다는 뜻이다. "촉각이 전해지기는 하지만 정말 약하지요." 렌이 말한다. 그녀는 긴 수술기구로 책상을 찌르는 시늉을 한다. 수술기구가 건드리는 대상이 딱딱한지 말랑말랑한지는 알 수 있지만 어느 정도로 딱딱하거나 말랑말랑한지는 알 수 없었다. 또한 동맥의 경우 맥박이 뛰는지도 느낄 수 없었다. "이진법의 촉각 같아요. 정도의 차이를 알 수 없죠." 그녀가 말한다.

렌은 경험을 통해 시각적인 단서와 촉각을 연관 짓는 법을 배웠다. 종양 주변의 조직은 유동적으로 움직이는 반면 종양 자체는 움직이지 않을 경우에 변형을 확인하는 방법도 배웠다. 조직의 어느 부분이 긴장했는지를 알아내고 어느 정도로 절제해야 하는지를 식별하는 방법도 배웠다. 하얗게 변해가는 조직을 보고 자신이 얼마나 힘을 주었는지를 알아내는 방법도 배웠다. 렌은 로봇 수술에서 사람들이 가장 배우기 힘들어하는 것이 봉합술이라고 말한다. "처음 로봇으로 봉합을 하다 보면 아무것도 느껴지지 않아서 금세 봉합사를 끊게 됩니다. 시각적 단서로 판단하는 법을 배우기 전까지는요." 그녀가 말한다.

렌은 숙련된 의사라면 시각적 단서로 촉각을 대체할 수 있기 때문에 초보자에게 오히려 촉각이 중요하다고 말한다. 그녀는 촉각을 전달하려는 시도로 이미 촉각이 배제된 수술에 익숙해진 의사들을 혼란스럽게 해서는 안 된다고 주장한다. "어떻게 촉각을 전달하느냐에 달려 있어요. 어떤 인터페이스를 사용할지, 너무 지나치지는 않을지, 촉각이 항상 느껴질지 아니면 잠깐씩 스쳐 지나갈지 같은 것들 말이에요." 그녀가 말한다.

그럼에도 렌은 다음 버전의 로봇으로 수술을 해보고 싶어 한다. "마치 어린 시절 처음으로 계산기를 가졌을 때의 기분 같아요. 엄청나게 비싼 요만한 크기의 계산기였죠." 그녀는 벽돌 크기의 물건을 가리키며 말한다. "지금 우리가 경험하는 것은 1세대 기술이에요. 10년 뒤에는 어떻게 될까요? 분명 지금과는 다를 테고 나아지겠지요. 전 지금의 로봇으로도 제법 잘해내고 있어요. 하지만 다음번에는 뭐가 나올지 정말 기대되네요."

이제 담낭을 제거한 환자의 절개 부위를 봉합할 차례다. 의사들이 다시 자신의 손에 의지한다. 그들은 환자의 배에서 관을 제거하고 봉합할 준비를 한다. 렌은 다시 한 번 손가락을 환자의 몸속 깊이 집어넣고 근막(근육을 덮은 튼튼한 흰색 연결 조직)을 만져보며 봉합 준비가 제대로 되었는지 확인한다. 리는 비닐봉투에 담긴 담낭을 손으로 촉진하면서 담석의 개수를 센다. 담낭을 누르고 조직이 하얗게 되는 것을 보며 완두콩 크기의 담석 네 개를 확인한다.

렌과 살레스는 튼튼한 자주색 봉합사로 근막을 봉합한 뒤에 몸에서 녹는 갈색 실로 피부를 봉합한다. 마취과 의사와 간호사들이 환자를 깨운다. 렌은 수술팀에게 진통제와 항생제를 주사하라고 지시한 뒤에 수술실에 달린 전화기로 간다. "렌 박사입니다. 어머님 수술은 잘되었어요. 이제 다 끝났습니다." 그녀가 전화기에 대고 말한다.

손이 아닌 생각으로 하는 수술

다빈치 수술 시스템을 개발한 인튜이티브 서지컬 본사는 서니베일에 있다. 이곳에는 실제 수술실과 똑같은 모의 수술실이 있어서 의사들이 로봇 수술을 연습할 수 있다. 응용연구 부서의 임원 사이먼 디마이오Simon DiMaio와 의학 연구원 앤서니 자크Anthony Jarc가 모의 수술실에서 시연을 시작한다. 수술대 위에는 몸통 크기의 딱딱한 플라스틱 물체가 놓여 있다. 자크가 플라스틱 물체에 연결된 관으로 로봇 수술에 필요한 기구들을 집어넣자 콘솔에 달린 화면에 내부가 보인다. 장을 대신하는 분홍색 고무관이 나타난다.

콘솔의 접안렌즈를 들여다보자 관의 입체적인 이미지가 보인다. 강렬한 색감으로 화사하게 빛나는 관은 소화제인 펩토 비스몰처럼 밝은 분홍색이다. 디마이오는 엄지손가락과 집게손가락 또는 가운뎃손가락으로 조종 장치를 잡는 법을 알려주었다. 조종 장치는 핀셋처럼 벌렸다 오므릴 수 있었고, 작은 벨크로 고리로 손가락의 위치를 고정해주기 때문에 손가락을 내려다볼 필요가 없었다. "손잡이를 쥐었다 놓아보세요. 손이 움직이는 대로 기구가 움직일 겁니다." 그가 말한다.

수술기구를 잡아주는 그리퍼 두 개가 움직이는 장면이 화면에 나타나자 나는 숨이 멎을 뻔했다. 마찰과 중력이 느껴지지 않는 그 세계가 마법 같았기 때문이다. 도구의 무게가 전혀 느껴지지 않는 가운데 움직임이 너무나 쉬웠다. 마시멜로 같은 우주를 무심하게 들쑤시는 거인처럼 엄청난 힘을 가진 기분이었다. 화면을 보니 나는 스펀지로 만든 부드러운 분홍색 관을 쥐어짜고 있었다. 하지만 분홍색 관이 얼마나 단단한지, 내가 얼마나 세게 쥐어짜고 있는지를 알려주는 단서는 그리퍼의 움직임과 관의 일그러진 형태뿐이었다. 나는 관을 찔러보았지만 더욱 혼란스러워지기만 했다. 얼마나 세게 누르고 있는지 알 길이 없었기 때문이다.

하지만 디마이오는 내가 촉각을 느끼지 못하는 것이 아니라고 지적했다. 실제로 나는 조종 장치를 움켜쥐고 있기 때문에 손끝으로 내가 얼마나 세게 쥐고 있는지에 대한 정보를 약간은 얻을 수 있었다. "하지만 기구에 가하는 힘을 직접적으로 느끼는 건 아니지요." 디마이오가 말한다. 그리고 로봇은 다른 미묘한 방식으로 내게 촉각을 전했다. 체감각 중 하나인 자기수용감각proprioception, 즉 신체 부위의 위치를 파악하는 감각이었다.

근육, 관절, 힘줄에는 자기수용체라는 개별 범주의 세포가 있어서 팔다리의 위치, 동작, 근육 긴장도에 대한 정보를 파악한다. 그래서 눈을 감고도 자기 코를 만질 수 있는 것이다. 수술을 하는 외과 의사는 자기수용감각 덕분에 보지 않고도 자기 손의 위치를 파악할 수 있다. "그 조종 장치는 수동적인 것만은 아닙니다. 그 자체가 작은 로봇과 같아요. 조종 장치의 방향은 화면으로 보이는 도구의 방향과 일치합니다." 디마이오가 말한다. 눈으로 보는 것과 손으로 느끼는 것이 일치한다고 생각하자 혼란이 조금 줄어들었다.

디마이오는 내게 손목을 최대한 크게 돌리라고 주문했다. 그러자 도구가 최대치로 움직이면서 기계가 약간 밀렸다. 잠시 후 디마이오는 수술대로 가더니 가짜 환자와 구부러진 로봇 팔을 살짝 밀었다. 그가 로봇 팔을 밀기 무섭게 나는 조종 장치가 밀리는 느낌을 받았다. 이것은 내가 수술팀이나 환자나 장비를 향해 로봇 팔을 움직일 경우 내게 경고해주는 안전 기제였다. 이 힘이 환자의 몸이나 그 안의 기계가 아닌 조종 장치 손잡이에서 전해진다는 것은 주목할 만한 일이었다. 이런 촉각 정보 덕분에 가상 세계가 자연스럽게 느껴지는 것이다.

오카무라의 말처럼 촉각 덕분에 물리적인 세계를 진짜라고 느낄 수 있다.

직관성과 더불어 현실성은 이 회사의 목표이기도 하다. 1995년에 창립된 인튜이티브 서지컬은 개복 수술과 복강경 수술 분야에 도전장을 내밀었다. 복강경 수술은 수술 절개 부위를 축소시키는 데는 공헌했지만 그 때문에 의사들의 움직임이 조금 부자연스러워졌다. 그리고 구멍을 통해 모든 기구를 집어넣으면 '지렛대 효과'가 발생하므로 기구 끝을 오른쪽으로 움직이려면 손을 왼쪽으로 움직여야 한다. 그리고 몸 밖에서는 작은 동작이 몸속에서는 큰 움직임이 된다.

어쩌면 외과 의사들에게 가장 힘든 부분은 복강경 수술기구의 끝이 손잡이에 단단히 고정되어 있어서 개복 수술을 할 때처럼 손목을 마음대로 움직여 기구를 구부리거나 돌릴 수 없다는 것일지 모른다. 인튜이티브 서지컬은 60여 가지의 수술기구를 개발하면서 기구 끝에 유연한 부분을 넣었다. '손목을 움직여서 조작이 가능하게' 하려는 것이었다. 의사들은 여전히 작은 구멍을 통해 수술해야 하지만 컴퓨터로 기구를 제어한다. 또한 오른쪽은 오른쪽처럼, 왼쪽은 왼쪽처럼 느껴지도록 동작도 전달받는다.

인튜이티브 서지컬이 사업을 시작할 무렵 미국 정부는 이미 로봇 수술 연구에 연구비를 보조하고 있었다. 전시에 군을 위한 이동식 설비를 개발함으로써 의료진이 멀리서 안전하게 수술하게 하려는 목적이었다. 먼 거리에서 로봇을 조종하는 원격 조종(이 경우에는 원격 수술)을 통해 멀리서 감각을 느끼고 상호 소통하는 원격 현장감telepresence이 가능해진다. 인튜이티브 서지컬은 초기 연구에 참여한 대학 연구팀에서 기술 인가를 받았고 일반 수술실에서 활용될 원격 현장감 시스템을 다시 설계했다.

로봇이 수술 과정에 개입하게 되자 촉각이 사라졌다. 외과 의사들이 손이 닿지 않는 신체 부위를 느끼게 하려면 몸속으로 들어가는 기구에 촉각 센서를 장착해야 했다. 이것은 기술적으로 상당히 어려운 과제였다. 센서는 기구 끝에 장착할 수 있을 정도로 작아야 했다. 또한 멸균이 반드시 필요했기 때문에 일회용으로 쓰일 만큼 저렴하거나 멸균처리기를 견딜 정도로 튼튼해야 했다.

그리고 의사에게 촉각을 전달할 수단이 필요했다. 의사가 쥐고 있는 기구를 밀어서 총체적인 힘을 전달할 수는 있지만 당연히 안정성 문제가 발생한다. 질감과 단단함 같은 복합적인 정보를 전달하려면 더욱 복잡하고 광범위한 메커니즘이 필요하다. "촉각 정보를 전달받기 위해 쇳덩어리를 움켜쥐고 있을 필요는 없습니다. 부드러운지, 거친지, 단단한지를 알 수 있을 정도의 자극만 손가락 끝에 전해지면 되는 거죠." 디마이오가 지적한다. 어쩌면 햅틱 재밍이 해결책이 될 수도 있다. 오카무라와 마찬가지로 디마이오 역시 조종 장치에 패드를 장착하는 방식을 생각 중이다. "아니면 피부 신축성을 활용할 수도 있습니다. 쇼르가 실험에서 시도했던 것처럼 버튼을 달거나 손가락 끝에 신축성을 전달하는 작고 가는 막대를 장착하는 거죠." 디마이오가 말한다.

렌의 말처럼 촉각 정보를 전달함으로써 기존 사용자들에게 혼란을 주지 않도록 해결책도 찾아야 한다. 별로 소용없는 단서들을 통합하기보다는 촉각 정보를 제거한 상태가 나을 수도 있다. 이런 이유로 인튜이티브 서지컬은 사용자들에게 촉각 대신 시각 정보를 더 많이 제공한다. 현재의 영상 기술이 촉각 기술보다 더 정확하기 때문이다. "사용자가 전혀 예측할 수 없거나 확신할 수 없는 감각을 전달하면 사용자는 그 정보를 무시할 겁니다. 방해가 되니까요." 자크가 말한다.

외과 의사들은 다빈치 덕분에 촉각과 관련된 초월적인 능력을 몇 가지 갖게 되었다. 다빈치는 아주 미세하게 오르내릴 수 있고 손 떨림을 방지할 수 있다. 하지만 지금까지 의사들에게 제공되는 능력은 대부분 시각적인 것이었다. 담낭 제거 수술 중에 렌은 수술실 의료진에게 이렇게 말했다. "굉장한 걸 보여줄까요?" 그녀가 버튼을 누르자 화면의 모든 것이 초록빛으로 바뀌었다. 환자에게 미리 특수 형광 물질을 주사한 덕분에 적외선에 가까운 형광 레이저의 빛을 비추자 담낭관이 두드러져 보였다. 화면에서 두드러져 보이는 두 개의 관이 담낭관이다. 의료진은 촉진으로도 똑같이 판단했다. 때로 의사들이 잘못 절제하는 경우도 있다. 하지만 형광 물질로 염색한 덕분에 관이 또렷하게 보이면 제대로 절제하고 있다는 확신을 가질 수 있다. 인체에 쓰이는 특수한 형광 물질로 혈액의 순환을 표시하여 접합 수술을 받은 혈관이나 장 출혈을 확인할 수도 있다. 이론상으로는 형광 물질을 암세포에 사용함으로써 의사들이 절제 부위와 남겨둘 부위를 확인할 수도 있다.

오카무라는 앞으로 추가하고 싶은 촉각 능력을 설명한다. "아주 연약해서 의사의 손이 닿으면 안 되는 장기 주변을 '비행 금지 구역' 같은 것으로 설정하는 거예요."(수술용 로봇 중에는 무릎 수술 도중 드릴이 뼈를 너무 깊이 파고들면 멈추라고 경고하는 것도 있다.) 디마이오는 이런 기술이 가능하다고 말한다. 로봇은 기구의 위치를 매우 정확하게 추적할 수 있기 때문에 수술기구가 민감한 부위에 너무 가까이 다가가면 진동하거나 빛을 반짝이거나 작동을 멈춰서 의사들에게 경고할 수 있다. "어쩌면 의사에게 초인적인 감각 능력을 제공할 수 있을지도 모릅니다. 눈 수술처럼 현미경을 이용하는 경우를 생각해보죠. 그때 가해지는 힘은 손으로 느끼기에는 너무 미미해요. 하지만 그 미미한 힘을 측정해 증폭한다면 의사들은 거인의 눈을 수술하는 것처럼 느낄 거예요." 오카무라가 말한다.

그녀는 이런 질문도 던진다. "수술 로봇이 인공지능을 갖추게 될까요? 그래서 의사의 두 팔을 돕는 제3의 팔이 될 수 있을까요?" 그렇다면 제3의 팔이 무엇을 하고 있는지 의사가 어떻게 알까? "우리는 피부의 신축성을 활용할지 진지하게 고민 중입니다." 오카무라가 말한다. 로봇이 당기면 의사의 피부에 그 느낌이 전해질 것이다. 손가락은 이미 조종 장치를 잡고 있기 때문에 이 느낌은 팔이나 발에 전달될 것이다.

원격 수술에는 멀리 떨어져서 조종한다는 개념도 포함되어 있다. 이론적으로 외과 의사는 바다, 우주, 외딴 군 기지에서 수술할 수도 있다. 도시의 전문가가 시골이나 개발도상국의 환자들을 진료할 수도 있다. 하지만 이 모든 것들이 좋은 아이디어임에도 실행이 힘들다. 디마이오는 바닥에 깔린 파란색 광섬유 케이블을 가리킨다. 이 케이블을 통해 조작 콘솔에서 로봇에게 명령을 전달한다. 현재 다빈치 시스템은 최대 20미터까지 케이블을 연장할 수 있다. 이 정도가 안전하다고 입증된 거리다. 하지만 거리가 멀어지면 지연 반응이라는 심각한 문제가 생길 수 있다. 샘 쇼르의 실험을 떠올려보자. 반응에 시간차가 있으면 조작하는 사람은 필요 이상으로 움직이게 되고 시스템 역시 필요 이상으로 작동한다. 그러다 보면 통제할 수 없는 움직임이 생긴다.

그리고 케이블로 연결할 수 없을 정도로 거리가 떨어진 경우도 있다. "안정적이고 견고하다고 누가 장담할 수 있겠습니까? 갑자기 태양 흑점이 폭발하기라도 하면 어쩌죠?" 오카무라는 무선이 항상 안정적인 것은 아니라고 말한다. "집에서 쓰는 인터넷이나 휴대전화를 생각해보세요. 그리고 '자, 이제 이 선을 이용해서 수술을 해야지'라고 말해보세요. 어떤 느낌이 드나요? 정말 위험할 것 같죠!"

아프리카에서 의료 봉사를 자주 하는 렌은 이런 장치가 기반 시설이 빈약한 지역에서는 언제나 문제를 일으킬 것이라고 말한다. "전기와 수돗물을 안정적으로 공급받을 확률이 50퍼센트도 안 되는 곳이라면 정말 큰 문제가 되죠. 수술 도중에 전기가 나간 것이 한두 번이 아니에요." 렌이 말한다. 그녀는 안정적인 전기 공급과 원거리 통신이 보장된다고 해도 실제 환자를 수술대에 눕히고 관을 삽입하고 마취할 사람이 필요하다고 말한다.

물론 원거리 수술에 성공한 사례도 있다. 2001년 뉴욕에서 일하는 프랑스 외과의사진이 프랑스 스트라스부르의 환자를 대상으로 담낭 제거 수술에 성공했다. 이는 바다를 건너는 원거리 원격 로봇 수술의 최초 성공 사례다. 그들은 협력사인 프랑스 텔레콤이 제공한 전용 초고속 광섬유 케이블을 사용했다. 당시 대부분의 병원에는 이런 케이블이 없었기 때문에 의사들은 프랑스 텔레콤 뉴욕 사무소 안에서 수술을 진행했다. 2003년 캐나다 병원 두 곳에서 최초의 원거리 원격 로봇 수술 서비스를 시작했다. 덕분에 대학병원 의사들이 시골 지역의 의료진과 협력해 환자를 돌볼 수 있게 되었다. 두 병원 모두 다빈치보다 먼저 만들어진 경쟁 기기인 제우스 로봇 수술 시스템ZEUS Robotic Surgical System을 사용했다.

하지만 오카무라는 원격 수술의 다음 주자가 그리 멀리 있지 않다고 생각한다. 차세대 로봇 수술 장치에서는 의사가 손으로 조종 장치를 잡고 로봇 팔을 조종하는 대신 의사의 손이 그대로 로봇 팔이 될 것이다. "인공 팔이 사실상 원격 수술 로봇인 셈이죠. 인간의 뇌로 동작을 조종하는 겁니다. 모든 감각을 서로 주고받는 거죠. 조종 장치가 아

니라 뇌로 조종하는 아주 이상적인 원격 수술 로봇인 셈이죠." 그녀가
말한다. 이런 이상적인 개념이 어느 방향으로 나아가고 있는지 알아
보기 위해서는 이미 수많은 병원에서 일상적으로 사용하고 있는 다빈
치를 뒤로하고 새로운 기초 연구 분야를 살펴보아야 한다. 그래서 나
는 스탠퍼드로 돌아갔다.

뇌라는 블랙박스

세르게이 스타비스키Sergey Stavisky와 조너선 카오Jonathan Kao가 스탠
퍼드 생명과학대학 건물 지하실에 놓인 장치 앞에 앉아 적외선 비디
오카메라로 몽키 R을 지켜보고 있다. 히말라야원숭이인 몽키 R은 한
쪽 팔을 가느다란 관에 끼우고 다른 팔만 움직일 수 있는 특수 의자에
앉아 있다. 몽키 R은 가상현실 화면을 본다. 화면 속의 3D 공간에는
파란색 점이 떠다닌다. 이것이 몽키 R의 목표물이다.

몽키 R의 임무는 파란색 점보다 크기가 작은 회색 점(커서)을 목표
물 위로 옮기는 것이다. 성공하면 주스를 한 방울 마실 수 있다. 몽키
R이 화면을 향해 팔을 뻗자 관 안의 왼손은 그대로 있고 오른손만 자
유롭게 움직인다. 하지만 원숭이는 손이 아니라 뇌로 커서를 조작하
는 것이다.

몽키 R의 뇌에는 전극 100개가 달린 배열판 두 개가 이식되어 있다.
원숭이 머리의 포트에 연결된 케이블이 보인다. 이식된 전극 배열판
은 가로세로가 각각 4밀리미터밖에 되지 않는다. 배열판은 솔의 길이
가 1밀리미터밖에 안 되는 작은 빗처럼 생겼다. 이 배열판은 몽키 R이
팔을 움직일 때마다 몽키 R의 1차 시각 피질과 전운동 피질에서 내보

내는 신호를 판독한다. 컴퓨터 화면은 실험자에게 100개의 상자로 구성된 격자무늬를 보여준다. 각 상자 안에 있는 구불구불한 흰색 선은 전극 한 개의 활동을 나타낸다. 연구실의 스피커에서는 희미한 잡음이 흘러나온다. "뉴런의 활동 전위가 발생할 때마다 치직 소리가 납니다. 축색돌기를 따라 다른 뉴런이나 근육으로 이동하는 것이지요." 스타비스키가 말한다.

스타비스키는 신경 과학을 공부하는 대학원생이고 카오는 전기공학을 공부한다. 둘 다 신경보철 연구의 선구자인 크리슈나 셰노이 박사 연구팀에 소속되어 있다. 그들의 주요 연구 분야는 운동보철로, 촉각 입력이 아닌 동작 신호 판독에 초점을 맞춘다.

하지만 셰노이와 오카무라는 사용자의 움직임은 물론이고 감각까지 느낄 수 있도록 인공 팔다리를 개선하고 싶다는 공통의 관심사 덕분에 최근 공동 연구를 시작했다. "우리는 전임상실험과 임상실험을 통해 피험자에게 촉각이 절대적으로 필요하다는 것을 확인했습니다. 촉각은 반드시 전해져야 합니다." 셰노이가 말한다. 실제로 촉각은 모든 인공 팔다리 사용자에게 실용적인 영향을 준다. 그는 사용자가 커피 잔을 집어들 때도 시각 정보뿐만 아니라 촉각이 필요하다고 말한다. "팔을 뻗어 커피 잔을 잡는 경우 너무 꽉 쥐면 잔이 깨지고 너무 헐렁하게 쥐면 잔이 미끄러집니다. 그럼 얼마나 불편하겠습니까? 커피 잔을 손가락으로 감싸는 순간 무엇이 보이는지는 중요하지 않아요. 그 상황에서 시각의 역할은 매우 제한적입니다. 우리 모두 손가락에 전해지는 압력에 의존합니다. 바로 촉각 말입니다." 셰노이가 말한다.

오카무라는 여기에 덧붙여 촉각이 사용자의 경험을 향상시킨다고 말한다. 촉각은 다른 사람들과의 유대감을 느끼는 중요한 수단이기 때문이다. "아이를 낳은 뒤로 촉각의 중요성을 더 잘 알게 되었어요. 애정 어린 신체 접촉은 우리가 인간다워지고 제대로 성장하기 위해 무척 중요합니다." 그녀는 신경보철 연구를 시작했을 때 사용자들이 온도를 간절히 느끼고 싶어 한다는 연구 결과에 특히 충격을 받았다. "사랑하는 사람의 손에서 온기를 느낄 수 있기를 바라는 거죠."

인공 팔다리는 뇌-기계 인터페이스를 실용적으로 적용한 사례로, 갤런트 연구팀에서 꿈꾸는 내적 언어 판독 장치에 비해 훨씬 기반이 잡힌 연구 분야다. 셰노이 연구팀은 이 분야의 최첨단 연구를 진행하고 있다. 다른 저명한 연구팀으로는 캘리포니아 대학교 버클리 캠퍼스, 듀크 대학교, 브라운 대학교 연구팀 등이 있다. 그중 브라운 대학교는 매사추세츠 종합병원과 공동으로 브레인게이트BrainGate●의 미국 식품의약국 임상실험을 진행하고 있다. 마비 환자들을 위해 몽키 R에게 장착한 것과 유사한 이식용 인터페이스를 개발하기 위해서다. 지금까지 이 분야의 연구는 판독, 즉 운동 피질의 활동을 해석하여 팔다리를 움직이는 방법을 찾는 데 집중되어 있었다. 이제 다음 과제는 입력, 그리고 운동 판독 정보와 감각 입력이 실시간으로 함께 기능하도록 결합하는 것이다.

센서를 인공 팔다리에 장착하는 일은 수술 로봇 안에 장치하는 것보다 쉽다. 다만 공간과 조건이 다를 뿐이다. "음, 어떻게 정보를 다시 뇌로 보내느냐가 문제죠." 셰노이가 말한다. 조이스틱 같은 것을 통해 촉각 기관의 전기 언어를 파악해야 한다. 세컨드 사이트에서 인공망막을 통해 시각의 전기 언어를 파악한 것과 동일하다. 시각으로 빛이

● 운동을 담당하는 뇌의 운동 피질 표면에 이식되어 생각만으로 각종 전자기기를 제어하게 해주는 장치. 팔다리의 기능을 잃어버린 전신마비 환자들이 브레인게이트에 희망을 걸고 있다.

있는지 없는지를 파악하는 것처럼 접촉을 했는지 안 했는지를 파악하는 이진법적인 감각은 입력이 어렵지 않다. 하지만 조심스럽게 움켜쥐는 것과 세게 움켜쥐는 것처럼 정보의 미묘한 차이를 입력하는 일은 어렵다. 동물 뇌의 체감각 영역을 자극한 초창기 실험에서 사람들은 동물들이 자극에 반응하도록 훈련시켰다. "인식의 대상이 지니는 특질을 파악하는 일이 다소 어려웠습니다. 한마디로 동물들이 실제로 인식하는 감각이 무엇인지 알기 힘들었다는 거죠. 원숭이에게 물어볼 수도 없는 노릇이고요." 셰노이가 말한다.

하지만 원숭이가 자연스럽게 촉각 정보를 얻으면 뇌가 어떤 반응을 보이는지는 들여다볼 수 있다. 스타비스키와 카오의 실험은 저항이나 무게 같은 자극이 주어지면 몽키 R이 어떻게 인공 팔에 적응해나가는지 알아보기 위한 것이었다. 스타비스키는 커서의 속도를 바꾸어 질량이 달라 보이게 한다. 커서가 자주색일 때는 속도가 느려 무겁다는 것을 알 수 있었다. 파란색은 중간이었고 주황색은 빠르고 가벼웠다. 스타비스키는 실험을 할 때마다 질량을 무작위로 바꾸었다. 원숭이는 화면을 향해 손을 뻗을 때마다 커서가 뭔가 다르다고 느끼며 그에 맞게 동작을 조정했다.

이 실험에서 연구팀은 내부 모델, 즉 팔로 무언가를 옮기려면 어떻게 해야 할지를 뇌가 학습하는 방법을 연구한다. 이는 물리적 세계와 상호작용하려는 인공보철 사용자들에게 매우 중요하다. 커피 잔 얘기를 다시 해보자. "잔이 무겁다는 것을 알면 그에 맞게 힘을 주겠지요. 가볍다는 것을 알면 좀 더 조심스럽게 만질 겁니다." 스타비스키가 말한다. 이제 무거울 것이라고 생각했던 잔이 비어 있다고 생각해보자. 힘을 주어 잡은 잔이 손에서 빠져나갈 수도 있고 바닥에 조금 남아 있던 것이 넘칠 수도 있다. 스타비스키가 커서의 질량을 낮추었을 때 몽키 R에게도 같은 일이 벌어졌다. 스타비스키는 화면 위에서 움직이는 커서를 가리킨다. "이제 중간 무게에서 가벼운 것으로 바뀌었습니다. 원숭이가 커서를 너무 멀리 보내는 게 보일 겁니다."

스타비스키는 몽키 R이 내부 모델을 조정해 뇌-기계 인터페이스를 진짜 팔처럼 조종하는 법을 배우는지 알고 싶었다. 그가 키보드 자판을 두드리자 커서가 무작위로 바뀌는 대신 자주색, 즉 무거운 상태를 유지했다. 원숭이는 이 상황에 적응하여 더 나은 결과를 보여줄까? 연구팀이 지금까지 수집한 데이터에 따르면 그럴 것으로 보인다. 원숭이는 커서의 무게가 유지될 때보다 무게가 무작위로 바뀌는 경우 힘을 지나치게 많이 주는 횟수가 두 배 늘어났다. "실험 결과 실생활에서 사람도 변화하는 정보에 적응하여 로봇 팔을 조종할 수 있으리라는 전망이 높아졌습니다." 스타비스키가 말한다.

복도 맞은편에서는 신경 과학 대학원생 댄 오셰아Dan O'Shea가 촉각의 세계를 더욱 깊이 파헤칠 실험을 하는 중이다. 실험 장치는 비슷하다. 이번에는 몽키 P가 의자에 앉아 화면과 빨대(보상으로 주스가 나온다)를 보고 있다. 훈련 중인 몽키 P는 아직 뇌에 전극을 이식하지 않았다. 원숭이는 화려한 조이스틱을 움직여 커서를 조종했다. 원숭이의 임무는 길 옆의 붉은 벽에 부딪히지 않고 단순한 길을 따라 커서를 위로 움직이는 것이었다. 길은 일직선이기도 하고 왼쪽이나 오른쪽으로 지그재그 모양을 그리기도 했다. 몽키 P는 길의 맨 아래에 있는 커서를 조종해서 길의 꼭대기에 있는 목표물까지 나아가야 했다. 하지만 가끔 조이스틱이 예상치 못하게 원숭이의 손을 오른쪽이나 왼쪽으로 잡아당겼다. 커서가 길 옆의 벽에 부딪히면 조이스틱의 모터가 진동해서 '매우 부드럽고 탄성이 있는 덩어리에 부딪힌 듯한' 느낌을 원숭이에게 전했다. 벽에 부딪힐 경우 보상은 주어지지 않았다.

오세아는 자기수용감각이 운동을 어떻게 제어하는지, 구체적으로는 커서가 경로를 이탈했다는 신호를 받은 뒤에 전달된 감각이 원숭이의 적응 방식에 어떻게 영향을 주는지를 연구한다. 몽키 P는 이미 시각 정보를 전달받았다. 커서가 벽에 부딪히는 것을 눈으로 직접 보았기 때문이다. 하지만 복잡성과 정확성을 요하는 일을 하고 싶어 하는 인공보철 사용자들에게 시각은 너무 낮은 수준의 정보다. 팔다리가 무엇을 하는지를 눈으로 봐야 안다면 반응이 늦어질 것이다. 자기수용감각이 있다면 더 빨리 반응할 수 있다. 몽키 P는 훈련을 마친 뒤에 전극 배열판을 이식받게 된다. 그러면 오세아는 조이스틱이 전하는 감각 때문에 원숭이의 손이 '당황할 때'의 뇌 활동을 연구할 수 있다. 이를 통해 인공보철 사용자들에게 비슷한 충돌 정보를 실시간으로 입력하게 되면 그들이 팔다리를 조종하는 데도 도움이 될 것이라고 오세아는 말한다.

촉각을 실시간으로 전달하는 것은 매우 이상적인 목표다. 로봇공학에서와 마찬가지로 뇌-기계 인터페이스에서도 사용자와 기계의 움직임이 맞지 않으면 지연 문제가 발생한다. 카오는 또 다른 실험 영상을 보여준다. 그 실험에서는 원숭이가 뇌로 조종하는 커서로 타이핑을 하고 있다. 원숭이는 화면 속의 노란 점으로 구성된 '키보드'를 본다. 노란 점에는 각각 다른 문자가 쓰여 있다. 목표물이 커서를 어디로 움직여야 하는지 지시하자 원숭이는 그에 따라 노란 점을 커서로 누른다. 그러자 화면에 글자가 나타난다. 원숭이가 목표물을 따라다니는 동안 화면에는 '헬로 월드Hello world'라는 글자가 하나씩 나타난다.

이렇게 생각으로 기계를 조종하는 프로그램은 말하거나 움직일 수 없는 사람에게 유용할 것이다. 하지만 아직 오류가 발생할 가능성이 높다. "커서를 잘못 조종해서 의도하지 않은 글자를 입력하면 어떻게 될까요?"카오가 묻는다. "그럼 백스페이스를 눌러야 하고 갑자기 상황이 복잡해지겠지요. 타자의 정확도가 50퍼센트라면 백스페이스로 글자를 지우느라 많은 시간이 걸릴 겁니다. 그러면 글자를 쓰기가 정말 힘들겠지요."그가 말한다.

하지만 지금까지 이 원숭이는 분당 10단어 정도를 쓰고 있다. 그리 나쁘지 않은 성과다. "나는 이 커서를 머릿속으로 조종하고 있습니다. 지난 한 달 동안 이 디코더 모델을 매일 사용했어요. 셰익스피어가 100만 명 있다 한들 원숭이처럼 글을 쓸 수 있을까요?"라는 문장이 화면에 나타난다.

셰노이 연구팀은 신경 인터페이스 시스템인 브레인게이트 2의 미국 식품의약국 임상실험에 참여하고 있다. 이 시스템은 사람을 대상으로 하는 1세대 이식 장치로, 원숭이에게 실험한 장치와 유사하다. 스탠퍼드 팀은 루게릭병으로 몸이 마비된 여성에게 이 장치를 이식한 뒤에 원숭이 실험과 비슷한 행동을 요구했다. "팔이나 손가락을 움직이는 생각만 해도 화면의 커서가 움직여서 사랑하는 사람들이나 의료진에게 메시지를 전할 수 있습니다."셰노이가 말한다. 아직 임상실험 중이지만 그는 연구 성과에 만족하는 것 같았다. "정말 흥미롭습니다. 우리가 연구한 것이 실제로 적용되는 모습을 지켜보다니요."그의 목소리는 들떠 있었다.

하지만 움직이겠다는 의도를 판독하는 일은 뇌에 촉각 정보를 입력하는 것보다 쉽다. 운동에는 수백만 개의 뉴런이 개입하지만 뇌의 활동과 의도한 동작을 연관 짓는 데는 고작 몇 백 개의 세포에서 전달되는 정보만 판독하면 충분하기 때문이다. "무언가를 정확하게 입력하는 것이 중요합니다. 단순히 연관 짓는 것만으로는 충분하지 않아요."스타비스키가 말한다. 실제로 몸이 무언가를 만질 때의 구체적인 입력 패턴을 수신하려면 엄청나게 많은 뉴런이 필요할지도 모른다.

그리고 셰노이가 지적했듯이 이진법적인 촉각이 아니라 감각의 세기를 입력하려면 전극이 더 많이 필요하다. 전극이 더 많다는 것은 뇌에 전류가 더 많이 흐른다는 의미다. 전류는 제멋대로 이동할 수 있기 때문에 문제가 생길 수 있다. 전류가 항상 원하는 세포를 자극하지 않을 수도 있는 것이다. "피아노 건반을 생각해보죠. 각각의 키는 뉴런에 해당합니다. 전류는 약 12센티미터 길이의 좁은 키를 여러 개 누르지요. 뉴런에 자극을 세게 주고 싶으면 키를 세게 누르겠지요. 더 넓은 영역에 자극을 주고 싶으면 건반 위를 이리저리 움직이며 키를 누르겠지요. 하지만 한 음만 누르거나 화음을 연주할 수는 없습니다." 셰노이가 말한다. (기억할지 모르겠지만 세컨드 사이트의 인공망막도 입력이 과하면 이와 유사한 '구름 효과'가 발생했다.)

하지만 셰노이는 감각의 강도를 섬세하게 조정하여 입력할 방법이 있다고 생각한다. 그것은 전극 배열판 대신 광유전학을 적용하는 것이다. 광유전학을 이용하면 원하는 키만 두드릴 수 있게 된다. 이는 쉴라 니렌버그가 인공망막의 대안으로 제시했던, 유전자 변형 세포에 특정 빛을 비추는 방법과 매우 유사하다. 그녀는 눈의 유전자를 변형한 다음 안경에 설치한 미니프로젝터로 그 세포에 빛을 쏘는 방식을 제안했다. 셰노이는 광섬유를 뇌에 이식하여 원하는 뉴런을 직접 자극하자고 제안했다. 그는 이 방식을 연구하는 것이 차기 과제라고 생각한다.

입력과 판독은 감각기관과 팔다리 같은 외연에서 시작해 뇌에서 끝날 가능성이 크다. 셰노이는 뇌-기계 인터페이스의 주요 사용자가 될 마비 환자가 미국에만 600만 명에 달한다고 말한다. 하지만 알츠하이머병이나 치매 같은 뇌질환과 노화로 인한 질병에 걸린 사람은 훨씬 많다. "앞으로 노화와 함께 주로 찾아오는 신경퇴행성 질환과 신경저하 질환 환자가 급증할 겁니다. 그렇기 때문에 뇌의 각 영역이 어떤 역할을 하는지와 뇌를 치료하는 방법을 깊이 이해해야 합니다. 신경외과 의사에게 뭐가 잘못됐는지를 듣고 나서 병원에서 해줄 일이 없다는 통보를 받으면 얼마나 우울하겠습니까?" 셰노이가 말한다.

하지만 셰노이는 뇌의 언어를 분석하려는 다방면의 광범위한 노력 덕분에 곧 환자들을 도울 수 있으리라 생각한다. "일단 뇌에서 정보를 판독하고 뇌에 정보를 입력하는 능력을 갖추게 되면 온갖 기술을 생각해낼 수 있습니다." 그가 말한다. 예를 들어 뇌졸중 때문에 어느 부분의 뇌세포가 죽었다고 하자. 손상된 부분이 주로 하던 일이 무엇인지 알면 장치를 이식해서 그 기능을 흉내 낼 수 있다. 그리고 손상된 부분이 뇌의 언어에서 어떤 역할을 담당했는지 알면 손상 부분에 정보가 도달하기 직전에 정보를 이식 장치로 보냈다가 변환된 정보를 다시 손상된 부분 다음 단계에 입력하여 읽어낼 수 있게 된다. "손상된 부분을 이식 장치로 때우는 거죠. 시각, 청각, 근육처럼 뇌에도 인공보철을 장착하는 겁니다." 셰노이가 말한다.

인공망막, 자극 재구성, 로봇 팔다리 모두 뇌라는 블랙박스의 언어를 해석하려고 시도한 결과물이다. 하지만 그 기술들은 뇌의 전기회로망을 밝히려는 시도이기도 했다. 이제 과학자들에게는 강력한 동기가 있다. 그들은 시각장애인, 뇌졸중 환자, 마비 환자는 물론이고 노화로 인한 인지 장애 환자를 위한 치료법도 내놓아야 한다. 특히 노화로 인한 인지 장애는 수명이 짧았던 이전 세대 사람들은 겪지 않았고 치료법도 거의 없는 완전히 새로운 영역이다.

"머지않아 정보를 판독하고 입력하는 기술이 완성될 겁니다. 이 기술은 표준화된 방식으로 뇌의 정보를 판독하고 입력하여 수많은 질병과 부상에 적용될 겁니다. 정말 흥분되는 일이지요. 약학자도 외과 의사도 할 수 없는 일이에요. 새로운 의료 분야라는 뜻입니다. 그 새로운 분야가 바로 뇌 인공보철입니다." 셰노이가 생각에 잠겨 말한다.

제2부

초감각적 인식

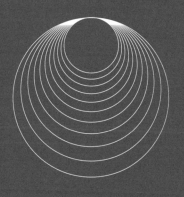

머릿속에 존재하는 세계

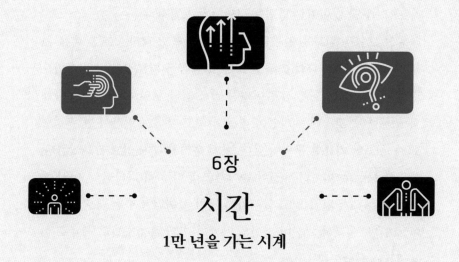

6장

시간

1만 년을 가는 시계

알렉산더 로즈Alexander Rose는 카페 의자에 기대어 앉아 차분한 목소리로 '시계'를 찾아가는 방법을 설명하기 시작한다.

우선 모험을 원하는 친구들과 함께 차를 몰고 텍사스 밴혼 마을 인근 사막으로 간다. 그리고 해가 뜰 무렵 계곡을 가로질러 바위 절벽으로 하이킹을 떠난다. 점점 좁아지는 길을 걷다 보면 마침내 절벽 아래에 도착한다. 그곳에는 자연이 만든 지형도 아니고 인간이 만든 지형도 아닌 듯한 기묘한 구멍이 있다. 이제 용기를 내서 안으로 들어간다. 어둑한 동굴로 30미터쯤 걸어 들어가면 문이 하나 나타난다. 다시 한번 용기를 내서 문을 열고 들어가면 거친 석회암을 깎은 동굴 바위벽이 보인다. 이제야 자신이 자연의 세계가 아닌 불가사의한 세계로 이동했음을 깨닫는다.

"위를 쳐다보면 바깥에서 새어 들어오는 빛이 보일 겁니다. 지하 150미터인데도 말이에요. 빛은 머리 위의 기계처럼 생긴 것을 통과해 들어옵니다. 나선형 계단과 길고 좁은 통로도 있어요. 그 나선형 계단을 올라가면 됩니다." 로즈가 말한다. 스테인리스스틸 기둥에 지탱되는 거대한 기계는 1만 년간 멈추지 않을 것이다. 그야말로 인간의 시간 인식에 변화를 가져올 기념비적인 물건인 셈이다.

로즈는 이 시계를 만드는 롱 나우 재단Long Now Foundation의 상임이사다. 아직 미완성인 시계는 미래의 어느 시점에 작동을 시작할 것이다. 하지만 재단 직원들은 초현실 세계로 향하는 듯한 나선형 계단을 오를 생각에 벌써부터 마음이 부풀어 있다. 로즈는 샌프란시스코의 재단 사무실 근처에 있는 카페에서 커피를 마시고 있다. 1940년대 팝

음악이 흐르고 벽에는 고전적인 네온사인이 붙어 있어 우리는 마치 시간을 이동해온 듯했다. 텍사스 어딘가에서는 거대한 다이아몬드 톱이 동굴의 석회암을 깎아 시계를 둘러쌀 중앙 계단을 만들고 있다. 그리고 시애틀과 캘리포니아 노스베이의 기술자들은 시계가 1만 년이라는 실험 기간을 충분히 견디도록 부품을 튼튼하게 만들어 조립하고 있다. 1만 년이라니, 정말 엄청나게 긴 시간이다.

이 시계는 유명 프로그래머 대니 힐리스Danny Hillis의 아이디어다. "그는 세상에서 가장 빠른 슈퍼컴퓨터를 만드는 일을 했어요. 그러다 자신의 일에 대한 반발로 시계를 생각해냈습니다." 로즈가 말한다. 힐리스는 현재의 필요를 위해 미래의 행복을 희생하라고 부추기는 속도 위주의 문화가 문제라고 생각했다. 그 결과 인간은 선거나 패션 시즌처럼 짧은 주기의 시간에 지나치게 관심을 갖게 되었다. "그는 오랫동안 고민해야 풀리는 문제도 있다는 사실이 두려웠어요. 기후 변화, 기아, 교육 같은 것이 대표적이지요. 이런 문제들은 선거 주기인 4년 안에 해결할 수 없어요. 우리는 짧은 기간에 집중하는 실태에 반박하기 위해 시계를 만듭니다. '세계에서 가장 느린 컴퓨터'를 만드는 셈이지요. 이 거대한 물건 덕분에 사람들은 자신을 시간의 흐름 앞이 아니라 시간의 흐름 속에 두게 되겠죠. 원래는 아주 시적인 시계를 구상했어요. 1년에 한 번 똑딱 움직이고 세기에 한 번 뎅그렁 소리를 내고 1000년에 한 번 뻐꾸기가 우는 시계였지요." 로즈가 말한다.

호리호리한 외모에 신중한 로즈는 산업 디자이너로, 롱 나우 재단이 처음 고용한 직원이다. 이 비영리재단은 1996년, 아니 01996년에 설립되었다. (재단에서는 이미 다섯 자리로 연도를 표기한다.) '롱 나우(긴 현재)'라는 말은 영국인 음악가이자 롱 나우 재단 이사인 브라이언 이노Brian Eno의 말에서 빌려왔다. 1970년대 미국을 방문한 이노는 뉴욕의 '지금'이 영국의 '지금'보다 상당히 빠른 시간을 의미한다는 것을 깨달았다. "이노는 광범위한 시간 감각을 '롱 나우'라고 불렀어요. 우린 그 말을 가져다 범위를 더 넓혔고요. 이제 '롱 나우'라는 말은 지난 1만 년과 다가올 1만 년을 뜻합니다." 로즈가 말한다. 그들은 문명 단위로 시간을 표시하기 위해 1만이라는 숫자를 선택했다. 지금부터 1만 년 전에는 인류세anthropocene가 시작되었다. 기원전 8000년경 농경과 함께 시작된 인류세는 사람들이 지구 환경에 뚜렷한 영향을 미치는 시기를 의미한다. 그리고 이제 시계는 앞으로 1만 년을 달릴 것이다.

로즈는 시계의 계단을 올라가면 무엇이 보이는지를 계속 설명한다. "수많은 기계 장치를 지나갈 겁니다. 아직은 모두 멈춰 있지만요. 어떤 곳에서는 태엽 장치를 보게 될지도 몰라요." 계단 끝에 있는 큰 방에는 사람이 마지막으로 시계를 방문한 날짜를 보여주는 시계 문자판이 있다. 날짜는 어제일 수도, 수천 년 전일 수도 있다. 먼 미래에 시계를 찾아온 사람들이 그레고리력을 이해하지 못할 경우를 대비해 태양, 달, 별의 위치로 파악한 시간까지 표시할 예정이다.

로즈는 사람들이 문자판을 보고 호기심을 느낄 만한 것이 또 있다고 말한다. "시계의 글자판은 1000년 동안 움직이지 않지만 그 사이에도 추는 계속 움직입니다. 수동으로 태엽을 감으면 천문시계의 글자판이 모두 움직여 날짜가 업데이트됩니다. 현재에 이르면 멈추게 되고요."

시계의 동력은 수동으로 감는 태엽과 밤낮의 기온차를 이용한 열 장치로 제공할 예정이다. 잉여 에너지는 시계추에 저장될 것이다. (100년 동안 태양이나 사람이 없어도 괜찮을 정도의 동력이 저장될 수 있다.) 시계태엽을 완전히 감으면 1만 년 동안 매일 태양이 정오를 가리킬 때마다 10개의 종이 독특한 소리를 내며 울릴 것이다.

나선형 계단을 올라가면 절벽 꼭대기에서 마음을 정화시켜주는 풍경과 마주하게 된다. "270도로 탁 트인 텍사스 서부와 뉴멕시코의 사막 풍경이 보일 겁니다. 하지만 더 중요한 것은 이 거대한 시간 보초병을 가까이에서 보고 나서 사람들의 생각에 변화가 생기는 겁니다. 시계를 보고 나서 친구들과 함께 집으로 돌아가며 시계에 대해 이야기하고 생각하기를 바랍니다." 로즈가 말한다.

시간에 대한 감각은 복잡하다. 이 책의 1~5장에서는 감각을 다루었다. 각각의 감각은 별개의 양상을 띠며, 각기 다른 신경계 경로를 통해 정보를 뇌로 전달한다. 하지만 인식에는 여러 감각기관에서 정보를 끌어내는 초감각적, 다시 말해 다중감각적 경험도 포함된다. 시간을 알려주는 기관이나 시간 피질, 시간엽 같은 것은 없다. 시간을 기록하는 신경의 기능은 뇌 전체에 분포되어 있을 가능성이 있다. 우리는 시간을 측정하기 위해 여러 감각을 함께 사용한다. 텍사스 평원을 달리는 야생마 무리를 떠올려보자. 말이 다가오는 모습을 보고, 즉 가까워질수록 커지는 모습을 보고 시간을 알 수 있다. 땅에 손을 대고 진동을 느낌으로써 시간을 알 수도 있다. 도플러 효과Doppler effect● 덕분에 말들이 쿵쿵 지나가는 소리를 들으며 시간을 파악할 수도 있다. 그리고 최종적으로 뇌가 시간을 편집한다. 이는 인식 메커니즘에서 가장 매혹적인 부분이다. 여러 감각기관에서 각기 다른 속도로 시간을 인식하기 때문에 이 편집 과정은 반드시 필요하다. 뇌는 여러 입력 정보를 동기화시켜서 일관성 있는 정보를 생산한다. 그래서 말의 이미지와 소리와 진동이 모두 동시에 도달하는 것처럼 느껴지게 된다.

● 파동의 파동원과 관찰자의 상대 속도에 따라 진동수와 파장이 왜곡되는 현상.

시간은 문화 현상이기도 하다. 인간이 만든 장치로 측정되고 인간의 행동을 바꾸기 때문이다. 어쩌면 시간은 하드 바이오해킹과 소프트 바이오해킹이 가장 잘 결합된 사례일지도 모른다. 우리는 신체 내·외부의 자연 주기를 통해 시간에 대한 단서를 얻는다. 잠이 들고 깨는 주기, 행성과 별의 움직임, 조수와 계절의 변화 등이 대표적이다. 우리는 이를 해시계, 달력, 시계 같은 장치로 변형했고 롱 나우 프로젝트는 하나의 사례일 뿐이다. 앞으로 살펴보겠지만 시간 인식을 측정해 인간 사회의 삶을 조화롭게 정리하려는 시도는 이번이 처음은 아니다. 그러므로 시간을 이해하려면 여러 측면에서 살펴보아야 한다. 어떤 시계를 보느냐에 따라 인식하는 시간의 종류가 달라질 수 있다.

시간의 편집자, 뇌

1만 년이 지나도 멈추지 않는 시계가 광범위하고 느리게 시간을 잰다면 딘 부오노마노Dean Buonomano 박사는 범위가 좁고 재빨리 지나는 시간을 찾고 있다. UCLA의 신경생리학자인 부오노마노는 1000분의 1초 단위의 시간을 연구하며 시간 측정 영역이 없는 뇌가 어떻게 시간을 계산하는지를 규명하려고 한다.

부오노마노에 따르면 인간에게는 시간을 감지하는 기관이 따로 없다. 눈이 광자에, 혀와 코가 화학물질에, 귀가 진동에, 피부가 압력에 반응하는 것과 달리 시간에는 측정할 수 있는 물리적 속성이 없기 때문이다. "우리에게 공간을 측정하는 감각기관이 없듯이 시간을 측정하는 감각기관도 없다는 사실이 그리 놀랍지는 않습니다. 공간과 시간 모두 차원을 구성하는 필수 요소라서 어디에나 존재하기 때문입니다.” 그가 말한다. 그는 우리가 여러 감각기관을 동원해 시간을 인식하듯이 공간도 인식한다고 말한다. 메아리를 듣고 공간을 파악하기도 하고 시각이 제공하는 초점거리로 깊이를 인식하기도 한다. 또 사물과 접촉함으로써 크기와 거리를 파악하기도 한다.

“결국 우리는 아주 매혹적인 의문에 이르게 됩니다. 우선 시간이란 무엇일까요?” 부오노마노가 묻는다. 그는 시간이란 우리 주변 세계가 얼마나 많이 달라졌는지를 알려주는 척도라고 생각한다. 단순한 생물은 시간을 통해 밤과 낮으로 구성된 하루의 주기 중 어디쯤에 있는지를 파악하고, 좀 더 복잡한 동물은 시간을 통해 다른 동물들은 무엇을 할지 예측하여 끊임없이 변하는 환경에 자신의 행동을 맞춘다. 벌은 언제 다시 꽃으로 날아가야 새로운 꿀을 풍성하게 얻을 수 있는지 알아야 한다. 새는 언제 이동해야 하는지 알아야 하고 가젤은 치타가 얼마나 빠르게 다가오는지 알아야 한다.

“종마다 서로 다른 시간 인식이 필요합니다. 각 종은 저마다 필요에 맞춰 진화했고 그 결과 개별적으로 해결책을 갖게 되었습니다.” 부오노마노가 말한다. 식물과 단세포 생물은 낮과 밤이 바뀌는 것만 파악하면 된다. 굳이 뇌가 필요 없는 일이다. 하지만 (인간을 비롯해) 소리를 내는 동물에게는 정밀하게 조율된 시간 개념이 필요하다. 언어와 섬세한 운동 제어는 시간과 관련 있기 때문이다.

정리해보자. 뇌가 어떻게 시간을 파악하는지는 아무도 모른다. 아마 뇌가 시간을 알려주는 방식은 한 가지가 아닐 것이고 각 방식을 통해 전달되는 시간의 범위와 기능은 저마다 다를 것이다. ‘심박조율기-누적기 모델pacemaker-accumulator model’이라는 오래된 가설에 따르면 뇌에는 맥박(심박) 수처럼 일정한 간격으로 반복되는 신호를 세는 자체적인 내부 시계가 있다고 한다. 하지만 지난 10년 사이에 이 이론은 맹비난을 받았다. 과학자들은 시간을 파악하는 기능은 더 분산되어 있을 가능성이 높다고 주장한다. 듀크 대학교의 심리학자 워런 멕Warren Meck은 한때 이 모델을 지지했지만 지금은 동료 연구팀과 함께 '선조체-맥놀이 진동수 모델striatal-beat frequency model'이라는 새로운 이론을 제안한다. 그들은 초-분 단위의 경우 선조체라는 뇌 영역이 '핵심 타이머' 역할을 하며, 선조체의 특수 뉴런에는 저마다 작은 타이머가 있어서 뇌 곳곳의 세포 활동이 동시에 일어나도록 조정한다고 주장한다. UC버클리의 심리학자 리처드 아이브리Richard Ivry 연구팀은 또 다른 모델을 제시했다. 그들은 세분화된 시간 척도가 필요한 전문적인 운동 기능과 감각의 경우 심박조율기 같은 타이머를 쓰는 것이 아니라 소뇌가 입력과 판독 사이에 소요되는 시간을 최적화하는 학습 기제를 활용하여 타이밍을 통제한다고 주장한다.

부오노마노 연구팀은 뇌에는 시간을 측정하거나 관장하는 부분이 없으며, 뇌의 여러 부분에서 역학적인 과정이 일어날 뿐이라고 주장한다. "시간을 안다는 것은 인간이 행동을 하고 세상을 이해하고 사건을 예측하고 운동을 조율하고 감각 자극을 이해하는 데 매우 중요하기 때문에 우리 뇌에 시계가 하나뿐이라는 주장은 말이 안 됩니다. 최근에는 뇌가 시간을 측정하는 방식이 우리가 관습적으로 생각하는 시계와 매우 다르다는 개념이 출현했습니다." 그가 말한다. 대부분의 시계는 진동자가 똑딱 하며 소리를 센다. 할아버지의 시계에서 진동자는 시계추다. 원자시계에서는 세슘 원자의 순환이다. 하지만 말을 판독하거나 빨간불에 반응하는 시간인 몇 초에서 1000분의 1초 사이에 해당하는 짧은 시간을 측정하는 진동자가 뇌에 있는 것 같지는 않다.

부오노마노는 서로 연결된 뉴런의 활동 패턴, 즉 신경 역학neural dynamics을 통해 뇌가 시간을 파악한다고 생각한다. 뉴런은 정보가 입력되면 정보 처리 과정이 끝나 시스템이 초기화될 때까지 서로 영향을 미치며 연쇄 반응을 보인다. 부오노마노는 이것이 연못에 조약돌을 던지는 것처럼 액체의 역학을 이용해 시간을 파악하는 방식이라고 설명한다. 연못에 돌을 던지면 물결이 일어난다. 그 물결이 얼마나 멀리 퍼지는지, 얼마나 오래 있어야 사라지는지 살펴봄으로써 돌을 던지고 시간이 얼마나 지났는지 파악할 수 있다. 마찬가지로 뇌는 감각 정보(조약돌)가 입력되고 다시 평상시의 상태로 초기화될 때까지 뉴런 네트워크(연못)가 만들어내는 활동 패턴을 통해 시간을 파악하는지도 모른다.

"자, 이제 문제는 그 회로가 어디에 있느냐는 겁니다." 부오노마노가 말한다. 이 의문에 답해줄 사람은 아직 없다. 그는 소뇌, 대뇌기저핵, 시각과 청각을 비롯한 몇몇 감각 피질이 규모는 각기 다르지만 모두 시간과 연관될 수 있다는 의견에 동의한다. 그러면서 그의 연구팀이 개발한 '상태 의존 네트워크 모델state-dependent network model'이 시간을 파악하는 주된 기제일 수는 있지만 유일한 기제는 아닐 것이라고 조심스럽게 말한다. 예를 들어 포유류의 경우 시상하부의 시교차상핵이 눈의 특수한 광수용체에서 오는 빛에 대한 정보를 활용해 잠에서 깨거나 잠들 때를 비롯해 24시간 주기의 리듬을 제어한다. 분 이상의 시간 단위를 파악할 때는 이 기능이 기억과 얽히는데, 이때 전두엽이 개입할 가능성이 있다. 아마도 이런 기제가 몇 가지 있을 것이고 각각의 기제는 서로 다른 시기에 진화해 서로 다른 역할을 하게 되었을 것이다. 멕은 지금까지 언급한 모델들이 상호 배타적이지 않고 사실상서로 보완적이라고 말한다. 부오노마노의 상태 의존 네트워크 모델은 1000분의 1초 범위의 감각 타이밍을 설명하고 선조체-맥놀이 진동수 모델은 초에서 분의 단위로 작용하며 다른 회로는 아마 그들 사이에서 작용할 것이다.

부오노마노 연구팀은 뇌의 감각 영역 중 특히 청각의 시간 인식에 초점을 맞춘다. 그는 자신이 주장하는 핵심 주제를 보여주기 위해 내게 청각 실험을 했다. 그는 내 앞에 작은 노트북을 꺼내더니 두 쌍의 소리가 두 번씩, 그러니까 총 네 번의 소리가 나올 것이라고 설명한다. 나는 두 쌍의 소리 가운데 각각의 소리 사이의 간격이 더 긴 쌍을 가려내야 한다. 곧 컴퓨터가 두 번 울린다. 그리고 다시 두 번 울린다. 나중에 울린 쪽이 소리 사이의 간격이 길게 느껴졌다. 나는 두 번째 쌍이 정답이라고 생각하고 버튼을 눌렀다. 그러자 노트북 화면에 "틀렸습니다"라는 빨간 글자가 나타났다.

나는 60세트의 소리를 듣는 동안 이 글자를 여러 번 보았다. 정답을 맞히면 난이도가 올라갔고 틀리면 내려갔다. '어려워졌다'는 의미는 두 소리의 간격이 점점 비슷해져서 어느 쪽이 더 긴지 판단하기 힘들어졌다는 뜻이다. 그런 다음 우리는 전체 실험을 반복했다. 나는 60세트의 소리를 더 들어야 했다. 내게는 두 번의 실험 모두 똑같이 어려웠고 정답률은 76퍼센트 언저리였다.

하지만 부오노마노는 이 실험에 속임수가 있다고 밝혔다. 첫 번째 쌍의 소리 간격은 무조건 0.1초였고 두 번째 쌍의 소리 간격은 이보다 약간 길거나 짧았다. 내 뉴런의 입장에서 보면 첫 번째 쌍의 소리를 들을 때마다 연못에 돌을 던지는 것과 같았을 것이다. 첫 번째 쌍의 소리를 듣고 시스템이 반응을 시작하는 것이다. 두 번째 쌍의 소리를 듣는 것은 이미 물결이 일렁이는 연못에 돌을 또 던지는 것과 같았다. 시스템은 '다시' 반응을 시작했다.

실험의 속임수는 또 있었다. 첫 번째 세트의 경우 각 쌍의 간격은 0.25초였고 두 번째 세트는 0.75초였던 것이다. 부오노마노는 이 간격이 길수록 내가 정답을 맞히는 확률이 높았다고 말한다. 시스템이 초기화될 시간이 충분했기 때문이다. 하지만 시스템이 초기화될 시간을 충분히 주지 않은 경우 결과는 정반대였다. 각각의 소리쌍이 만들어낸 패턴이 서로 뒤엉켰기 때문이다. "연못에 돌을 두 개 던진 다음에 물결이 사라지기도 전에 다시 두 개를 던지는 것보다 물결이 사라지기를 기다렸다가 다시 돌을 두 개 던지는 편이 쉬워요." 그가 말한다.

그 차이는 실험 결과에서 드러났다. 부오노마노는 내게 결과를 알려주었다. 두 쌍 사이의 간격이 더 길었던 두 번째 실험에서 나의 식별 역치discrimination threshold●는 0.015초였다. 나는 두 쌍 사이의 간격이 0.1초일 때와 0.115초일 때를 구별할 수 있었다. 부오노마노는 처음치고는 제법 평균에 가깝다고 했다. 하지만 두 쌍 사이의 간격이 더 짧았던 첫 번째 실험에서 식별 역치는 0.029초가 넘었다. 부오노마노는 내가 첫 번째 실험을 두 번째 실험보다 두 배 가까이 어렵게 느꼈다고 설명한다. 시간 파악이 역학 시스템에 바탕을 둔다는 증거가 여기에 있다. 시스템을 방해하면 시간 파악에도 문제가 생긴다.

하지만 신경상으로는 차이가 있었을지 몰라도 내가 '느낀' 시간은 똑같았다. 신경 차원에서 파악한 시간은 주관적인 시간 감각, 즉 부오노마노가 말하는 '주변 세상을 매끄럽게 기술하기 위해 뇌가 만들고 제공한 구조'와 다르다. 우리 뇌는 뭔가를 심각하게 얼버무린다. 뇌는 끊임없는 '역행 편집backward editing'을 통해 입력된 다양한 감각 정보를 동기화시켜서 연속적이고 일관된 경험이라는 환상을 만들어낸다.

이것은 시간에만 국한되지 않는다. 인지과학자 대니얼 데닛Daniel Dennett은 모든 인식의 지속적인 편집과 '다양한 초안' 개념을 발전시

● 식별이 가능해지는 최솟값.

킨 것으로 유명하다. 베일러 의과대학의 신경 과학자 데이비드 이글먼David Eagleman은 시간 덕분에 우리가 이 개념을 재미있게 가지고 놀수 있다고 말한다. 그는 시간과 다른 인식 기능을 연구하여 이를 충분히 입증했다. 그의 연구팀은 두 사건(버튼 누르기와 빛 번쩍이기) 사이의 지연 시간을 조작하면 사건이 발생한 순서가 바뀐 것처럼 느껴지는지 알아보는 실험을 했다. (정답: 그렇다.) 그들은 탑에서 떨어지는 사람이 땅에 안전하게 서 있는 사람보다 빠르게 스쳐 지나가는 숫자를 더 잘 읽을 수 있는지 실험하여 공포가 실제로 시간의 '속도를 늦추는지'도 연구했다. (정답: 아니다.)

이글먼은 그 유명한 2009년도 논문 〈뇌의 시간Brain Time〉에서 뇌가 가장 늦게 도착하는 감각 정보까지 모두 수용하기 위해 생명을 위협할 수도 있는 인식 지연을 무릅쓰는지에 의문을 제기했다. 그러면서 적어도 인지 기능에 필요한 의식적인 처리 절차와 정보에 한해서 뇌가 궁극적으로 속도보다 질을 우선시한다고 주장했다.

부오노마노 역시 2011년에 출간한 《브레인 버그Brain Bugs》를 비롯해 이 주제에 대해 여러 차례 글을 썼다. 《브레인 버그》는 편집이라는 뇌의 기이한 특성 그리고 시간이 단속성 운동과 어떻게 연관되어 있는지를 다룬다. (단속성 운동이란 눈이 빠르게 움직이는 운동을 뜻한다. 딘 로이드의 경우에는 머리를 움직인다.) 부오노마노는 다른 사람의 눈을 가까이에서 보면 이 단속성 운동을 관찰할 수 있지만 거울로 자신의 눈을 보면 볼 수 없다고 말한다. "눈을 움직이는 시간을 뇌가 편집하기 때문입니다. 그렇지 않으면 눈앞에서 왔다 갔다 하는 크고 흐릿한 형체가 계속 보일 겁니다." 우리는 말할 때도 이런 편집 현상을 경험한다. 부오노마노는 "내가 발견한 마우스는 고장 났다The mouse I found was broken"와 "내가 발견한 쥐는 죽었다The mouse I found was dead"라는 문장을 들었다고 생각해보라고 했다. 마지막 단어 때문에 'mouse'의 뜻이 달라지므로 뇌는 문장이 끝날 때까지 해석을 지연한다. 이런 지연을 통해 뇌는 가공되지 않은 정보(소리를 만드는 공기의 진동)가 아닌 의미에 신경을 쓴다.

오감과 마찬가지로 시간을 파악할 때도 뇌는 의식으로 전달하는 것보다 훨씬 많은 정보를 받아들이고 여과한다. 우리가 시간을 느끼지 못해도 뇌는 시간을 이용할 수 있다. 뇌라는 편집자는 초안을 다듬고 우리는 읽을 가치가 있는 원고만 인식한다.

시간 큐레이터

롱 나우의 시계도 초안이 있다. 이 초안은 런던 과학박물관에 전시되어 있다. 박물관에는 '근대 세계를 만든 물건들'이라는 주제로 최초의 증기기관차, 최초의 재봉틀, 나무 상자에 담긴 애플 1세대 컴퓨터 등 지난 250년간 등장한 최초의 물건들이 전시되어 있다. 전시장 입구 복도에는 1780년에 왕립 천문대를 위해 만들어진 괘종시계가 놓여 있다. 이 시계는 우주를 관측하여 시간을 측정하던 18세기의 동향을 상징한다. 그리고 복도 끝에는 '1만 년 시계'가 놓여 있다. 원래 시계보다 크기가 훨씬 작은 견본이다.

"여기는 박물관입니다. 시간을 다루는 곳이지요. 우리는 전시장을 시계로 시작해서 시계로 끝내고 싶었습니다." 데이비드 루니David Rooney가 말한다. 루니의 직함은 '시간 큐레이터'다. 그 이름만 들으면 수염을 길게 기른 마법사가 연상된다. 사실 루니는 젊고 매력적인 사학자다. 말쑥하게 옷을 차려입은 그는 예상대로 매우 세련된 시계를 차고 있다. 그는 '1만 년 시계' 견본의 첫 번째 관리인으로서 시계가 박물관에 전시된 2000년부터 2년 동안 부지런히 시계태엽을 감았다. (시계를 매일 가동하면 롱 나우가 이후 기술적 문제를 파악하는 데 도움이 되지만 박물관은 더 이상 시계를 매일 가동하지 않는다.)

박물관이 전시를 준비하는 동안 루니는 '1만 년 시계'와 시간 인식의 재구성이라는 개념에 푹 빠졌다. 그는 롱 나우 재단의 이사이자 작가인 스튜어트 브랜드Stewart Brand에게 영감을 주었던, 1970년대 미국 항공우주국NASA이 공개한 '우주에서 본 지구' 사진들에 대해 언급한다. "그 사진들은 초창기 환경 운동의 상징이 되었습니다. 공간의 개념을 넓혀 세계를 국경 없는 단일체로 보게 해주었지요." 루니가 말한다. 그는 이어서 이렇게 묻는다. "시간의 개념을 넓혀 미래를 더 깊이 생각하려면 어떻게 해야 할까요? 그래서 장기적 관점의 사고가 혁신적인 것이 아닌 보편적이고 일상적인 것이 되게 하려면 어떻게 해야 할까요?"

롱 나우 재단을 만든 사람들은 실제로 시계를 보면 시간에 대한 이야기를 꺼내기에 도움이 될지도 모른다고 생각했다. 그들은 1999년에서 2000년으로 넘어가는 섣달그믐 자정에 '1만 년 시계' 견본을 공식적으로 가동했다. 하지만 시계는 2000년을 알린 지 얼마 지나지 않아 대서양을 건넜다. 많은 사람들에게 공개되기 위해서였다. 시계의 최종 설계는 아직 완성되지 않았기 때문에 시애틀과 소살리토에서 제작 중인 부품이 박물관의 시계 부품과 완전히 일치하지는 않겠지만 견본을 보면 그들이 나아가고자 하는 방향을 알 수 있다.

어딘가 빅토리아풍이 느껴지는 우아한 견본 시계의 중심에는 뾰족뾰족한 금속 팬케이크 같은 것이 기둥 형태로 쌓여 천천히 회전한다. 그 아래에는 세 개의 팔에 구를 매단 추가 있다. 이 추는 오래된 기념품 시계의 추처럼 이리저리 꼬여 있다. 견본은 양쪽의 길쭉한 기둥에서 떨어지는 무거운 중량에 의해 동력을 제공받는다. 루니가 매일 태엽을 감았던 것도 그래서였다. (최종 버전에서는 산속 동굴 모양에 맞게 직선형으로 제작하여 시계 아래쪽에 놓을 예정이고 매일 정오를 알리는 해시계와 열 장치 등 견본에 없는 부분도 추가될 예정이다.) 견본의 맨 위에 달린 검은색 원반에는 별자리가 표시되어 있다. 이 원반은 해와 달의 위치 그리고 그레고리력의 연도와 세기를 표시한 복잡하게 세공된 금색과 은색 문자판들에 둘러싸여 있다. "이 문자판에는 1만 1999년까지 표시됩니다." 루니가 말한다.

견본에는 차임벨이 없지만 최종 버전에서 차임벨은 시계 안의 시계 역할을 하게 될 것이다. "이 시계는 종을 기반으로 합니다. 종은 아주 오래된 시계죠." 루니는 중세에는 교회 종을 쳐서 기도 시간을 알리는 사람이 사실상 시계 역할을 했다고 말한다. 그에 따르면 '시계'라는 단어는 '종'이라는 단어에서 유래했다고 한다. "'1만 년 시계'의 차임벨 소리는 매일 다를 겁니다. 그래서 차임벨의 패턴을 역으로 추적하여 시계가 언제부터 작동했는지 알아낼 수 있습니다. 아니면 미래의 차임벨 소리를 예상해볼 수도 있지요. 이런 의미에서 시계는 달력 역할도 합니다. 독특한 방식으로 1만 년을 추적할 수 있게 해줍니다." 그가 말한다.

루니는 신경학적 측면이 아닌 문화적 측면에서 우리가 시간을 어떻게 인식하는지, 즉 문화적으로 어떻게 시간을 측정하고 표준화하는지, 문명사회를 체계화하기 위해 어떻게 시간을 분배하는지에 관심을 둔다. 하지만 부오노마노처럼 그 역시 시간과 공간은 깊이 연관되어 있다고 생각한다. 사람들은 목적지에 도달하기까지의 시간을 통해 거리를 측정하고 사건의 순서를 '앞에'나 '뒤에'처럼 공간적인 단어로 설명하곤 한다.

실제로 정확한 시간 측정 장치를 개발한 배경에는 공간을 측정하고 싶다는 욕구가 숨어 있었다. 바다에서 항해하는 선원들은 지구 표면에서 자신들의 위치를 정확히 알아야 했다. "위치를 잘못 파악하면 암초에 부딪힐 수도 있고, 실제 위치보다 육지와 더 가까이 있다고 잘못 판단하면 선원들을 굶길 수도 있습니다. 이런 공간 파악과 관련된 문제를 시간으로 해결하려 했던 겁니다. 그래서 정확한 시계를 개발했던 거죠." 루니는 오늘날에도 마찬가지라고 덧붙인다. "GPS는 시간을 이용해 공간을 추적합니다. 약간씩 다른 위치에 있는 여러 인공위성에서 수신하는 신호에는 미세한 시간차가 있습니다. 이 덕분에 나의 위치를 잡을 수 있는 겁니다. 말하자면 시계를 이용해 지표면을 육로로 항해하는 셈이지요."

시계가 탄생한 또 다른 배경으로는 집단 활동이 있다. "인간은 수천 년 동안 어떤 방식으로든 산업에 종사하며 살았습니다. 노동을 하든 농사를 짓든 마을을 운영하든 하루를 나눠야 했습니다." 루니가 말한다. 해가 뜨고 정오가 되고 해가 지는 것만으로는 부족했다. 일꾼들이 질서 정연하게 일하도록 하고 일한 시간에 따라 돈을 주어야 했다. "그런데 이것은 근대 사회만의 현상이 아닙니다." 그는 산업혁명 훨씬 이전인 로마 시대의 작가가 해시계에 대해 불평했다는 글이 있다고 말한다. "우리는 항상 시간에 매여 있습니다. 정도의 차이가 있을 뿐, 예전부터 항상 하루를 나누어 시간을 기록하는 기술에 지배당했습니다." 박물관 2층 전시장에는 소형 해시계는 물론, 모래나 물이나 램프 기름을 이용한 장치 등 서기 550년부터 사용된 시간 측정 장치가 전시되어 있다.

하지만 산업혁명으로 시간 관념이 엄격해진 것은 분명하다. 19세기 바다를 통해 국제 무역이 활성화되고 일정에 따라 철도와 공장이 움직이면서 산업사회가 도래했다. 그전까지 시간은 상당히 국지적인 개념이었다. 도시마다 공용 시계가 있었지만 모두 같은 시각을 가리키지는 않았다. '정오'란 태양이 머리 바로 위에 있는 때였기 때문에 수백 킬로미터 떨어진 도시 간의 정오는 다를 수도 있었다. 철도 시스템을 운영하는 사람에게는 그리 달갑지 않은 상황이었다. "멀리 떨어진 도시로 여행을 가려면 어느 도시의 시간을 말하는 것인지 알아야 했습니다." 루니가 말한다. 그래서 1840년 영국의 그레이트 웨스턴 철도는 '철도 시간'을 정하고 합의된 시간대 내에서 각 지역의 시간을 똑같이 맞추려는 시도를 최초로 했다. 그들은 그리니치 평균시Greenwich Mean Time를 기준으로 하는 런던 시간을 선택했다. (그리니치 평균시는 북극과 남극을 잇는 경도선인 그리니치 자오선으로 해가 넘어갈 때를 기준으로 한다.)

도시마다 시간이 달랐던 것처럼 국가도 각기 다른 자오선을 사용했다. "나라마다 시간이 달라도 괜찮았습니다. 수백 년 동안 그렇게 살아왔으니까요. 하지만 세계가 지구촌이 되면서 기준이 필요해졌습니다. 그래서 본초자오선을 기준으로 삼게 되었죠. 그리고 1884년 워싱턴DC에서 2주 동안 열린 회담에서 어느 도시의 시간을 기준으로 삼을지 논의했습니다. 워싱턴, 파리, 베를린, 그리니치 등이 거론되었지요." 루니가 말한다.

과거 영국이 해상 왕국으로서 막강한 힘을 지녔던 덕분에 그리니치가 표준시로 채택되었다. 런던에서 철도 시간표와 해도를 만들던 사람들은 기존에 쓰던 자오선을 유지했다. 그리고 다른 나라의 선박들도 그들이 만든 해도를 사용했다. 루니에 따르면 그 후 수십 년간 본초자오선을 쓰는 것이 의무는 아니었다고 한다.

표준시를 정한 다음에는 이를 사람들에게 알려야 했다. 도시의 시계는 모두 표준시를 기준으로 시간을 맞추었고 국제 전보와 국제 전화에 시보를 내보냈다. 하지만 표준시를 정말 보편화한 것은 방송이었다. 루니는 시계 문자판이 얼룩덜룩 붙어 있는 캐비닛으로 향한다. 이것은 세계에서 가장 유명한 시계 중 하나로, BBC의 '그리니치 시보'를 만들어냈다. 짧게 다섯 번, 길게 한 번 울리는 그리니치 시보는 라디오 청취자들에게 매시간 정각을 알리며 그리니치 표준시를 세계로 전파했다. BBC가 1924년부터 내보낸 이 시보는 오늘날까지 계속되면서 전 세계 사람들에게 정확한 시간을 알려준다.

하지만 이 시보는 시계의 시침과 분침에만 신경 쓴다. 세상 사람들이 초 단위에 어떻게 합의할지는 아직 의문으로 남아 있다. 이를 알아보기 위해 런던 과학박물관을 떠나 시간을 기록하려는 가장 대규모의 실험인 원자시계를 찾아가 보자.

시간의 역사

콜로라도주 볼더의 숨 막히게 아름다운 설산 아래에는 번쩍이는 건물들이 자리 잡고 있다. 이 건물들은 바로 미국 국립표준기술연구소 NIST다. 이 정부 기관은 미국 내의 모든 측정 방식에 관여한다. 정부 조사관은 NIST에서 개발한 특수 용기를 사용하여 주유소에서 정확한 양의 연료를 주유하는지 검사한다. 땅콩버터 라벨에 정확한 단백질 함량을 싣고 싶다면 NIST에서 만든 '표준 땅콩버터'를 이용하여 질량 스펙트로미터 눈금을 체크하면 된다. 레이저의 세기나 식료품점의 저울을 검사해야 한다면 NIST에 필요한 도구가 있을 것이다. NIST에서는 시간도 측정한다. 그들이 측정하는 시간의 정확도는 10^{16}분의 1초 수준이다. (공식적인 오차 범위는 3×10^{-16}●다.)

　NIST의 공공 지원 담당관 짐 부루스Jim Burrus와 공학자 존 로John Lowe가 원자시계로 둘러싸인 긴 복도에 서 있다. 그들의 오른쪽 방에는 제1 표준 시계가 있다. 이 시계에 맞추어 미국 전역에 공식 시보가 나가고 이 시계와 전 세계 원자시계의 시간은 '원자시atomic time'에 기초한 협정 세계시Coordinated Universal Time가 된다. (협정 세계시는 과학계와 통신업계에서 사용하는 표준시간으로, 본질적으로는 그리니치 평균시와 같다.) 사실 이 시계는 끊임없는 개선 끝에 탄생한 여덟 번째 시계다. 복도 아래쪽의 문 뒤에는 아홉 번째 시계의 뼈대가 놓여 있다. 두 시계는 분수시계fountain clock이므로 공식 명칭을 '파운틴 1Fountain I'과 '파운틴 2Fountain II'로 붙였다.

　원자시계는 환경에 매우 민감하기 때문에 실제로 원자시계가 작동하는 것을 본 사람은 매우 드물다. 부루스는 파운틴 1을 찍는 카메라를 설치해 복도의 대형 화면에 영상을 띄우는 일을 하면서 시계가 작동하는 모습을 보았다. 분수시계는 기존 시계와 모양이 완전히 다르다. 문자판도, 추도, 시침과 분침도 없다. 분수시계는 수직으로 세운 금속관처럼 생겼고 시계는 주로 관 속에서 움직인다. 관의 바닥에서 세슘 원자에 열을 가해 기화시킨 다음 진공관으로 쏘아 올리면 여섯 개의 레이저가 기화한 원자를 응고점 이하로 냉각하여 거의 절대 영도에 가까운 구슬 크기의 공으로 만든다. 공은 진공관 위로 끌어올려진 다음 다시 떨어지는데 여기에서 '분수'라는 이름이 나왔다. 낙하하는 동안 원자는 초고주파 공동microwave cavity을 통과한다. 초고주파 공동에서는 원자에 특정 주파수를 쏘아 원자가 회전하게 한다.

● 약 1억 년에 1초가 틀리는 수준이다.

기계는 초고주파 공동을 세밀하게 조정해 모든 원자가 똑같은 회전 상태에 이를 때까지, 즉 공명 주파수resonant frequency인 초당 91억 9263만 1770회에 정확히 맞춰질 때까지 이 과정을 반복한다. "일단 그 상태에 도달하면 초당 약 90억 회 진동하게 됩니다. 자, 91억 9263만 1770을 세어보세요. 그것이 1초입니다. 그 과정을 계속해서 반복하고 또 반복하는 거죠." 부루스가 말한다.

1949년 해럴드 라이언스Harold Lyons가 암모니아 분자로 최초의 원자시계를 만든 이래 동일한 원리가 적용되었다. 라이언스가 만든 원자시계의 정확도는 당시의 표준이었던 석영 크리스털 시계와 비슷했지만 원자시계가 점점 더 정확해졌다. 로에 따르면 원자시계에 쓰이던 암모니아 분자는 1950년대에 세슘 원자로 바뀌었다고 한다. 세슘 원자가 온도, 습도, 자기 같은 변화를 잘 견디기 때문이었다. 이는 안정적인 시계가 되기에 좋은 요건이었다. 1967년 세슘은 국제 표준이 되었고 상업적 용도로 크기가 작은 원자시계가 만들어졌다. 이 원자시계는 현재 인공위성, 비행기, 기지국, 컴퓨터 칩에 들어간다. (정확히 말해 여기에 쓰이는 시계는 원자시계지만 정부 표준은 아니다.) 오늘날 원자시계의 정확도는 3억 년이 지나도 1초의 오차도 없는 수준이다.

원자시계는 일반적인 시계가 나타내는 시각이 아니라 시간의 간격(이 경우에는 1초의 길이)을 측정하기 위한 것이다. "원자시계는 고도로 기술이 발달한 세계에서 더욱 중요합니다." 로가 말한다. 벽에 설치한 콘센트부터 휴대전화와 GPS 시스템까지 모든 것이 주파수, 즉 초당 진동수를 기반으로 작동하기 때문이다. "그래서 초를 정확히 정의할수록 주파수를 더 안정적으로 실현할 수 있습니다." 그가 말한다. 이렇게 되면 안정적인 국가 전력망을 확보할 수 있고 기지국은 전화를 끊김 없이 연결할 수 있으며 레이더와 GPS는 대상을 더욱 정확하게 추적할 수 있고 벽에 심은 전화선 하나로 전화뿐만 아니라 초고속 인터넷까지 가능해진다.

원자시계는 더욱 정확한 시간을 알려줄 수도 있다. 1967년까지는 태양을 도는 지구의 움직임을 토대로 시간을 천문학적으로 정의했다. "지구의 움직임을 바탕으로 1년이라는 기간을 정한 다음 이것을 날로 나누고 날을 다시 시간으로, 시간을 분으로, 분을 초로 나누었습니다." 로가 말한다. 하지만 지구의 자전과 공전 속도는 해가 가는 동안 바뀐다. 지구가 태양을 타원궤도로 돌기 때문에 태양과 가까워지면 속도가 빨라지고 멀어지면 속도가 느려진다. 그래서 11월의 낮은 2월의 낮보다 길다. 지구는 자전축을 중심으로 작게 동요하며 회전하는데, 이 현상을 분점의 세차운동precession of the equinoxes이라고 부른다. 사실 태양계 전체가 동요한다. 태양계 내에는 조석의 효과tidal effect가 있기 때문에 토성과 목성이 모두 태양과 같은 면에 있을 경우 두 행성의 중력이 지구를 끌어당긴다.

심지어 눈 덮인 들판도 지구의 회전 속도에 영향을 미친다. "지구의 대륙은 대부분 북반구에 몰려 있습니다. 그래서 겨울에 눈이 유독 많이 내리면 대륙의 질량이 증가합니다. 마치 스케이트 타는 사람이 팔을 밖으로 뻗으면 속도가 느려지는 것처럼요." 로가 팔을 양옆으로 뻗으며 말한다. "눈이 모두 녹아 해수면으로 흘러 들어가면 스케이트 타는 사람이 팔을 모은 것처럼 속도를 회복하게 됩니다." 그는 뻗었던 팔을 가슴으로 모으면서 발레 동작 같은 자세를 취한다. 물론 시간이 지나면 모든 시스템이 가속도를 잃고 느려진다.

이런 변수 때문에 원자시는 천문학적 움직임으로 측정하는 시간보다 100만 배는 정확하다. 하지만 원자시계는 자연과 완전히 단절된 것이라기보다는 천문학과 인간이 만든 시간 사이의 가교 역할을 한다. 이론상 세슘으로만 시간을 계산하면 아주 오랜 시간이 지난 뒤에 정오와 자정이 뒤바꿀 수도 있다. 지구의 기이한 특징 때문이다. 물론 우리 중에는 이를 목격할 사람이 없을 것이고 미래 세대는 이런 일에 관심이 없을지도 모른다. 전기 덕분에 일상생활을 지배했던 어둠과 빛이라는 주기를 무시할 수 있게 되었기 때문이다. 하지만 원자시는 여전히 태양에 맞추어진다. 그리고 윤년이 있듯이 윤초도 있다. 윤초는 간격이 불규칙해서 규칙적인 주기로 발생하지 않는다. 1967~2015년 36번의 윤초가 있었다.

원자시는 우주의 본질적인 물리적 특성을 이해하도록 도움을 주는 동시에 여기에 영향을 많이 받는다. 로에 따르면 세 번째 원자시계를 개발하던 미국 과학자들은 볼더와 푸에블로(볼더에서 240여 킬로미터 떨어졌다)에서 원자시계가 표시하는 시간이 다르다는 것을 발견했다. 그들은 지구 자기장의 변화 때문에 이런 현상이 일어난다는 것을 알아냈고 이후에 개발한 시계는 자기 차폐magnetic shield로 지구 자기장을 차단했다. 네 번째 시계를 개발할 때 연구팀은 빛으로 인한 원자 구조의 급격한 변화를 목격하고 시계를 완전히 어둡게 가려야 한다는 사실을 깨달았다. 부루스는 파운틴 1을 개발하는 동안 흑체 복사black-body radiation가 원자의 움직임에 영향을 준다는 사실이 발견되었기 때문에 시계를 액화질소로 냉각하는 것이라는 설명을 덧붙인다. 세밀한 단위로 시간을 측정하려고 시도할 때마다 여기 영향을 미치는 새로운 물리적 현상이 나타났다. 그렇기에 시간을 깊이 파고들수록 자연에 깊이 다가갈 수 있었다. "새로운 세대의 원자시계가 개발 즉시 적용되어 우리 삶을 바꾸었습니다. 이뿐만 아니라 원자시계 덕분에 우주의 물리적 특징과 측정 가능한 대상에 대한 이해가 깊어졌습니다." 로가 말한다.

내가 찾아갔을 때 복도 끝에서 작동을 기다리던 파운틴 2는 2014년 말에 가동을 시작했다. 하지만 이미 그 뒤를 잇는 시계가 개발되고 있다. "이제 세슘은 한계에 도달했습니다."로가 말한다. 초고주파가 아닌 가시광선 주파수를 사용하는 차세대 시계는 이터뮴 광격자 시계ytterbium optical lattice clock 또는 광시계optical clock라고 불리는 완전히 새로운 설계의 시계일 것이다. "정확도를 10^{18}분의 1초 수준까지 높이는 겁니다!"로는 의기양양한 미소를 지었다. "인간은 이 정도의 정확도를 갖춘 것은 아직 만들어내지 못했습니다. 그 근처에 가지도 못했지요! 무게는 10^8분의 1 수준까지 측정할 수 없습니다. 빛의 세기는 10^6분의 1 수준까지 측정할 수 있고요." 그는 믿기지 않는다는 듯이 한숨을 내쉰다. "정말 놀랍지 않습니까?"

물리학자 앤드루 러들로Andrew Ludlow의 연구팀은 현재 10년 넘게 광시계를 연구하고 있다. 광시계는 원자시계보다도 시계 같지 않았다. 마치 작은 레이저 프리즘과 여러 개의 거울이 어질러진 어수선한 책상 같았다. 광시계는 분수시계처럼 진공실과 과냉각 레이저를 사용하지만 부품이 뒤죽박죽 섞인 거대한 시계에서 이 둘을 찾아보기는 어려웠다. "마치 루브 골드버그Rube Goldberg 장치● 같아요. 광자만 빼면요!" 부루스가 말한다.

광시계는 초고주파 공동 대신 격자 레이저의 빛을 사용한다. 이 빛은 과학자들이 '마법 파장magic wavelength'이라고 부르는 것을 이용해 이터뮴 원자를 가둔다. 그다음 연구팀은 레이저의 진동 속도와 이터뮴 원자의 진동 속도를 일치시킨다. 이 속도는 초당 약 10^{15}회로, 세슘보다 훨씬 빠르다. 진동 속도가 빠를수록 시간을 더욱 세밀하게 나눌

● 20세기 미국 만화가 루브 골드버그가 고안한 기계장치. 매우 복잡하고 거창하지만 하는 일은 단순하다.

수 있다. 러들로는 이것이 자와 같다고 설명한다. "눈금이 세밀한 자를 쓰면 매우 정밀한 측정이 가능합니다." 이런 세밀한 측정이 가능해지면 과학자들은 우주와 시간에 관한 아인슈타인의 이론을 비롯해 물리학의 해묵은 원리들을 규명할 수 있을 것이다. "아인슈타인이 발표한 일반상대성이론의 기본 예측 중에는 시계가 중력장에서 느리게 간다는 것도 있었습니다. 이를 '중력 적색이동gravitational redshift'이라고 합니다." 러들로가 말한다. 이론적으로 높은 고도에 설치된 시계는 지구의 중력 중심과 떨어져 있기 때문에 해수면 높이의 시계보다 더 빨리 가야 한다. "광시계는 이런 효과를 측정할 수 있을 만큼 정밀하기 때문에 아인슈타인의 예측이 맞는지 틀리는지, 그의 이론이 더욱 정교한 설명이 필요한 어림짐작에 불과한지 파악할 수 있습니다." 러들로가 말한다.

일반상대성이론은 우리가 아직 이해하지 못하는 우주의 본질이 얼마나 많은지를 적나라하게 드러내며, 작은 시계 하나가 감당하기에는 매우 힘든 과업이다. 시간을 연구하면 오래전 과거에서부터 먼 미래까지는 물론이고 거대한 우주에서부터 그 안의 매우 작은 구성 요소까지 생각하게 된다. "철학의 일종으로 보면 시간은 아마도 우리 현실에서 가장 이해도가 낮은 차원일 겁니다. 그런데 아이러니하게도 과학적인 관점에서는 이해도가 높은 편이지요. 다른 물리량에 비해 측정이 쉽기 때문입니다." 러들로가 앞에 놓인 복잡한 기계를 유심히 보며 말한다.

연못의 잔물결

딘 부오노마노 연구팀은 세포 간의 네트워크 수준에서 시간을 측정하고자 한다. 내가 처음 그의 실험실에서 참여한 두 번의 실험은 정신물리학 연구, 근본적으로는 동물 행동 연구에 해당했다. 하지만 그는 신경의 반응도 알고 싶어 했다. 그래서 연구팀의 박사 후 과정 연구원인 아누부티 고엘Anubhuti Goel은 쥐의 뇌 조각이 시간 개념을 배울 수 있는지를 연구 중이었다. "우리는 특정 패턴에 대한 쥐의 학습 능력을 연구합니다." 그녀가 말한다.

부오노마노가 주장하는 시간 모델이 옳다면, 다시 말해 뇌에 시간을 파악하는 시계가 없다면 뇌라는 큰 구조에서 분리된 접시 위의 세포에도 동일한 가설이 적용되어야 한다. 이를 알아보기 위해 신경 과학 연구원 고엘은 배양기에서 여섯 개의 용기를 꺼내 들고 전기생리학 실험 장치로 갔다. 용기 안에는 차 색깔의 액체가 얇게 깔려 있었다. 체외에서 세포가 살아 있게 해주는 영양 배지nutrient medium였다. 영양 배지 안의 멤브레인 필터* 위에 떠 있는 것이 쥐의 뇌 조각이다. 청각 피질에서 잘라낸 이 세포는 아직 살아 있었다. 매우 얇은 황백색의 뇌 조각은 깎아낸 손톱 크기에 모양도 초승달 같았다.

고엘은 핀셋으로 필터와 뇌 조각을 집어 작고 깨끗한 접시에 놓았다. 그러고는 접시를 실리콘 블록에 올린 다음 이것을 고성능 현미경 슬라이드에 올려놓고 실험 중에 세포의 생명을 유지해줄 관과 전선을 몇 개 연결한다. 관 하나에서는 인공 뇌척수액이 나와서 뇌와 같은 환경을 조성한다. 또 다른 관에서는 산소가 나온다. 다른 두 개의 관은 체온과 같은 온도를 유지하는 역할을 한다. 이 장치에서는 수조에서 나는 듯한 보글보글 소리가 작게 났다.

세포가 접시에 적응하자 고엘은 스파게티 가닥보다 가느다란 빈 유

● 분자 크기의 물질을 여과하는 데 사용되는 고분자 박막.

리관을 '미세유리관 가공기micropipette puller'라는 기계에 삽입해 전극을 만든다. 기계가 날카로운 소리를 내면서 관을 둘로 자르고 끝을 뾰족하게 가는 동안 빨간 불빛이 타오른다. 고엘은 완성된 전극을 가공기에서 꺼낸 다음 주사기로 전극 안에 맑은 액체를 채운다. 이 액체는 쥐의 뇌세포에 있는 체액을 흉내 낸 것이다. 그녀는 전극을 능숙하게 몇 번 가볍게 쳐서 공기 방울을 빼낸다. 이제 실험 준비가 끝났다.

고엘은 세포 네트워크에 특정 패턴(예를 들면 플러스 한 번, 잠시 휴식, 다시 플러스 한 번)으로 자극을 주어 해당 세포를 '훈련할' 예정이다. 훈련은 두 시간 만에 끝날 수도 있고 밤새 계속될 수도 있다. 그다음에는 세포가 패턴에 적응했는지 알아본다. 이런 방식을 '접시 내 학습learning in a dish'이라고 부르기도 한다. 하지만 고엘은 여기에서 '학습'이라는 말은 넓은 의미로 쓰였고 실제로 동물의 행동을 끌어내지는 못한다고 설명한다. 특정한 빛 파장에 반응하도록 유전자를 조작한 세포에 LED를 비추어 자극할 수도 있다. (여기에서 다시 광유전학이 등장한다.) 하지만 오늘 고엘은 짧은 전기 자극만 줄 것이다.

그녀는 조종 장치에 전극을 배치한다. 세포가 담긴 접시를 내려다보는 각도다. 그러고는 현미경 아래의 세포를 확대해서 보여주는 모니터를 켠다. 렌즈를 확대하자 유리구슬이 담긴 그릇을 찍은 듯한 화면이 보인다. 세포는 특정 형태가 없는 젤리 같았고 가운데에 세포핵이 없었다. 고엘은 적당한 세포를 찾아 그 위에 전극을 눌러서 작은 구멍을 만들었다. 이렇게 하면 세포 안의 액체와 전극의 액체가 접촉한다. 이제 고엘은 세포의 전기 활동을 추적 관찰할 수 있게 되었다.

고엘은 세포의 활동을 들쭉날쭉한 녹색 선으로 보여주는 구식 오실로스코프를 비롯한 전자 제품들의 계기판 쪽으로 향한다. "지금 아주 낮은 전류를 0.05초 동안 흘려보냈습니다. 그러면 세포가 발화하거나 활동 전위를 일으키지요." 화면에 녹색 선이 치솟자 그녀가 말한다. 그녀는 몇 차례 전류를 흘려보내면서 전류량이 늘면 녹색 선이 더 많이 상승하는지 확인한다. 실제로 그랬다. "결과가 꽤 괜찮군요." 그녀가 만족스러운 듯 말한다.

하지만 고엘은 세포가 직접적인 자극에만 반응하는 것은 아니라고 말한다. 대부분의 경우 세포는 접촉이나 소음처럼 전체 세포 집단이 처리하는 실제 세계의 자극에 반응한다. 그래서 고엘은 세포가 담긴 접시에 전선을 연결해 지금 추적 관찰 중인 세포뿐만 아니라 접시 안의 전체 세포에 전류를 흘려보낸다. 그녀가 버튼을 눌러 전류를 흘려보내자 이번에는 오실로스코프에 하나의 큰 선이 아니라 서로 가까이 붙은 여러 개의 작은 선이 나타났다. 세포들이 모두 전류에 반응하여 서로 자극을 전하기 때문이다. 이것은 부오노마노의 말대로 연못에 조약돌을 던지는 것과 같다. 전류는 조약돌이고 신경 집단의 활동은 연못의 잔물결이다.

이제 접시에 반복적으로 전류를 흘려보내 뇌 조각을 훈련할 준비가 되었다. 고엘은 전류를 한 번 흘려보낸 뒤에 0.1초간 쉬었다가 다시 한 번 흘려보낸다. 이를 통해 가까이 있는 세포들의 신경회로가 패턴을 학습하는지 관찰하려는 것이다. 그녀는 세포를 훈련한 뒤에 전류를 흘려보내 세포의 반응을 살필 것이다. 그녀는 세포의 첫 번째 반응을 표시하는 화면 속의 커다란 녹색 선을 가리킨다. "세포가 첫 자극에 반응을 보이고 0.1초 뒤에 보낸 두 번째 자극에 같은 반응을 보이면 뇌 조각이 이 패턴을 학습했다는 뜻입니다." 그녀가 말한다. 두 번째 반응은 인접 세포의 반응이다. 따라서 두 번째 자극에 같은 반응을 보인다는 것은 여러 세포가 협력하여 학습했음을 의미한다.

이 결과는 중요한 의미를 지닌다. 부오노마노의 모델은 서로 협력하는 신경 세포의 활동 변화, 즉 연못의 잔물결을 통해 시간을 파악한다는 개념이기 때문이다. "신경회로가 특정 패턴을 복제하도록 가르칠 수 있다면 네트워크 내의 세포 활동에 생긴 변화를 근거로 신경회로가 시간에 대한 정보를 전할 수 있다는 가설이 뒷받침됩니다." 고엘이 말한다.

연구는 계속 진행 중이다. 그들은 앞으로 몇 년 동안 잠정적 결론밖에 내놓지 못할지도 모른다. 그때까지 고엘의 임무는 연못에 계속 돌을 던지며 잔물결을 측정하는 것이다.

성지 또는 유적

지금까지는 아주 작은 단위의 시간을 살펴보았다. 이제 다시 런던으로 돌아가자. 그곳에서는 크기와 수명 모두 엄청난 견본 시계가 기다리고 있다. 이 시계는 아직 완성되지 않았지만 사람들이 자신들이 더 이상 존재하지 않는 먼 미래에 대해 생각하고 시간을 자신보다 무한한 것으로 상상하게 하는 힘이 있다.

"그것이 대화의 핵심입니다. 이 전시회는 광범위한 시간을 통해 사물이 어떻게 만들어졌는지 생각해보게 하려는 것입니다." 루니가 지나가는 사람들에게 고개를 끄덕인다. 문명을 지속적으로 견뎌낼 장치를 만들기 위해서는 특별히 고려할 사항들이 있다. 루니의 말처럼 '미래를 견딜 수 있는 설계'여야 한다. 즉 아주 긴 시간 동안 지속될 사물이 맞닥뜨릴 만한 재난에 대비해야 한다. 재단은 스발바르 국제 종자 저장고●와 핵폐기물 처리 시설처럼 장기간의 존속을 목적으로 하는 건축 시설을 연구했다. 그리고 침수, 인파, 오염, 파손 면에서 도시보다 안전한 로스앤젤레스 북동쪽 사막에 시계를 설치하기로 했다. 시계의 금속 부분은 주로 선박용 스테인리스스틸로, 1만 년간 몇 천 분의 1센티미터밖에 산화하지 않는 것으로 산출되었다. 나머지 부분은 고급 티타늄이다. 시계는 매끄럽게 관리할 필요가 없는 세라믹 베어링을 사용한다. 그리고 눈에 덮였거나 화산 폭발로 하늘이 흐려지거나 소행성이 충돌하는 등 한동안 햇빛을 받지 못할 때를 대비해 시계 추 시스템에 에너지가 저장될 것이다.

미래의 사람들에게 시계의 역할과 관리법도 알려주어야 한다. 그때가 되면 사람들이 새로운 언어를 사용할 수도 있고 어쩌면 지금보다 기술이 퇴보할지도 모른다. 그리고 시계가 발견되기 전에 파손되거나 분실되거나 멈출 수도 있다. 루니는 미래의 사람들이 현미경이나 진단 장비 없이 눈으로만 보고도 각 부분의 기능을 알아야 하고, 기계 전체를 분해하지 않고도 수리가 가능해야 하며, 수리하기 위해 청동기 시대의 기술보다 앞선 도구가 필요해서는 안 된다고 말한다.

"원래 재단에서는 19세기 찰스 배비지Charles Babbage의 기계식 컴퓨터와 같은 컴퓨터를 만들려고 했습니다." 루니는 전시장 맞은편에 전시된 찰스 배비지의 컴퓨터를 가리켰다. 박물관은 배비지의 미분기Difference Engine 원형을 소장하고 있었다. 이는 모든 컴퓨터의 할아버지로서 시계와 놀라우리만치 닮았다. 시계는 이진법, 미분기는 십진법에 기반을 두지만 둘 다 톱니바퀴의 회전 기둥을 움직여서 숫자를 센다. 그리고 둘 다 모양이 매우 미래적인 동시에 원시적으로, 스크린이나 조명 없이 내부가 노출되어 있다.

이 둘을 최초의 슈퍼컴퓨터인 크레이Cray와 비교해보자. 크레이는

● 지구 전체가 타격을 받을 정도의 재앙 이후에 살아남은 사람들이 생존할 수 있도록 식량의 씨앗을 저장하는 시설.

긴 C자 모양으로, 옆면에는 파란색과 빨간색 줄무늬가 있고 인쇄회로 기판 선반도 있다. 1976년 속도 160메가플롭스에 메모리 8메가바이트인 크레이-1A는 세계에서 가장 빠른 컴퓨터였다. 불과 40년 전인데도 너무 구식이고 기술적으로 이해하기 힘든 구조다. 어느 동굴에서 이 컴퓨터를 우연히 발견한다면 우리는 매뉴얼 없이 수리하거나 부품을 구체적으로 이해하기는커녕 이 물건이 컴퓨터라는 것조차 알지 못할 것이다. (크레이-1A에는 약 80킬로미터 길이의 전선이 쓰였고 냉각을 위해 프레온이 필요했다.)

그래서 재단은 전기 시계나 온라인 가상 시계가 아닌 기계식 시계를 만들기로 했다. 이는 몇 주 후에 내가 샌프란시스코에 들렀을 때 로즈가 들려준 말이었다. 그는 인터벌 건너편에 있는 식당에서 점심을 먹고 있었다. 인터벌은 바, 카페, 도서관, 사무실이 혼합된 복합 공간으로, 원래 재단은 이곳에서 미래 지향적인 주제로 강연을 열거나 시계의 견본을 전시하려고 했다. "붙어 있는 LCD 화면에 아무것도 안 나온다고 생각해보십시오. 물건의 의도를 파악하기 힘들 겁니다. 그리고 사람들은 더 이상 전기 제품에 흥미를 느끼지 않습니다. 그래서 기계식 장치를 만드는 겁니다. 어떻게 작동하는지 눈에 모두 보이고 흥미롭기도 하지요. 우리 목표의 절반은 시계가 작동하게 하는 것입니다. 나머지 절반은 흥미로운 장치를 만드는 것이고요." 로즈가 말한다.

어쨌든 사막을 헤치고 나아갈 가치는 충분하다. 시계는 산속에 숨겨진 거대한 부활절 달걀 같다. 게다가 그 안에는 매일 울리는 독특한 차임벨과 특별한 기념품이 전시된 '기념일의 방' 등 놀라움이 가득하다.

재단은 시계가 있는 장소가 여행자들의 성지가 되지 않을 바에야 차라리 완전히 버려져서 일종의 유적이 되기를 바랐다. "우리는 시계가 고장 나는 것도 고려해두었습니다." 로즈가 말한다. 그들은 1세기에 만들어진 것으로 추정되는 안티키테라 기계장치Antikythera mechanism에서 영감을 얻었다. 이 청동 장치는 천문학적 위치를 추적하는 장치로서 1901년 그리스 연안의 해저에서 발견되었다. 누가 만들었는지도 밝혀지지 않은 수수께끼가 많은 장치이지만 현대의 과학자들은 이 장치의 작동법과 제작법에 대해 기초적인 것은 이해하고 있다. "안티키테라 장치는 2000년 동안 고장 나 있었습니다. 하지만 현대인이 그 장치가 무엇인지 이해하고 있다는 면에서는 아직 작동한다고 봐야겠지요." 로즈가 말한다.

하지만 무언가를 작동하게 하는 것은 단순히 이해하는 것과 다르다. 그리고 이럴 때는 수수께끼 같은 편이 오히려 나을 수도 있다. 로즈는 아주 오래전부터 전해진 인공 유물들은 대부분 우리가 그 정체를 모르기 때문에 더 흥미롭다고 말한다. 스톤헨지를 예로 들어보자. "만약 스톤헨지의 바위마다 선언문이 새겨져 있었다면 우리는 아마 '와, 처녀를 희생하다니 정말 바보 같은 사이비 종교로군!'이라고 생각했을 겁니다. 정답이 있는 것이 불가사의한 것보다 흥미가 떨어지지요." 그가 말한다.

따라서 시계는 불가사의한 특성을 지니도록 설계되었다. 이는 멀리까지 어렵게 찾아가 어둠에서 빛을 향해 계단을 올라가는 등 시계를 보러 가는 순례의 과정에서 시작된다. 롱 나우 재단은 스타 액시스Star Axis, 트리니티의 핵실험 장소, 피라미드, 페트라 같은 역사 유적지와 대지 예술이 설치된 곳을 연구하며 그곳을 찾은 방문객들의 경험을 비교했다. 로즈는 월터 드 마리아Walter De Maria의 대지 예술 〈번개 치는 들판The Lightning Field〉을 봤을 때가 가장 인상적이었다고 말한다. 뉴멕시코 사막에 세워진 스테인리스스틸 막대인 〈번개 치는 들판〉을 제대로 감상하려면 작은 오두막에서 밤을 새워야 하고 그렇게 해도 번개를 본다는 보장은 없다. "아름다운 외딴 사막에서 24시간을 보내는 것 자체가 대단한 경험이었습니다." 친구들과 함께 그곳에 갔던 그는 작품의 의미를 얘기하는 동안 생각에 잠기거나 감탄하며 자연 앞에서 겸손해지는 기분이었다고 한다. 그는 그 모든 것에 마법이 깔려 있다고 생각한다.

분명 사람들은 시계의 의미에 대해서 저마다 다른 의견을 내놓을 것이다. 재단은 이런 다양한 해석이 바람직하다고 생각한다. 하지만 로즈는 자신들의 프로젝트가 종교나 이데올로기 측면에서 해석되지 않도록 주의하고 있다고 했다. 아직까지 1만 년간 지속된 물건은 없었기 때문에 그 물건이 궁극적으로 어떤 영향을 미칠지 확실하지 않다. 재단의 생각을 지지하는 사람들은 1만 년 시계를 보호하려고 하겠지만 이런 생각이 지배력을 잃으면 이 인공 유물은 버려지거나 공격받을 수도 있다. 로즈는 아프가니스탄의 바미얀 석불을 예로 들었다. 그는 이 종교적 상징물은 사람에게 위해를 가하지 않기 때문에 미래에도 보존될 가능성이 크다고 생각했다. 게다가 불상은 멀리 사막 깊숙한 곳에 있어서 파괴하기가 어려웠다. "하지만 탈레반이 벽에 숨은 이 거대하고 아름다운 불상을 파괴하고 말았어요. 따지고 보면 불상에 얽힌 신화적인 이야기 때문에 일어난 일이었습니다. 그 신화가 탈레반이 지지하는 신화와 맞지 않았던 거죠." 로즈가 말한다. 그래서 재단은 다양한 각도에서 시간에 대해 이야기를 나누고자 한다. "시간과 시계 모두 어느 정도 신화적인 요소를 품고 있어야 합니다. 신화적인 이야기를 만들어내는 것은 다른 사람들의 몫이겠지요."

그는 자리에서 일어나 길 건너편의 인터벌로 간다. 인터벌을 대중에게 공개하기 전에 마무리 지을 일이 있었다. 도서관 서가는 일부만 채워졌음에도 이미 시간의 무게가 느껴졌다. 스티븐 호킹의《시간의 역사》, 존 맥피John McPhee의 《이전 세계의 연대기Annals of the Former World》, 프루스트의 《잃어버린 시간을 찾아서》 등이 보였다. 바텐더가 코디얼●을 만들기 위해 시트러스 껍질을 벗기자 상큼한 향기가 퍼졌다. 배달원은 치노토●●와 토마토 주스가 들어 있는 상자를 계속 날랐다. 시간을 주제로 칵테일을 개발한 바텐더 제니퍼 콜라우는 칵테일 만드는 법을 직원에게 알려주며 이야기를 나눈다. 바에서는 테킬라와 석류 주스로 만든 폰체 데 그라나다, 마티니의 발달사를 보여주는 다양한 마티니, 헤밍웨이가 즐겨 찾던 쿠바의 바 '라 플로리디타La Floridita'의 다이키리를 재현한 칵테일 등을 마실 수 있다.

시계는 다른 곳에서 제작 중이지만 이곳에서도 그 흔적을 느낄 수 있다. 바 천장은 시계가 있는 산속 동굴에서 가져온 돌판으로 덮여 있다. 유리가 깔린 탁자 위에는 처음 만들었던 차임벨이 놓여 있다. 그리고 입구에는 태양계 행성들의 모형이 있다. 금속 고리에 걸린 행성들은 태양 주위를 돈다. 이 모형 아래에는 런던 과학박물관에 전시된 견본에도 쓰인 기계식 이진법 가산기가 있어서 각 행성이 주기에 맞게 회전하게 한다. 이 태양계 모형은 훗날 산속에도 들어갈 예정이다. 시계 꼭대기에 설치하거나 기념일의 방에 넣어 방문객들에게 깜짝 선물로 보여줄 생각도 하고 있다.

이 행성들은 미래의 사람들이 달력을 사용하지 않을 경우 참고할 수 있는 자료다. 그들은 하늘을 올려다보며 시계를 이해하게 될 것이다. "지금 우리는 전기를 사용하기 때문에 밤하늘에 크게 신경 쓰지 않아요. 하지만 20세기 이전만 해도 밤하늘은 문명 세계에 아주 중요한 역할을 했습니다. 모든 인류의 시계 역할을 했어요. 우린 그것과 시

● 과일 주스에 물과 설탕 등을 섞은 음료.
●● 이탈리아 음료.

계를 연결하려는 겁니다." 로즈가 말한다.

그는 낡은 종이상자에서 완충재에 싸인 구 모양의 물건들을 꺼낸다. 각각 하늘에 떠 있는 행성을 나타낸다. 그는 태양의 포장지를 벗기더니 높이 들어 올린다. 노란색 방해석으로 만든 구가 은은하게 빛난다. 그는 태양계 조형물의 중심에 이 구를 설치한다. 크리스마스트리 꼭대기에 별을 다는 것처럼 조심스럽다.

"수성이 맨 처음이지요." 로즈는 이렇게 말하면서 백랍색 구의 포장을 벗겨 조형물의 고리에 끼운다.

다음은 방해석으로 만든 복숭앗빛 금성이다. 그는 수성 다음 고리에 금성을 고정한다.

"지구는 칠레에서 가져온 돌로 만들었습니다." 로즈는 흰색과 파란색이 섞인 구를 꺼낸다. "화강암과 석영이 섞여서 이런 색을 내지요." 그는 지구를 태양계에 고정한다. 이것은 '우리가 지금 여기에 있다'고 현재에서 미래로 보내는 메시지이자 공간과 시간을 모두 아우르는 표식이다.

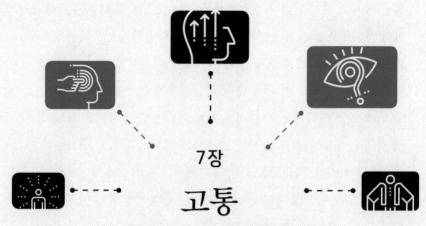

7장

고통

상처받은 마음을 치유하는 약

나이트 라이트 바는 어두운 색깔의 나무와 가죽, 빨간색과 금색이 섞인 벽지로 덮여 있었다. '골드 러시Gold Rush'●와 '불가능한 미래' 사이의 어디쯤으로 시대를 설정한 듯했다. 빈티지한 금전등록기에 사람의 얼굴을 조각한 으스스한 목조 장식품이 여기저기 놓여 있었다. 그릇에 쌓인 시트러스는 저녁 내내 착즙기에 들어가 으스러질 것이다. 바 뒤에 있는 사람은 존 낵클리다. 곱슬머리에 수염을 기른 그는 검은색 진과 동네 스케이트 가게를 광고하는 티셔츠를 입고 체크무늬 스니커즈를 신었다. 칵테일을 만들고 잔돈을 거슬러주며 활기차게 손님을 맞는 그는 이곳의 스타였다. 낵클리는 동업자와 함께 나이트 라이트를 모든 사람들이 환영받는 아지트 느낌의 동네 라운지로 만들고 싶었다. "네모 선장●●의 노틸러스 호에 매음굴이 있었다면 이런 분위기가 아니었을까요?" 낵클리가 말한다. 그는 잠시 생각에 잠긴다. "네모 선장의 방에 커다란 파이프오르간이 있었던 것 알아요? 무척 화려했죠. 정말이지 잠수함에는 어울리지 않는 사치였죠."

디제이가 레게 음악을 틀었다. 할인된 가격에 술을 제공하는 '해피 아워'라서 그런지, 퇴근하고 오클랜드 시내 술집에 몰려든 사람들은 제법 행복해 보였다. 하지만 나는 아니었다. 나는 고통의 본질, 구체적으로는 사회적으로 거부당했을 때의 고통을 파헤치기 위해 이곳에 왔기 때문이다. 그 쓰디쓴 고통을 동네 술집 바텐더보다 더 자주 지켜보는 사람이 있을까? 낵클리는 16년 동안 웨스트코스트의 여러 바에서

● 19세기 미국에서 금광이 발견된 지역으로 사람들이 몰려든 현상.
●● 쥘 베른의 소설《해저 2만 리》의 주인공으로 잠수함 노틸러스 호의 선장.

일했다. 그동안 사랑 때문에 아파하는 사람들의 이야기를 듣고 조언할 기회가 많았을 것이다. "저는 심리학자가 아니에요. 그렇게 똑똑한 사람도 아니고요. 하지만 상처받은 마음에 대해서는 할 말이 좀 있지요." 그가 바에 기대어 말한다.

상처받은 마음. 그것 때문에 내가 여기에 왔다. 고통과 관련해서 가장 흥미로운 연구 분야는 뼈가 부러졌을 때의 신체적 고통과 마음이 아플 때의 사회적 고통을 뇌가 어떻게 처리하느냐와 관련되어 있다. UCLA의 사회심리학자 나오미 아이젠버거 박사를 비롯한 일부 학자들은 두 가지 고통을 처리하는 과정이 놀라우리만치 비슷하다고 주장한다. 미각 연구팀과 마찬가지로 그들이 내세우는 한 가지 근거는 언어다. 많은 사람들이 사회적으로 거부당하면 마음이 으스러진다거나 가슴에 멍이 든다는 등 신체적 고통을 나타내는 단어를 사용한다. 하지만 미각과 고통을 연구하는 사람들은 정반대의 주장을 펼친다. 식품과학 연구팀은 새로운 맛을 표현할 별개의 단어와 개념을 만들면 그 맛을 인식할 수 있을지를 고심하는 반면, 고통을 연구하는 연구팀은 우리가 별개의 범주로 인식하는 두 가지 경험이 신경의 관점에서는 똑같은 것이 아닐지 의문을 품는다. 다시 말해 새로운 인식 범주로 나누는 것이 아니라 분리된 범주를 합쳐야 하는 것이 아닐까 고민한다. "사회적 유대가 깨지는 부정적인 경험을 '가슴 아프다'라고 표현하는 것은 보편적인 현상 같습니다. 정말 흥미로운 일이지요. 그래서 우리는 사회적으로 거부당하거나 상실을 경험하면 정말 통증을 느끼는지, 아니면 말만 그렇게 하는 것인지 궁금해졌습니다." 아이젠버거가 말한다.

기능성 자기공명영상으로 진행한 지난 10년간의 연구를 통해 연구팀은 이 현상이 우연한 언어상의 일치가 아니며, 뇌가 사회적 고통을 신체적 고통과 유사하게, 아니 그만큼 실재적으로 해석한다고 믿게 되었다. 사람들은 마음이 깨지는 듯한 고통은 '모두 머릿속에서 일어나는 일'이라고 말하고 연구팀은 뇌의 어느 부분에서 그 일이 일어나는지 상당히 확신하고 있다. 그곳은 바로 배측 전대상피질dACC, dorsal anterior cingulate cortex과 전측 뇌섬엽AI, anterior insula이다. 이 영역은 신체적 고통을 처리하는 곳이지만 연구 결과 사회적으로 거부당했을 때에도 활성화되는 것으로 밝혀졌다. 사회적 거부에 대한 연구로 고통이 무엇이고 우리가 어떻게 고통을 인식하는지에 대한 흥미로운 질문이 쏟아져 나왔다. 이는 수년 동안 나이트 라이트처럼 친밀하면서도 음침한 곳에서 비과학적으로 다루었던 문제이기도 하다.

이쯤에서 궁금증이 생길지도 모른다. 아이젠버거의 개념이 일상생활에서 어떻게 드러나는지 알아보고 싶으면 정신과 의사를 찾아갈 것이지 왜 바를 기웃거리는가? 두 가지 대답이 가능하다. 첫째, 바는 의사와 환자 간의 민감한 대화를 보호해야 한다는 환자 비밀 유지 규칙이 적용되지 않는 곳이다. 둘째, (미용실과) 바는 낯선 사람들끼리도 감정적 친밀감을 느끼는 몇 안 되는 공공장소다. 이곳은 사람들이 나쁜 감정을 일상적인 언어로 솔직하게 이야기하는 자유로운 공간이다. 특히 바 뒤에서 친절하게 귀를 기울여주는 사람이 있다면 평소 말이 없는 사람조차 괴로운 문제를 털어놓는다.

낵클리는 그런 이야기를 기꺼이 들어준다. 대개 여자들은 그에게 남자의 행동이 무슨 뜻인지 묻는다. "여자들은 이렇게 말합니다. '어떤 남자가 이런저런 행동을 했는데 무슨 뜻일까요?' 하지만 남자들은 다릅니다. 그들은 '그녀가 바람을 피웠어요'라는 말을 자주 하지요." 그가 말한다. 낵클리는 배신에 대해 수없이 이야기를 들었다. 알고 보니 아내가 출장을 갔던 것이 아니었다고 말한 남자도 있었고 남편에게 불륜 상대가 있었다고 말한 여자도 있었다. 때로 사람들은 연애 관계가 아닌 사회 관계에서 거부당하기도 한다. 팀에 소속되지 못했다거나 실직을 하는 경우도 있다. 하지만 사랑에 대해 말하는 경우가 가장 많다. 낵클리에 따르면 사람들이 처음부터 이런 말을 하려고 바를 찾는 것은 아니다. 혼자 술집에 와서 조금 취하다 보니 자신도 모르게 말을 하는 것이다. 낵클리는 이런 이야기를 듣는 것이 힘들지 않다고 한다. "제가 잘하는 일이 세 가지 정도 있습니다. 스케이트보드 타기와 칵테일 만들기, 그리고 남의 이야기 들어주기요. 남의 이야기를 들어주는 것은 어쩌다 보니 잘하게 되었어요."

낵클리는 바를 운영하면서 아이젠버거 연구팀 등에서 임상적인 방법으로 연구하는 몇 가지 주제들을 제대로 파악하게 되었다. 그는 사람들이 신체적 고통을 나타내는 말로 사회적 고통을 표현한다고 말한다. 이별을 겪은 사람들이 위장병과 수면 부족, 심지어 흰머리가 나는 등의 신체 증상을 호소하기도 한다는 것이다. 하지만 무엇보다 그는 자신과 손님들의 경험을 통해 사회적 고통이 신체적 고통보다 더 괴롭다고 믿게 되었다. "예를 들어보지요. 지금 저는 발뒤꿈치가 아파요. 이렇게 서 있는 동안에도 아픕니다. 하지만 생각해보면 3개월 전 3년간 사귄 애인에게 헤어지자는 말을 들었을 때가 훨씬 괴로웠어요."

사회적 고통은 더 오래 지속되기도 한다. "대부분의 신체적 고통은 그렇게 오래가지 않습니다. 다리가 부러지거나 인대가 찢어지는 부상은 낫기 마련이지요. 신체적 고통은 극복이 가능합니다. 진통제를 먹을 수도 있고요." 낵클리가 말한다.

사실 사회적 고통도 약물로 완화할 수 있다. 낵클리가 직업적으로 다루는 합법적 진통제인 술이 그것이다. "하지만 술과 대화는 단기적인 치료법일 뿐입니다. 타이레놀을 먹는 것과 같지요. 문제를 치료하지는 못해요. 그저 통증을 악화시키는 소리를 끄거나 조금 줄이는 정도지요." 그가 말한다.

넉클리가 마음이 아픈 것과 타이레놀을 연관 지은 것이 흥미롭다. 고통을 연구하는 분야에 일고 있는 새로운 물결이 바로 이 지점에서 출발하기 때문이다.

마음의 상처에는 진통제를

나오미 아이젠버거의 사무실은 넓게 펼쳐진 UCLA가 내려다보이는 곳에 있다. 그녀는 건강심리학을 공부한 대학원 시절부터 줄곧 이곳에서 일했다. '머릿속에서 일어나는 일은 어떻게 몸에 영향을 미치는 것일까? 왜 스트레스를 받으면 아플까?' 같은 사회적 고통과 신체적 고통의 연결 관계에 흥미를 느낀 그녀는 이런 연결 고리를 연구하는 데 필요한 신경 과학적 기법에 매료되었다.

아이젠버거는 처음부터 사회적 고통에 푹 빠졌다. "거부에 대한 호기심이 항상 있었어요. 거부는 왜 사람들에게 그토록 큰 영향을 미치는 것일까요? 어린 시절 마지막으로 팀에 뽑히거나 놀이터에서 친구들에게 섞이지 못한 경험을 기억하는 사람들이 많아요." 그녀가 부드럽고 온화한 목소리로 말한다. 대학원생 시절 그녀는 많은 사람들 앞에서 말할 때마다 긴장하는 것도 거부에 대한 두려움 때문이라는 것을 직접 체험했다. 당시 발표를 앞두고 잠시 조용해진 순간 그녀는 자신의 심장이 얼마나 빨리 뛰고 있는지 깨달았다. "누가 제게 총구를 겨눈 느낌이었어요. 정말 이상했지요. 저는 그냥 말을 하는 것뿐인데 말이지요."

아이젠버거는 사회적으로 거부당한 사람들의 뇌 활동을 연구했다. 어느 날 그녀는 과민성 대장 증후군 환자의 통증에 대한 연구 자료를 분석하는 친구와 나란히 앉게 되었다. "우린 이렇게 생각했죠. '정말 이상하지 않아? 과민성 대장 증후군으로 괴로워하는 환자의 뇌 활동이 사회적으로 거부당한 사람들의 뇌 활동과 너무 비슷하잖아.'" 아이젠버거는 당시를 회상했다. "우리는 그 두 가지가 어쩌면 생각보다 더 비슷할지도 모른다고 얘기했어요."

사회적 거부가 실제로 고통을 유발하는지를 밝혀내기 전에 먼저 바보 같은 질문을 하나 해야겠다. 고통이란 무엇인가? 그 답은 아직 명확하지 않다. 아이젠버거 역시 오랫동안 침묵했다. "정말 어려운 질문이군요!" 마침내 그녀가 가볍게 웃으며 말문을 열었다. "고통의 정의는 저마다 다른 것 같아요. 사람들마다 신경 쓰는 고통의 양상이 다르니까요."

참고로, 과학자와 의사를 비롯해 통증 완화를 연구하는 사람들의 모임인 국제통증연구학회International Association for the Study of Pain에서 1979년에 발표한 공식적인 정의가 있다. 고통의 공식적인 정의는 "실제적이거나 잠재적인 조직 손상 또는 이런 손상으로 간주할 수 없는 상태가 유발하는 불쾌한 감각과 감정적 경험"이다. 놀랍게도 폭넓은 정의다. 이 정의는 고통이 어떻게 작용하는지가 아니라 고통이 어떤 느낌인지에 초점을 맞추고 있다. 하지만 이 정의에는 아이젠버거 연구팀이 분석에 나선 언어상의 수수께끼가 내포되어 있다. 조직 손상으로 간주할 수 없는 감정적 경험 때문에 마음이 아픈 것은 도대체 무엇이란 말인가?

고통을 설명하기 힘든 데는 이유가 있다. 숀 맥케이Sean Mackey 박사는 본질적으로 주관적인 무언가를 객관적으로 측정하기 어렵기 때문이라고 말한다. 그는 스탠퍼드 대학교 통증의학부 학부장이고 그의 연구팀은 사회적 고통과 신체적 고통의 중복 현상을 연구한다. 고통이라는 감각을 어떻게 측정할 수 있을까? "구체적인 자극의 양과 고통이라는 경험은 일대일로 직접 대응되지 않습니다." 맥케이가 말한다. 어떤 자극이 주어졌을 경우 사람마다 느끼는 고통의 정도는 매우 다르다. 어떤 사람에게는 극심한 고통이 다른 사람에게는 참을 만한 수준일 수도 있고 아예 고통을 알아채지 못하는 사람도 있다. 어느 정도의 고통을 느끼는지 객관적으로 측정할 방법이 없기 때문에 신체 건강과 정신 건강을 담당하는 의료진 모두 환자의 설명에 의존할 수밖에 없다.

또 고통에는 여러 감각이 관여한다. 우리는 다양한 경로로 고통을 느낀다. 사람들은 고통이라는 말을 접하면 촉각을 먼저 떠올리고 실제로 일부 연구팀은 촉각과 온도가 포함되는 넓은 범주인 체감각의 부분집합으로 고통을 분류하기도 한다. 우리에게는 외상 수용체nociceptor라는 통증 센서가 있다. 압력, 기온, 산성 물질 등 몸에 손상을 입힐 수 있는 환경 변화에 민감한 피부와 부드러운 조직에 분포한 외상 수용체 덕분에 우리는 서랍에 손가락이 끼었을 때나 뜨거운 피자에 혀를 데었을 때나 눈에 샴푸가 들어갔을 때 이를 알아차릴 수 있다. 촉각을 느끼는 정상적인 기계적 자극 수용체를 과도하게 자극해서 통증을 느끼는 것이 아니라는 점에 주목해야 한다. 사실 활성화한 것은 우리가 경험하는 힘, 온도, 화학 자극이 위험한 수준에 이른 다음에야 작동하는, 완전히 별개의 수용체 시스템이다. 이런 자극은 촉각과는 다른 경로를 통해 뇌로 전달된다.

하지만 맥케이는 촉각뿐만 아니라 모든 감각을 통해 통증을 경험할 수 있다고 주장한다. 일반적인 밝기의 빛에는 눈이 부시지 않지만 빛이 너무 밝다면 어떨까? 그가 묻는다. "그러면 빛이라는 자극이 고통 스럽게 느껴지지 않을까요? 소리도 마찬가지고요. 우연히 누군가가 귀 옆에서 총을 쏜다면 고통스럽지 않을까요? 도가 지나친 음압파sound pressure wave는 통증으로 인식됩니다. 이처럼 감각 입력 정보도 망치로 손 가락을 내리쳤을 때와 똑같이 통증 시스템을 통해 인식되기도 합니다."

다양한 감각 경로가 모든 정보를 뇌로 전달하여 고통을 느끼게 한 다는 개념은 중요하다. 맥케이는 엄밀히 말하자면 몸에서 일어나는 일은 고통이 아니라고 말한다. (여기에서 몸이란 척수와 신경으로 구성된 말초신경계를 말한다.) 이것은 침해수용nociception, 즉 실제 세계의 정보 를 고통을 알리는 전기화학적 신호로 바꾼 것이다. 이 신호는 뇌로 전 달되고 뇌에서 실제로 인식이 일어난다. "고통은 근본적으로 뇌와 관 련된 현상입니다. 뇌는 모든 것이 등록되는 곳이자 고통이라는 감각 을 처리하고 인식하고 조절하는 곳입니다." 맥케이가 말한다.

고통이 복잡한 또 다른 이유는 여러 요소로 구성되었기 때문이다. 아이젠버거는 고통을 두 가지 구성 요소로 설명한다. 첫 번째는 주로 객관적인 정보에 해당하는 감각 요소다. 몸의 어디에서 통증이 느껴지 는지, 강도는 어느 정도인지, 특징은 무엇인지 등이다. "예를 들어 화 끈거리는 통증인지 쑤시는 통증인지 같은 거죠." 그녀가 말한다. 두 번 째는 감정적, 정서적 유의성이다. 얼마나 고통이 성가시고 괴로운지, 얼마나 간절히 고통을 줄이고 싶은지 등이 여기 해당한다. 맥케이는 고통의 구성 요소가 최소한 세 가지, 어쩌면 네 가지일 수도 있다고 생 각한다. 그는 세 번째 요소를 '인지 평가cognitive evaluative' 요소라고 부른 다. 이는 고통에서 어떻게 벗어날지, 고통이 무엇인지에 대한 사고 과 정을 말한다. 네 번째 요소인 '행동적 회피behavioral avoidance'는 세 번째 와 관련될지도 모르며 아직 널리 인정받지 못했다. 이는 미래의 고통을 예방하기 위한 행동을 뜻한다. 맥케이는 고통의 정의에 고통이 행동을 유발하고 동기를 부여한다는 핵심 요소가 빠졌다고 생각한다. (이 마지막 세 가지를 '감정-동기'라는 넓은 범주로 묶는 전문가들도 있다.)

이렇게 다양한 차원의 고통을 처리하기 위해 뇌는 여러 영역을 동원하는 것으로 보인다. 예상대로 촉각 감지에 관여하는 체지각 피질은 감각 고통에도 관여한다. 감정 처리에 관여하는 전측 대상 피질과 뇌섬엽 피질은 고통의 감정적 요소에 관여한다. 계획과 의사결정에 관여하는 전두엽은 고통의 인지적 요소와 연관된다. 하지만 맥케이는 이 영역이 명확하게 구분되는 것은 아니며, 더 큰 시스템의 일부로서 기능한다고 말한다. "뇌에서 이 영역들은 서로 긴밀하게 연결되어 역할을 조정합니다." 그가 말한다. 아이젠버거에 따르면 많은 연구팀이 이를 '통증 기질pain matrix'이라고 부른다고 한다. 이는 고통을 느낄 때 활성화되는 뇌 영역의 분산 네트워크를 말한다. "어떤 영역은 감각 요인에 더 많이 관여하고 어떤 영역은 감정적 경험에 더 많이 관여하지요." 그녀가 말한다.

이렇게 중복되고 흐릿한 개념 안에서 우리는 타이레놀과 실연과 기능성 자기공명영상을 연결해보았다. 고통을 느낄 때 앞서 언급한 뇌 영역들이 정말 교차하여 작용한다면 근육의 긴장을 가라앉히는 진통제가 가슴앓이도 누그러뜨릴 수 있어야 하고, 반대로 사랑도 외상을 치유하는 연고 역할을 할 수 있어야 한다. "신체적 고통의 강도가 높아지면 사회적 고통의 강도도 높아질까요? 반대로, 사회적 고통의 강도가 낮아지면 신체적 고통의 강도도 낮아질까요?"

이 개념은 1970년대에 뿌리를 둔다. 당시 신경 과학자 야크 판크세프Jaak Panksepp는 어미와 분리된 새끼 원숭이에게 강력한 진통제인 모르핀을 투여하면 괴로워하며 울부짖는 횟수가 줄어든다는 것을 알게 되었다. 이는 신체적 고통을 억제하는 진통제가 사회적 고통도 줄인 다는 것을 보여주는 중요한 단서다. 또 다른 연구에서는 심리적 요인 이 신체적 고통 인식에 어떤 영향을 미치는지, 즉 고통에 처했을 때의 상황이 고통의 강도를 어떻게 바꾸는지 알아보았다. 그리고 위약 효 과placebo effect도 있다. 왜 위약을 복용한 사람들은 증상이 나아졌다고 느끼는 것일까? 아이젠버거 연구팀은 우선 사람들을 기능성 가기공 명영상 스캐너에 들어가게 하고 그들이 거부를 경험하게 함으로써 판 크세프의 개념을 인간에게 적용하는 실험을 했다.

기능성 자기공명영상 스캐너 안에 누워 있는 사람에게 거부를 경험 하게 하는 것은 어려운 일이다. 그 안에는 다른 사람이 함께 들어갈 수 도 없고 피험자는 말을 하거나 움직일 수도 없다. 말을 해도 너무 시 끄러워서 잘 들리지도 않는다. 하지만 그들은 퍼듀 대학교의 심리학 과 교수 키플링 윌리엄스Kipling Williams가 고안한 사이버볼Cyberball을 할 수는 있다. 사이버볼은 공원에서 우연히 원반 던지기 게임에 참여 했다가 게임에서 점차 제외당한 경험에서 아이디어를 얻었다. 사이버 볼 게임에서 피험자는 몇 명의 게임 참가자들과 함께 가상의 공을 주 고받는다. 피험자를 제외한 게임 참가자들은 처음에는 피험자에게 공 을 잘 주지만 차츰 피험자를 무시한다. 따라서 게임은 공 뺏기가 되어 버린다. 사실 다른 게임 참가자들은 피험자를 제외하도록 프로그램된 컴퓨터다. 하지만 피험자는 이 사실을 모르고 무시당했다고 느낀다.

2003년 첫 실험에서 아이젠버거와 윌리엄스 공동 연구팀은 거부당 한 사이버볼 참가자의 배측 전대상피질과 전측 뇌섬엽이 매우 활성화 되었음을 발견했다. 두 영역 모두 신체적 고통과 관계된 곳이다. 그 후 몇 년에 걸쳐 아이젠버거 연구팀은 이 주제를 다양하게 연구했다. 거 부 민감도 실험에서 높은 점수를 획득한 사람은 못마땅한 표정의 사진을 보여주었을 때 배측 전대상피질의 반응이 커졌다. 피험자는 인터뷰에 참가한 뒤에 평가자(실제로는 실험실 연구원)에게서 인터뷰에 대한 피드백을 받았다. 스캐너에 누운 피험자는 '지루하다'처럼 거부를 내포한 말을 듣자 배측 전대상피질이 튀어 올랐다. 하지만 감정이 드러나지 않는 중립적인 말이나 수용을 뜻하는 말을 들었을 때는 그렇지 않았다. 친구들과 시간을 많이 보내는 10대 청소년들은 사이버볼 게임 중에 거부당해도 고통 영역이 적게 활성화되었다.

다른 연구팀도 실험을 진행했다. 그중 2011년 미시간 대학교의 사회심리학자 이선 크로스Ethan Kross가 진행한 실험이 특히 흥미롭다. 연구팀은 가상 게임에서 소외당하거나 낯선 이에게 비난받는 것보다 실제로 고통스러운 자극을 경험하는 것이 더 고통스러울 것이라고 예측했다. 그래서 그들은 최근에 원치 않는 이별을 경험한 사람들에게 과거 연인의 사진을 보여주는 실험을 했다. 피험자들은 스캐너에 누워서 옛 연인의 사진을 보거나 연인과 함께했던 좋은 기억을 떠올렸다. 뇌의 어떤 영역이 신체적 고통에 반응하는지를 확인하기 위해 또 다른 피험자들은 팔 아래쪽에 괴로울 정도로 뜨거운 자극을 느끼며 스캐너에 누워 있었다. (이 실험에서는 피험자에게 작은 막대 끝에 부착한 패드로 갑작스럽게 열 자극을 전했다. 아이젠버거는 이로 인한 고통은 타는 것 같다기보다 찌르는 듯하다고 말한다.) 연구팀은 옛 연인의 사진을 본 피험자들이 더욱 괴로워했을 뿐만 아니라 그들의 배측 전대상피질과 전측 뇌섬엽이 더욱 활성화된 것을 발견했다. 이 두 영역은 뜨거운 물체를 만졌을 때도 활성화되었다.

사회적 고통이 신체적 고통에 관여하는 뇌 영역을 활성화한다는 증거가 점점 많아지자 반대로 사회적 고통을 가라앉히기 위해 신체적 고통에 사용하는 약을 쓸 수 있는지를 알아보는 실험이 진행되었다.

2010년 켄터키 대학교의 사회심리학자 C. 네이선 드월C. Nathan DeWall
은 아이젠버거를 비롯한 연구팀과 공동으로 타이레놀, 즉 아세트아미
노펜이 사회적 고통을 줄여주는지 실험해보았다.

먼저 드월은 피험자에게 매일 아세트아미노펜이나 위약을 먹게 했
다. 매일 밤 피험자는 '상처받은 감정 척도Hurt Feeling Scale'를 이용해 하
루 동안 사회적 고통을 어느 정도 경험했는지 기록했다. 이 척도는 거
부당한 고통을 측정할 목적으로 개발되었으며, 다른 부정적인 감정은
측정 대상이 아니었다. 피험자는 긍정적인 감정을 측정하는 또 다른
척도로 하루를 기록하기도 했다. 3주 뒤 아세트아미노펜을 복용한 피
험자는 위약을 복용한 피험자에 비해 마음의 상처를 덜 받은 것으로
나타났다. 하지만 긍정적인 감정이 증가하지도 않았다. 이는 아세트
아미노펜이 나쁜 감정은 억누를지 몰라도 긍정적인 감정을 높이지는
못한다는 뜻이었다.

다음 단계 연구에서 드월의 피험자들은 다시 한 번 3주 동안 아세
트아미노펜이나 위약을 복용했다. 그리고 스캐너에 누워 사이버볼을
하며 거부를 경험했다. 아세트아미노펜을 복용한 피험자는 배측 전대
상피질과 전측 뇌섬엽 모두 활성화가 덜 되었다. (흥미롭게도 정도의 차
이는 있었지만 사이버볼에서 따돌림을 당하자 두 집단 모두 비참한 기분을 느꼈
다.) "우리는 고통스럽고 불쾌한 사건을 따로 분류해 머릿속에 저장하
지만 그 모든 것의 기초가 되는 기제는 같습니다." 드월이 말한다.

그렇다면 결별을 경험한 사람들에게 타이레놀을 처방해주어야 하
는 것일까? "글쎄요." 드월은 잠시 생각에 잠긴다. 드월을 비롯한 논
문 저자들은 부정적인 감정을 누그러뜨리기 위해 타이레놀을 상습 복
용하라고 권장하지는 않았지만 타이레놀이 사회적 고통을 일시적으
로 경감해줄 수 있다고 기술했다. 그리고 타이레놀이 거부에 수반되

는 공격성과 반사회적 행동도 약화시켜주는지 심화 연구를 진행하자고 제안했다. 드월은 논문을 발표하고 나서 가슴앓이를 치유하기 위해 어떤 노력을 했는지를 털어놓는 편지를 많이 받았지만 아직까지 실연당한 사람에게 타이레놀을 복용하게 하는 임상실험은 하지 않았다고 한다.

실험에는 또 다른 변수가 있었다. 애당초 아세트아미노펜의 진통 효과가 제대로 규명되지 않았던 것이다. "아세트아미노펜은 중추 통증에 작용하는 것일까요, 말초신경 통증에 작용하는 것일까요?" 드월이 묻는다. "솔직히 이 문제를 단정적으로 서술할 만큼 잘 알지는 못합니다." 하지만 그는 아세트아미노펜이 카나비노이드1 수용체를 활성화한다는 것은 알고 있었다. 마리화나의 환각 성분인 THC 역시 이 수용체를 활성화한다.

2013년 드월은 공동 저자들과 함께 사회적 고통에 대한 마리화나의 효능을 조사한 네 편의 논문을 발표했다. 상관관계를 분석한 세 편의 논문에서 연구팀은 마리화나가 외로움과 심각한 우울증(둘 다 사회적 소외의 지표다)을 경감시키는 효과가 있다고 주장했다. 네 번째 논문을 쓰기 위해 연구팀은 피험자에게 사이버볼을 시키고 그중 절반만 게임에서 소외되게 했다. 그다음 피험자들은 게임 도중 자존감, 소속감, 자기 통제력 같은 정서적 요구가 얼마나 위협당했는지를 스스로 평가했다. 마리화나를 자주 복용한 피험자는 그렇지 않은 피험자에 비해 위협을 덜 느꼈다고 응답했다.

이번에도 논문 저자들은 사회적 고통을 피하기 위해 모두들 마리화나에 불을 붙이라고 제안하지 않았다. 사실 그들은 사람들이 사회적으로 거부당했다고 느끼기 때문에 마리화나를 복용할지도 모른다고 기술했다. 하지만 저자들은 두 가지 약물 모두 카나비노이드1 수용체에 동일하게 작용하여 사회적 고통을 억제한다고 기술했고, (일부 주에서) 신체적 고통 때문에 합법적으로 사용하는 약물이 사회적 고통도 완화하는 것 같다고 언급했다.

희망과 절망 사이

존 낵클리는 바에서 올리브와 마라스키노 체리를 작은 병에 옮겨 담으며 또 다른 금요일 밤을 준비하고 있다. 그의 앞에는 귀여운 단발 머리에 귀고리를 달랑거리는 케리라는 여자가 앉아 있다. 케리는 맥주를 마시며 수그러들지 않는 짝사랑의 아픔을 달래고 있었다. "이건 정말 지독하게 극복하기 힘든 실연이에요. 왜냐하면 시작한 적이 없으니까요." 그녀는 깊은 한숨을 내쉬었다.

그녀의 사연은 흔한 이야기였다. 여자는 남자를 좋아하고 남자는 오토바이를 좋아한다. 그리고 남자는 오토바이를 타는 다른 여자를 만난다. "이제 끝이에요." 케리가 말한다.

하지만 끝이 아니었다. 케리는 아직도 비참했다. 그녀는 그 남자와 친구 이상의 관계로 발전하기를 바랐다. 그게 아니더라도 지난 2년간 함께 어울렸기에 적어도 친구라고는 생각했다. "우리가 죽을 때까지 친구일 거라고 생각했어요." 하지만 새로운 여자가 등장했고 케리와 그는 말다툼을 했다. 이제 두 사람은 더 이상 말을 하지 않는다.

케리는 낵클리에게 이야기했다. 그녀와 낵클리는 고향에서 알고 지낸 사이였지만 고등학교 졸업 후 연락이 끊겼다. 케리는 남자와의 우정이 끝날 무렵 페이스북에서 낵클리를 찾아보았고 나이트 라이트를 개업했다는 것을 알게 되었다. 최악의 상황에서 낵클리와의 대화는 그녀가 감정을 쏟아놓을 유일한 출구였다. "저는 손님이 없는 이른 시간에 와서 맥주를 홀짝였어요." 그녀가 말한다. 낵클리는 그녀의 이야기를 듣고 다정하게 충고해주었다. 그리고 상처받은 마음을 달래거나 털어줄 만한 노래를 틀어주었다. 버즈콕스Buzzcocks의 〈사랑에 빠져본 적 있나요?Ever Fallen in Love?〉, 피프스 디멘션Fifth Dimension의 〈대담할 초인종이 하나 줄었네One Less Bell to Answer〉, "네게 사탕, 다이아몬드, 약은 물론이고 원하는 것은 뭐든 줄게. 100달러짜리 지폐도 왕창 줄게"라고 애원하는 드라마라마Dramarama의 〈무엇이든 다Anything, Anything〉 등이었다.

낵클리는 이렇게 말한다. "우린 이곳에서 꽤 정기적으로 치유의 시간을 가졌어요." 일주일에 한 번씩 케리가 들르면 그는 맥주를 갖다주고 그녀와 수다를 떨었다. 오늘밤에는 실연의 고통이 신체적 고통과 같은 점이 있는지 알아보려는 방해꾼이 끼어 있다. "차라리 팔다리가 부러지는 게 낫겠어요." 케리가 말한다.

"맞아, 맞아! 나도 그 말에 찬성." 낵클리가 라임을 썰며 말한다.

두 사람은 사회적 고통이 더 괴롭다는 점에 의견을 같이했다. 그런데 이유가 무엇일까? 그들은 고통이 언제 끝날지 모르고 몸의 상처와 달리 치유 과정을 지켜볼 수 없다는 불확실성 때문이라고 생각한다. "뼈가 부러지면 나을 거라는 확신이 있잖아요. 하지만 정말 사랑할 수 있는 사람을 또 만날지는 모르잖아요." 케리가 말한다.

이런 불확실성 때문에 사랑하는 사람이 떠나면 자존감도 낮아진다. 사랑하는 이가 떠나면 '내가 잘못했나? 뭘 잘못한 거지? 내가 그의 불만을 눈치채지 못했나? 새로운 여자는 뭐가 그리 대단하지?' 같은 생각을 하게 된다. "사실, 그런 질문을 입 밖으로 내뱉은 사람은 없었어요. 하지만 정말 끔찍한 질문들이에요." 낵클리는 이렇게 말하고 금전

출납기로 가서 뭔가를 했다. (낵클리는 사랑하는 이의 죽음 같은 다른 유형의 사회적 상실을 겪고 바를 찾는 사람들에게서는 또 다른 종류의 집착과 자기 회의가 가득한 말을 듣는다고 말한다. 그들의 고통에는 연인과 결별한 사람이 드러내는 불확실성과 자기 비난이 없다. "누군가 죽으면 그건 영원히 변하지 않는 사실이 되어버리니까요. 다시 살아 돌아올 수는 없으니까요. 연인과 헤어지는 경우에는 많은 사람들이 마음 한구석에 희망을 품는 것 같아요. '상대방의 마음을 돌리면 우린 다시 잘 지낼 수 있을 거야'라는 식으로 생각을 하죠." 그가 말한다.)

정확히 언제 무엇이 잘못되었는지, 언제 나아질지 모르면 마음을 졸이기 마련이다. 케리가 말한다. "저는 집착하기 시작했어요. 결별에 대한 생각을 멈출 수가 없었어요. 누군가에게 말하지 않으면 미칠 것만 같았어요."

나는 누군가와 이야기하는 것이 정말 도움이 되는지 궁금해졌다. 낵클리는 자리로 돌아와 내게 낮은 목소리로 속삭였다. "제 생각엔 이야기를 하면 상태가 더 나빠지는 것 같아요."

"정말 그렇게 생각해?" 케리가 놀라서 물었다.

"계속 얘기를 꺼내게 되니까요. 괜찮아진 듯한 느낌은 아주 잠깐일 거예요." 이렇게 말한 낵클리는 케리를 바라보았다. "넌 이런 상태였다고. '아, 그가 너무 보고 싶어.'" 그는 고개를 저으며 꾸짖는 듯한 목소리로 말을 이었다. "케리, 그만해! 그리워하지 마. 그놈은 멍청이라고 했잖아."

"정말 혼란스러워요." 케리의 목소리는 침울했다. "어느 순간에는 보고 싶어요. 좋았던 일만 떠오르고요. 그리고 또 어느 순간에는 화가 나요." 케리와 낵클리는 이렇게 희망과 절망 사이를 끝없이 왔다 갔다 하는 정신적 불안 때문에 사회적 고통이 신체적 고통보다 더 오래간다고 했다.

"정말 벗어나기 힘들죠." 낵클리가 말한다.

"머릿속에서 떠나질 않는데 어떻게 벗어날 수 있겠어요?" 케리가 되묻는다.

사회적 거부 vs 신체적 고통

나오미 아이젠버거는 기능성 자기공명영상으로 이 개념을 실험해 보았다. 구체적으로 그녀는 부러진 뼈를 떠올리는 것이 마음 아픈 일을 떠올리는 것보다 고통이 덜한지, 사회적 고통이 신체적 고통보다 더 쉽게 머릿속에 떠오르는지 알고 싶었다. "사람들은 사회적 고통을 떠올리면서 쉽게 그때의 감정도 느낍니다. 그래서 사무실에 앉아서도 고등학교 시절 남자친구에게 차였던 일을 떠올리며 그때 얼마나 기분이 안 좋았는지 다시 느낄 수가 있는 거죠. 하지만 신체적 고통에 대해서는 그럴 수가 없어요." 그녀가 말한다.

이 말은 그녀가 즉석에서 추측한 것이 아니다. 이 주제에 매우 관심이 있는 아이젠버거는 평생 신체적으로 가장 고통스러웠던 사건인 출산 당시를 떠올리려고 애써보았다. 출산할 때의 감정이 아니라 실제적이고 본능적인 통증을 되살리려고 했다. "극도로 고통스러웠던 기억이 나요. 하지만 그때의 몸 상태로 돌아가 고통스러운 느낌을 되살리려고 해도 잘 안 돼요." 그녀가 말한다.

그녀의 연구팀은 고통을 되살리는 실험을 시작하면서 다시 한 번 윌리엄스와 공동 연구를 진행했다. 윌리엄스는 사회적 고통을 겪고 오랜 시간이 지났더라도 당시의 고통을 글로 적기만 해도 되살릴 수 있다는 것을 입증했었다. 아이젠버거 연구팀은 피험자들에게 극심한 고통을 줬던 사회적, 신체적 경험을 일기 형식으로 쓰게 한 다음 그 고통이 얼마나 괴로웠는지 평가하게 했다. 그러고 나서 피험자는 스캐너에 누워 자신의 일기를 바탕으로 그 경험을 떠올렸다. 연구팀은 두 가지를 관찰했다. 먼저 그들은 피험자에게 각각의 기억을 떠올리면서 어느 정도의 고통을 느꼈는지 평가하게 했다. 그리고 뇌의 어느 영역이 더 활성화되는지 살펴보았다.

피험자들은 신체적 고통보다 사회적 고통을 떠올리면서 더 괴로워했다. 일기 형식의 글에서 같은 수준으로 고통스럽다고 평가한 것도 마찬가지였다. 그리고 고통스러운 기억에 반응하는 뇌의 영역도 조금 달랐다. 신체적 고통을 떠올릴 때 가장 활성화된 영역은 감각 인식에 관여하고 전반적인 몸 상태를 관찰하는 외측 표면이다. 사회적 고통의 경우 정신 상태, 마음, 타인의 의도를 생각하는 데 관여하는 배내측 전전두엽 피질이 더 활성화되었다.

이것만으로 모든 것을 설명할 수는 없겠지만 아이젠버거는 흥미로운 차이라고 말했다. 사회적 거부를 처리할 경우 우리는 자기 몸이 아니라 타인이 자신을 어떻게 생각하는지에 관심을 쏟았다. "사회적 고통을 떠올릴 경우 사람들은 아마 '왜 그 사람이 나를 떠났을까? 그 사람은 날 어떻게 생각했을까?' 같은 것들을 고민할 겁니다." 아이젠버거가 말한다. 결별을 떠올릴 때는 감정을 담당하는 뇌의 영역이 다시 활성화된다. 그렇기에 새로 부상을 당하지 않고는 반복되지 않는 신체적 자극과 달리 사회적 거부를 경험하게 했던 자극은 반복될 수 있다.

드월은 사회적 거부가 매우 모호할 수도 있고 타인의 생각도 우리에게 명확하게 다가오지 않기 때문에 원인이 분명한 신체적 고통을 겪을 때보다 훨씬 오래 골똘히 생각해야 당시의 고통으로 돌아간다고 말한다. "고등학생 때 풋볼을 하다가 목의 경추가 부러진 적이 있습니다. 고통이 정말 극심했지요. 하지만 지금은 기억도 안 나요. '이럴 수가. 어쩌다가 그런 일이 일어났지? 나는 풋볼을 했고 풋볼을 하다 보면 가끔 다치기도 하는 거야.' 이런 생각조차 안 하죠. 하지만 지금껏 살면서 사회적으로 거부당하고 가장 괴로웠던 때를 떠올리라고 하면 갑자기 상황이 달라집니다." 그가 말한다.

우리는 거부를 이해하고 싶기 때문에 자꾸 떠올리며 곰곰이 생각한다. 하지만 그 기간이 너무 길어질 경우 문제가 생기기도 한다. "인간의 마음에서 가장 좋은 점인 동시에 나쁜 점은 어떤 상황을 이해하려고 하는 능력입니다. 대부분의 경우 그 능력은 도움이 됩니다. 하지만 때로는 오히려 아픔이 되기도 하지요. 거부당한 고통을 경험할 때가 바로 그렇습니다." 드월이 말한다.

누구나 고통스럽다

이 글은 모든 바텐더와 실연당한 손님들을 과학적으로 분석한 것이 아니다. 하지만 이제 막 술을 마시려는 사람들에게 이상한 질문을 불쑥 던져서 앞서 살펴본 결과가 되풀이되는지 확인해야 했다. 어쩌면 존 낵클리가 유난히 통찰력 있는 관찰자일 수도 있고 케리가 가슴앓이와 부러진 뼈를 연관 지은 세계 유일의 사람일 수도 있으니까. 아니면 나이트 라이트의 매음굴 같은 분위기 때문에 사랑으로 인한 아픔을 철학적으로 숙고하게 되었던 것인지도 모른다. 그곳에서 얘기를 나눈 여러 사람들도 근본적으로는 케리와 똑같은 이야기를 했기 때문이다.

그래서 나는 다른 바로 갔다. 나이트 라이트의 어둡고 복고적인 분위기와는 정반대되는 곳이었다. 레프티 오둘스 바는 샌프란시스코의 화려한 유니온스퀘어와 인접한 가족적인 분위기의 맥줏집 겸 스포츠 펍이다. 크리스마스를 2주 앞두고 이곳은 정신이 없었다. 대기 줄이 문밖까지 늘어서 있었다. 실내에는 크리스마스 조명과 유명인들의 사진이 걸려 있고 야구와 관련된 자잘한 소품이 장식되어 있었다. 리사 몽젤리는 가게 뒤쪽에서 치마를 펄럭이는 메릴린 먼로의 동상과 어찌 된 일인지 아래위가 뒤집힌 크리스마스트리 옆의 바에서 술을 내오고 있다.

활기 넘치는 목소리의 몽젤리는 전직 프로 스노보드 선수였고 지금은 바텐더이자 드러머다. 그녀는 길고 검은 머리카락을 고무줄로 틀어 올린 뒤에 펜을 꽂았고 오른팔의 걷어 올린 소매 아래로는 문신이 보였다. 그녀는 열정이 넘치는 바텐더였다. 18세에 오스트레일리아의 클럽에서 일을 시작했고(오스트레일리아의 음주 가능 연령은 미국보다 어리다) 곧 현실판 〈치어스Cheers〉● 같은 삶을 살게 되었다. 그녀는 새로운 사람을 만나 이야기를 나누고 다정하게 관심을 쏟는 일을 좋아하며, 모든 사람을 '자기'라고 부른다. 이런 우정은 꾸며낸 것이 아니다. "저는 손님들과 대화를 나누고 그들을 즐겁게 해주는 대가로 월급을 받아요. 그저 칵테일을 만드는 게 전부가 아니지요." 그녀의 말투는 진지했다.

그리고 이곳은 유독 흥이 넘치는 바였다. 유니온스퀘어 자체가 관광객이 많이 모이는 곳이었고 크리스마스가 다가오고 있었다. 게다가 화려하게 불을 밝히고 로스트비프를 파는 복잡하고 시끄러운 레스토랑이 가까이에 있었다. 바 손님들은 대부분 휴가 중인 사람들이다. 그

● 보스턴의 바 '치어스'를 배경으로 펼쳐지는 시트콤. 1982~93년에 NBC에서 방영했다.

들은 광장에서 하늘을 찌를 듯한 크리스마스트리를 구경하며 핫초코를 마시고 포근한 날씨에도 녹지 않는 스케이트장에서 놀다가 즐거운 기분으로 바에 들어왔다.

몽젤리는 바에 손님이 많아서 신난다고 말한다. 운이 좋으면 하룻밤에 새로운 친구를 200명까지도 사귈 수 있기 때문이다. "이곳에 오는 사람들은 모두 멋져요." 그녀는 대부분의 사람들이 여행객이라는 말을 덧붙인다. "아무나 붙잡고 어디에서 왔는지 물어보세요." 그녀가 권한다. 내 오른쪽에 앉은 남자는 헤페바이젠 맥주를 마시는 것으로 보아 독일 사람 같았지만 사실은 룩셈부르크에서 왔다고 한다. 바의 모서리에 앉아 우리의 대화를 엿듣던 수줍음 많은 오스트레일리아 사람들도 있었다. 크리스마스 쇼핑을 하러 왔다가 바에 들렀다는 네바다 출신의 커플은 모스코 뮬 칵테일을 두 잔 주문했다. 내 왼쪽에 앉은 중년 커플 스티브와 모린은 캘리포니아 어딘가에서 차를 몰고 왔다. 친구 사이인 앨릭스와 러스도 있었다. 두 사람은 오늘밤 바의 유일한 단골손님들이었다. 20대로 보이는 그들은 파티에 가기 전에 잠시 한잔하기 위해 바에 들렀다.

몽젤리는 12년 동안 바텐더로 일했고 많은 사람들이 그녀에게 마음을 털어놓았다. 하지만 레프티 오둘스에서는 달랐다. 이곳 손님들은 결혼 피로연에 참석한 사람들보다도 마음을 털어놓는 데 인색했다. "신랑과 신부가 혼인서약을 할 때는 별 감흥이 없다가 피로연이 시작되어 음악이 흐르고 모두 느긋하게 춤출 때쯤, 아름다운 광경에 사람들이 눈시울을 적실 때쯤 감정이 차오르기 시작하죠. 조명이 어둑해지면 그때 비로소 자신의 상황을 돌아보며 곰곰이 생각에 잠기게 되잖아요. 하지만 이렇게 북적거리고 활기 넘치는 바에서는 그게 잘 안 되죠." 몽젤리가 말한다.

"그래도 전 문제가 있을 때마다 이곳에 와요." 바 한쪽에 있던 앨릭스가 말했다.

앨릭스는 이곳에 오기 전에 데이트 상대와 싸웠다고 한다. 그녀가 바에 들어서자마자 몽젤리는 무슨 일이 있었다는 것을 알아차렸다. "아무 말도 하지 않았는데도 몽젤리가 다가와 '무슨 일이에요?' 하고 물었어요. 전 '아무 일도 아니에요!'라고 대답했죠." '아무 일도 아니에요!'라고 말하는 앨릭스의 목소리가 떨렸다.

"음, 울기까지 하다니. 무슨 일인지 알겠어요." 앨릭스에게 위스키를 건네며 몽젤리가 차분하게 말한다.

자, 어쩌면 사랑으로 인한 고통에 면역된 사람은 아무도 없을지 모른다. 행복한 사람들이 더 행복하기 위해 찾아오는 바에서도 사회적 고통에 대한 이야기는 빠지지 않는다.

이제 몽젤리는 스티브와 모린이 주문한 벨파스트 카 밤 칵테일을 만들며 타인의 정신 상태에 대해 이야기하기 시작한다. "최악의 상황은 이거예요. 실연당한 일을 계속 생각하면서 내가 더 잘했더라면 헤어지지 않았을 텐데 하고 후회하는 거요." 몽젤리가 말한다.

"무슨 일이 있었기에 그렇게 속을 끓였어요?" 모린이 묻는다. 긴 곱슬머리에 터키색 스웨터를 입은 그녀는 쾌활하다. "아무리 속을 끓여봤자 과거를 바꿀 수는 없잖아요."

"이런 생각을 하다 보면 어느새 그 사람은 좋은 사람이 되어 있고 내가 나쁜 사람이 되어 있죠." 몽젤리가 칵테일을 내오면서 말한다.

"그건 그래요. 모든 것이 내 탓이라고 생각하게 되죠." 모린이 맞장구친다.

"이런 생각을 하게 되더라고요. '아니, 내가 그런 짓을 했다니, 믿을 수가 없어!'" 몽젤리가 말한다.

그들이 발표 중인 심리학과 대학원생이었다면 이쯤에서 배내측 전 전두엽 피질의 슬라이드를 보여주었을 것이다.

이제 어떤 고통이 더 오래가는지 앨릭스와 러스의 이야기를 들어보 자. "신체적 고통은 처음에는 아프지만 차츰 사라져요. 하지만 정신적 고통은 딱 달라붙어서 떨어지지 않죠. 그 덕분에 성장하는 것 같기도 해요." 앨릭스가 말한다.

"신체적 고통은 순간이에요. 그뿐이죠. 다치는 순간에는 고통스럽 지만 지나가기 마련이에요. 하지만 감정적 고통은 영원히 따라다녀 요. 음, 그러니까 그냥 내버려두면 평생 따라다녀요." 러스가 앨릭스 의 의견에 동조한다. (이제 아이젠버거의 연구 내용이 슬라이드로 소개될 차 례다.)

그렇다면 왜 사회적 고통이 더 오래갈까? "마음을 아프게 하니까 요." 앨릭스의 목소리는 비통했다. "실제로 심장이 조금 떨어져나간 기분이에요." (통증에 대한 국제통증연구학회의 공식적인 정의를 보여줄 차례 다. 조직 손상의 관점으로 감정적 경험을 설명하는 부분 말이다.)

몽젤리와 마주한 모린은 남자친구 스티브까지 합류한 가운데 가슴 앓이의 증상을 이야기하고 있다. "예전에 가슴앓이를 심하게 한 적이 있어요. 정말 심장마비가 온 것은 아닐까 생각할 정도였죠. 불안하고 걱정스러운 마음 때문에 몸이 아픈 거였어요." 몽젤리가 말한다.

"마음이 아프고 위장까지 아파서 아무것도 먹고 싶지 않았죠." 모 린이 말한다.

"친구도 만나기 싫어지고." 스티브가 한마디 거든다.

"독감이랑 증세가 비슷하지 않아요?" 모린이 묻는다. "등도 아프고 먹고 싶지도 않고. 그냥 스트레스만 잔뜩 받잖아요."

(나열된 증상이 우울증이나 사회불안 같다고 생각하는 사람이 있을지도 모르

겠다. 그렇다면 8장을 읽어보라. 8장에서는 감정 인식과 신체적 징후 사이의 연결 고리를 더 깊이 파헤칠 예정이다. 하지만 지금은 맥케이와 아이젠버거가 말한 고통 감각 영역의 분산된 네트워크만 생각하자. 아니면 바에 있는 사람들이 '통증 기질' 슬라이드를 보고 있다고 생각해도 좋다.)

이번에 만나볼 사람들은 브라이언과 타라다. 하루 종일 일을 하고 바에 들른 그들은 술 같은 약물이 여러 유형의 고통을 줄여주는지에 대해 골똘히 생각에 잠겼다. "전 몸이 아플 때나 마음이 아플 때면 술을 마셔요. 그러면 감정적인 고통을 생각하지 않게 되죠. 그리고 신체적 고통도 느끼지 못하고요. 그런데 글쎄요. 어쩌면 두 가지 고통이 다르지 않은데 제가 해석을 달리 하는 것인지도 모르죠." 브라이언이 말한다.

그가 술로 신체적 고통을 마비시킨다는 이야기는 농담이 아니었다. 대학 시절 그는 어깨가 탈골되었지만 의료보험이 없었다. "그래서 병원에 가지 않고 통증이 가라앉을 때까지 이틀 내내 술을 마셨어요." 브라이언이 말한다. 이 말을 들은 타라는 경악하여 의자에서 떨어질 뻔했다. 브라이언은 몸이 아플 때와 마찬가지로 실연을 당했거나 사회적 고통을 느끼는 경우에도 바에 가서 친구들과 이야기를 한다고 했다. "술에 취하면 도움이 돼요. 뭔가를 잊게 해주거든요." 그가 덧붙인다. (여기에서 알코올 대신 아세트아미노펜을 대입하면 네이선 드윌의 가설이 맞아떨어진다.)

지금까지 살펴본 개념이 바에서 술을 마시는 사람들도 모두 알고 있을 정도로 뻔하다는 말을 하려는 것이 아니다. 사람들의 직감과 점차 쌓여가는 연구 결과 사이에는 분명 차이가 있다. 중요한 것은 이런 개념이 특정 행동 패턴을 만들고 그 파급 효과가 모두 인지할 수 있을 정도로 크다는 점이다. 그래서 이런 이야기를 나눌 장소까지 특별히 마련되어 있다. 그중에는 치료사의 상담실처럼 매우 사적인 장소도 있고 로스트비프를 파는 레스토랑 뒤쪽 어딘가처럼 사람이 많은 장소도 있다. 이런 패턴을 인지해야 하는 이유는 우리가 심리학자라서도 아니고 잘난 체하기 위해서도 아니다. 우리 모두 고통스러워하는 인간이기 때문이다.

고통은 경고 신호

인간이 왜 이렇게 끔찍한 감정을 느끼도록 진화했는지 궁금할지도 모르겠다.

맥케이는 이렇게 설명한다. "고통은 끔찍하기 때문에 경이로운 것입니다." 고통은 본질적으로 보호자의 역할을 한다. "아마도 고통은 인간의 경험 중 가장 원초적이면서도 가장 보호적인 경험일 겁니다. 고통 덕분에 우리는 위험이나 위협이나 해악에서 멀어질 수 있습니다." 그가 말한다. 그는 '선천성 무통각증congenital insensitivity to pain' 환자처럼 통증을 느끼지 못하면 어떨지 상상해보라고 한다. "통증을 느끼지 못하면 좋을 것 같지만 현실은 매우 비극적입니다." 맥케이가 말한다. (그런데 왜 TV와 영화에서는 좋은 것으로 그려질까?) "이 병에 걸린 아이들은 뜨거운 난로에 손을 올려도 아무것도 느끼지 못해 손을 데고 맙니다. 날카로운 것을 밟아 상처가 나도 느끼지 못하기 때문에 감염으로 사망하는 경우가 많지요. 느낌이 없기 때문에 자기 혀를 깨무는 경우도 많습니다. 자기 손으로 눈에 상처를 내도 통증을 못 느끼기 때문에 벙어리장갑을 끼는 경우도 많고요." 고통은 의식적으로 알아차리지 못하는 위험에서 우리를 보호하기도 한다. 미세한 통증을 느끼기 때문에 우리는 한 자세로 오래 앉아 있지 않을 수 있고 관절에 지나치게 무리를 주는 움직임도 피할 수 있다. "하지만 선천적 무통각증 환자들은 그럴 수 없습니다. 그래서 대부분 어린 나이에 아주 심한 관절염을 앓게 됩니다. 자세를 바꾸라는 신호를 감지하지 못하는 겁니다." 맥케이가 말한다.

"따라서 고통은 불쾌하기 때문에 좋은 겁니다." 맥케이가 말을 잇는다. "고통이 문제가 되는 것은 만성적일 때입니다. 만성 통증이 나타나면 고통은 우리 몸을 보호하고 조정하는 무언가가 아니라 병적인 무언가로 바뀐 것입니다. 이때 고통은 더없이 극심하며 본질적으로 질병이 되어버립니다."

아이젠버거와 드월은 사회적 고통에도 똑같은 방어 기제가 작용한다고 주장한다. "인간이자 포유류인 우리는 음식과 보호와 따뜻함을 전적으로 타인에게 의존합니다. 그렇기 때문에 사람들 집단에서 분리되거나 끈끈한 사회적 유대를 잃었을 경우 경고 신호가 필요합니다."

아이젠버거의 집단 이론은 진화의 역사와 관련이 있다. "이런 사회적 애착 시스템이 신체적 고통을 느끼는 시스템에 그대로 편승했는지도 모릅니다. 몸이 손상될 위험에 처할 때는 물론이고 사회적 관계가 손상될 위험에 처할 때도 고통이라는 경고 신호를 보내는 거죠." 그녀가 말한다. 다시 말해 사회적 안녕을 위협하는 무언가를 하면 고통을 느끼는 것이다. "진화를 거듭하면서 거부당하는 것을 회피하는 반응이 깊이 박힌 겁니다. 거부당하면 생존과 번식의 기회가 급격히 감소하기 때문입니다." 드월이 말한다.

"사회적 고통이 유쾌하지 않다는 것은 분명합니다. 거절당하거나 상처받는 것도 그렇고요." 아이젠버거가 이어 말한다. "이런 경험을 하지 않으면 오히려 부정적인 결과가 나타나는 것 같습니다. 사회적 고통은 친밀한 유대 관계를 유지하기 위한 적응 신호로 보이거든요." 사회적 고통을 느끼지 못하면 위험할 수 있다. 자신의 행동이 집단에 부정적인 영향을 미치고 이 때문에 사람들이 떠나는 것을 의식하지 못하기 때문이다. 이런 맥락에서 반사회적 태도에 함께 분노하지 못하고 자기중심적인 사람은 선천적으로 신체적 고통을 느끼지 못하는 사람과 다를 바 없다.

신체적 고통과 마찬가지로 사회적 고통 역시 행동을 즉시 바꿔야 할 만큼 정도가 심해야 한다. "고통이라는 신호의 역할은 본질적으로 우리의 주의를 사로잡는 것입니다. 그래서 우리가 음식을 먹거나 낮잠을 자는 등의 행위에 집중하지 못하도록 하는 거죠. 고통 때문에 어쩔 수 없이 당면한 문제를 해결해야 하니까요." 아이젠버거가 말한다.

하지만 연구팀이 관찰한 고통이라는 반응이 개인적으로 거부당했을 때만 나타나는지, 위협으로 인식되는 모든 일에 나타나는지 아직 명확하지 않다. 2012년 웨스턴 온타리오 대학교의 겸임교수 이언 라이언스Ian Lyons 박사는 수학에 관한 실험을 하여 새로운 의견을 내놓았다. 그는 종류가 다른 위협을 느끼면, 즉 수학 문제를 풀어야 한다는 압박을 느끼면 일반적으로 위협을 당했을 때와 비슷한 신경 부위가 활성화되는지 알아보고자 했다. 그가 지적했듯이 사회적 거부에 대한 연구는 대부분 인간이 사회적 결속을 보호하도록 진화했다는 관점에서 고통을 조명한다. 하지만 복잡한 연산은 진화의 관점에서는 비교적 최근에 습득된 문화적 기술로, 생존에 즉각적인 혜택을 주지는 않는다. "우리가 증명하려는 것은 이런 것입니다. '봐, 이 반응은 사회적 거부를 당했을 때의 반응과 정말 비슷해 보이는군. 하지만 우리가 살펴보는 영역은 진화와 그다지 관련이 없어.'" 라이언스가 말한다.

그의 실험에서는 수학에 대한 불안 정도가 다양한 피험자들이 기능성 자기공명영상 스캐너 안에서 수학 문제를 풀었다. 실제로 불안감이 심한 피험자는 고통을 담당하는 뇌 영역, 구체적으로는 신체적 위협을 처리하는 영역인 양쪽 후배측 뇌섬엽이 똑같은 난이도의 언어 문제를 풀 때보다 활성화되었다. 흥미롭게도 라이언스의 피험자는 수학 문제를 푸는 동안이 아니라 풀기 전에 고통 반응을 보였다. "곧 수학 문제를 풀어야 한다는 생각만 해도 고통스럽다는 뜻입니다. 실제로 수학 자체보다 거기서 예상되는 정신적인 해석 요인이 문제가 된다는 거죠. 잠깐만 생각해봐도 일리가 있지 않습니까? 수학 자체가 사람을 해치지는 않으니까요. 아무리 무서워해봤자 숫자가 종이를 뚫고 나올 리는 없죠." 그가 말한다.

라이언스의 실험 결과는 몇 가지 흥미로운 문제를 제기했다. 하나는 고통이라는 반응이 진화에 의한 것이 아니라 경험을 통해 학습된 것일지도 모른다는 점이다. 또 다른 하나는 수학을 싫어하는 사람들이 왜 수학을 싫어하는지 정확히 말하기가 힘들다는 것이다. 그들이 수학에서 느끼는 고통이 싫어하는 일에 대한 두려움에서 기인한다면 그 고통은 위협에 대한 일반적인 반응일 수 있다. 하지만 그 고통이 잘 풀지 못할지도 모른다는 불안감에서 기인한다면 동료나 선생님이 자신을 좋지 않게 생각할지 모른다는 걱정이 원인인 것이다. 이는 사회적 고통의 지표다.

일부 연구팀은 통증 기질을 '주목 기질salience matrix'이라고 불러야 한다고 주장한다. 주의를 사로잡는 모든 것에 반응하는 뇌 영역 네트워크라는 뜻이다. "그런 관점을 수용해야 할지는 아직 확실하지 않습니다." 아이젠버거가 말한다. 하지만 그녀 역시 사회적 거부로 인한 반응이 일반적인 위협에 대한 반응일 수도 있다고 생각한다. "그러니까 고통은 생존과 관련된 여러 위협에 반응하는 광범위한 신경 경보

시스템입니다. 신체적 고통은 그런 위협에 속하고 사회적 고통도 마찬가지입니다." 그녀가 말한다.

사랑이라는 진통제

바에서는 또 다른 것을 얻을 수 있다. 바로 친구의 응원이다. 존 낵클리와 케리의 이야기로 돌아가 보자. 중요한 것은 그들이 무엇에 대해 이야기하느냐가 아니라 무엇을 하고 있느냐다. 레프티 오둘스의 리사 몽젤리와 손님들을 떠올려보자. 모두 고통을 말하고 있지만 사실 친구들과 어울려 밤을 보내고 있다. 사회적 고통을 탐구한 많은 연구들이 사랑이나 우정으로 신체적, 사회적 고통을 완화하려고 하는 경우 무슨 일이 일어나는지 살펴보았다.

2010년 맥케이 연구팀은 당시 박사 후 과정 연구원이었고 현재 앨라배마 대학교에서 강의하는 재러드 영거Jarred Younger의 주도 하에 이 문제를 실험했다. 연구팀은 사귄 지 9개월이 지나지 않은 '열정적 사랑' 단계에 있는 대학생 커플을 모집했다. (사실 9개월은 너무 짧다.) "열정적 사랑 단계란 사랑하는 사람에게 걷잡을 수 없이 끌리는 시기를 뜻합니다. 상대를 향해 강렬한 감정적 끌림을 느끼는 거죠. 상대에게 온통 집중하고 상대를 항상 생각하는 시기입니다. 가까이 있기만 해도 기분이 좋고 떨어져 있으면 괴로운 단계죠. 뭔가에 중독된 것처럼 들리지 않습니까? 당연히 그럴 겁니다. 이것도 중독이기 때문입니다." 맥케이가 말한다.

열정적 사랑과 중독에 관여하는 뇌의 영역은 보상 및 욕구와 관련되어 있다. 여기에는 도파민의 경로 가운데 일부인 중격의지핵과 복측 피개 영역이 포함된다. 맥케이는 도파민을 '기분이 좋아지게 하는 뇌의 화학물질'이라고 부른다. "오후에 다크 초콜릿을 먹으면 기분이 좋아지는 것은 도파민 때문입니다. 스타벅스 라테를 마실 때나 코카인을 흡입할 때, 그리고 스탠퍼드의 젊은 대학생들이 누군가를 사랑할 때 기분이 좋아지는 것도 도파민 때문이지요." 그가 말한다. 여기에서 중요한 사실은 이 영역이 보상을 받으면 고통이 줄어드는 통각 상실에도 관여한다는 것이다.

연구팀은 커플 가운데 한 사람에게 기능성 자기공명영상 촬영을 요청했다. 그러고는 강도 높은 통증에서부터 통증이 없는 단계까지 고통을 유발하는 몇 가지 자극을 주었다. 그동안 피험자는 연인이나 매력적인 지인의 사진을 보거나 주의력이 필요한 문제를 풀었다. 문제를 푸는 이유는 단순히 주의를 흩트리기만 해도 진통 효과가 있는지 알아보기 위해서다. ('초록색이 아닌 채소를 떠올려보세요'나 '공으로 하지 않는 스포츠를 생각해보세요' 같은 문제를 준다.) 피험자는 매번 통증의 강도를 표시했다. 실험이 어느 정도 진행되자 맥케이는 이렇게 말했다. "사랑의 효과가 대단하군요! 놀라운 진통제예요." 보통 강도의 통증에 노출되었을 경우 피험자는 지인의 사진보다 연인의 사진을 볼 때 통증이 44퍼센트 감소했다고 응답했다. 극심한 통증의 경우 감소율은 12퍼센트 정도였다. 이는 지인의 사진을 보거나 문제를 풀 때의 감소 수준과 비슷했다.

맥케이는 이런 진통 효과가 새롭게 시작된 열정적 사랑에만 한정된 것은 아니라고 조심스럽게 말한다. 뇌의 보상 중추와 도파민 시스템을 활성화하는 것이라면 무엇이든 진통 효과를 일으킬 수 있다. "아마 코카인을 흡입해도 같은 효과가 나타날 겁니다. 하지만 다행히 열정적인 사랑은 사회적으로 용인되지요." 맥케이가 말한다.

2011년 아이젠버거 연구팀도 비슷한 연구를 했다. 그들은 연애 기간이 평균 2년인 좀 더 오래된 커플을 대상으로 했다. 기능성 자기공명영상 스캐너에 누운 피험자에게 경미한 수준에서 강한 수준까지 열 자극을 주었고 그동안 피험자는 연인의 사진, 낯선 사람의 사진, 아무 의미 없는 사물의 사진을 보았다. 이번에도 사랑하는 사람의 사진을 보면서 통증을 덜 느꼈다. 아이젠버거는 사진을 통해 사랑하는 사람을 희미하게 떠올렸을 뿐인데도 진통 효과가 나타나는 것에 놀랐다. "마법 같아요. 어떻게 연인의 사진을 보는 것만으로 신체적 고통을 덜 느끼는 것일까요?" 그녀가 말한다.

아이젠버거는 진통 효과가 도파민과 사랑 때문에 나타나는 것이 아닐 수도 있다고 생각했다. "행동 면에서는 우리가 실험을 진행한 장기 커플과 맥케이의 단기 커플이 똑같은 효과를 얻는 것처럼 보입니다." 그녀는 스탠퍼드의 실험을 언급한다. "하지만 신경 기저는 조금 다를 수 있습니다." 그녀는 장기 커플의 경우 복측 시상하핵 전전두엽 피질에 정답이 있다고 생각한다. 이 영역은 안전을 감지하고 몸의 위협 반응을 낮추기 때문에 주로 두려움과 관련이 있다. 연인이라는 존재가 이 영역에 안전하다는 신호를 주면서 고통이 줄어든 것이다. 실제로 아이젠버거의 실험에서 피험자가 연인의 사진을 보았을 때 복측 시상하핵 전전두엽 피질이 더 활성화되었다. 이 현상은 연인을 중요한 사회적 지지물로 꼽은 사람들과 오래된 커플에게서 특히 두드러졌다. 이 영역이 활성화되면 고통을 느끼는 다른 영역의 활동은 축소되므로 고통을 덜 느끼게 된다.

또 다른 실험에서 연구팀은 누군가를 사랑하면 위협을 덜 느낀다는 사실도 알아냈다. 연구팀은 20쌍의 커플을 대상으로 여자들은 스캐너에 눕게 하고 남자들은 스캐너 바깥에 서서 연인의 손을 잡게 했다. 그리고 남자들에게 전기 충격을 주었다. 남자가 전기 충격을 받자 여자의 복측 선조체와 중격부의 활동이 증가했다. 두 영역 모두 보상에 관여하며 중격부는 두려움을 감소시킨다. 연인을 응원하고 달래는 동안 중격부의 활동이 증가한 여성은 두려움을 통제하는 편도체의 활동이 감소했다. (여자가 사람의 손이 아닌 공을 쥐고 있거나 고통을 느끼지 않는 연인의 손을 잡은 통제 조건에서는 이런 결과가 나타나지 않았다.)

아이젠버거는 여기에도 진화적 관점이 통한다고 생각한다. 누군가를 돌보는 것은 자식의 생존과 관련되기 때문이다. "돌볼 자식이 있는 경우 위협에 맞닥뜨렸다고 해서 자식을 두고 도망치지는 않을 겁니다. 위협에 맞서야죠. 그래서 우리가 누군가를 돌보는 입장일 때는 위협을 줄이는 기제가 필요합니다."

사랑하는 사람이 전기 충격을 받는 모습을 볼 일은 없겠지만 실연을 당했다든지 직장에서 잘렸다든지 다른 사람들에게 따돌림을 당하는 등 소소하게 아파하는 모습을 볼 수는 있다. "저는 이런 생각을 하면 학교가 떠올라요. 학교에서 누군가에게 신체적으로 상처를 입히는 것은 명백하게 금지되지요. 하지만 같이 놀기 싫다는 말을 하는 등 감정적으로 상처 입히는 것을 규제하지는 않아요." 아이젠버거가 말한다. 그녀는 사회적 고통이 신체적 고통만큼이나 괴롭다는 것을 사람들이 깨닫게 되면 모두 지금보다 더 너그러워지고 타인에게 더 공감할 것이라고 생각한다. 우리는 피가 나거나 뼈가 부러지는 것처럼 눈에 보이는 신호가 없어도 사람이 상처받을 수 있다는 것을 늘 생각하게 될 것이다. 이는 고통받는 사람들에게도 위안이 될 수 있다. 자신들의 고통이 상상 속에서 일어나는 일이 아니라는 것을 알게 되기 때문이다. "때로 사람들은 '다 마음먹기 달렸어. 친구들 말처럼 이겨내야 해'라고 생각합니다. 그런데 사회적 고통이 실재한다는 것을 아는 것만으로도 도움이 될 수 있습니다." 아이젠버거가 말한다.

그리고 고통에 대해 마지막으로 할 말이 있다. 고통은 끝나기 마련이라는 것이다.

레프티 오둘스의 이야기를 하나 더 해보자. 스티브와 모린은 중학교에서 만났다. "스티브는 내 첫사랑이에요." 모린이 말한다. 하지만 결국 둘은 각자의 길을 가고 만다. 스티브는 다른 사람과 결혼해 오랫동안 살았다. 하지만 몇 년 전에 그는 가슴 아픈 이혼을 경험했다. 그는 정말 힘든 시간이었다고 말한다. 친구들도 만나지 않았고 출근도 하기 싫었다. 잠도 오지 않았다. "솔직히 더 이상 살고 싶지 않았어요." 그는 이렇게 말하면서 모린을 슬쩍 본다. "모린이 나타나기 전까지는요."

오랜 시간 떨어져 지내던 두 사람이 다시 만났다. 그들은 장거리 연애를 시작했고 함께 살게 되었다. 둘은 이제 7개월째 동거 중이다. 어른이 되어 새로 시작한다는 것은 간단하지 않았다. "시간이 걸려요. 어렵기도 하고요. 하지만 사랑만 있으면 잘 헤쳐나갈 수 있을 거예요." 스티브가 말한다.

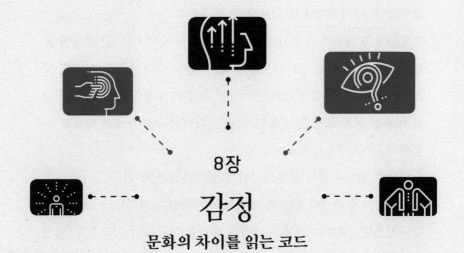

8장

감정

문화의 차이를 읽는 코드

조지타운 대학교의 문화와 감정 연구실Culture and Emotions Lab에 밤이 찾아왔다. 이제 피험자를 슬프게 할 시간이다.

오늘밤의 피험자인 참가자 57은 20대 초반의 여자로, 긴 금발에 눈동자는 옅은 푸른색이고 여드름이 조금 났다. 그녀는 빈 방의 빨간색 의자에 앉아 있다. 뒤쪽 벽에는 커다란 흰 종이가 붙어 있다. 그녀가 단편 영화를 보는 동안 앞에 놓인 비디오 화면이 그녀의 모든 행동을 기록한다.

옆방인 관찰실에서 문화심리학자 율리아 첸소바 더튼Yulia Chentsova Dutton 박사가 카메라 각도를 조정하자 학생인 알렉산드라 골드가 피험자가 있는 방으로 가서 그녀에게 전극을 부착하기 시작한다. 피험자의 가슴에 심박 측정 벨트를 두르고 호흡 센서도 두 개 부착한다. 호흡 센서는 피험자가 얼마나 자주, 얼마나 깊이 숨을 들이마시는지를 기록해줄 것이다. 손가락에는 감정 반응의 지표인 땀을 측정하는 피부 전도 센서 두 개를 부착한다. 골드는 피험자에게 실험에 대해 설명한다. "영화를 끝까지 보면 제가 다시 와서 몇 가지 질문을 할 겁니다. 영화를 보는 동안 어떤 감정을 얼마나 강하게 느꼈는지 물을 거예요."

간단하게 들리지만 연구 주제에 대한 단서가 담겨 있다. 피험자는 감정에 주의를 기울이라는 지시를 매우 간접적으로 받았다. 모든 피험자에게 이런 식의 단서를 주는 것은 아니었다. 어떤 피험자에게는 몸의 변화에 관심을 기울이라고 했고 또 어떤 피험자에게는 단서를 전혀 주지 않았다. 연구팀은 어떤 경우에 피험자가 내적 슬픔(우울함이나 불안 등을 포괄하는 감정) 또는 신체적 슬픔(눈물이 차오르거나 목이 메는 등의 신체적 변화)을 더 강하게 인식하는지 알고 싶었다.

　다른 점은 또 있었다. 연구에 참가한 피험자 절반은 유럽계 미국인이었고 나머지 절반은 중국계 미국인이었다. 두 집단 모두 미국이 아닌 곳에서 태어났다. 연구팀이 정말 궁금했던 것은 단순히 말로 알려준 단서보다 더 방대했다. 그들의 진짜 궁금증은 온갖 문화적 자극이 감정을 경험하는 방식에 영향을 미치는가였다.

　연구팀의 가설은 언어나 향기나 음식에 대한 경험처럼 문화 역시 소프트 바이오해킹 장치로 작용한다는 것이다. 무한한 정보의 세계에서 우리는 문화를 통해 어떤 패턴을 봐야 하고 무엇을 주목해야 하며 어느 곳에 주의를 쏟아야 하는지를 배운다. 우울증과 슬픔의 징후는 매우 다양하며 감정과 신체에 모두 나타난다. 하지만 우리는 그 모든 것에 주의를 기울일 수는 없다. 혹시 모두 주의를 기울이더라도 균일하게 기울일 수는 없다. 내가 슬프다는 것을 깨닫게 하는 신호, 또는 친구나 전문가에게 손을 내밀 때임을 알리는 적신호는 내가 습득한 문화가 무엇을 가장 중요하거나 성가시게 여기는지에 따라 달라진다.

감정의 별자리

　천문학자의 딸인 첸소바 더튼은 감정 인식을 밤하늘의 별을 관찰하는 것과 유사하게 생각한다. "엄청나게 많은 별이 있어요. 컴퓨터를 사용한다고 해도 그 별을 모두 인식하기란 불가능하죠. 하지만 우리의 문화는 어느 별자리가 중요한지 알려줘요. 전 오리온자리에 어떤 별들이 포함되는지 잘 알아요. 그 별자리를 그릴 수도 있고 밤하늘에서 찾을 수도 있지요. 이와 유사하게 문화는 감정의 별자리와 신체 감각의 별자리가운데 우리가 무엇에 주목해야 하는지 알려줍니다." 그녀가 말한다.

그녀의 연구는 문화가 감정 인식에 영향을 미친다는 기존 연구를 바탕으로 한다. 그중에는 스탠퍼드 대학교의 동창이 진행한 연구도 있고 그녀와 공동 연구를 진행하는 앤드루 라이더 박사가 소속된 캐나다 몬트리올 컨커디어 대학교 연구팀이 진행한 연구도 있다. 첸소바 더튼과 라이더는 우울, 슬픔, 불안 같은 부정적인 상태를 연구했고, 문화와 감정 연구를 개척한 스탠퍼드 대학교의 진 차이Jeanne Tsai 박사는 행복한 상태에 주목했다. 연구팀은 10년 넘게 연구를 진행하면서 슬픔이나 우울을 처리할 때 중국 문화권에서 자란 사람들은 몸의 감각에 더 집중하는 반면 유럽과 미국 문화권에서 자란 사람들은 감정적 사고에 더 주의를 기울인다는 사실을 입증했다. 연구팀은 사람들이 별자리를 배우듯이 증상을 고르는 법을 학습한다고 생각한다.

그들의 연구가 아시아인들은 선천적으로 X라는 행동을 하고 백인들은 선천적으로 Y라는 행동을 한다는 식의 인종 본질주의를 내세우는 것이 아니라는 점을 분명히 해두고 싶다. 사실 연구팀의 주장에 따르면 행동은 타고나는 것이 아니다. 우리는 문화를 통해 자신의 내적 상태를 인식하는 방법과 이를 타인에게 표현하는 방법에 영향을 미치는 지각과 행동을 배운다. 그리고 첸소바 더튼은 문화는 획일적이지 않다고 꼬집어 말한다. "각 문화권에는 해당 문화권의 모든 사람들이 친숙하게 느끼고 서로 공유하는 개념이 있을 겁니다. 하지만 이 개념에 저마다 다르게 반응할 수 있습니다. 즉 우리는 저마다 다르지만 조화를 이룰 수 있는 체계를 공유하고 있습니다." 그녀가 말한다.

실제로 이 분야에서는 단일 국가를 논할 때조차 문화를 복수형으로 쓰는 사람들이 있다. 문화란 인간이 만든 것이고 내부적으로 다양하다는 것을 표현하기 위해서다.

문화가 반드시 출신 국가를 뜻하는 것은 아니다. 물론 국가는 넓은 개념이라서 개인차가 있지만 그 안에 몇 가지 패턴이 있기 때문에 연구하기 편리하다. 초창기 문화 연구는 대부분 북미와 아시아, 특히 중국 문화에 집중되어 있었다. 두 나라에서 진행했던 임상심리학과 문화심리학 연구에서 문화 연구가 파생되었기 때문이다. 하지만 이제 문화 연구는 여러 나라로 영역을 넓히고 있다. 첸소바 더튼의 연구팀은 비비안 조코토Vivian Dzokoto와 함께 가나를 연구하고 있으며, 한국과 첸소바 더튼의 고국 러시아와도 연구를 진행한다. 멕시코, 이스라엘, 터키, 몇몇 서유럽 국가들을 대상으로 연구하는 팀도 있다. 차이의 연구팀은 종교에 따라 연구 집단을 나누어 실험하기도 했고 첸소바 더튼의 연구팀과 공동으로 성별 차이를 연구하기도 했다.

지금까지 부정적인 상태에 대한 연구는 주로 환자를 대상으로 했지만 오늘밤 첸소바 더튼이 진행하는 실험은 우울증을 겪는 사람이 아니라 짧은 영화를 보고 일시적으로 슬픔을 느낄 여성을 대상으로 한다. 첸소바 더튼은 문화적 배경이 다른 사람들에게 슬픔의 서로 다른 양상에 주목하라고 말하면 무슨 일이 일어나는지 알고 싶었다. 참가자 57 같은 유럽계 미국인에게 (해당 문화권의 표준으로 짐작되는) 감정에 집중하라고 말하면 감정적 반응이 강화될까? 피험자에게 몸의 반응에 더 집중하라고 하면 감정에 덜 민감해질까? 그렇다면 아무런 단서도 듣지 못한 통제 집단의 반응은 해당 문화권의 표준을 벗어날까?

첸소바 더튼은 피험자에게 부착한 센서에서 얻는 신체 데이터, 피험자의 진술, 피험자의 표정에 드러나는 미세한 감정 표현 등 세 가지 반응을 기록한다. 그녀는 '얼굴 움직임 분석 시스템FACS'을 이용해서 피험자가 감정을 억누르거나 숨길 때에도 감정 정보를 전하는 불수의근의 미세한 움직임을 분석할 수 있다. (FACS는 Facial Action Coding

System의 약자로, 캘리포니아 대학교 샌프란시스코 캠퍼스의 심리학자 폴 에크먼Paul Ekman이 개발했다.)

이는 매우 세밀한 분석 기법으로, 첸소바 더튼에 따르면 1분짜리 영상 분석에 30분이 걸린다. 하지만 이렇게 함으로써 입술의 작은 움직임, 턱의 떨림, 눈가의 주름을 비롯해 피험자가 인식하지 못하는 작은 변화를 관찰할 수 있다. 연구팀이 세 가지 자료를 사용하는 이유는 사람들이 자신의 심리 상태를 파악하는 일에 몹시 서투르기 때문이다. 따라서 피험자의 진술은 나머지 두 측정 자료의 결과와 많이 다를 수 있다. 참가자 57의 반응 기준점을 잡기 위해 먼저 화면보호기처럼 아무런 감정을 유발하지 않는 짧은 영상을 보여주었다. 이제 슬픈 영화를 상영할 차례다. 그리고 이 영화는 정말, 정말 슬프다.

이 수채화톤의 단편 애니메이션은 대사가 없고 누구나 등장인물에게 공감할 수 있기 때문에 선정되었다. 아코디언과 피아노 연주가 흐르면 아버지와 딸이 낡은 자전거를 타고 사이프러스 숲을 지나 호숫가로 가서 포옹한다. 아버지는 정박해 있는 배로 가다가 뒤를 돌아본다. 그리고 다시 딸에게 달려가 마지막으로 꼭 안아준 뒤에 배에 올라타고 노를 젓는다. 딸은 아버지의 자전거를 남겨둔 채로 자기 자전거의 페달을 밟는다. 훗날 딸은 다시 호숫가로 가서 아버지가 떠난 빈자리를 보다가 자전거를 타고 돌아간다. 바람에 흩날리는 낙엽이 계절의 변화를 암시한다. 딸은 계속 찾아오고 매번 조금씩 나이가 들어간다. 아버지의 자전거는 늘 그 자리에 있지만 아버지는 없다. 어느새 딸은 어른이 되어 남편과 아이들과 함께 호수를 찾는다. 그리고 노인이 된 딸의 모습이 나온다. 길에는 눈이 덮여 있고 하늘에는 새들만 날아다닌다. 아주 나이가 많이 든 그녀는 마지막으로 호수를 찾는다. 이제 자전거 페달을 밟을 기운도 없다. 호수 바닥은 습지가 되어 있었다. 그녀는 길게 자란 풀을 헤치고 한때 호수였던 곳을 향해 걸어 들어간다. 그리고 빈터에서 아버지의 빈 배를 발견한다. 딸은 배 안에 들어가 몸을 웅크리고 눕는다.

피험자의 3분의 1가량이 울었다. 참가자 57은 눈물을 흘리지는 않았고 생각에 잠긴 표정이었다. 하지만 카메라를 지켜보던 첸소바 더튼은 그녀의 표정에 미묘한 감정이 드러났다고 말한다. 이마에 주름이 잡혔고 입술이 약간 떨렸다. 그녀는 사람들이 감정을 억누를 때 그러듯 어느 시점에 입술을 꽉 깨물었다. "피부 전도 반응이 떨어졌어요. 심장박동도 감소했고요. 슬픔을 느끼는 사람에게 나타나는 현상과 일치하지요. 슬픔은 모든 것을 비활성화하거든요." 첸소바 더튼은 화면에 나타난 생리 지표를 보며 말한다. 하지만 이 젊은 여자는 스스로 슬프다고 인식할까? 골드는 참가자 57이 작성할 서류를 방으로 가져간다. 곧 결과를 알게 될 것이다.

감정을 결정하는 요인들

고통에 대한 연구와 마찬가지로 감정에 대한 연구도 아주 단순한 의문을 갖게 한다. 감정이란 무엇일까? 연구팀은 몇 가지 다른 방식으로 감정을 바라본다. 첸소바 더튼의 박사 학위 논문 지도교수였던 스탠퍼드 대학교의 심리학자 진 차이에 따르면 심리학에서는 고전적으로 감정을 정의한다고 한다. 감정은 의미 있는 사건에 심리적, 주관적, 행동적 반응을 수반하는 마음 상태를 말한다. "자신이 처한 환경에 무슨 일이 일어나면 그에 반응하겠지요." 그녀가 말한다. 진화의 관점에서 감정은 지나치게 길게 생각하지 않고 보상이나 위협에 재빨리 반응하게 하는 기제다.

진화생물학에서는 빠른 반응을 강조하는 경향이 있고 실제로 감정은 대개 몇 초밖에 지속되지 않는다. 하지만 차이는 사람들에게 감정보다 더 오래 지속되는 기분이라는 것이 있으며, 평생 지속되는 성격적 특성도 있다고 말한다. 그리고 감성 반응이 모두 외부 자극을 향한 것만은 아니다. 기억이나 상상에도 반응할 수 있다. 따라서 진화적 관점의 정의가 모든 것을 포괄하지는 않는다.

미각 전문가들과 마찬가지로 감정을 연구하는 사람들도 기본적인 범주로 감정을 분류한다. 그들은 감정을 타고난 감정과 보편적 감정으로 나눈다. (이 경우 각 감정은 화학 수용체가 아니라 표정과 연결된다.) 아직 합의에 이르지는 못했지만 대체로 행복, 슬픔, 혐오, 두려움, 분노, 놀람, 경멸을 포함한다. 기본 맛처럼 각 감정에는 적응 행동이 있다. "두려움 덕분에 포식자에게서 도망칠 수 있습니다. 분노 덕분에 뭔가를 공격할 수도 있고요." 차이가 말한다. 이런 기본 감정에 수치심이나 자긍심 같은 복잡한 감정이 덧씌워지는데, 연구팀은 이렇게 덧씌워지는 감정이 문화와 언어의 영향을 받아 학습된다고 생각한다.

차이는 자극도(또는 흥분도)와 유인도(긍정 또는 부정)의 관점에서 감정을 네 가지로 나누어 좀 더 세밀하게 분류한다. "자극도가 높고 긍정적인 상태에는 흥분이나 열정 등이 있고 자극도가 낮고 긍정적인 상태에는 침착과 평화 등이 있습니다." 그녀가 말한다. 정반대의 경우도 생각할 수 있다. 자극도가 높고 부정적인 상태에는 두려움과 초조함이 있고 분노도 여기에 포함된다. 자극도가 낮고 부정적인 상태에는 따분함과 게으름 등이 있다. 이런 분류를 '차원 모델dimensional model'이라고 한다. 감정 상태를 두 가지 이상의 축에 따라 분류하기 때문이다. 이를 변형한 여러 모델이 있지만 자극도-유인도 모델이 가장 널리 쓰인다.

1949년 예일 대학교의 신경 과학자 폴 맥린Paul MacLean이 '내부감각 뇌visceral brain'라는 개념을 도입했고 훗날 이 말은 '대뇌변연계'로 바뀌었다. 대뇌변연계는 외부의 감각 자극과 내부의 감정을 중재하는 핵심적인 영역이다. 여기에는 예전에 후각뇌('코 뇌nose brain'라고도 불리며 감정과 후각이 얽혀 있다는 증거다)라고 불리던 영역과 편도체, 안와 전두피질, 해마가 포함되며, 맥린은 이 영역이 모두 감각과 연관되어 있다고 보았다. 현대의 과학자들 중에는 이 영역의 일부가 다른 기능을 하는 것으로 밝혀졌다면서 감정과 관련된 일부 영역을 연구에서 배제해야 한다고 이의를 제기하는 사람들도 있다. 그럼에도 대뇌변연계라는 이름이 널리 쓰이고 있고 맥린은 여러 중요한 영역의 기능을 바로잡았다. 특히 주목할 만한 것은 초기 감각 입력 정보를 전달받아 감정과 위협 감지 반응을 일으키는 편도체다.

고통을 연구하는 사람들과 마찬가지로 감정 전문가들도 언어 문제와 씨름하고 있다. '분노가 타오르다', '질투로 배가 아프다', '날아갈 듯이 행복하다', '우울해서 마음이 무겁다'처럼 우리가 감정을 드러낼 때 자주 쓰는 신체 관련 표현은 비유적인 동시에 실제 감각을 나타내기도 한다. 첸소바 더튼은 문화권에 따라 정도의 차이가 있을 뿐, 어느 문화권에서든 이런 표현들이 비유와 실제 감각을 모두 나타낸다고 생각한다. "애당초 뇌는 감정과 신체에 관한 표현 모두를 같은 정보의 흐름으로 처리하고 이해했습니다. 우리에게 일어나는 일을 어떻게 범주화할지 문화가 알려주면서 우리는 감정과 감각을 개별적인 정보로 나누게 되었습니다." 그녀가 말한다.

"사실 여러 언어에서 감각을 말하지 않고 감정을 표현하기는 불가능하지요." 그녀는 국제 연구를 진행하면서 사람들에게 감정 상태를 설명해보라고 요청한 적이 많았다. "러시아와 가나의 경우 저에게 질문을 하는 경우가 많았어요. 그 질문을 통해 저는 그들에게는 사고와 감정과 감각 인식이 뚜렷이 구분되어 있지 않다는 것을 어렴풋이 알게 되었어요.”

하지만 영어의 경우 신체 상태를 나타내는 동시에 감정을 비유적으로 표현하는 말도 있고 ‘기쁨joy’, ‘평온함tranquility’, ‘우울함melancholy’, ‘아노미anomie’처럼 감정만 표현하는 말도 있다. 일반적으로 미국 문화는 감정을 명확히 표현하고 공유할 것을 권장한다. 첸소바 더튼에 따르면 미국인들에게는 이런 표현이 자연스럽기 때문에 미국 학생들에게 자신의 현재 감정을 한 페이지짜리 목록으로 만들라고 하면 대부분은 순식간에 해낸다고 한다. “반면 아시아인, 러시아인, 특히 가나인은 이 일을 매우 어려워합니다. 목록 작성에 가나인은 20분 정도 걸렸고 러시아인은 5~6분 정도 걸렸어요.”

이처럼 우리는 각자의 언어와 문화를 통해 무엇에 주의를 기울여야 하는지 배운다. 그리고 무언가에 주의를 기울이는 행동만으로도 강화 작용이 일어난다. 뭔가 기쁜 일이 생겼는데 피부가 얼얼해지면서 ‘난 행복해!’라는 생각이 든다고 가정해보자. 그러면 이제부터 피부가 얼얼해지는 것이 행복한 감정의 신호라고 생각하게 될 것이다. 행복이라는 말과 얼얼해지는 감각을 연관 지었기 때문이다. 이는 집단에게도 작용한다. 모든 사람이 특정 단어나 몸의 증상을 활용해 성공적으로 감정을 전달하게 되면 그 연결 고리는 사회적으로 강화된다(예를 들면 두통이 있다는 말로 스트레스를 받고 있음을 알리는 경우). 그리고 마지막으로 뇌와 신체는 함께 작용하기 때문에 우리가 특정 신체적 증상을 자꾸 생각할수록 해당 증상이 강화된다. “가슴이 두근거린다는 사실에 주의를 기울이면 심장이 더 빨리 뛰는 듯한 기분이 들죠. 주의를 기울임으로써 이런 피드백 고리가 형성되는 겁니다.” 첸소바 더튼이 말한다.

첸소바 더튼과 여러 차례 공동 연구를 진행한 앤드루 라이더는 몸과 감정의 피드백 고리가 작용하는 전형적인 예로 공황 발작을 언급한다. "누군가 불안을 느낍니다. 아마 뭔가 걱정이 있겠지요. 어쩌면 두 잔씩 마시던 커피를 네 잔 마셨는지도 모르고요. 커피를 많이 마시면 심장박동이 빨라지고 손에 땀이 나고 심한 경우 약간 가슴이 조이는 느낌이 들지요." 그가 말한다. 이런 미묘한 변화에 신경 쓰기 시작하면 더욱 불안해질 수 있다. 이제 심장박동은 더 빨라지고 손에서는 땀이 더 많이 나고 가슴이 조이는 느낌도 더 심해진다. "뭔가 심상치 않은 일이 일어난다는 것을 인지하는 동시에 그 일에 기름을 붓게 됩니다. 이런 순환을 몇 차례 겪고 나면 어느새 심장은 미친 듯이 뛰고 가슴이 못 견디게 조여오고 손바닥에는 땀이 축축해지지요. 그러면 정말 정신이 혼미해집니다. 공황 발작이 일어나는 거죠." 라이더가 말한다.

그는 이 순환 고리에서 문화의 역할이 분명히 드러난다고 말한다. 공황 발작이 아무 때나 일어나지는 않으며, 나라마다 공황 발작의 원인을 다양하게 예측한다. 재채기하기 전에 코가 간지러울 때, 새끼손가락이 이상하게 아플 때, 손바닥에 땀이 날 때는 좀 신경이 쓰일 수는 있겠지만 공황 발작이 찾아오지는 않는다. 재채기나 아픈 새끼손가락을 위험과 연관 짓는 문화권은 없기 때문이다. 북미 사람들은 심장박동이 빨라지거나 가슴이 조이는 느낌을 심장마비의 전조 증상으로 보고 두려워한다. "가슴이 조이는 것을 비롯해서 몇 가지 증상을 심장마비와 연관 짓는 문화권에 속하지 않으면 이런 연결 고리가 형성될 수 없습니다." 라이더가 말한다.

이제 가슴이 아니라 목이 아프다고 가정해보자. 북미인들에게 이런 증상은 기분이 좋지 않을 수는 있지만 경계할 만한 일은 아니다. 하지만 캄보디아 사람들은 목이 아프면 공황 발작이 발생할 수 있다고 말한다. 그들은 혈액과 크얄khyâl(몸에 흐르는 공기인 '풍'을 뜻한다)이 목으로 올라오면 혈관이 파열된다고 믿기 때문이다. 가슴이 조이고 목이 뻣뻣해지는 것은 모두 스트레스의 징후다. 힘든 시기에는 이 두 가지는 물론이고 여러 가지 불안 지표가 나타날 수 있다.

하지만 문화권마다 어떤 징후에 주의해야 하는지 가르친다. 우리는 그에 따라 특정 징후에 더 주의를 기울이고 그 징후를 공황 발작이라고 여기기도 한다. "커피를 많이 마시면 근육이 긴장하기 때문에 목이 뻣뻣해질 수 있습니다. 심장박동도 빨라질 수 있고요. 하지만 북미인인 저는 목이 뻣뻣해지는 것에 그리 신경 쓰지 않을 겁니다. 좀 성가실 수는 있겠지요. 그래서 목을 주물러보기도 하겠죠. 하지만 공황 발작을 일으킬 정도로 자기 강화의 순환 고리가 형성될 가능성은 없습니다. 물론 심장박동이 빨라지거나 가슴이 조이는 문제에는 주의를 기울이겠지만요." 라이더가 말한다.

다른 문화권의 사람들은 알아차리지도 못하는 통증 지표에 특정 문화권의 사람들이 민감하게 반응하는 사례는 흔하다. 첸소바 더튼은 러시아 사람들이 급격한 온도 변화에 신경 쓴다는 사실에 주목한다. 그들은 그럴 경우 몸이 아프게 된다고 오랫동안 믿어왔다. 그녀에 따르면 이런 이유로 냉방을 하는 사무실이 거의 없고 음료에 얼음을 넣는 경우도 거의 없으며 사람들은 외풍이 들어오지 않게 주의한다고 한다. 그녀는 가나에 있었을 때의 일화도 들려준다. 말라리아가 풍토병인 가나에서 그녀가 놀랐던 점은 대학생들이 서로 몸이 피곤하거나 열이 나지 않는지를 일상적으로 묻는다는 것이었다. 이는 서아프리카 사람들이 몸 상태와 관련하여 가장 중요하게 생각하는 것들이다.

사회 불안에도 똑같은 피드백 순환 고리가 작용한다. 라이더는 파티장에서 자신이 다른 사람들에게 어떻게 보일지 걱정돼서 끊임없이 거부의 신호를 탐색하는 상황을 가정해보자고 했다. 당신은 불안감에 손이 약간 떨려서 뭐라도 잡고 있으려고 와인 잔을 들었다. 그런데 같이 얘기하고 있던 사람이 잠깐 시선을 다른 곳으로 돌렸다. 당신 때문에 지루한 것일까? 아니면 흥미를 끄는 사람이 나타난 것일까? "그런 생각을 하기 때문에 손이 떨리는 겁니다. 그래서 와인 잔을 들었죠. 아마 힘을 줘서 꽉 잡았겠죠. 하지만 그러면 손이 더 떨립니다." 라이더가 말한다. 이쯤 되면 당신은 떨리는 손을 들키거나 와인을 쏟을까 봐 두려울 것이다. 그리고 아이러니하게도 자신을 더 면밀히 관찰할수록 대화 상대에게는 더 무례하고 더 무심해 보일 것이다. 그러면 상대방은 다른 사람에게로 가고 당신은 더 걱정하게 된다. 이렇게 피드백 순환 고리가 완성된다.

피로와 불면증을 수반하는 우울증을 예로 들 수도 있다. 자신이 얼마나 피곤한지에 집중할수록 잠을 푹 자지 못할까 봐 더 걱정하게 된다. "그래서 피곤한데도 잠자리에 들면 두려움을 느낍니다. '오늘 밤에도 한 시간 반밖에 못 자면 어쩌지.' 이런 생각을 하는 거죠. 이런 예상을 한다는 것 자체가 사태를 더 악화시킵니다." 라이더가 말한다.

감정 인식에 깔린 피드백 기제는 또 있다. 감정은 단독으로 발생하지 않고 사회적 맥락 안에서 발생한다는 것이다. 예컨대 우울증에는 나쁜 낙인이 찍히는 경우가 많다. 그래서 우울하다고 말하거나 만성 피로를 호소함으로써 동료에게 나쁜 대우를 받을까 봐 두려울 수도 있다. 이런 낙인은 신체 문제와 다른 방식으로 정신 건강을 악화시킨다. "당신이 다리가 부러진 것을 보고 모든 사람들이 당신을 낙오자로 생각한다고 가정해봅시다. 그런다고 해서 부러진 다리의 상태가 더 나빠지지는 않습니다. 하지만 우울증이라는 이유로 사람들이 모두 당신을 피한다면 그 자체가 이미 우울한 경험이 되어버리지요." 라이더가 말한다. 마찬가지로 끊임없이 자신감을 북돋아줘야 하거나 감정

조절을 도와줘야 하는 사람이 있다면 그는 사회적 네트워크를 피곤하게 만들고 결국 더 큰 외로움을 느끼게 된다. "내가 원할수록 상태가 나빠지는 악순환을 반복하게 됩니다. 도움을 요청하면 할수록 거부당했다는 느낌만 강해지죠." 첸소바 더튼이 말한다.

감정, 생체 기능, 인간관계가 서로 겹치며 영향을 주고받는 매우 복잡한 시스템에서 무엇에 주의를 기울여야 할지 배우는 것은 중요하다. 이는 자신과 타인을 어떻게 이해하는지, 그리고 타인이 자신을 어떻게 대하는지를 결정한다. "우주는 매우 복잡하고 우리는 우주의 아주 작은 부분에만 인지 자원을 쓸 수 있습니다. 이때 문화가 안내서를 제공하기 때문에 문화는 정말 중요하죠." 라이더가 말한다.

하지만 각자가 따르는 문화 안내서가 자신에게는 보이지 않는 것이 함정이다. 이 문화 안내서는 매우 친숙하기 때문에 우리는 무엇을 인식하든 학습된 것이 아니라 보편적이라고 여기면서 내가 느끼는 슬픔이 타인이 느끼는 슬픔과 같다고 생각한다.

다시 첸소바 더튼의 관찰실. 그녀는 몇 주 전에 실험에 참가한 여자의 영상을 튼다. 참가자 37이다. 단발머리에 주근깨가 덮인 젊은 중국계 미국인이 클로즈업된다. 그녀는 말없이 앉아서 단편 애니메이션을 본다. 첸소바 더튼은 딸이 호숫가에 자꾸 가보는 어느 시점에 피험자들이 감정을 터뜨리는 경우가 많았다고 말한다. 피험자들은 딸이 나이 들어갈수록 감정이 격해졌고 대부분 마지막에 딸이 배에 올라탈 때 눈물을 흘린 경우가 많았다.

참가자 37은 울지 않으려고 매우 애쓰는 듯했다. 그녀는 계속 손으로 얼굴을 만졌다. 하지만 코를 닦는 것인지 눈물을 감추는 것인지는 확실치 않았다. "감정을 억누르려고 입술을 깨무는 것 같군요. 감정에 브레이크를 거는 행동이죠." 첸소바 더튼이 말한다. 피험자는 울기 전에 나타나는 몇 가지 신호를 보였다. 눈을 깜빡거렸고 입꼬리가 내려 갔으며 코를 약간 훌쩍거리기도 했다. 입술이 떨리기 시작하자 그녀 는 눈물을 참으려고 계속 입술을 깨물었다. 하지만 점점 밀리고 있었 다. "이제 턱이 약간씩 떨리기 시작합니다." 첸소바 더튼이 이렇게 말 하자 곧 피험자의 얼굴에 굵은 눈물 줄기가 떨어진다. "자, 시작됐어 요." 첸소바 더튼이 화면을 보며 고개를 끄덕인다.

이 피험자는 신체 반응에 집중하라는 단서를 들었고 실제로도 자신 의 신체 반응에 매우 주의를 기울였다고 말했다. 감정의 강도를 0점에 서 8점으로 평가하는 표에서 그녀는 눈물, 호흡의 변화, 심장박동 증 가, 따뜻해지는 느낌 같은 신체 반응에 높은 점수를 주었고 인지적 범 주에 해당하는 '추억이 떠올랐다' 같은 항목에도 높은 점수를 매겼다. 하지만 울적함과 괴로움 같은 감정적 범주에는 매우 낮은 점수를 주 었고 그중 슬픔에는 0점을 주었다. 그녀는 능동적으로 슬픔을 느끼지 는 않았지만 자신이 뭔가 슬픈 생각을 한다고 인식하는 것 같았다. 애 니메이션을 보고 나서 느낌을 설명해보라고 하자 그녀는 이렇게 썼 다. "친구와 함께 겪었던 슬픈 일이 떠올랐다. 고향이 그립다."

첸소바 더튼은 지금까지의 결과로 보면 이는 매우 전형적인 반응이 라고 말한다. 중국계 미국인들은 몸이 어떻게 반응하는지를 더 많이 의식한다는 결과가 나왔고 유럽계 미국인들은 주관적으로 슬픔을 느 낀다고 말한 경우가 많았다. 하지만 예외도 있었다. 골드가 방금 질문 을 마친 참가자 57이 바로 예외인 것 같았다. 연구팀은 참가자 57이 유럽계 미국인이고 감정에 주의를 기울이라는 단서를 들었기 때문에 감정에 민감할 것이라고 예측했다. 하지만 그녀의 결과는 혼란스러웠 다. 참가자 57은 슬픈 표정을 미묘하게 보이기는 했지만 애니메이션 을 보고 나서 작성한 대답은 눈에 띄게 분석적이었다. 그녀는 애니메이션의 음악과 스토리가 얼마나 좋았는지와 자신이 애니메이션을 이해하기 위해 얼마나 노력했는지를 주로 얘기했다. "특별히 강한 감정을 느끼지는 못했음. 약간 슬픈 정도." 그녀는 이 항목에 0점을 주며 이렇게 썼다.

"와!" 첸소바 더튼이 외쳤다. 참가자 57은 감정 영역에 높은 점수를 주었다. 하지만 좀 더 자세히 들여다보면 집중도, 명확한 주제, 만족도 같은 감정 영역의 긍정적인 항목에 점수가 집중되었다. "참가자 57은 영화의 미학을 즐긴 것 같군요. 애니메이션이 아름답기는 해요." 첸소바 더튼은 이렇게 말하고는 생각에 잠긴다. 어쩌면 참가자 57의 피부 전도 반응이 떨어진 것은 슬퍼져서가 아니라 평온해져서일지도 몰랐다. 감정 연구에서는 가능한 일이었다. 사람은 모두 제각각이고 예측 불가능하니까. "언제나 전반적인 범주가 있을 뿐이에요. 사람에 따라 반응할 수도 있고 안 할 수도 있죠. 중요한 것은 이런 예외가 있다는 것을 알고 그 차이를 감지하는 것이죠." 첸소바 더튼이 말한다.

그리고 문화라는 넓은 범위에서 드러나는 패턴이 있다. 연구팀이 분석을 마칠 때쯤이면 참가자 57이 패턴을 벗어난 사람임이 분명해질 것이다. 연구팀은 몸이나 감정에 주의를 기울이라는 단서가 전반적으로 효과가 없었음을 알아차렸다. 하지만 문화권에 따라 차이가 있었다. 실험에 참가한 모든 사람이 슬프다는 반응을 보였지만 중국계 미국인들은 눈물이 나는 등의 신체적 감각을 경험했다고 응답한 경우가 많았다. 유럽계 미국인들은 피부 전도 반응이 크게 상승했다. 이는 감정적 반응과 관련된 몸의 무의식적인 반응이다. 하지만 중국계 미국인들은 근육의 긴장, 심장박동 증가, 목멤 같은 신체적 징후를 더 의식적으로 인식했다.

연구팀은 호흡과 심박수 데이터를 분석한 결과 중국계 미국인들의 신체 반응이 전반적으로 높아진 것은 아니라는 결론을 내렸다. 오히려 유럽계 미국인들의 신체 반응이 약간 더 강했다. "이런 결과는 정신생리학적 반응이 아니라 경험의 해석을 통해 문화가 감정적 반응을 형성한다는 개념을 뒷받침합니다." 연구팀은 이렇게 결론지었다. 따라서 감정은 세부적인 것에서 출발해 전체를 보는 것이 아니라 오히려 정반대로 진행되는 것이다. 문화적 선입견은 몸의 상태보다는 인식에 영향을 미친다.

행복한 미국인, 슬픈 러시아인

첸소바 더튼의 연구는 차이 연구팀의 '이상적 정서ideal affect'라는 개념을 기반으로 한다. 이는 실제로 느끼는 감정이 아니라 느끼고 싶어하는 감정을 뜻한다. 차이는 이상적 정서를 "개인이 염원하는 상태, 다시 말해 자신이 도달하고자 하는 무의식적 또는 의식적 목표나 상태"라고 말한다. 그녀는 이상적 정서가 개인의 실제 정서, 즉 그 순간에 실제로 느끼는 감정과 다르다는 것을 알았다. "문화는 이상적 정서와 실제 정서에 모두 영향을 미칩니다. 하지만 우리는 문화가 실제 정서보다 이상적 정서에 더욱 영향을 미친다고 봅니다. 문화를 통해 무엇이 좋고 바람직하며 미덕인지를 배우기 때문입니다." 차이가 말한다.

그래서 차이는 모든 사람들이 행복을 열망하지만 그 행복의 종류는 저마다 다르다고 생각한다. 그녀의 연구팀은 미국인, 중국인, 타이완인 피험자를 집중적으로 연구했고, 그 결과 대체로 동아시아인들은 평온하고 고요한 행복을 소중히 여기는 반면 미국인들은 짜릿한 흥분이 주는 행복을 소중히 여긴다는 사실을 알아냈다. (앞서 살펴본 네 가지 분류를 떠올려보자. 동아시아인들의 행복과 미국인들의 행복 모두 유인도는 긍정적이지만 자극도가 다르다.) 연구팀은 유치원생들 사이에서도 문화적 차이를 발견했다. 아이들의 전반적인 감정 반응 수준과 관련 있는 개인의 기질을 통제한 뒤에도 문화적 차이는 사라지지 않았다.

이런 가치가 일상생활에서 어떻게 전달되고 강화되는지 알아보기 위해 차이 연구팀은 내적 행복을 외적으로 드러내는 미소를 연구했다. 그들은 동화책에서부터 패션 잡지, 시사 잡지, 페이스북 프로필, 기업 최고경영자의 사진에 이르기까지 수많은 자료를 분석했다. 그 결과 미국인들은 일관되게 활짝 미소를 짓는 반면 동아시아인들은 온화하게 미소 지었다. (연구팀은 얼굴의 움직임을 분석하는 시스템으로 입이 벌어졌는지, 이가 보이는지, 눈가에 주름이 잡혔는지 같은 단서로 미소에 담긴 감정의 강도를 측정했다. 이런 단서를 억지 미소가 아닌 진짜 미소의 지표로 인식하는 연구팀도 있다.)

차이는 감정과 행동을 체계화하는 방식에 실제 상태가 아닌 이상적 상태가 영향을 미친다고 말한다. 우울한 기분을 떨치고 기운을 북돋고 싶다고 하자. 이상적 상태가 활발함이라면 감정을 그 정도로 끌어올리기 위해 노력할 것이다. 이상적 상태가 평온함이라면 집에서 책을 읽을지도 모른다. 2007년 논문에서 차이는 이상적 상태가 문화권의 약물 선택에도 영향을 미친다고 주장했다. 코카인과 암페타민 같은 흥분제는 미국에서 남용되는 경우가 많고 헤로인 같은 진정제는 중국에서 흔히 남용된다. 차이는 개인이 소중하게 여기는 가치는 문화와 연관된다고 주장한다. 개인의 독립성을 존중하고 타인에 대한 설득을 장려하는 문화의 경우 활발한 상태를 가치 있게 여기는 경향이 있다. 반면 집단 내의 조화와 타인에 대한 순응을 장려하는 문화의 경우 대체로 평온한 상태를 가치 있게 여긴다. 잠시 후에 알아보겠지만 차이 연구팀에서는 이상적 상태가 타인을 판단하는 무의식적인 기준이 되는지도 연구 중이다.

첸소바 더튼의 연구는 여기에서 갈라져 나와 부정적인 상태를 대상으로 한다. 더튼은 부정적인 상태 역시 나름대로 바람직하다는 개념에서 출발한다. 그녀는 부정적인 감정은 경고 신호이기 때문에 중요하다고 말한다. 이 감정은 매우 중요하므로 내부에서 만들어낼 수도 있다. "동물과 달리 인간은 사고를 통해 어떤 감정 상태에 이를 수 있습니다. 얼룩말은 사자에게 쫓길 때만 극도로 스트레스를 받지만 제가 가르치는 학생들은 중간 고사 걱정만으로도 그런 상태에 이를 수 있지요." 그녀가 말한다. 더튼은 행복한 생각을 하는 것보다 걱정스러운 생각을 하는 편이 더 쉽다고도 말한다. 사람은 긍정적인 상태에는 빠르게 익숙해지지만 부정적인 상태에는 쉽게 불안해진다. "인간은 위협에 극도로 민감하도록 진화해왔습니다. 위협에 재빨리 대처해야만 유전자를 온전히 전달할 수 있기 때문이지요." 그녀가 말한다.

"미국 심리학계는 부정적인 감정을 기능 장애로 보는 경향이 있습니다. 하지만 여러 문화권에서 부정적 감정은 매우 중요하고 고귀하며 유용하게 여겨집니다." 그녀가 말한다. 첸소바 더튼이 인터뷰한 러시아인들은 슬픔이 자신은 물론이고 자녀들의 삶에도 일부가 되기를 원한다고 말하는 경우가 많았다. "러시아인들은 슬픔이 관계를 맺고 문제를 해결하고 객관적으로 생각하는 데 도움이 된다고 말합니다. 그리고 자신이 인간일 뿐이라는 점을 일깨움으로써 오만하지 않게 하고 흥분과 행복 사이에서 균형을 잡게 해준다고 말합니다." 그녀가 말한다.

첸소바 더튼은 부정적인 이상적 정서일지라도 주의력에 도움이 되는지 연구하고 있다. 실험에서 피험자들은 퍼즐을 풀게 된다. 연구팀은 피험자들에게 퍼즐을 푸는 동안 느끼고 싶은 감정을 선택하게 하고 영화나 음악을 통해 그들이 선택한 감정을 느끼게 돕는다. "같은 상황에서 미국인들은 행복한 기분을 느끼고 싶다고 말했고 러시아인들은 슬픈 기분을 느끼고 싶다고 말했습니다." 그녀가 말한다. 이제 그녀는 그런 기분이 실제로 집중에 도움이 되는지 알아보려고 한다.

차이와 공동으로 진행한 또 다른 연구에서 첸소바 더튼은 사람들이 우울할 때는 해당 문화권의 이상적 정서를 거스른다는 결론을 내렸다. "유럽계 미국인들은 감정 표현을 중단했습니다. 아시아인들도 마찬가지로 아시아 규범에 반하는 행동을 했고요. 그들은 지나치게 감정적이고 불안정한 상태가 되었습니다." 그녀는 우울한 사람에게는 문화적으로 적절한 반응을 실행할 기력이 없는 것인지도 모른다고 말한다. 아니면 문화적 연결 고리에서 벗어나 타인의 반감을 샀기 때문에 더 우울해지는 것인지도 모른다.

첸소바 더튼과 라이더는 이런 인식의 차이가 진료실에서 어떻게 나타나는지 연구 중이다. 2002년부터 라이더는 캐나다와 중국에서 우울증과 불안증 환자를 연구하고 있다. "우리는 서로 다른 문화적 틀이 어떤 식으로 사람들의 관심을 '증상'으로 바뀔 만한 경험으로, 다시 말해 누군가에게 도움을 청할 정도로 신경 쓰이는 신호로 이끄는지를 연구하고 있습니다." 그가 말한다.

라이더에 따르면 1970년대 서구인들이 중국인 신경정신과 환자들을 연구한 뒤로 그들을 달갑지 않게, 때로는 노골적인 인종차별주의자의 시각으로 설명하는 가설이 등장했다고 한다. 이런 초창기 가설 중에는 정신을 강조하는 유럽의 문화가 표준이고 몸에 집중하는 신체화somatization*는 미숙한 방어 기제라고 가정하는 것도 있었다. 이 가설은 신체화하는 환자를 감정적으로 단순하거나 감정을 억누르는 사람으로 보았다. (표준에서 벗어나는 편차를 뜻하는 '중국식 신체화Chinese somatization'라는 용어도 이때 생겼다. 라이더는 같은 의미로 '서구식 심리화 Western psychologization'라는 말을 써도 무방하다고 말한다.) 그나마 중국인 환자들에게 공감을 표현한 가설에서는 사람들이 몸의 증상에 집중함 으로써 정신 질환의 징후를 회피한다고 가정했다. 특히 미래에 대한 절망 같은 감정을 인정하면 정부를 비판한다는 오해를 받을 수도 있 는 공산주의 정권에서는 더욱 그렇다고 했다.

라이더 연구팀은 개인의 인식은 결국 해당 인식이 자신과 얼마나 관계가 있는지, 무엇이 자신의 고통을 가장 의미 있게 전달하는지, 어 떤 결과(도움받는 것에서부터 외면당하는 것까지 모든 결과)를 기대하는지 로 귀결된다고 생각한다. 2008년 캐나다 토론토와 중국 창사 소재 병 원에서 연구를 진행한 결과 환자들이 자신의 문제를 자유롭게 이야기 하는 공개 면담과 의료진이 통상적인 우울증 증상을 물어보는 구조적 인 면담에서 중국인 환자들은 몸의 증상을, 캐나다인 환자들은 부정 적인 생각을 더 많이 털어놓는 것으로 드러났다. 예를 들어 중국인 환 자들은 피로, 수면 장애, 체중 감소 같은 문제를 호소했고 캐나다인 환 자들은 절망감, 흥미와 즐거움의 상실, 낮은 자존감을 호소했다. 물론 항상 이런 결과가 나타나지는 않았다. 두 집단 모두 고통과 현기증을 동일하게 언급했다. (라이더 연구팀은 현재 한국과 중국에서 수집한 자료를 비교하는 후속 연구를 진행하고 있다. 그들은 이를 통해 도시 거주자와 시골 거 주자 간의 차이를 비롯한 여러 인구 통계상의 차이점을 탐색할 것이다.)

추가로 진행된 연구에서도 연구팀은 사람들이 어떤 증상으로 괴로 움을 설명하는지 알아보았다. 첸소바 더튼 연구팀의 최은수 연구원이

● W. 슈테켈Stekel이 처음 사용한 용어로서, 심리적 조건에 따라 신체적 증상이 생기는 과정을 가리킨다.

2014년에 끝낸 이 연구에서는 한국인과 유럽계 미국인에게 화나는 상황을 치료사나 친구에게 글로 써보라고 했다. 그다음 자신의 상태를 얼마나 효과적으로 설명했는지, 글을 읽는 사람이 얼마나 공감할지를 스스로 평가하게 하여 그 결과를 비교했다. 글을 분석한 결과 사건을 회상할 때는 한국인들이 미국인들보다 신체와 관련된 언급을 더 많이 했다. 그들은 신체와 관련된 말을 씀으로써 경험을 더 만족스럽게 설명했다고 생각하고 상대방의 공감을 더 얻을 것으로 기대했다. (미국인들의 경우 이런 기대가 없었다.)

　글을 읽은 사람이 신체와 관련된 말에 정말 더 공감하는지 알아보기 위한 두 번째 연구에서는 한국인 피험자들에게 취업의 어려움을 묘사한 글과 직장에서 화나는 상황을 설명한 글을 읽게 했다. 최은수는 각 글의 결론을 다르게 썼다. 둘 중 하나는 두통, 식이 장애, 탈모 같은 신체적인 고통을 느낀다는 내용으로 끝냈고 나머지 하나는 우울감이나 무력감을 느낀다는 내용으로 마무리했다. 실제로 한국인 피험자들은 신체적 고통을 설명한 글에 연민을 느낀다거나 글의 주인공을 돕고 싶다면서 더 공감하는 반응을 보였다. 최은수에 따르면 이는 타인에게서 응원과 위로를 얻으려는 경우 어떤 전략을 선택할지를 문화가 유도하는 사례라고 한다.

　라이더는 자신이 직접 경험한 것과 공동 연구를 진행하는 의사들에게 들은 내용을 통해 감정적 증상이나 신체적 증상 가운데 하나만을 호소하는 환자는 매우 드물다는 것을 알게 되었다. 단지 어떤 증상을 강조하느냐가 문제일 뿐이고 원인과 결과를 달리 설명하는 경우가 많았다. 라이더가 지켜본 중국인 우울증 환자들은 대부분 감정적 증상도 일부 언급했다. 다만 그들은 근원적인 문제를 신체적인 것으로 생각할 뿐이었다. "그러니까 '우울하고 불안하고 죄책감이 들고 자신에게 나쁜 감정을 느낍니까?'라고 물어보면 이렇게 대답하는 겁니다. '네, 맞아요. 아시다시피 거의 1년 동안 잠을 제대로 자지 못해서 직장 생활도 엉망이고 아내의 인내심도 바닥났죠. 그러니까 당연히 그런 기분이 들겠죠. 하지만 수면 장애에 비하면 그건 문제도 아니에요.'" 그가 말한다. 반면 북미에서 자란 사람은 감정이 진짜 문제이고 나머지는 부작용에 불과하다고 생각할 것이다. "늘 걱정에 사로잡혀 있으면 잘 먹지도 못하고 절망에 빠져 침대에서 나가고 싶지도 않죠." 라이더가 말한다.

라이더는 이 점이 중요하다고 말한다. 이 연구의 핵심은 임상의학자들의 진료를 돕는 것이다. 환자들이 어느 한 가지를 더욱 문제라고 생각하는 이유를 이해하면 오진을 피하고, '제대로' 우울함을 느끼는 방법이 있다는 말을 하지 않게 되며, 의사가 환자의 근심을 병과 무관하다며 무시하는 일도 막을 수 있다. "의사에게 이해받지 못하면 우울함이 증가합니다. 의사가 자신이 속한 문화에 환자의 증상을 너무 빨리 욱여넣어버리면 환자를 이해하지 못하는 데서 그치는 것이 아니라 오히려 의사가 환자에게 이해받지 못하고 소외된 기분을 느끼게 하는 셈이지요." 라이더가 말한다. 의사는 환자가 실제로 어떤 감정을 느끼는지와 어떻게 그 감정이 해석되기를 바라는지를 중요하게 생각해야 한다.

그림 그리기와 자기소개 하기

스트레스를 느끼고 도움을 요청하는 사람이 진료실에만 있는 것은 아니다. 라이더 연구팀은 실험실에서도 문화적 패턴이 작용하는 사례를 관찰할 수 있다고 생각한다. 그래서 나는 다시 한 번 관찰실에서 카메라를 지켜보았다. 이번에는 몬트리올의 연구실이었다. 이 연구실은 아무것도 없이 휑하던 조지타운의 연구실보다 훨씬 안락했다. 이번에는 방을 학생 휴게실처럼 꾸며서 벽을 연노란색으로 칠하고 푹신한 고동색 의자와 탁자를 가져다놓았다.

비루 저우Biru Zhou는 두 명의 피험자에게 자신의 심리학 박사 학위를 위한 실험에 대해 설명할 참이다. "사회적 불안이 문화권에 따라 어떻게 다른지 알아보려고 합니다." 그녀는 일본에서 다이진쿄후쇼対人恐怖症라고 알려진 증후군에 특히 관심이 있다. 이 증후군은 자신이 다른 사람들에게 불쾌감을 주거나 사람들을 다치게 할까 봐 극도로 두려워하는 병이다. 저우는 이 병이 매우 흥미로운 사회적 불안이라고 말한다. 자신이 아닌 타인에게 초점을 맞추기 때문이다. 라이더에 따르면 환자는 자신이 거부당하는 것보다 집단의 조화를 해치는 것을 더 두려워한다고 한다. 그리고 이는 집단의 안녕을 가장 중요하게 여기는 일본과 중국에서 중요시된다. 저우는 이런 경우에 스트레스를 받은 사람들이 도움을 청하고 도움을 주는 방식에 어떤 차이가 있는지 실험할 예정이다.

이 연구에서는 중국인 또는 유럽계 캐나다인들에게 힘든 과제를 주었을 경우 어떻게 행동하는지 관찰할 예정이다. 저우는 컨커디아에서 함께 심리학을 공부하는 자오 위에와 근처 맥길 대학교에서 문화정신의학을 공부하는 와타나베 모모카를 피험자로 세웠다. (일반적으로 두 사람 모두 같은 민족이어야 하지만 이번 경우는 시범 실험이므로 중국인과 일본인이 피험자가 되었다.) 두 사람이 학생 휴게실로 꾸민 방에 들어와 의자에 앉자 저우는 그들에게 과제를 설명한다. 두 사람은 '에치어스케치Etch A Sketch'로 보스턴 시내를 그려야 한다. 사실 한 사람이 그리고 다른 사람은 도와주는 것이다.

솔직히 이것은 불가능한 일이다.

"그렇습니다." 라이더가 말한다.

"하지만 그들이 그림을 그리는지 그리지 못하는지를 보려는 게 아닙니다." 저우가 부연 설명을 한다. 그림은 스트레스 유발 요인에 불과하다. 실험의 진짜 목적은 두 사람이 저우가 말한 '불가능한 과제'를 위해 상호작용하면서 어떤 문화적 차이를 보이는지 알아내는 것이다.

조지타운의 연구실에서와 마찬가지로 피험자에게는 심박 측정 장치가 부착되었다. 그들은 과제가 끝난 뒤에 문답지를 작성해야 하고 그들의 행동은 모두 촬영될 것이다. 단, 이번에 관찰자는 도움을 주고받는 사소한 행동과 말을 지켜볼 것이다. 피험자는 말로 직접 도움을 요청할 수도 있고 간접적으로 도움을 요청할 수도 있다. 또한 그들은 그림을 그리는 사람에게 조언을 하거나 자신감을 북돋아주거나 몸을 편안하게 해주는 등의 응원을 할 수도 있다. 물론 의욕을 꺾거나 집중을 방해하는 '부정적인 행동'을 할 수도 있다. 이번 실험에서는 감정 신호의 두 가지 측면을 살펴본다. 첫 번째 피험자가 괴로움을 나타내기 위해 무엇을 하는지, 그리고 두 번째 피험자가 어떻게 반응하는지다.

저우는 에치어스케치와 보스턴 사진을 들고 노란 방으로 간다. "아마 충격을 받을 거예요." 그녀는 조금 신나 보였다.

연구팀은 연구를 무작위로 진행하기 위해 미리 정해둔 '비밀 의자'에 앉는 피험자에게 그림을 그리게 한다. 오늘 그림을 그릴 사람은 와타나베다. 저우는 그녀에게 10분 내에 사진을 따라 그리라고 했다. 그리고 다른 피험자인 자오에게는 와타나베를 도울 수는 있지만 주도적으로 그림을 그릴 수는 없다고 말한다. "이건 와타나베의 일이에요. 잊지 말아요, 알겠지요?" 저우가 말한다.

저우가 준비한 사진을 보여주자 두 피험자는 웃음을 터뜨린다. 그들이 가까스로 진정하자 저우가 말한다. "자, 이제 셋을 세면 시작입

니다. 하나, 둘, 셋, 시작!" 와타나베는 그림을 그리기 시작하고 자오
는 이를 지켜본다. 관찰실에서 연구팀은 두 피험자가 가까이 붙어 앉
아 수시로 킥킥거리는 것을 보며 긴장이 풀린 것 같다고 말한다. 조력
자인 자오는 탁자 위에서 흔들리는 에치어스케치를 잡아주고 조언을
하기도 하며 정신적으로 지지를 보낸다. "정말 잘하는데. 대단해!" 자
오는 킥킥대면서도 이렇게 말한다.

"이제 어느 방향으로 갈까?" 와타나베가 묻는다.

바로 이것이 연구팀이 보고 싶어 하는 것이었다. 사람들이 서로 상
대방의 감정 신호를 읽고 있음을 보여주는 사례다. 10분 뒤에 저우는
다시 방으로 가서 두 사람에게 새로운 과제를 준다. 이제 그들은 웹캠
앞에 앉는다. 와타나베는 친해지고 싶은 사람에게 자신을 소개하라는
과제를 받는다. 이번에도 자오는 도와줄 수는 있지만 대신 와타나베
를 소개해줄 수는 없다. 에치어스케치에 보스턴을 그리는 일도 어려
웠지만 카메라 앞에서 10분 동안 낯선 사람에게 자신을 소개하는 일
은 더 어려웠다. "이 과제를 항상 두 번째로 주는 이유가 있습니다."
라이더가 진지하게 말했다. 두 번째 과제가 더 어려운 이유는 자신을
드러내야 하는 개인적인 과제이기 때문이다.

와타나베는 씩씩하게 자신을 표현하기 시작했지만 네 문장쯤 말한
뒤에는 기가 꺾이고 말았다. 그러자 자오가 몸을 기울여 와타나베에
게 뭐라고 속삭인다. 그리고 두 사람은 다시 과제를 진행한다. 와타나
베는 말문이 막힐 때마다 '이제 뭐라고 하지?'라는 눈빛으로 자오를
쳐다보았고 두 사람은 몬트리올의 음식, 명소 등 말할 주제를 함께 찾
았다.

카메라를 통해 그들을 지켜보던 저우는 실제로 실험을 진행하게 되
면 중국인 피험자들과 유럽계 캐나다인 피험자들 모두 도움을 요청하

고 요청받을 것이라고 말했다. 단, 중국인들은 간접적으로 도움을 요청하는 경우가 많을 것이라고 저우는 예상했다. 노골적으로 도움을 청하면 집단에 방해가 되거나 타인에게 사회적 부담을 지우기 때문이다. "중국인들은 조화로운 관계에 매우 익숙합니다. 그래서 항상 도움을 주고받습니다. 이건 마치 '도움이 필요하지만 굳이 말하지는 않겠어. 상대방이 알고 있을 테니까'라고 말하는 것과 같습니다." 저우가 말한다. 문화의 사회적, 감정적 측면을 어떻게 읽는지를 알면 어떤 방식으로 도움을 줘야 할지 알 수 있다. 하지만 부정적인 면이 극에 달하면 다이진쿄후쇼 같은 사회적 불안이 야기되기도 한다.

몇 달 뒤에 연구를 끝낸 저우는 자신의 예상이 일부 맞았지만 전혀 예상하지 못한 결과도 있다고 말했다. 예상과 달리 중국인 피험자들은 두 가지 과제 모두에 대해 직접적인 도움을 요청하는 경우가 많았다. 하지만 유럽계 캐나다인 피험자들의 경우 첫 번째 과제를 하는 동안 그림 그리는 사람이 간접적으로 도움을 자주 요청할수록 두 번째 과제에서 조력자가 비난을 하거나 사기를 꺾는 등 부정적으로 행동할 확률이 높았다. 중국인 피험자들의 경우 첫 번째 과제를 하는 동안 그림 그리는 사람이 간접적으로 도움을 요청할수록 두 번째 과제에서 조력자가 부정적으로 행동할 확률이 낮아졌다. 저우는 연구 설계 때문에 예상치 못한 결과가 나왔을 가능성이 있다고 결론 내렸다. 어쨌든 피험자들은 분명하게 도움을 요청받았기 때문에 도와줄 수밖에 없는 상황이었다. 또한 도움을 요청하는 것이 남을 방해하거나 자기중심적으로 보이기보다는 당연시되는 상황이었다. 그럼에도 간접적으로 도움을 요청하는 경우 중국인 피험자가 더 관대했다. 남에게 부담을 주지 않는 방식으로 도움을 요청하는 문화적 기대와 맞아떨어지기 때문이다.

이에 덧붙여 저우는 이전 연구에서는 낯선 사람들 사이에서 공공
연하게 도움을 요청하는 경우만 살펴보았다고 지적하면서 친밀한 사
이에서는 사람들의 행동이 달라지는지 궁금해했다. 그녀에 따르면 이
경우 사람들의 행동이 달라지는 것 같았다.

같은 표정 다른 해석

여기까지 읽었으면 심리학자들이 행동 패턴을 발견하고 그 바탕에
깔린 신경 기제를 이해하기 위해 기능성 자기공명영상을 활용한다는
것을 알게 되었을 것이다. 이런 이유로 어느 화창한 봄날 오후 차이 연
구팀의 박보경 연구원과 연구팀 매니저 엘리자베스 블레빈스Elizabeth
Blevins가 젊은 여성 피험자를 스캐너의 좁은 침대 위에 편히 눕히고 있
다. 차이의 남편이자 스탠퍼드 대학교의 심리학 및 신경 과학 연구원
인 브라이언 넛슨Brian Knutson과의 공동 연구를 진행 중인 연구팀은 우
리가 자신의 감정을 어떻게 '판독하는지'가 아니라 타인의 감정을 어
떻게 '입력하는지'를 연구하고 있다. 다시 말해 우리가 자신의 내면
상태를 어떻게 인식하는지가 아니라 자신의 이상적 정서가 타인의 감
정 해석에 어떻게 도움을 주는지를 연구한다.

박보경과 블레빈스는 피험자에게 담요를 덮어주고 베개를 베어준
뒤에 그녀의 눈 위쪽에 코일을 밀어 넣고 관찰실로 돌아왔다. 박보경
은 피험자에게 보여줄 사진을 준비한다. 이 사진은 턱과 앞이마 이상
은 보이지 않도록 확대된 사람의 얼굴이다. 남자와 여자, 동아시아인
과 유럽계 미국인의 얼굴이 섞인 사진으로 모두 활발함이나 평온함
의 강도는 다르지만 미소를 짓고 있다. 피험자는 각 얼굴의 특징에 관

해 한두 가지 질문에 대답하게 된다. '이 사람은 지도자로서 어떨까?', '이 사람은 얼마나 친숙해 보이는가?' 같은 질문이다. (여기에서 '친숙하다'는 의미는 일상생활에서 자주 마주치는 평범한 얼굴이라는 의미다.) 피험자는 매번 해당 질문에 1~4점으로 답한다.

피험자는 모두 유럽계 미국인이나 동아시아인 여성이었다. 그들은 실험이 끝난 뒤에 각자의 이상적 정서를 측정하기 위한 설문지를 작성하게 된다. 연구팀은 그들이 사진을 보고 매긴 점수와 설문 결과, 그리고 신경 활동의 상관관계를 살펴볼 것이다. "백인 피험자의 경우 매우 환하게 미소짓는 사람이 평온하게 미소 짓는 사람보다 지도자로 더 적합하다고 여길까요?" 블레빈스가 질문한다. 반대로 아시아인 피험자는 평온한 미소의 소유자를 더 좋은 지도자로 평가할까?

얼마나 환하게 웃는지는 리더십을 측정하는 기준으로는 지극히 사소해 보일지 모른다. 하지만 지난 몇 년 동안 차이 연구팀은 사람들이 타인의 역량과 신뢰도를 판단하는 방식이 이상적 정서와 관계있다는 사실을 거듭 밝혔다. 그리고 이 사실은 서로 다른 문화권의 사람들이 섞여 있는 상황에서 누구를 고용하고 승진시킬지, 누구를 믿고 친구가 될지, 누구를 지도자로 뽑을지 등 직감적 판단이 필요한 사회생활에도 영향을 미친다. "문제는 사람들이 무엇을 근거로 그런 판단을 내리느냐입니다." 차이가 말한다. 그녀는 타인의 표정, 구체적으로는 타인이 드러내는 감정에 내가 소중히 여기는 상태가 얼마나 잘 반영되어 있는지가 출발점이라고 생각한다. "활발함을 소중히 여기는 문화권이라면 평온함을 중요하게 여기는 문화권에 비해 신난 표정을 짓는 사람을 더 친숙하고 믿음직하다고 느끼고 결과적으로 더 좋은 지도자라고 생각하게 됩니다." 차이가 말한다.

그녀는 소수 집단의 가치와 주류 문화의 기대를 지속적으로 잘못 연결하면 '대나무 천장'(서구 문화권에서 아시아인들이 중간 간부 이상 진급하기 힘든 현상)이 초래된다고 본다. 조직 내에서 중국인들은 대개 문화적 배경이 다른 사람들에 비해 활기가 없고 열정이 덜하다고 인식되기 때문에 역동적인 지도자에 적합하지 않다고 인식된다. 차이는 인도네시아에서 어린 시절을 잠시 보낸 버락 오바마 전 대통령조차 이렇게 잘못된 연상의 희생양이 될 수도 있었다고 생각한다. 오바마 전 대통령은 한결 같은 평온함 때문에 비난받는 경우가 많았다. 누군가는 이를 너무 수동적이라고 생각했기 때문이다.

따라서 차이 연구팀은 리더십에 대한 첫 번째 실험으로 정치인들의 미소를 비교해보았다. 연구팀은 10개국의 3000명이 넘는 국회의원의 공식 프로필을 이용해 활발함을 가치 있게 여기는 국가일수록 활짝 웃는 정치인의 비율이 높다는 사실을 알아냈다. (각 국가의 이상적 정서를 측정하기 위해 연구팀은 각국의 대학생을 대상으로 설문을 진행했다.) 미국, 독일, 프랑스 정치인들이 가장 활짝 웃었고 중국, 홍콩, 타이완 정치인들이 낮은 순위를 차지했다. 멕시코와 일본은 중간이었다. 흥미롭게도 한국 정치인들의 미소 순위는 유럽 국가들 사이에 자리 잡고 있었다. 차이에 따르면 이는 한국에 기독교 인구 비율이 높기 때문이라고 한다. 과거 연구에서 그녀의 연구팀은 기독교 문헌과 신자들은 동아시아 대부분의 국가에서 주류를 이루는 종교인 불교 문헌과 신자들에 비해 활발한 상태를 강조하는 경향이 있음을 발견했다.

그리고 정치인들은 이를 이용한다. 우리는 각자의 시각에서 표정이 가장 적절하거나 유쾌해 보이는 후보에게 긍정적인 평가를 내린다. 똑똑한 정치인들은 자신이 속한 문화가 어떤 행동을 기대하는지 잘 안다. 국회의원들에게는 가장 정치인다운 사진을 고르도록 도와주는 사람이 있다. 물론 정치인답다는 의미는 문화권마다 다르다. 그리고 이렇게 함으로써 지도자의 외모에 대한 유권자의 개념이 강화된다. "문화심리학자들은 이를 '문화 순환culture cycle' 또는 '상호 구성mutual constitution'이라고 부릅니다. 문화는 사람들이 만들지만 사람들은 타인이 만든 문화에 영향을 받기도 하지요." 차이가 말한다.

이런 감정적 판단은 삶의 여러 선택에서 나타나기도 한다. 차이 연구팀의 타마라 심즈Tamara Sims가 진행한 실험에서는 피험자에게 활동적인 사람이거나 평온한 사람으로 묘사된 프로필을 보고 의사를 선택하게 했다. 피험자들은 대부분 자신의 감정적 가치를 반영하는 의사를 선택했다. 후속 연구에서는 피험자들에게 활기차거나 평온한 '가상 의사'를 임의로 지정해주었다. 그 결과 가상 의사가 피험자의 이상적 정서를 지닌 경우 의사의 권고를 충실히 따를 가능성이 높았다. "활발함을 소중히 여기는 사람이 활기찬 의사를 만나면 일주일 동안 의사의 권고대로 물을 많이 마시고 일찍 자고 취침 두 시간 전에는 음식을 먹지 않고 더 많이 걷는 등 건강을 위한 조언을 따를 확률이 더 높았습니다." 차이가 말한다. 이와 유사하게 연구팀은 의대생들에게 환자에 대해 판단해보게 했다. 그 결과 그들은 자신의 감정적 가치를 보여주는 사람이 더 좋은 환자일 것이라고 말하면서 그들을 진료하면 결과가 더 좋을 것이라고 기대했다.

우리가 깨닫지는 못하지만 논리적인 결정을 내릴 때도 감정이 작용한다. 차이에 따르면 사람들은 자신이 선호하는 감정적 가치를 다른 방식으로 표현한다고 한다. 예를 들면 지도자를 선택할 때는 누가 카리스마가 있는지, 누가 호감이 가는지, 누가 조직에 적합한지를 묻는 식이다. "다른 사람을 인식할 때 문화가 미치는 영향력은 우리가 알아차리지 못할 만큼 지극히 무의식적입니다. 그저 이 사람이 친절하다고 생각할 뿐이지요. 아니면 얼간이라고 생각하거나. 이런 평가는 무의식중에 일어나므로 깨닫기 힘듭니다." 차이가 말한다. 하지만 이런 평가는 각자의 머릿속에 있다. 그리고 차이는 그런 평가가 정확히 머릿속 어느 영역에서 일어나는지 알고 있다. 기능성 자기공명영상 관찰실에서 박보경이 제어판을 가볍게 두드리자 첫 번째 얼굴이 보인다. 이제 15분 동안 스캐너 속의 여성은 여러 얼굴을 판단하게 된다. 그동안 박보경은 그녀의 두뇌 활동을 기록할 것이다.

연구팀은 뇌의 세 영역에 걸친 활동에 특히 관심이 있다. 각각의 영역은 피험자의 판단에 깔려 있는 신경 기제를 설명하는 각기 다른 가설을 대변한다. "어쩌면 백인들은 표정이 활기찬 사람을 더 좋은 지도자라고 생각하는지도 모릅니다. 자기 개념self-concept에 부합하니까요." 박보경이 말한다. 연구팀은 이런 가능성을 '인지 기제'라고 부른다. 이는 사람들이 자신의 이상을 반영한 대상에게 동질감을 느낀다는 개념이다. 박보경에 따르면 이 경우 내측 전전두엽 피질의 활동이 증가한다고 한다. 이 영역은 정체성 및 자기 자신과 관련된 정보를 처리한다.

두 번째는 시각적인 것이다. 아마 활기찬 표정을 정말 가치있게 여기는 사람들은 그 표정에 더 주의를 기울이고 평온한 표정과는 다르게 처리할 것이다. 연구팀은 이 경우 자신의 이상에 부합하는 사람을 보면 얼굴에 반응하는 뇌 영역인 방추형 이랑이 더 활성화될 것이라고 예측했다.

연구팀의 자료로 증명된 세 번째 가능성은 정서 또는 감정 기제다. 사람들은 자신의 이상에 더 부합하는 얼굴을 찾는다. 이때 중격의지핵을 포함한 복측 선조체의 활동이 활발해진다. 사랑과 통증에 관한 실험을 기억할지 모르지만 이 영역은 뇌의 도파민 시스템에 속한다. 자신이 원하는 형태의 미소를 보는 것은 일종의 작은 보상인 셈이다.

이 가설이 옳다면 문화는 자신의 감정을 인식하는 방식뿐만 아니라 타인의 감정을 해석하는 방식까지 좌우한다. 우리는 자신의 내부 상태를 판독하는 법을 배우듯이, 별자리를 읽는 법을 배우듯이 타인을 이해하는 법을 배운다.

신경 단계부터 사회적 단계까지 우리가 받아들이는 정보는 끝없이 방대하다. 뇌는 언어, 경험, 사회적 관계, 문화적 강화 같은 바이오해킹의 힘을 활용하여 우리의 주의를 안내함으로써 이런 정보 과잉을 해결한다. 우리는 모든 것을 인식하지 못한다. 아니, 그럴 수가 없다. 그럼에도 세상이 완전하고 조화롭고 질서 정연하게 느껴진다. 감각이라는 작은 열쇠구멍을 통해 우주를 들여다보기만 하는데도 말이다.

하지만 인간은 일을 벌이기를 좋아하는 생명체다. 인류의 역사가 이어오는 내내 우리는 세력을 확장하고 경험을 증대하기 위해 과학기술을 활용했다. 그리고 이 과정은 속도가 점점 빨라지고 있다. 신경 이식과 뇌-기계 인터페이스의 개발에서 보았듯이 우리는 감각과 인식을 점점 더 많이 손볼 수 있게 되었다. 이런 1세대 과학기술은 주로 의료적 도움이 필요한 사람들에게 어느 정도의 기능을 돌려주기 위해 개발되었지만 이제 우리는 자연이 허락한 것을 뛰어넘는 인식능력과 경험을 스스로 부여할 수 있는 시대의 시작점에 서 있다. 그리고 그 속도는 진화보다 빠르다. 눈이 자연적으로 진화하려면 수백만 년이 걸리지만 인간이 인공망막을 만드는 데는 고작 몇 십 년이 걸렸다.

차세대 인식 기술은 단순히 보조하는 역할에 그치지 않을 것이다. 우리의 현실을 증강하고 변형하도록 설계될 것이다. 그러기 위해 장치는 몸과 더욱 가까워질 것이고 더욱 일상적으로 사용될 것이다. 이제부터는 공상과학 같은 미래가 출현하고 인간과 기계 사이의 경계가 희미해지기 시작하면서 어떤 일이 일어나는지 살펴볼 것이다.

제3부

인식 해킹

인간의 한계를 넘어서려는 사람들

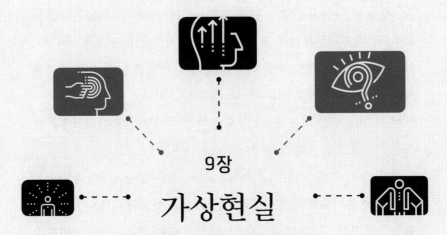

9장

가상현실

이곳에도, 이곳이 아닌 곳에도
동시에 존재하다

헐렁한 청바지에 꾀죄죄한 회색 운동복 상의를 입은 브루스 존Bruce John이 높은 단상에 얌전히 앉아 있는 군인에게 전극을 붙인다. 군인의 왼손 가운뎃손가락과 집게손가락에는 피부 전도 센서를 붙인다. 팔꿈치 안쪽에는 심박 측정 센서를 붙인다. 군인은 이미 흉골 아래에 호흡 벨트를 착용하고 호흡 시간을 측정하고 있다.

한 달 뒤 군인은 아프가니스탄으로 파견될 예정이다. 그리고 5분 뒤 그는 가상으로 그곳에 갈 예정이다.

키가 크고 어깨가 넓은 군인(기밀 사항이므로 이름은 밝히지 않는다)은 카키색 훈련복에 발목까지 올라오는 군화를 신었다. 그는 미국 주방위군 소속으로, 콜로라도 버클리 공군기지 내의 한국 특수작전파견대에서 복무한다. 덴버 경찰서에서 35년 이상 근무한 케네스 차베스 대령이 지휘하는 이 부대의 부대원들은 대부분 비정규군으로, 민간에서도 일한다. 차베스는 이미 아프가니스탄, 이라크, 아이티 지진 수습 현장에서 복무한 적이 있다. 하지만 부대원의 3분의 1은 이번이 첫 번째 복무다. 그중 경찰서나 병원에서 일하면서 이제 곧 맞닥뜨릴 유형의 스트레스에 주기적으로 노출되어 온 부대원은 얼마 되지 않는다.

그들은 미군이 해외 주둔군을 감축한 뒤에도 아프가니스탄 군인들이 작전을 제대로 수행하도록 훈련시킬 예정이고 특별히 전투 상황에 처하지는 않을 것이다. 하지만 차베스에 따르면 위험 요인도 있다. 이동 시에 폭발물을 만날 수도 있고 기지가 공격을 받을 수도 있다. 차베스는 부대원들이 신체적으로 안전하다고 해도 감정적으로 무거운 짐을 안고 귀국하게 되리라는 것을 잘 안다. "동원이나 전투 후에 가장 큰 스트레스 유발 요인은 죄책감입니다. 살아남은 사람으로서의 죄책 감일 수도 있고 아무것도 하지 못한 것에 대한 죄책감일 수도 있습니다. 동료의 부상을 막거나 목숨을 구했어야 한다는 죄책감이지요. 아 니면 민간인들의 부상을 막지 못했다는 죄책감일 수도 있고요. 뭐가 됐든 정신을 무겁게 짓누를 겁니다. 그 짐을 평생 짊어지고 가야 하지 요." 그가 말한다.

차베스는 부대원들이 빠르게 회복하기를 바랐기 때문에 지금 옆방 에서 군인이 몸에 전선을 붙이고 있는 것이다. 그들은 서던캘리포니 아 대학교의 창조 기술 연구소Institute for Creative Technologies에 소속된 앨 버트 리조Albert Rizzo 박사의 연구에 참여하고 있다. 심리학자인 리조는 가상현실을 치료 수단으로 이용한다. 그는 10년 이상 군에서 외상 후 스트레스 장애PTSD 치료를 담당했다. 외상 후 스트레스 장애는 위험 상황이 끝나고 한참 후에도 스트레스에 대한 뇌의 본능적인 투쟁-도 피 반응이 지속되는 상태로, 군대에서 큰 문제가 되고 있다. 2014년 미 국 의회조사국 보고서에 따르면 2000년부터 조사 당시까지 이라크와 아프가니스탄 파병 군인 중에 외상 후 스트레스 장애 환자가 약 11만 9000명에 달하는 것으로 추정된다.

리조의 가상 이라크와 가상 아프가니스탄 시뮬레이션은 헤드 마운 트 디스플레이*를 이용해 전쟁 당시의 감각 경험을 만들어낸다. 이를 통해 군인들은 가장 힘들었던 순간을 치료사의 인도 하에 다시 경험 한다. 그 순간을 반복 경험하면 두려움이 점점 약해진다. 이런 기법은 노출 치료exposure therapy라는 오래된 개념에 기반을 둔다. 노출 치료에 서는 환자가 스트레스 요인을 다시 경험하게 하거나 치료사에게 설명

● 머리에 장착하여 입체 화면을 표시하고 머리의 움직임을 로봇이나 제어 시스템에 전 달하는 장치.

하며 이를 떠올리게 한다. "사람들은 두렵거나 불안한 상황에 맞설 수 있습니다. 안전한 환경에서 그 상황에 처하면 나쁜 일은 일어나지 않겠지요. 그러면 두려움이 수그러들기 시작합니다." 리조가 말한다.

가상현실VR, virtual reality은 상상 속의 풍경으로 들어갈 수 있는 매우 강력한 수단이다. 가상현실은 감각 인식을 바꿔주는 초창기 컴퓨터 기술이지만 어쩌면 효과는 가장 좋을지 모른다. 가상현실 기술이 발달하면서 인간의 감각이 전자공학과 결합하면 대단히 매력적인 일이 벌어진다는 사실이 드러났다. 우리는 가상현실에서도 생리적, 감정적, 지능적 측면에서 실제 세계와 똑같이 반응하며, 심지어 가상현실에서의 감정과 행동을 현실 세계로 가져오기도 한다는 것이 입증되었다. 이제 전 세계의 가상현실 연구팀은 이와는 반대 방향의 연구를 하고 있다. 물리학과 생물학을 거스르는 흥미로운 신체와 장소를 만들어서 뇌가 이 새로운 존재에 얼마나 쉽게 적응하는지 알아보는 것이다. 리조의 목표는 실제 같은 감각 환경을 만들어 정신을 속인 다음 이를 치료에 이용하는 것이다.

가상현실의 모토는 '몰입immersion'이다. 시뮬레이션이 효과를 발휘하려면 가상현실 속으로 완전히 들어가 그 세계에 자연스럽게 반응해야 한다. 1990년대 초에 등장한 초창기 가상현실 기술의 경우 몰입이 힘들었다. 당시의 가상현실은 거의 시청각에 의존했고 머리에 쓰는 디스플레이는 잠수 모자의 크기였다. 이미지는 만화 같았고, 몸의 움직임을 파악해 주변 세계를 그에 맞게 바꾸는 트래킹과 렌더링은 수준이 떨어져 지루한 놀이기구를 타는 것 같았다. 하지만 오늘날 가상현실은 더 매끈하고 빨라졌으며 여러 감각을 동원한다. 리조의 연구팀은 군인이 앉은 단상 아래에 베이스 셰이커bass shaker를 설치했다. 이 장치는 폭탄이 터지면 진동하여 바닥이 떨리는 느낌을 전한다. 군인이 지프의 시동을 걸면 의자가 덜거덕거리기도 한다. 가상현실 참가자들은 실제 소총과 생김새나 촉감이 똑같은 가짜 무기를 들고 가상의 거리를 순찰하며 기계를 통해 주입되는 썩어가는 쓰레기, 경유, 땀 냄새를 맡는다. 리조는 사막의 열기를 흉내 내기 위해 온열 램프를 추가할까 생각 중이다. (하지만 그는 미각에 대해서는 답을 제시하지 못했다. "미각을 어떤 식으로 활용해야 할지 아직 모르겠습니다. 입안에 모래라도 넣어야 할까요?" 그가 말한다.)

오늘은 리조의 새로운 아이디어를 처음 시험하는 날이다. 군인들이 전투에 참가하기 '전에' 외상 후 스트레스 장애에 저항력을 갖출 수 있을까? 이번에 군인들은 트라우마를 다시 경험하는 것이 아니라 미리 체험하게 된다. 실제로 경험하기 전에 가상으로 경험해보면 실제 상황을 더 잘 견딜 수 있을지도 모른다. 물론 여전히 화나고 슬프고 불안하겠지만 그런 감정 때문에 심신이 약화되지는 않을 것이다.

차베스는 스트라이브STRIVE, Stress Resilience in Virtual Environments 라는 프로그램을 통해 이 새로운 개념을 시험하기로 했다. 경찰에서 일하는 동안 그는 스트레스를 잘 관리해서 이겨내는 일이 중요하다는 확신을 갖게 되었다. "수많은 경찰관이 위험한 사건을 겪는 것을 보았습니다. 그로 인해 괴로워하기도 하고 성장하기도 하지요. 그래서 저는 외상 후 스트레스 장애와 외상 후 성장을 믿게 되었습니다."

존이 시뮬레이션을 운영하고 있는 어두운 방에는 군부대에서 가져온 폐기물들이 배치를 기다리고 있다. 탁자 위에는 다리어와 파슈토어• 강습 영상이 담긴 콤팩트디스크가 쌓여 있다. 미국 국무부에서 발행한 아프가니스탄 복무 안내서도 보이고 밝은 빨간색의 영양 음료 병

• 다리어와 파슈토어는 아프가니스탄의 공용어들이다.

도 피라미드처럼 쌓여 있다. 이 음료는 과일 펀치로 알려져 있지만 땀에 젖은 양말 맛이 난다. 그럼에도 부대에서는 모두 악착같이 마신다.

"얼른 가서 소프트웨어를 확인하고 데이터가 잘 전송되는지 볼게요." 존이 말한다. 그는 군인의 호흡수가 화면에 나오는 것을 확인한다. 군인의 혈액에는 이미 스트레스 지표로 분석되는 코르티솔, 도파민, 노르에피네프린 등이 흐른다. 리조는 주관적으로 느끼는 불안의 정도와 이 데이터를 통해 나타나는 생물학적 상태 사이의 연관성을 찾을 수 있을지도 모른다고 말한다.

"준비는 끝났습니다. 이제 이 디스플레이를 머리에 씌우겠습니다." 존이 말한다. 스키 고글보다 별로 크지 않은 미끈한 흰색 소니 고글을 벨크로가 달린 끈으로 군인에게 고정한다. 그리고 넓은 검은색 천을 고글 위에 씌운다. "이렇게 해서 빛과 주변 시야를 차단하는 겁니다." 존이 말한다. 다음으로 그는 군인에게 비디오게임 조종 장치를 건넨다. 군인이 움직이면 고글이 위치를 추적하지만 작전을 수행하고 시뮬레이션이 던지는 질문에 대답하려면 조종 장치가 필요하다.

군인은 이 가상 세계에서 두 시간가량을 보내게 된다. 그동안 그는 리조가 '밴드 오브 브라더스Band of Brothers' 이야기라고 부르는, 아프가니스탄의 상황을 흉내 낸 여섯 개의 시뮬레이션을 통과한다. 예전에는 시뮬레이션이 30부로 구성되어 텔레비전 시리즈처럼 몇 주간 진행되었다. 지금은 횟수가 줄었지만 여전히 그리 즐거운 경험은 아니다. 군인들과 주변 사람들에게 나쁜 일이 일어나기 때문이다. 이 가상현실 시뮬레이션은 학습 도구이기 때문에 이따금 가상 멘토가 시뮬레이션을 멈추고 나타나 군인에게 스트레스의 생리를 알려주고 불안을 제어하도록 조언한다. 군인에게 스트레스의 강도를 평가하거나 감정을 표현해보라고도 요구한다.

"자, 이제 시작해볼까요? 아마 불편해지는 순간이 있을 겁니다. 하지만 불편감이 오래가지는 않을 겁니다. 영화를 보거나 게임을 하는 것과 비슷하지요. 시뮬레이션을 지속할 수 없을 정도로 힘들어지면 '그만'이라고 말해주세요." 존이 말한다.

그는 버튼을 누른다. 눈을 가리고 미동도 없이 연단 위에 앉아 있던 군인은 이제 아프가니스탄 파견군이 되어 실제처럼 보고 듣고 느낀다. 그는 이곳에 존재하는 동시에 저곳에도 존재한다.

치료가 아닌 게임

군인이 가상 여행을 시작하자 옆방에 있던 리조는 커다란 노트북의 자판을 요란하게 두드린다. 이 빨간 플라스틱 괴물 안에는 세계가 담겨 있다. 헤드폰을 연결하기만 하면 이동식 가상현실 실험실로 변한다. 리조는 모든 면에서 호방한 인상을 준다. 그는 아주 쾌활하고 빠른 뉴욕식 억양으로 말하고 누구에게나 포옹과 악수를 건넨다. 여기저기 긁힌 작업용 셔츠를 입었고 희끗희끗한 곱슬머리를 하나로 묶었다. 그는 차베스 대령을 '형'이라고 불렀다. CNN에서 리조의 실험을 지켜본 차베스가 그 기술을 군대에 적용해달라는 메일을 리조에게 보낸 뒤로 두 사람은 급속히 친해졌다.

리조는 첨단 기술과 관련된 경력이 딱히 없었다. 20년 전 그는 뇌를 다친 사람들의 인지 재활을 담당하는 임상 신경심리학자였다. 당시 그는 연습 문제를 푸는 지루한 치료 방식에 좌절했다. 집중 자체에 문제가 있는 환자들에게는 효과적이지 않았다. 그러던 어느 날 교통사고를 당하고 입원 중인 청년을 우연히 보게 되었다. 그 환자는 나무 아래에서 당시 최신 오락기인 게임보이로 테트리스를 하고 있었다. 리조에 따르면 그 환자는 부상 때문에 10~15분 이상 무언가에 집중하기 힘들어했다. "하지만 게임에는 그야말로 딱 붙어서 열중하더군요." 리조가 회상한다. 그때 그에게 뭔가 떠올랐다. 이 정도로 몰입되는 치료법을 만들 수 있다면?

그해 크리스마스에 누군가가 그에게 닌텐도의 도시 건설 게임인 심시티Sim City를 선물했다. 리조는 이 게임을 정말 좋아했고 환자들도 그럴 것이라고 생각했다. "심시티를 하다 보면 전략을 세우고 실행하고 추적 관찰하고 수정하고 조정해야 하지요. 이 모든 것이 집행 기능의 구성 요소입니다." 테트리스를 하던 청년처럼 리조의 환자들도 가상 도시 건설에 빠져들었다. "환자들은 재활 치료가 아닌 게임을 한다고 느낍니다." 리조가 말한다.

그다음 단계는 어느 날 체육관으로 차를 몰고 가던 중에 떠올랐다. 라디오에서 컴퓨터과학자 재런 래니어Jaron Lanier의 인터뷰가 나오고 있었다. 그의 회사에서는 최초의 가상현실 글러브와 고글을 판매했다. 래니어는 고객들이 가상 인터페이스로 주방을 직접 디자인할 수 있는 일본의 쇼룸에서 인터뷰를 하고 있었다. 리조는 라디오를 끌 수 없었다. 주차장에서 계속 인터뷰를 청취하던 그는 가상현실로 일상의 환경을 만들어낼 수 있을 뿐만 아니라 그 환경 안에서 벌어지는 모든 것을 통제할 수 있다는 것을 알게 되었다. 그리고 이것이 인지 재활 치료에 완벽하게 들어맞는다고 생각했다. 그는 체육관에 가기 전에 서점에 들러 가상현실에 관한 모든 것을 찾았다. "책이 두 권 있더군요." 그가 말했다. 리조는 운동을 하면서 책을 모두 읽었다. 다음 날 출근한 그는 장애인을 대상으로 하는 가상현실 활용에 대한 첫 번째 학회가 열린다는 내용의 전단지를 상사에게서 건네받았다. "그때 기분은 이런 거였어요. '이럴 수가! 이미 이런 생각을 하는 사람들이 있다니!'"

그 후 몇 년간 리조는 더 좋은 장비가 있는 곳으로 직장을 옮겨 다녔다. 1990년대 초 가상현실은 성장 산업이었다. 관련 회의가 열리고 잡지가 발행되었으며 영화(예를 들면, 〈론머 맨〉, 〈스트레인지 데이즈〉, 〈코브넝 J〉)도 등장했다. "모든 사이버펑크•물에 가상현실이 등장했지요. 가상현실을 직접 제작하는 법을 다루거나 아마추어를 위한 가상현실에 대한 책도 출간되었어요." 리조가 회상한다. 그러니까 텔레비전 등으로 직접 가상현실 시스템을 구축하는 법을 알려주는 책이 나왔다는 것이다. 하지만 이내 거품은 꺼졌다. 한 가지 이유는 매우 정교하게 만든 이국적인 풍경, 생물, 모험으로 가득한《스노 크래시Snow Crash》•• 풍의 세계를 곧 구현할 수 있다는 약속은 아주 느리게 구체화되었기 때문이다. 장비는 비싸고 까다로웠으며 인터넷 연결은 느렸다. 이미지의 가장자리는 울퉁불퉁했고 사람들은 로봇처럼 움직였으며 모든 것이 해상도가 낮았다. "제가 머리에 디스플레이를 처음 착용하고 가상 도시를 돌아다녔을 때는 정말 변변치 않았어요. 도시의 기하학적 형태는 조화롭지 못했고 돌아다니는 것도 어색한 데다 머리에 쓴 디스플레이는 너무 무거웠죠. 결국 저는 어느 빌딩 벽에 부딪혔어요." 리조가 당시를 떠올린다.

하지만 리조가 진행하던 연구는 화려한 영화적 기법이 아닌 임상적 유용성을 필요로 했기 때문에 그는 계속 실험을 진행하고 싶었다. 그는 머릿속으로 3D 블록을 회전시키는 공간 훈련 프로그램을 만들었고 주의력 결핍 장애가 있는 아이들을 위한 가상 교실도 만들었다. 그

● 1980년대 등장한 공상과학소설 장르로, 컴퓨터가 모든 것을 통제하는 미래를 다룬다.
●● 유명 사이버펑크 작가 닐 스티븐슨의 대표작. 언제 어디서든 들어갈 수 있는 인터넷 공간과는 달리《스노 크래시》속의 현실 세계에서는 극소수만이 메타버스, 즉 3차원 가상 세계로 접속할 수 있고, 아바타 역시 능력에 따라 만들어진다.

리고 2003년 걸프전 참전 군인들이 귀국하기 시작하자 그들을 돕는 데에도 관심이 생겼다.

외상 후 스트레스 장애로 고생하는 군인들을 위해 전쟁 상황을 재현하자는 생각을 리조가 가장 처음 했던 것은 아니었다. 그의 연구는 에모리 대학교의 바버라 로스봄Barbara Rothbaum 박사와 당시 조지아 공과대학교의 컴퓨터 과학자이자 가상현실을 이용한 노출 치료의 선구자인 래리 호지스Larry Hodges 박사가 오랜 기간 공동 연구한 결과를 기반으로 한다. 원래 대화 치료talk therapy 형태였던 이 기법은 높은 곳, 대중 연설, 거미 같은 것을 두려워하는 일반적인 공포증에 쓰였다. 공포증 환자들은 치료사의 지도에 따라 공포의 대상을 서서히 대면한다. 우선 거미에 대한 이야기를 하고 그다음으로 거미 사진을 본다. 그러다가 마침내 실제 거미를 보게 된다. 가상현실을 활용하면 실제가 아닌 상황에서 마치 실제처럼 두려운 대상을 접할 수 있다.

가상현실을 이용하기 시작한 1990년대 중반 이전 로스봄은 환자들이 실제로 두려움의 대상을 마주할 수 있도록 밖으로 나갔다. 고소공포증 환자의 경우 함께 엘리베이터를 탔고 비행기를 두려워하는 환자의 경우 함께 비행기를 타기도 했다. 그런데 이렇게 하면 시간이 아주많이 걸렸다. "진료실에서 나가야 하는 경우가 많았기 때문에 대부분 시간이 많이 걸렸어요. 환자의 비밀을 지켜줄 수 없는 상황도 있었고요. 하지만 가상현실을 이용하면 모든 것을 진료실 안에서 45분 안에 해결할 수 있지요." 그녀가 말한다.

로스봄 연구팀은 고소공포증 환자를 대상으로 가상현실을 처음 시도해보았다. 그 가상현실에는 엘리베이터, 호텔 발코니, 협곡을 잇는 로프와 나무로 만든 다리(어떤 환자는 '인디아나 존스 다리'라고 불렀다)가 나온다. 로스봄은 이런 가상현실이 제 역할을 했다고 말한다. 파일럿 테스트에 참가했던 환자들은 가상현실에 반응해 땀이 나고 몸이 떨리는 등 신체적으로 공포증의 증상을 보였을 뿐만 아니라 시간이 지남에 따라 불안의 강도가 높아졌다. 더욱 고무적인 현상은 열 명의 피험자 중 일곱 명은 연구팀이 요청하지 않았음에도 자발적으로 높은 곳에 갔다는 것이다. "정말 중요한 건 이것입니다. 실생활에서 엘리베이터를 탈 수 없다면 가상현실에서 엘리베이터를 타봤자 아무런 소용이 없겠죠." 로스봄이 말한다.

로스봄은 다음 시뮬레이션에 가짜 비행기를 넣어달라고 컴퓨터과학자들에게 간청했다. 비행기를 두려워하는 환자들을 치료하기가 어려웠기 때문이다. 그동안에는 환자들과 함께 공항까지 가서 잠깐만 비행기에 들여보내달라고 델타 항공 관계자들에게 사정해야 했다. "비행기 시뮬레이션은 실제 비행기처럼 이륙해서 대서양과 구름을 볼 수 있도록 설계되었습니다. 폭풍우를 뚫고 가기도 하고 구름에 덮여 어두워지기도 하고요." 이 역시 효과가 있었다. 로스봄의 연구 결과 가상현실 치료는 비행기에서 실시하는 노출 치료만큼 효과가 있었으며 대부분의 환자들이 6개월 이내에 실제 비행기를 탈 수 있게 되었다.

그다음으로 로스봄 연구팀은 베트남전 참전 군인을 돕기로 했다. 연구팀은 '멍해진다'는 말을 하는 외상 후 스트레스 장애 환자들이 많다는 것을 발견했다. 트라우마와 관련된 모든 것을 차단하는 이 행위는 때로 의도적이다. 이런 회피는 외상 후 스트레스 장애의 특징으로, 상태를 더 악화시킬 수 있다. "70퍼센트가량의 사람들이 트라우마가 될 만한 사건을 경험합니다. 하지만 그들이 모두 외상 후 스트레스 장애를 겪지는 않지요." 로스봄이 지적한다. 그녀는 교통사고를 당한 뒤에 다시 운전대를 잡는다고 상상해보라고 한다. 아마 처음에는 초조하고 경계심이 극에 달하겠지만 계속 운전을 하다 보면, 그리고 사고가 발생하지 않는다면 두려움을 잊게 된다. "하지만 외상 후 스트레스 장애 환자들은 그렇지 않습니다. 그 이유 중 하나는 그들이 회피하기 때문입니다. 환자들은 그 상황을 생각하는 것 자체를 피합니다. 그 상황을 떠올릴 만한 장소도 피하지요." 로스봄이 말한다.

외상 후 스트레스 장애 환자들을 치료하는 것은 두려워하는 일이 상상 속에만 존재하는 고소공포증이나 비행기공포증 환자들을 치료하는 것과 다르다. "트라우마에서 살아남은 사람들의 경우 끔찍한 두려움을 이미 현실로 경험했습니다." 로스봄이 말한다. 이 환자들의 경우 실제 기억을 다시 표면화해야 한다. 하지만 1990년대 중반까지 베트남전 참전 군인들은 20년 넘게 집에 머물렀다. 그중 지금까지도 외상 후 스트레스 장애나 이와 관련된 문제, 즉 우울증, 약물 남용, 대인기피증 등을 겪는 사람들은 도와주기 가장 힘든 치료 저항성 환자로 간주된다. 그들은 새로운 치료법을 시도해도 잃을 것이 많지 않다.

1995년 로스봄 연구팀은 참전 군인들이 흔히 겪었을 만한 상황, 그리고 강한 감정을 불러일으킬 만한 상황을 재현한 두 가지 시뮬레이션을 담은 가상 베트남Virtual Vietnam을 내놓았다. 시뮬레이션 중에는 휴이 헬리콥터 내부를 재현한 것도 있다. 이곳에서 참전 군인들은 전투 지역에 도착했을 때와 부상으로 이송되었을 때, 그리고 정글 속의 가설 활주로를 봤을 때를 떠올린다. (착륙지가 가까워지자 군인들은 적군의 포화에 속수무책으로 당하던 기억을 떠올리며 매우 불안해했다. 그래서 연구팀은 그들이 노출되었다는 느낌을 덜 받도록 시뮬레이션에 언덕을 추가했다.) 참전 군인들이 가상현실 속으로 들어가면 치료사는 그들에게 베트남에서 겪었던 일들 가운데 가장 큰 트라우마로 남은 일을 현재형으로 바꾸어 설명하라고 요청한다. 그동안 치료사는 그들의 이야기에 맞추어 가상현실 환경을 바꾼다. 첫 번째 피험자였던 전직 헬리콥터 조종사를 예로 들어보자. "환자가 헬기가 착륙하는 중이라고 말하면 치료사가 가상현실 속에서 헬기를 착륙시킵니다. 그리고 환자가 '총성이 빗발칩니다'라고 말하면 치료사가 총성을 냅니다." 로스봄이 말한다.

처음에는 연구팀도 참전 용사들이 가상현실에 얼마나 몰입하고 어떻게 반응할지 몰랐다. 이미 가상현실을 활용해 외래 환자를 치료하고는 있었지만 즉각적인 정신과 치료가 필요할 경우에 대비해 애틀랜타 재향군인 병원의 입원 환자들을 대상으로 최초의 임상 연구까지 진행한 상태였다. 헬리콥터 시뮬레이션 중에는 "출동! 출동!"이라고 외치는 남자 목소리가 나온다. 연구팀은 군인들이 비싼 가상현실 헬멧을 무의식적으로 벗어던지고 밖으로 뛰쳐나갈까 봐 걱정했다. "괜한 걱정이었습니다." 로스봄이 말한다. 심신이 붕괴된 사람은 없었다. 헬멧을 집어던진 사람도 없었다. 전반적으로 이 치료법은 도움이 되었다. 피험자들은 실험 직후와 실험 6개월 뒤에 실시된 추적 검사에서 외상 후 스트레스 장애와 우울증 검사 결과가 좋아졌다.

컴퓨터가 제공하는 감각 정보와 정신이 어떻게 상호작용하는지를 보여주는 놀라운 단서는 또 있다. 군인들은 자신의 기억을 바탕으로 가상현실 속의 풍경을 구체화했다. "탱크를 보았다는 사람이 있었어요. 우리가 설계한 가상현실에는 탱크가 없는데도 말이지요. 적군과 물소를 보았다는 사람도 있었어요. 가상현실에는 둘 다 없었죠." 로스봄이 말한다. 전쟁 중에 커다란 무덤을 파야 했던 불도저 기사는 마우스 버튼을 불도저 조종 장치처럼 움직이며 그때의 기억을 말없이 표현하기도 했다.

2003년 리조는 이라크 전쟁과 아프가니스탄 전쟁 참전 군인들을 위한 데모 버전을 출시했다. 그는 피험자가 많이 모이기를, 그리고 비디오게임을 하며 자란 젊은 군인들이 가상현실 치료법을 친숙하게 느끼기를 바랐다. (현재 리조와 로스봄은 공동 연구를 자주 진행한다.) 리조는 왜 이 치료법이 시도할 가치가 있는지에 관해 또 다른 주장을 펼쳤다. 가상현실 치료법이 궁극적으로 가정용 컴퓨터나 모바일 앱에 도입되면 먼 곳에 사는 군인들이 장거리를 이동할 필요가 없고 분주한 참전 군인 서비스센터에서 오랜 시간 기다릴 필요가 없어진다. 그리고 직접 도움을 요청하기를 꺼리는 군인들에게 보다 손쉽게 도움을 줄 수 있다. "민간 영역은 물론이고 어디에든 적용할 수 있습니다. 치료사를 직접 찾아가는 대신 가상현실 장치만 착용하면 되는 거죠." 리조가 말한다.

하지만 가상의 이라크가 데모 프로그램에서 정식 프로그램으로 바뀌고 가상현실 치료법이 리조의 전문 분야가 되었던 결정적 계기는 2004년 《뉴잉글랜드 의학 저널New England Journal of Medicine》에 실린 논문이었다. 해당 논문은 아프가니스탄에서 돌아온 군인 중 11퍼센트가, (복무 분야에 따라 다르지만) 이라크에서 복무하는 군인의 18~20퍼센트가 넓은 의미의 외상 후 스트레스 장애를 경험한다는 것을 보여주었다. "이 논문 덕분에 모든 사람이 외상 후 스트레스 장애에 관심을 갖게 되었습니다." 리조가 말한다. 2005년 미국 해군연구국이 가상 이라크를 후원하면서 50개 기관에서 임상실험을 할 수 있게 되었다. 개별 사례연구와 소규모 임상실험을 통해 리조의 연구팀을 비롯한 여러 연구팀들은 가상현실 치료법으로 외상 후 스트레스 장애, 우울증, 불안이 감소했음을 알아냈다. 피험자가 더 이상 외상 후 스트레스 장애 진단 기준에 부합하지 않는 경우도 있었다. 연구는 계속 진행 중이며 리조는 가상현실 치료법이 참전 군인들에게 안전하고 효과적이라고 확신하게 되었다.

리조는 스트라이브 프로그램이 파병을 앞둔 군인뿐만 아니라 응급실이나 자연재해 현장에서 일하는 사람처럼 주기적으로 트라우마에 직면하는 민간인에게도 도움이 될 것이라고 생각했다. 스트라이브 프로그램은 상태 의존 학습state-dependent learning이라는 심리학 원리를 바탕으로 한다. 특정 감정 상태나 신체적 상태에서 무언가를 학습하면 학습할 당시와 같은 상태에서 학습 내용이 더 잘 떠오른다는 원리다. "모든 대학원생이 경험하는 전형적인 사례가 있습니다. 시험공부 중에 커피를 엄청나게 마시면 시험 중에도 커피를 엄청나게 마시는 편이 낫다는 거죠." 리조가 말한다. 따라서 사람들에게 스트레스를 유발하여 이를 다스리는 방법을 가르칠 수 있다면 실제 스트레스에 더 잘대처할 수 있을지도 모른다. 리조는 이렇게 말한다. "전쟁은 언제나 끔찍합니다. 하지만 조금 덜 끔찍해질 수 있을지도 모르지요."

사막을 달리는 가상의 지프

콜로라도의 예비 연구에 참가한 군인이 어두운 방에서 고글을 쓰고 회전의자에 앉아 있다.

지금 그는 지프를 몰고 작은 마을 외곽의 먼지 자욱한 도로를 달리고 있다. 그의 손은 핸들을 잡고 있고 지프가 아래위로 흔들린다. 창밖으로는 바싹 마른 사막의 풍경이 지나간다. 엔진 소리와 뒷자리에 앉은 사람들의 말소리, 라디오의 헤비메탈 음악이 들린다. 방금 시뮬레이션 해설자가 설명한 상황에 따르면 그의 분대는 폭발물 부품 공급책으로 의심되는 남자를 수색 중이고 원래 지프를 몰던 분대원은 사제 폭발물에 부상을 당했다.

그가 운전을 하며 고개를 잠깐 돌리자 지프 안에 타고 있는 사람들이 보인다. 옆자리에는 분대장인 소토 하사가 있다. 위장 헬멧과 노란 선글라스를 착용한 그는 매사에 진지한 사람이다. 소토 뒷자리에는 발코비치가 있다. 옅은 빨간색 머리의 그는 분대의 분위기 메이커였다. 잘 보이지 않는 운전자 바로 뒷자리에는 맥휴가 있다.

사막을 달린 지 얼마 지나지 않아 뒷자리의 두 사람이 언쟁을 벌이며 멍청한 농담을 주고받았고 소토가 그들에게 조용히 하라고 계속 주의를 주었다. 그러다가 앞서 가던 지프가 도로를 벗어났다. 소토는 운전자에게 따라가라고 명령했다. 운전자는 쌍안경을 눈에 갖다 대는 소토의 손을 흘끗 본다. 잠시 후 길 위의 검은 점이 선명한 이미지로 바뀐다. 피투성이 시체였다. 남자 같았다. 회색 옷을 입은 것을 보면 군인이 아닌 민간인이었다.

시뮬레이션에 몰입한 군인은 어두운 방에서도 눈에 보일 정도로 몸을 꼿꼿하게 세웠다.

가상 지프 안에서는 무엇을 해야 할지를 놓고 언쟁이 벌어졌다. 발코비치와 맥휴는 도와주어야 한다고 주장했고 소토는 폭탄 처리반을 기다리자고 했다. 그들은 모두 그리스 연극의 코러스처럼 운전자의 생각을 대변했다. 그리고 잠시 후 소름끼치게도 도로에 누워 있던 시체가 고개를 든다.

"젠장, 살아 있어!" 뒷자리에서 목소리가 들려온다. 지프 안에는 긴장감이 고조되고 군인들은 이것이 함정인지 아닌지 격론을 벌인다. "냄새가 나. 뭔가 이상해." 소토는 도로가 이상하리만큼 외지다면서 이렇게 주장한다. 하지만 뒷자리의 군인들은 남자에게 물이라도 던져주자고 상관을 압박한다. "그럼 그냥 이대로 죽어가는 사람을 구경하자는 말입니까?" 한 사람이 묻는다.

"그렇다." 소토가 말한다. "저 남자는 엉덩이에 C-4 폭약을 잔뜩 집어넣고 있을지도 모른다. 그리고 누워서 우리가 다가오기를 기다리는 거지. 저 사람이나 마을의 동료가 버튼을 누르면 폭탄이 펑!"

애니메이션은 영화만큼 현실적이지는 않지만 생생하고 구체적으로 상황을 그린다. 운전자는 지프 앞 유리에 묻은 그을음과 계기판의 깨진 플라스틱, 그리고 길 위에 누운 사람 주변을 윙윙 날아다니는 파리 떼를 본다. 지프 엔진이 우르릉 울리자 베이스 셰이커가 연단을 가볍게 흔든다. 이 시뮬레이션은 이동식이기 때문에 통상적으로 사용하는 감각 신호가 모두 들어가지는 않았다. 하지만 군인들이 사우나처럼 덥고 냄새가 난다고 투덜대는 등의 대화를 함으로써 감각을 전하려고 시도했다. 마침내 폭탄처리반이 도착하고 로봇이 시체에 다가간다.

그때 장면이 디졸브●된다. 이제 소토의 자리에 다른 사람이 앉아 있다. 그는 계기판 쪽으로 몸을 숙이며 운전자를 쳐다보더니 자신을 운전자의 멘토 브랜치 대위라고 소개한다. 그의 말에는 힘이 있었다. 브랜치는 군인들이 정신적, 감정적으로 준비할 수 있도록 돕겠다고 말한다. "집에 무사히 돌아갈 수 있도록, 이곳에서 경험할 일에 사로잡히지 않도록 돕겠다."

"오늘 있었던 일을 얘기해보지." 멘토 브랜치가 계속해서 말한다. "도로에서 피 흘리며 죽어가는 사람을 보고도 아무것도 하지 않았을 때의 기분이 어땠나? 옳지 못하다고 생각했나? 절망했나? 아니면 감당할 수 없다고 느꼈나? 정말 끔찍한 일이지. 이곳에서는 그런 일이 비일비재하다. 매 순간 본능적인 충동이 시험대에 오른다. 그동안 선량하고 점잖은 사람들에게서 배운 것이 때로는 뒤로 밀리기도 한다. 샌디에이고나 샬럿, 그리고 내가 사는 아이다호주에서는 당연히 해야

● 이전 화면이 없어지는 동시에 다음 화면이 나타나는 것처럼 합성하는 기법.

할 옳은 일이지만 이곳에서는 그 때문에 죽을 수도 있다. 앞으로 느낄 감정에 대비하지 않으면, 전투에서 어떤 정신적 스트레스를 받게 될지 모른다면 병영에 철모와 군장을 놓고 전장에 뛰어드는 것과 다름 없다. 미리 알고 대비하지 않으면 심각한 문제에 처할 테니까. 이 프로그램은 회복력 강화 훈련이라고 불린다. 감정적 무기를 갖춰주는 훈련이지."

로봇이 도로 위의 시체에 다가갔다. 그러자 갑자기 폭발이 일어나고 베이스 셰이커가 흔들린다.

어두운 방 안에서 자세가 점점 흐트러지던 군인이 다시 꼿꼿하게 앉는다. 아무 말도 하지 않았지만 경계하는 듯했다.

"자, 이게 진실이다. 이번에는 소토의 말이 옳았다. 하지만 다음에는 함정이 아닐 수도 있고 무고한 사람이 죽을 수도 있다." 브랜치가 말한다.

화면 속에서는 지프가 다시 달리기 시작한다.

마법이 깨지는 순간

가상현실 연구 중에는 조작된 감각적 인식이 행동에 어떤 영향을 미치는지를 알아보는 분야도 있다. 그들의 연구는 매우 다른 방식으로 진행된다. 나는 샤워를 하면서 이를 체험해볼 참이다.

아니, 내 감각이 샤워를 한다고 말하는 편이 맞겠다. 흰색 타일을 붙인 방 안에서 내 머리 위로 물줄기가 계속 쏟아져 내린다. 실제 내 몸은 스탠퍼드 대학교의 가상 인간 상호작용 연구실Virtual Human Interaction Lab에 있다. 가상현실 헬멧을 쓴 나는 입체적인 컴퓨터 화면을 뚫어지게 처다보고 있다. 헬멧 뒤쪽에는 머리의 회전을 추적하는 가속도계가 달려 있고 위에는 적외선 LED 다섯 개가 달려 있어 몸의 위치를 기록한다. 헬멧에 길게 연결된 케이블이 바닥에 끌린다. 연구팀 매니저 코디 카루츠Cody Karutz는 내가 케이블에 걸려 넘어지지 않게 도와준다.

2008년 잡지 기사 때문에 처음 찾아왔을 때 이 연구실은 거의 비어 있는 다락방이었다. 그리고 가상 세계는 음영이 고르지 못하고 만화 같은 수준이었다. 가상 세계라는 것이 인상적이기는 했지만 다각형과 상호작용하는 느낌을 지울 수 없었다. 하지만 재단장한 연구실은 초현대적인 분위기로, 방음 설비가 된 최신식 녹음실까지 갖추고 있었다. 카메라 여덟 대가 0.1밀리미터의 정밀도로 내 움직임을 추적했다. 천장과 벽에 내장된 스피커들은 내가 어딜 가든 쫓아다니며 입체적인 소리를 전달했다. 바닥 아래의 서브우퍼● 16개는 동작을 강조하기 위해 바닥을 흔들었다. 이미지에는 음영이 생겼을 뿐만 아니라 더 섬세하고 정교해졌다. 조명에 빛나는 물방울이 실제와 똑같은 모양을 그리며 내 머리 위로 떨어졌다.

지난 몇 년간 연구팀은 가상 경험이 실제 생활에 어느 정도까지 연결될 수 있는지 연구했다. 연구팀 소속이었던 닉 이Nick Yee는 그리스 신화에 나오는, 모습을 자유자재로 바꾸는 '바다의 신'의 이름을 따서 이를 '프로테우스 효과Proteus Effect'라고 불렀다. 초창기 실험에서는 가상 공간의 몸인 아바타에게 미미한 변화를 주고 그 변화가 어떻게 향후 행동을 바꾸는지 실험했다. 프로테우스 효과에 관해 책까지 썼던 닉 이는 가상 세계에서 실제보다 약간 키가 컸던 사람들은 이후

● 저음 주파수만 재생하는 보조 스피커.

실제 협상에서 좀 더 훌륭한 협상가가 된다는 것을 발견했다. 가상 세계에서 실제보다 약간 잘생긴 아바타를 선택한 사람들은 나중에 가짜 데이트 사이트에서 더 멋진 파트너를 골랐다. 매력적이지 않은 아바타를 받은 사람들은 가짜 데이트 사이트에서 키를 속일 가능성이 높았다. 연구팀 소속이었던 제시 폭스Jesse Fox는 자신과 닮은 아바타가 운동량에 따라 체중이 늘거나 줄면 사람들이 운동을 더 열심히 한다는 것을 밝혔다. 자신과 닮지 않은 아바타가 선정적인 옷을 입은 경우보다 자신과 닮은 아바타가 선정적인 옷을 입은 경우 강간 통념 수용도rape myth acceptance 척도에서 높은 점수를 매겼다.• 폭스는 선정적인 자기 모습을 봄으로써 죄책감이 생겼거나 강간 피해자는 자신과 다른 행동을 하고 다른 옷을 입어야 한다고 믿고 싶은 방어적인 욕망이 생겼을지도 모른다고 결론 내렸다.

이처럼 미묘한 감정 변화는 '전이transfer'라고 불린다. 연구팀은 이런 감정 전이가 사회적으로 긍정적인 역할을 하도록 방법을 모색하고 있다. "저는 가상현실로 더 나은 세상을 만들고 싶습니다." 인지심리학자 제러미 베일런슨Jeremy Bailenson 박사가 말한다. 가상 인간 상호작용 연구실 설립자인 그는 딱딱하지 않은 방식으로 학문적인 내용에 접근한다. 매년 신입생들과 함께 사이버펑크 가상현실 어드벤처의 고전인 윌리엄 깁슨의《뉴로맨서》를 읽기도 한다. 그는 가상현실로 실제와 똑같은 세상을 만들고 두 세계의 경계를 가지고 논다는 개념에 흥미를 느낀다. 그리고 인식의 관점에서 가상현실이 실제 세계와 거의 구분되지 않는 상태를 실현하고 싶어 한다. 그는 이것을 '가상현실

• 피해자가 범죄를 유발했다거나 범죄를 당할 만하다고 생각하는 것. 강간 통념 수용도가 높을수록 해당 사건을 강간으로 간주하지 않고 가해자보다 피해자를 탓하며 강간의 심각성을 과소평가한다.

의 딜레마'라고 부른다.

하지만 리조 연구팀이 가상현실을 현실처럼 보이도록 노력하는 것과 달리 베일런슨의 가상현실은 본질적으로 새로운 형태의 마술 같은 현실을 보여준다. 카루츠가 내게 시험하려고 하는 데모 버전은 감상적이고 약간 초현실적인 성격을 띤다. 9개월 뒤 내가 다시 그를 찾아갈 때쯤이면 시뮬레이션은 정말 기상천외해질 것이다. "가상 세계에는 규칙이 없습니다. 실제 세계의 제약과 물리학적 원리를 모두 깰 수 있습니다. 따라서 우리는 멋지거나 비극적인 결과에 이르는 시뮬레이션을 설계하여 인간의 행동과 그 결과 사이의 연결 고리를 보여주고자 합니다." 배일런슨이 말한다.

그래서 내가 지금 욕실 창을 통해 매우 생경한 바깥 풍경을 보며 샤워를 하는 것이다. 뒷마당에는 탁자가 두 개 있다. 탁자 하나에는 석탄 접시가 놓여 있고, 또 다른 탁자 뒤에는 내가, 아니 정확히 말하면 내 아바타가 서 있다. 데모 버전이 아닌 실제 실험에서는 아바타가 피험자와 닮은 분신이어야 하지만 오늘 나는 다른 사람의 몸을 빌리기로 했다. 여자 아바타는 수수한 옷을 입고 금속테 안경을 썼다. 금발의 한쪽은 어깨까지 내려왔고 다른 한쪽은 짧게 밀었다. 플레이어가 조종하지 않는 아바타가 대부분 그렇듯 그녀는 반쯤 살아 움직이는 것처럼 몸을 조금씩 움직이고 시선을 이리저리 옮기는 등 자동 입력된 이상한 동작을 반복했다. 얼핏 보면 살아 움직이는 것 같기도 했고 버스를 기다리는 것 같기도 했다.

머리 위에서 목소리가 나오는 바람에 나는 깜짝 놀랐다. "당신의 임무는 샤워하는 동작을 하며 창밖을 보는 것입니다. 수도꼭지에서 물줄기가 나온다고 생각하며 몸을 적시면 됩니다."

내가 시키는 대로 하자 뒷마당 접시 위에 있던 석탄 덩어리가 떠오르더니 내 아바타로 향했다. 그리고, 아바타가, 그것을 먹는다. 그녀는 석탄을 씹으면서 곧 죽을 것처럼 내 눈을 바라본다. 오도독오도독 석탄 부서지는 소리가 끔찍하다. 잠시 후 아바타는 팔꿈치 안쪽에 대고 기침을 한다. 지금까지 들어본 가장 끔찍한 기침 소리다.

"이제 오른팔을 씻으세요." 목소리가 말한다.

내가 씻자 또 석탄 덩어리가 떠오른다. 다시 석탄을 씹고 콜록대는 소리가 난다. 아바타는 아예 나를 외면하고 구슬프게 기침을 한다.

"어깨를 씻으세요." 다시 석탄을 씹고 콜록대는 소리가 난다.

헬멧 안의 나는 급격히 불안해진다. "이 불쌍한 아바타가 구역질나는 석탄을 먹는 걸 보니 기분이 나빠요." 나는 카루츠에게, 아니 그가 있을 듯한 공간을 향해 이렇게 말했다. 나는 사실상 모든 가상현실 체험의 전제를 엉망으로 만들고 있었다. 가상적인 제4의 벽을 허물고 이것이 환영이라는 사실에 주목함으로써 환영을 약화시키고 있었다.

시스템은 이런 상황에 대비하지 못했다. 어쩌면 추적 기술로 내가 지시한 방향을 보고 있지 않다는 것을 감지했는지도 모른다. "씻는 동안 계속 창밖을 봐주십시오." 목소리가 나를 꾸짖더니 잔인하게 한마디 덧붙인다. "오른쪽 옆구리를 씻으세요."

"더는 못 하겠어요!" 나는 애원했다. 컴퓨터보다 친절한 카루츠가 플러그를 뽑는다. 나는 6분 길이의 시뮬레이션을 고작 1분 버텼다.

카루츠는 내가 헬멧을 벗도록 도와주며 설명한다. 이 시뮬레이션은 연구팀의 연구원인 자키 베일리Jakki Bailey가 미국 에너지부의 의뢰로 설계했다. 하나의 석탄 덩어리는 샤워 중에 15초 동안 물을 데우고 운반하는 데 필요한 전기 100와트를 나타낸다. 실제 실험에서는 피험자가 싱크대에서 손을 씻게 하고 그들이 사용한 물의 양과 온도를 측정했다. 일부 피험자만 나와 같은 시뮬레이션을 체험했다. 단, 아바타가 석탄을 먹는 대신 석탄이 탁자 사이를 왔다 갔다 하거나 연소된 석탄의 양이 자막으로 나왔었다. (아바타가 있든 없든) 석탄이 떠다니는 것을 지켜본 사람들은 그렇지 않은 사람들과 같은 양의 물을 사용하되, 물의 온도를 낮추었다. 그들은 에너지를 절약하려고 나름대로 노력했던 것이다.

최근 연구팀은 타인이나 자연계에 대한 공감도 파헤치고 있다. 한 연구에서는 피험자가 슈퍼히어로처럼 안개 자욱한 시내를 날아가 소아 당뇨 환자를 구조하게 하고는 이런 경험이 실생활에 도움이 되는지 알아보았다. 또 다른 연구에서는 피험자가 녹색과 빨간색을 보지 못하게 하고 나서 이 경험이 색맹인 사람들을 더 잘 돕도록 동기를 유발하는지 살펴보았다. 이제 카루츠는 그중 한 가지 실험을 내게 하려고 한다. 나는 언덕의 큰 나무 아래에 서서 새 소리를 들으며 나무를 올려다보고 있다. 내 손에는 톱이 들려 있다. 실제로는 톱 소리에 맞추어 진동하는 조종 장치다. 나는 이 나무를 베어야 한다. 정말 하고 싶지 않은 일이었다. 하지만 나는 톱질을 시작했고 나무가 갈라졌다. 영원히 멈추지 않을 것 같은 굉음이 났고 새소리가 멈추었다. 나는 언덕에 홀로 서 있었고 몹시 슬펐다.

실제 연구에서는 실험이 끝난 것처럼 보이는 시점에 실제 실험이 시작된다. 종이를 얼마나 낭비하는지 측정하는 것이다. 피험자들 중에는 가상현실을 경험한 사람들도 있었지만 감각이 풍부하게 표현된 글을 읽고 자신을 벌목공이라고 상상해본 사람들도 있었다. 당시 연구팀 소속 연구원이던 안선주는 실험이 끝났다고 알린 다음 '우연히' 물을 쏟고 피험자들에게 함께 물을 닦자고 했다. 그리고 피험자들이 종이 냅킨을 얼마나 쓰는지 세었다. 두 집단 모두 나무를 베는 행동이 환경에 영향을 미치는 것 같다고 응답했다. 하지만 가상현실을 체험한 집단이 냅킨을 적게 사용했다. 실제 행동이 바뀐 것이다.

베일런슨은 이런 실생활의 변화가 중요하다고 생각한다. 이런 변화야말로 가상 세계에서 그 사람이 얼마나 실재감을 느꼈는지를 파악할 수단이기 때문이다. "가상 세계에서의 반응이 실제 세계에서의 반응과 똑같다면 실재감을 느끼는 겁니다." 그가 말한다. 우리가 가상 세계에서도 실제 세계에서와 똑같이 생각하고 느끼며, 헬멧을 벗고 나서도 가상 세계의 경험을 무시할 수 없다는 것이 그에게는 전혀 놀랍지 않다. "뇌는 가상 경험과 실제 경험을 구분하지 못합니다. 절벽처럼 보이면 절벽이라고 생각할 뿐입니다." 기나긴 진화의 역사에서 인간이 가상 세계와 실제 세계를 구분해야 했던 기간은 점 하나로 표시할 수 있을 만큼 짧다.

베일런슨은 우리가 실제 세계와 가상 세계를 쉽게 구분하는 것이 당연하다고 생각한다. 인간은 오래전부터 영화, 라디오, 책은 물론이고 이야기나 약물을 통해 의식을 다른 곳으로 옮기는 일에 익숙했다. "역사를 살펴보면 인간에게는 언제나 대중매체가 충분했습니다. 사람들은 생활을 잠시 멈추고 다른 어딘가로 옮겨가기를 즐깁니다. 대중매체가 없으면 끊임없이 공상에 잠깁니다. 정신은 떠돌아다니기를 좋아하지요." 그가 말한다. 정신을 몸에서 자유롭게 하여 실체가 없는 삶을 탐험한다는 측면에서 가상현실은 새롭지 않다. 다만 더 쉬워졌을 뿐이다. 상상의 세계를 만들기 위해 뇌가 할 일이 줄어든 것이다. "언제든 꿈꿀 수 있습니다." 그가 온화하게 말한다.

"문제는 가상현실이 실제가 아니라는 것을 모를 때 발생합니다. 물론 우리는 아직 거기까지 가지 못했습니다. 하지만 기술은 매우 빠른 속도로 발전하고 있지요." 베일런슨이 말한다. 그의 연구팀에서는 아직도 가격이 2만~4만 달러인 기존 가상현실 헬멧을 사용한다. 하지만 적외선으로 몸의 움직임을 추적하는 엑스박스용 핸즈프리 조종 장치인 마이크로소프트 키넥트Microsoft Kinect처럼 가격이 저렴한 게임 장비도 사용된다. 연구팀은 오큘러스 리프트Oculus Rift용 시나리오도 만들기 시작했다. 무게가 가벼운 오큘러스 리프트는 머리에 쓰는 디스플레이 장치로 가정에서 게임을 하는 사람들을 위해 개발되었다. 오큘러스 리프트가 가상현실 시스템을 완전히 대체할 수는 없지만 시각 표현이 훌륭하기 때문에 가상현실을 소비 시장으로 들이는 돌파구 역할을 할지도 모른다. (2014년 초 페이스북이 오큘러스 리프트의 제조사를 인수했다. 두 기업 모두 가상현실이 머지않아 게임을 넘어선 몰입 경험을 확장할 컴퓨팅 플랫폼이자 커뮤니케이션 플랫폼이 되리라고 생각한다.)

베일런슨은 우리가 스마트폰을 이용한 지난 10년 동안 온라인을 통해 사회적 상호작용과 업무를 해결하면서 한쪽 눈을 가상 세계에 두는 것에 잘 훈련되었다는 점이 중요하다고 말한다. 물론 스마트폰 앱으로는 온몸을 감싸는 감각 경험을 할 수 없기 때문에 몰입도가 매우 높지는 않지만 사용자가 이곳이 아닌 그곳에 있다고 느끼게 하여 실재감을 주거나 주의를 끌 수는 있다. 베일런슨은 가상현실 기술이 더 작고 저렴해짐에 따라 일상생활에 더욱 깊이 파고들어 그라운드ground의 삶과 클라우드cloud의 삶을 분리하기 힘들어질 것이라고 생각한다.• 그는 이렇게 묻는다. "페이스북을 사교클럽 파티처럼 느껴지게 만든다면 무슨 일이 벌어질까요? 또는 온라인 도박을 하며 라스베이거스에 있는 기분을 느낄 수 있다면요? 실제 세계에 존재하면서도 가상 세계에 있는 듯한 느낌이 든다면 말입니다. 그러면 세상이 어떻게 바뀔까요?"

• '그라운드'는 우리가 발을 딛고 있는 땅, 즉 실제 세계를 뜻하고 '클라우드'는 일종의 데이터 센터, 즉 가상 세계를 뜻한다.

연구실을 나서려던 내게 카루츠는 데모 시뮬레이션을 하나 더 해보라고 권했다. 점점 풍요로워지는 가상현실 세계를 꿈에 적용하는 것이 얼마나 쉬운지를 보여주는 데모였다. 이 데모에는 실험이 없었다. 분수가 샘솟고 잔디가 깔린 이탈리아 별장이 있을 뿐이었다. 테라코타 벽과 나무 지붕은 놀라우리만치 섬세했다. 갈라진 금과 그을음까지 공들여 표현되었다. 벽난로에서는 불길이 타닥 소리를 내며 타올랐다. 나무가 부드러운 바람에 흔들렸고 그 바람을 타고 민들레 홀씨와 커다란 파란 나비가 날아올랐다.

나는 너무 편안했다. 창으로 안을 들여다보거나 문으로 걸어 들어가고 싶었다. 내 앞에 다른 세계가 끝없이 펼쳐질 것만 같았다. 하지만 나는 이내 시뮬레이션의 결함을 찾기 시작했다. 이곳이 실재하는 장소가 아님을 나타내는 흔적을 찾아보았다. 우선 이곳은 지나치게 아름다웠다. 극단적인 전원풍은 테마파크의 무대 같았고 밝은 색조는 합판과 페인트를 연상시켰다. 나는 어느새 연구팀이 주차용 차고처럼 일상생활의 우중충한 무언가를 만들었으면 좋았을 것이라고 생각하고 있었다. 그때 머리 뒤쪽에서 잡아당기는 느낌이 들었다. 헬멧의 케이블을 잡고 있던 카루츠는 내가 상상 속의 풍경을 부주의하게 걸어다니며 실제 세계의 벽에 다가가는 것을 막으려고 했다. 어쨌든 나는 게임에서 이런 곳을 거닐거나 별장에서 펼쳐지는 극적인 이야기를 지켜보거나 그냥 정원에서 쉬기만 해도 얼마나 기분이 좋을까 하는 생각을 주로 했다. 하지만 또다시 무릎을 꿇고 허리를 숙인 채 발아래의 풀잎을 뚫어지게 쳐다보며 이 풀잎들은 몇 화소쯤 될까 궁금해하는 바람에 환영을 망쳐버렸다. 나는 일어서서 분수로 다가가 물을 응시했다. 물은 반짝거렸고 오후의 산들바람에 잔물결이 일었다. 그리고 그 순간 뭔가가 번득 떠올랐다. 물에 내 모습이 비치지 않았던 것이다.

마법이 깨지는 순간은 때로 마법에 얼마나 강하게 묶여 있었는지를 확인하는 순간이 되기도 한다. 내가 머릿속으로 가상 세계의 물이 실제 물과 얼마나 똑같은지 격론을 벌이는 동안 어두운 스튜디오에서 내 헬멧의 케이블을 인내심 있게 잡고 있던 카루츠가 목격한 것이 바로 이 순간이었다. 나는 꿈에 너무 푹 빠진 나머지 실제로 무릎을 꿇고 고개를 숙인 채로 팔을 뻗어 실존하지 않는 분수에서 내 모습을 찾고 있었다.

나는 소가 되었다

베일런슨 연구팀이 답을 구하는 또 다른 질문이 있다. 아주 중요한 질문이다. '가상 세계에서 우리는 우리여야만 하는가?' 연구팀은 외모에 미묘한 변화를 주는 것부터 시작했다. 아바타를 실물보다 더 예쁘게 하거나 키가 크게 하거나 살이 찌게 하거나 나이 들어 보이게 만드는 것이다. 얼굴 자체를 바꾸는 경우도 있었다. (심리학에서는 이를 '조망 수용perspective taking'이라고 부른다. 자신을 다른 사람으로 상상하거나 다른 상황에 놓였다고 그려보는 것이다.) 하지만 가상 세계에서는 인간의 형태를 고수할 이유가 없다. 사실 다른 몸으로 사는 법을 배우면 좋은 점이 있을지도 모른다. "연구 결과 아바타가 사람이면 사람에게 공감하는 것으로 드러났습니다. 따라서 인종 차별, 노인 차별, 성 차별을 줄일 수 있지요. 사람이 아닌 것에도 똑같이 적용되지 않을까요?" 베일런슨이 말한다.

9개월 뒤, 나는 이를 알아보기 위해 다시 베일런슨의 연구실로 향했다. 연구실은 여전히 어둡고 조용했다. 코디 카루츠는 기쁘게 내 손과 발에 장치를 묶었다. 그는 내게 천으로 만든 무릎 보호대를 대주고 손목에 적외선 마커를 붙였다. 그러고는 축구 유니폼 같은 나일론 소재의 민소매 상의를 입히고 척추를 따라 적외선 마커를 두 개 붙였다. 헬멧도 씌웠다. 그러더니 내게 엎드려서 팔다리로 기는 자세를 취하라고 말한 뒤에 시뮬레이션을 가동했다.

나는 소가 되었다.

나는 멀리 외양간이 보이고 초록이 드넓게 펼쳐진 아름다운 목장에 있었다. 내 앞에는 또 다른 소가 있었다. 카루츠는 이 소가 거울에 비친 내 아바타라고 설명했다. 내가 헬멧을 쓰고 엎드리고 있어서 소로 변한 내 모습을 직접 보기 힘들기 때문에 이렇게 보여주는 것이었다. 나는 나도 모르게 "와!" 하고 탄성을 내뱉었다. 갈색과 흰색이 섞인 자그마한 송아지로 변한 내 모습이 사랑스러웠기 때문이다. 머리에 구부러진 작은 뿔이 달려 있었고 막대기 같은 다리에는 통통한 몸통이 붙어 있었다. 내가 오른쪽 발굽을 들자 아바타도 똑같이 움직였다. 내가 걸음을 옮겨 들판을 살피자 아바타인 소도 그렇게 했다. 가상현실 연구팀은 '신체 전이body transfer'라는 용어를 사용했다. 신체 전이는 의식이 외적 표현으로 이동하는 현상을 설명하는 말이다.

"스탠퍼드 목장에 오신 걸 환영합니다." 머리 위에서 목소리가 들린다. "당신은 쇼트혼 종의 소입니다. 유제품과 쇠고기 생산을 위해 사육되고 있습니다." 쇠고기 생산용이라는 말이 거슬렸다. 하지만 그럭저럭 넘어갔다. 목소리는 내게 지시를 내렸다. "사료가 담긴 손수레로 가서 사료를 드십시오." 나는 건초 위에 자리 잡았다. 소는 나와 똑같이 움직였다. 목소리는 내가 약 270킬로그램이 되기 위해 매일 1.4킬로그램씩 살을 찌워야 한다는 어안이 벙벙해지는 말을 한다. 나는 씹는 흉내를 내야 하나 고민했다. 아무도 그렇게 하라고 지시하지는 않았지만 이상하게도 그런 행동이 자연스러워 보였다.

이제 목소리는 물이 담긴 통으로 가라고 지시한다. 아바타 소와 나는 곡선을 그리며 왼쪽으로 움직인다. 공기를 가르며 움직이는 소몰이용 막대가 보인다. 연구팀 조교가 끝에 적외선 마커가 달린 이 두꺼운 나무 막대를 흔들고 있다. 오늘은 막대를 제대로 사용하지 않지만 평소 같으면 조교가 막대로 나를 가볍게 때렸을 것이다. 그러면 나는 소몰이용 막대가 옆구리를 누르는 것을 느꼈을 것이다. "이것이 바로 '동시성 촉각'입니다." 카루츠가 설명한다. 이는 신체 전이를 만들어 내는 또 다른 방식이다. 오늘은 막대가 근처에서 떠다니기만 하고 나를 찌르지는 않았다. 내가 물통 앞에 서자 매일 물을 114리터씩 마셔야 한다는 목소리가 들린다.

"이제 맨 처음에 있었던 울타리로 가십시오. 당신은 이곳에 200일가량 있었고 목표 체중에 도달했습니다. 이제 도축장으로 갈 때가 됐습니다." 목소리가 말한다.

예상치 못한 일이었다. '도축장'이라는 말을 듣자 슬픔과 두려움이 밀려왔다. 이 갑작스러운 발언에 나는 함정에 빠진 기분이 들었고 아바타 소에게 죄책감과 책임감을 느꼈다. 왠지 나는 소를 나라고 느끼는 동시에 나보다 어리고 순진한 '채식주의자'라고 느꼈다. 고작 몇 분 동안 가상 체험을 한 것치고는 놀라우리만치 무게감 있는 느낌이었다. 소가 된 나의 일부는 의무적으로 울타리를 향해 걸어갔다. 사람인 나는 내면에서 소리를 질러댔다. 나조차 놀란 예상 밖의 행동이었다. 불안감에서 비롯된 분노 때문에 내지르는 소리였다. "이건 너무 잔인해!" 나는 불특정한 대상을 향해 외쳤다.

시뮬레이션은 계속되었다. 목소리는 내게 아바타 소를 바라보라고 말한다. 그러자 아바타 소가 나를 순진무구한 눈빛으로 바라본다. "이제 도축장 트럭을 기다립니다." 목소리가 말한다. 바닥이 진동하며 트럭이 다가온다. 타이어가 우르릉대는 소리와 트럭이 후진하는 신호음이 들렸다. 주변 세상이 요란하게 흔들리자 나는 진짜 두려움을 느낀다. 고개를 좌우로 흔들면서 어디에서 트럭이 오는지 살핀다. 트럭이 오면 무슨 일이 생길까? 하지만 아무 일도 일어나지 않았다. 실험이 끝났기 때문이다. "오, 이럴 수가…… 당신들 정말……." 카루츠가 헬멧을 벗기자 나는 안도감에 이렇게 중얼거렸다.

실제 연구에서는 가상 체험 이후 소의 권리, 더 넓게는 동물의 권리에 더 많이 공감하게 되었는지를 측정했다. 친밀한 친구인 소가 등장하는 시뮬레이션은 시작에 불과했다. 카루츠는 피험자가 산호초의 줄기가 되는 실험도 수정 중이었다. 소보다 훨씬 낯선 형태로 몸이 변하는 것이었다. 화려한 자줏빛의 산호는 움직일 수 없다. 산호는 가지가 희미하게 팔을 연상시킬 뿐, 도무지 사람의 몸과 연관되지 않는다.

그런데 시뮬레이션 속의 산호는 맑고 푸른 물속에 있었고 주위에는 여러 해양 생물이 뒤섞여 있었다. 동시성 촉각을 위해 연구팀 조교가 고기 그물을 씌우고 가슴팍을 막대로 찌른다. 산호로 변한 피험자는 해양 산성화에 대한 설명을 듣는다. 이는 화석연료 연소로 생성된 이산화탄소를 바닷물이 흡수해서 생기는 현상이다. 피험자는 주변 바다 생물이 서서히 죽어가는 모습을 보게 된다. 처음에는 성게가, 다음에는 성게를 먹는 물고기가, 다음에는 산성화된 바닷물에 껍데기가 부식된 소라류가 죽는다. 동물이 사라진 바다는 점점 잿빛을 띠고 바위는 조류로 뒤덮인다. 산호로 변한 몸도 서서히 시들어 산호 덩어리가 해저로 떨어져나간다.

"그러니까 어느 시뮬레이션이든 내가 죽거나 죽으려는 상황을 지켜보게 되는 것이군요." 내가 말한다.

"그러면 아주 극적인 효과가 있지요." 카루츠가 말한다.

연구팀은 해양생물학자와의 공동 연구를 통해 산호 시나리오를 설계하고 있다. 이 시나리오에서 피험자는 가상현실, 영상, 음성 중 하나를 경험하게 된다. "궁극적으로 피험자가 죽어가는 산호가 되어 강한 감정을 느끼게 함으로써 교육적인 목적을 이룰 수 있을지를 실험하려고 합니다. 직접 산호가 되면 더 많이 배우고 더 신경 쓰게 될까요? 산호에 대해 더 알고 싶어질까요?" 베일런슨이 묻는다. 연구팀은 공감과 관련된 척도도 추적 조사할 예정이다. 피험자는 바다를 살리기 위해 기꺼이 기부금을 내거나 탄원서에 서명할 수도 있다.

신체 전이에는 보다 전문적이고 인지적인 문제가 깔려 있다. 바로 호문쿨루스의 유연성homuncular flexibility이라는 개념이다. '작은 사람'을 뜻하는 호문쿨루스는 피질의 감각 영역과 운동 영역을 몸의 형태로 도식화해 시각적으로 나타낸 것이다. 팔다리, 몸통, 머리 등 각기 다른 신체 부위의 신경과 연결되는 뇌 영역을 발에서 머리 순서로 피질 단면에 나타낸다. 얼굴과 손가락은 매우 민감하고 날렵하기 때문에 신경이 더 넓은 공간에 더 빽빽하게 분포되어 있다. 이런 도식을 바탕으로 '작은 사람'의 몸을 그리면 입술이 두껍고 손이 커다란 모습이된다.

"가상현실에서 호문쿨루스의 유연성은 이렇게 질문합니다. '인간이 아닌 몸에 들어간 인간은 그 몸을 움직이는 법을 배울 수 있을까?'" 베일런슨이 말한다. 그는 친구이자 멘토인 재런 래니어가 새로운 아바타를 이용했던 초창기 실험을 상상해보라고 말한다. "아바타가 바닷가재인 사람을 상상해봅시다. 바닷가재는 다리가 여덟 개입니다. 맨 앞의 다리 두 개를 움직이는 것은 간단합니다. 사람은 두 개의 팔로 앞다리 두 개를 움직이면 되겠지요. 그렇다면 나머지 다리는 어떻게 움직일까요?”

이것은 정말 마술 같은 질문인 동시에 실질적인 문제였다. 베일런슨은 아바타가 디지털 사물을 조작하는 경우를 떠올려보라고 말했다. 필립 K. 딕의 소설을 토대로 만든 영화 〈마이너리티 리포트〉에서 톰 크루즈는 미래의 경찰관 역할을 한다. “톰 크루즈가 손으로 모든 데이터를 다루는 장면을 기억합니까?” 베일런슨이 묻는다. “왜 그는 두 팔만 쓰는 것일까요? 데이터는 모두 디지털입니다. 만약 여덟 개의 팔을 쓸 줄 안다면 더 효과적이겠지요.” 그는 가상 환경을 활용해 실제 기계를 조작하는 상황을 생각해보라고 말한다. 여러 사용자가 단체로 기기 하나를 조작하는 경우에는 ‘다대일’로, 전문가 한 사람이 여러 기기를 조작하는 경우에는 ‘일대다’ 조종이 가능할 것이다. 베일런슨은 군대의 경우도 생각해보라고 했다.

“훌륭한 조종사가 있다고 합시다. 그 사람이 비행기를 한 대만 조종할 필요는 없지 않을까요?” 원격 로봇도 마찬가지다. 렌 박사와 다빈치를 떠올려보자. 렌에게는 팔이 두 개 있다. 하지만 로봇의 팔은 네 개이기 때문에 팔 하나에 카메라를 고정하고 나머지 팔로 세 가지 도구를 조작할 수 있다. 하지만 지금은 렌이 두 가지 도구를 번갈아 조작하거나 조수에게 세 번째 도구를 맡길 뿐, 이 모두를 한꺼번에 움직일 방법이 없다.

그래서 내가 연구팀에 찾아간 마지막 날, 우리는 이것을 시험해보기로 했다. 연구팀의 안드레아 스티븐슨 원Andrea Stevenson Won은 나에게 가상으로 제3의 팔을 부여하는 시나리오를 구성했다. 이제 우리는 내가 제3의 팔에 얼마나 빨리 익숙해지는지 살펴볼 예정이다. 카루츠는 내게 헬멧을 씌우고 손목에 적외선 마커와 작은 플라스틱 가속도계를 장착한다. 잠시 후 불이 꺼지고 나는 가상 거울을 통해 내 아바타를 본다. 아바타는 몸의 윤곽이 은빛이었고 평범해 보이는 두 팔이 있었다. 이 두 팔은 내 팔을 움직여 조종할 수 있었다. 하지만 내 가슴팍에는 팔처럼 생긴 크고 긴 무언가가 붙어 있었다. 이 팔에는 팔꿈치가 없었고 손가락은 흔적만 남아 있었다. 카루츠는 내게 잠시 거울을 보며 새로운 팔에 익숙해지라고 했다. 그러면서 내 손목으로 이것을 조종할 수 있다고 알려준다. 어느 쪽 손목인지 알려주지 않았지만 한쪽 손목으로 수평을 맞추고 나머지 손목으로는 좌우로 움직일 수 있었다. 나는 손을 앞으로 뻣뻣하게 내밀고 손목을 움직였다. 그러자 제3의 팔이 자동차 와이퍼처럼 왔다 갔다 했다. 내가 받은 훈련이라고는 이게 전부였다.

잠시 후 모니터가 깜빡거리더니 공간을 떠다니는 정육면체가 보였다. 정육면체는 손가락으로 건드릴 수 있을 정도로 가까이에 있었다. 왼쪽에는 파란색 정육면체가 아홉 개 있었고 오른쪽에는 빨간색 정육면체가 아홉 개 있었다. 정육면체는 이따금 흰색으로 바뀌었다. 그럴 때마다 나는 실제 손으로 색이 바뀐 정육면체를 건드려야 했다. 뒤로 60센티미터쯤 떨어진 곳에는 초록색 정육면체가 아홉 개 있었다. 여기에도 흰 정육면체가 나타나면 건드려주어야 했다. "초록색 정육면체는 멀리 떨어져 있어서 보통의 손으로는 건드릴 수 없습니다. 그래서 제3의 팔이 있는 겁니다." 카루츠가 말한다.

이제 준비가 되었다. 파란색 정육면체 하나가 하얗게 빛난다. 나는 손으로 그것을 가볍게 두드린다. 정육면체는 빛과 함께 기분 좋은 소리를 내더니 다시 파란색으로 변한다. '쉽군.'

이제 뒤에 있는 초록색 정육면체가 하얗게 빛난다. 나는 그것을 만지기가 어려우리라고 각오하고 있었다. 카루츠도 마찬가지였다. 그는 내가 제3의 팔을 뻗으려는 찰나 격려의 말을 하려고 했다. 그런데 그 순간 제3의 팔이 정육면체를 건드렸다.

어떻게 했는지 알 수 없었다. 그냥 했다. "훌륭하군요!" 카루츠가 말한다.

나는 놀라서 뭐라고 소리를 내며 계속 움직였다. 정육면체가 반짝이면 그것을 찰싹 내리쳤다. 진짜 팔은 물론이고 가짜 팔도 이상하리만큼 자연스러웠다. 내 잠재의식이 제3의 팔을 움직이는 데 필요한 신경과 근육을 계산했다. 어째서인지 내 손목들이 가상의 팔을 지휘하고 있었다. 나는 미래에 실제로 사용될 기술이 이와 같기를 바랐다.

사실 스티븐슨 원은 사람들이 제3의 팔에 5분 안에 적응할 뿐만 아니라 제3의 팔을 부여받은 피험자가 두 팔만 사용한 통제 집단(초록색 정육면체를 건드리려면 앞으로 나가야 했다)보다 성과가 더 좋다는 결론을 내렸다. 연구 초반에 그녀는 사람들이 팔과 다리의 역할을 바꾸거나 다리를 더 멀리 뻗을 수 있게 해도 쉽게 적응한다는 사실을 알아냈다. 나는 팔로 가상의 다리를 조종하거나 갑자기 엄청나게 유연해진 다리로 오버헤드킥을 하여 공중에 떠 있는 가상의 풍선을 터뜨리는 과제를 수월하게 해냈다. 물론 보기 좋지는 않았다. 나는 미친 로봇처럼 팔다리를 휘적거리며 방 안에서 느릿느릿 돌아다녔다. 하지만 풍선은 터뜨릴 수 있었다.

스티븐슨 원은 호문쿨루스의 유연성 연구에서 도구 사용이 중요하다고 말한다. 우리가 도구를 사용하는 법을 학습하는 것과 새로운 몸을 조종하는 법을 학습하는 것 사이에는 유사점이 있기 때문이다. "사람들은 새로운 도구를 사용하는 법을 빨리 배웁니다. 그리고 도구는 몸의 연장입니다." 그녀가 말한다. 실제로 제3의 팔 연구에서는 피험자에게 네 가지 중 한 가지 상황을 부여했다. 나처럼 팔이 가슴팍에 붙어 있거나 몸 가까이에서 떠다니는 경우가 있었다. 또 금속 원기둥 같은 것이 가슴에 튀어나와 있거나 육각형 모양의 팔이 옆에 떠다니기도 했다. 다시 말해 도구나 신체를 본뜬 제3의 팔은 몸에 부착된 경우도 있었고 그렇지 않은 경우도 있었다. 이 때문에 세 번째 팔의 사용법을 배우는 방식이 달라졌다. 베일런슨은 이렇게 말한다. "그렇다면 과연 이것은 망치일까요, 팔일까요?"

이를 또 다른 방식으로 실험할 수도 있다. 정육면체 과제를 끝내자 카루츠는 정육면체가 사라지게 했다. 이제 허공에 이글거리는 과녁 같은 것이 나타났다. 그는 내게 제3의 팔을 과녁 중앙에 대라고 했다. 그의 말대로 하자 시끄러운 소리가 나고 밝은 빛이 번쩍였다. 내 뇌는 이를 '손이 불에 타고 있다'로 받아들였다.

나는 소리를 질렀다. 어깨와 목이 저절로 움츠러들었다. 바로 이것이 연구팀이 알고 싶어 하는 것이었다. 가상의 팔에 위험이 닥치면 피험자는 어떤 반응을 보일까? "제3의 팔이 도구라면 누군가 불을 질러도 움츠리지 않겠지요. 팔이라면 당연히 움츠러들 테고요." 베일런슨이 말한다.

나는 이 연구팀에서 많은 시간을 보냈다. 연구팀의 논문을 수없이 읽었고 그들의 방법론에 대해 끈질기게 인터뷰했다. 그렇기에 속임수가 어떻게 이루어지는지 잘 알고 있었다. 그리고 나는 이것이 가상의 팔이고 가상의 불이라는 것을 알았다. 하지만 몸이 움츠러들었던 그 짧은 시간만은 진짜 팔이고 진짜 불이었다.

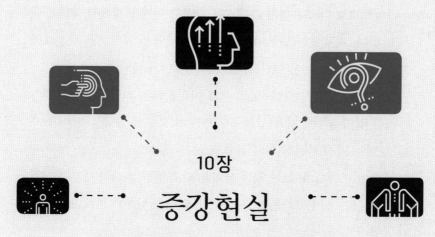

10장

증강현실

현실 세계에 사이버 세계를 덧씌우다

롭 스펜스의 눈은 상점에 있다.

아이보그로 더욱 유명한 스펜스는 거실의 난방기 앞에서 담배를 피우고 있다. 바깥에는 단풍나무의 주황색 낙엽을 배경으로 토론토의 겨울을 알리는 첫눈이 내린다. 섬세한 눈송이가 바람에 춤을 춘다. 스펜스의 모습은 해적 같다. 짙은 색의 머리카락은 헝클어졌고 수염은 며칠간 깎지 않았는지 까칠하게 자랐으며 오른쪽 눈에는 안대를 했다. 안대를 벗자 다공성 안와 삽입물MCP, motility coupling post을 끼워 넣는 소켓이 드러난다. 그는 안와 삽입물 위로 딸깍 소리가 나도록 인공 눈을 끼운다. 유리로 만든 인공 눈을 끼울 때도 있지만 카메라를 끼우기도 한다.

탁자 위의 노트북 화면에는 인공 눈에 끼우는 카메라의 이전 모델과 향후 모델이 띄워져 있다. 최초 모델은 배터리, 송신기, 카메라 부품이 희한한 직사각형으로 조립되어 눈이라기보다는 정체 불명의 로봇 같았다. 특정 순간에 붉은색 LED가 반짝이는 버전도 있었다. "터미네이터죠. 신체 일부가 없어도 만화책을 얼마든지 읽을 수 있답니다." 스펜스의 말투는 냉소적이다.

하지만 다음 버전은 진짜 눈처럼 보일 것이다. 그는 인공 눈의 외피를 찍은 사진을 보여준다. 인공 눈 제작자는 외피에 손으로 그림을 그려 스펜스의 연한 초록색 홍채를 재현했고 가느다란 실로 눈의 실핏줄을 표현했다. 카메라는 이 외피 뒤에 위치하고 렌즈는 동공 역할을 할 것이다. 새로운 모델의 핵심적인 요소가 업데이트되면 스펜스는 다큐멘터리 감독인 자신의 직업에 이를 활용할 생각이다. "제게 이건 장난감이에요. 애꾸눈의 영화감독만이 가질 수 있는 정말 멋진 장난감이죠." 그가 말한다.

이 카메라는 딘 로이드의 인공망막과 달리 스펜스의 뇌와 연결되지 않았고 그의 망막과 상호작용하지도 않는다. 이 인공 눈은 눈의 내부와 외부의 경계에 착용하는 착용형 장치로서 원거리 수신기까지 무선으로 정보를 송신한다. 본질적으로 수신기는 작은 모니터라고 할 수 있다. 수신기는 비디오 화면이 달린 흰색 플라스틱 상자이고 이론상 노트북이나 인터넷 등 모든 곳으로 정보를 전송할 수 있다.

2009년에 출시된 스펜스의 아이캠은 착용형 감각 증폭 장치에 한 걸음 가까워진 최초의 증강현실 장치다. 증강현실AR, augmented reality 장치는 대개 몸에 착용하거나 손에 들어야 하고, 사용자의 인식을 변형하거나 장치가 없었더라면 몰랐을 정보를 전달한다. 어떤 사람들은 뇌에 직접 영향을 주는 이식 장치와 가상현실 사이에 증강현실 장치가 자리한다고 생각한다. 즉 조작된 공간과 살 속에 심는 칩 사이의 기술적 절충안이라는 것이다. 증강현실의 특징은 실제 세계와 가상 세계가 포개어진다는 것이다. 이런 이유로 증강현실을 '혼합현실mixed reality'이라고 부르기도 한다.

프로그램된 현실

증강현실은 아직 걸음마 단계이기 때문에 관련 규정과 장치의 형태 인자가 이제 막 출현하고 있다. 시장에 출시된 제품은 시계, 반지, 옷, 휴대전화 앱, 안경 등 대부분 액세서리다. '증강'을 구성하는 요소가 무엇인지 보편적으로 합의되지는 않았지만 비영리 산업 기구인

AugmentedReality.org의 공동 설립자 오리 인바Ori Inbar에 따르면 가장 단순한 차원의 증강은 '실제 세계에 그래픽을 덮어씌우는 것'이다. 그는 매년 열리는 증강 세계 박람회AWE, Augmented World Expo를 조직하기도 했다. 박람회에 가면 자신의 분신과도 같은 분홍색과 주황색이 섞인 재킷을 입고 사람들 사이를 돌아다니는 에너지 넘치는 인바를 볼 수 있다.

그래픽과 문자를 포갠다는 점은 구글 글래스와 동일하다. 2013년 이 거대 기업은 일정 수의 '익스플로러'를 대상으로 이 세련된 안경을 출시했지만 2015년 초에 다음 버전 개발을 이유로 판매를 중단했다. 기존 구글 글래스는 안경다리에 장착된 초소형 프로젝터로 길찾기와 이메일 등의 기능을 보여준다. 이 초소형 프로젝터는 안경 오른쪽 알 위에 돌출된 프리즘으로 빛을 쏜다. 글래스는 카메라는 물론이고 음성으로 작동하는 인터넷 검색 기능과 전화 발신 기능을 제공한다.

구글이 워낙 주목받는 기업이기 때문에 구글 글래스는 증강현실을 대표하는 기기가 되었다. 또한 구글 글래스는 착용형 기기에 대한 논란의 중심에 서면서 불안하게 입지를 지키고 있다. 온라인 FAQ에서 구글은 글래스가 몰입형이 아니므로 당연히 증강현실 장치가 아니고 스크린 비활성화가 기본값이라고 단언했다. (이로 인해 스크린이 활성화되어 있을 때의 글래스는 무엇인가라는 의문이 제기되었지만 구글의 홍보팀은 인터뷰 요청에 응하지 않았다.) 그럼에도 여러 관계자들은 대중의 관심을 끌었다는 면에서 글래스를 지지한다. 그들은 글래스가 진정한 증강현실이 아니라 스마트폰을 눈 위에 얹은 것에 가깝다고 말한다. 인바에 따르면 글래스 같은 제품은 상황에 맞게 정보를 제공하지만 사용자의 시야 중에 좁은 영역만 다루기 때문에 진정한 의미로 진짜 세계 위에 제2의 세계를 덧씌운다고 할 수 없다는 것이다.

수많은 비착용형 증강현실 장치는 휴대전화나 태블릿으로 실제 사물을 가리켜야 그 위에 덧씌워지는 가상의 무언가를 볼 수 있다. 예컨대 모델이 움직이는 모습을 보려면 광고나 잡지 위에 기기를 대야 한다. 또는 별이나 날아가는 비행기에 대한 정보가 궁금하면 기기로 하늘을 가리켜야 한다. 심장이 어떻게 작동하는지 배우려면 생물학 교과서를 기기로 가리켜야 한다. 나는 증강 세계 박람회에 전시되었던 아이디어가 마음에 들었다. 당시 스위스 로잔 공과대학교 학생들이 내 팔에 거울 문양의 지워지는 문신을 새겨주었다. 그런 다음 그들은 나를 특수 거울 앞으로 데려갔다. 그 거울 속에서 문신이 움직이는 것처럼 보였다. 문신 가운데 위치한 눈에서 검은 눈물이 흐르더니 거울을 가득 채웠다. 그리고 이내 거울은 산산조각 났다. 이 정도만 해도 매력적인데 학생들은 기술을 더욱 발전시켜서 인식을 제대로 바꾸어놓을 다중감각 장치를 개발 중이라고 했다. 인바에 따르면 이는 '프로그램된 현실'이다.

인바는 증강현실이 가상현실과는 다르다고 주장한다. 증강현실은 몰입을 중시하기보다는 일부러 반투명한 방식을 선택하기 때문이다. 증강현실에 쓰이는 안경은 가상현실 디스플레이처럼 시야를 가리지 않고 눈으로 그대로 보게 한다. 휴대용 장치 덕분에 평상시처럼 자유롭게 움직이고 양손을 사용할 수도 있다. "증강현실은 실제 세계에, 그러니까 바로 지금 이곳에 머무르게 합니다. 다만 그 세계를 강화할 뿐입니다." 인바가 말한다.

사실 인바가 증강현실에 매력을 느낀 이유는 화면 앞에서 매우 편안해하는 자녀들 때문이었다. 그는 기존의 증강현실이 대부분 아이들에게 집중된 방식이라고 생각했다. 학습을 '게임화'하거나 사물을 상호작용하게 만들거나 실제 세계를 돌아다니며 과제를 수행하여 점수를 획득하는 방식이었다. 하지만 그는 초기 증강현실 안경을 사용하는 사람들을 보면서 양손을 자유롭게 쓰는 동시에 정보를 찾게 해야 한다는 것을 깨달았다. 예를 들어 스마트 글래스를 사용하는 의사들은 엑스레이 사진을 바로 불러와 환자의 피부 위에 겹쳐놓고 볼 수 있어야 하고 전기 기술자는 벽 안에 배치된 전선을 벽 위에 겹쳐놓고 볼 수 있어야 한다. 물류창고에서 포장하는 일부터 엔진을 수리하는 일까지 복잡한 업무를 사람들에게 알려줄 때도 스마트 글래스를 사용할 수 있다. 인바는 이렇게 묻는다. "영화 〈매트릭스〉에서 트리니티가 뇌로 전송된 설명서를 이용해 곧바로 헬기 조종법을 배우는 장면을 기억합니까? 증강현실은 바로 그런 일을 가능하게 합니다. 플러그 없이 말이지요."

증강현실 산업에는 공상과학과 사이보그 관련 자료가 매우 많다. 당연하지 않겠는가? 그 자료에 나오는 기술들은 우리가 오랫동안 증강의 모델, 특히 안경의 모델로 삼아왔던 것들이다. 〈스타트렉〉에 등장하는 조르디 라포지는 바이저VISOR로 전자기 스펙트럼을 모두 볼 수 있고 《뉴로맨서》의 몰리 밀리언즈는 영구 이식된 반사 렌즈를 통해 어두운 곳에서도 볼 수 있으며 디지털 정보를 읽을 수도 있다. 아이보그의 카메라는 그 정도는 아니지만 사용자에게 몇 가지 초능력을 준다. 사용자는 눈으로 사진을 찍을 수 있다. 연속으로 두 시간 동안 녹화가 가능하기 때문에 완전한 기억력을 갖출 수도 있다. 또한 자신의 시각을 컴퓨터와 인터넷에 연결할 수도 있다. 아이캠과 인공망막 기술을 결합하여 그래픽을 얹으면 터미네이터처럼 전략적인 정보를 실시간으로 눈앞에 제공받을 수도 있다. 하지만 아이보그는 퍼즐의 일부만 가진 셈이다. 로이드와 마찬가지로 스펜스 역시 가장 기본적인 기능만 갖춘 초기 버전인 모델 T를 착용하고 있다.

스펜스는 아홉 살 때 할아버지의 권총으로 장난을 치다가 눈을 다쳤다. 가족들이 급히 그를 병원으로 데려갔고 즉시 수술이 시작되었다. "수술을 받고 눈을 임시로 살릴 수는 있었지만 다친 눈은 사실상 시각을 상실했습니다. 코카콜라 병을 통해서 보는 정도의 시력만 있었어요." 그가 말한다. 성장한 스펜스는 영화제작자가 되었다. 그의 첫 다큐멘터리 〈모두 토론토를 혐오하자Let's All Hate Toronto〉는 고향에 바치는 풍자적인 작품이다. 스펜스는 자신을 대변하는 등장인물인 미스터 토론토로 출연한다. 미스터 토론토는 안대를 하고 있는 토론토 대사다. 영화를 찍는 동안 스펜스의 시력은 더 나빠졌다. 그래서 2007년 그의 담당의는 남아 있던 눈을 적출했다. 바로 그때 스펜스는 카메라를 떠올렸다. 영화에서 그를 대변하는 또 다른 등장인물 아이보그가 이때 탄생했다.

사람들은 스펜스에게 왜 눈에 카메라를 장착했는지 묻지만 그에게는 명확한 이유가 있었다. 그는 어린 시절부터 공상과학의 팬이었다. 집 안 곳곳에는 만화책이 3000여 권 있었다. 벽난로 위의 선반에는 그가 사랑하는 〈600만 불의 사나이〉 액션 피규어가 놓여 있었다. 피규어에는 플라스틱 삽입 장치가 있어서 머리 뒷부분을 들여다보면 피규어의 인공 눈으로 세상을 볼 수 있었다. (텔레비전 시리즈에서는 주인공의 눈에 줌 렌즈가 있고 눈으로 열을 감지하며 어두운 곳에서도 볼 수 있다.) 이런 사람이라면 자연스럽게 공상과학에 걸맞은 제안을 하기 마련이다. "제가 처음도 아닌데요. 그냥 '나도 했다' 정도지요." 스펜스가 말한다.

그는 사람들에게 자신의 생각을 말하기 시작했다. 자금이 부족했기 때문에 괴짜 과학자들의 자존심에 호소하는 수밖에 없었다. 그들은 남들보다 뛰어난 성과를 내고 싶은 마음에 그를 도와줄지도 몰랐다. 스펜스는 전자 회사에 연락도 없이 무작정 찾아갔고 카메라 제작자와

해커 모임에 참석했으며 과학기술을 중점적으로 다루는 언론에 자신의 이야기를 하기도 했다.

스펜스는 여러 파트너와 일했지만 가장 도움이 되었던 파트너는 옴니비전OmniVision과 알에프링크스 닷컴Rf-Links.com, 그리고 공학자 코스타 그래머티스Kosta Grammatis였다. 그래머티스는 두 달 만에 견본을 만들어냈다. 스코틀랜드의 전기공학자 마틴 링Martin Ling은 네 번째 버전을 함께 개발했다. 시간이 지나면서 프로젝트의 진행 속도는 빨라지거나 느려지기를 반복했지만 기업이나 학교와 연계된 프로젝트와는 달리 번거로운 절차들을 피할 수 있었다. 그들은 정부 기관의 승인, 사람을 대상으로 하는 대학교의 실험 규정, 회계 문제, 쥐를 대상으로 하는 실험 모델 같은 조건을 충족할 필요가 없었다. 그냥 만들면 그만이었다. "스티브 잡스가 된 기분이었어요. 물론 돈도 없고 그렇게 똑똑하지도 않지만요. 하지만 저에게는 훌륭한 팀이 있었어요. 우리는 혁신적인 일을 했고 아주 민첩했지요." 스펜스가 말한다.

그래머티스는 자신들에게도 해결해야 할 까다로운 문제가 있었다고 회상한다. "배터리가 폭발했어요. 정말 위험했죠. 눈 안의 환경이 매우 습하기도 했고요. 롭이 다치지 않도록 인체가 거부 반응을 일으키지 않는 부품을 사용해야 했어요. 배터리 수명도 어느 정도 보장되어야 했고요. 라디오용 주파수가 사람의 피부를 통과하는지도 확인해야 했어요." 하지만 결과물을 공개할 준비가 끝나자 스펜스의 사이보그적인 면에 열광하는 언론과 해커들의 관심이 폭주했다. 그래머티스에 따르면 2009년에는 사람 눈의 관점으로 촬영하는 것이 꽤 새로운 방식이었다고 한다. 당시는 구글 글래스나 고프로GoPro처럼 1인칭 관점의 액션 장면을 찍는, 작고 가벼운 카메라가 출시되기 한참 전이었다. 아이폰이 출시된 지도 2년 남짓 지났을 무렵이었다. "그런 관점에서 찍은 영상을 본 사람은 거의 없었습니다. 우리는 전 세계에서 강연을 요청받았어요. 정말 엄청났죠. 2009년에는 《타임Time》지가 올해의 발명품으로 선정했어요. 게다가 〈리플리의 믿거나 말거나〉에도 출연하게 되었지요! 정말 대단했어요."그래머티스가 말한다.

스펜스는 사이보그를 반쯤 직업으로 삼은 최초의 사람이 아니었고, 아이캠을 착용한 최초의 토론토 시민도 아니었다. 그 영광은 토론토 대학교 공학 교수 스티브 만Steve Mann에게 돌아갔다. 그는 눈 위에 착용하는 카메라를 직접 만들어 1978년부터 사용하고 있다. 그는 이것을 아이탭EyeTap이라고 부르고 아이탭으로 가능해진 인식을 '증강매개 현실augmediated reality'이라고 부른다. (만은 스펜스 프로젝트의 초창기 공동 연구자였지만 두 사람은 각자의 길을 택했다.)

또 다른 주목할 만한 인물로는 영국의 예술가 닐 하비슨Neil Harbisson이 있다. 색맹으로 태어난 그는 자칭 '아이보그'를 쭉 착용했다. 그의 아이보그 안테나는 머리 위에서 원호를 그리며 내려오다가 후두골에 이식된 칩을 통해 색을 소리 주파수로 바꾼다. 훗날 그는 범위를 넓혀 보이지 않는 적외선과 자외선 파장까지 소리 주파수로 변환했다. 2010년 뉴욕 대학교 예술대학 교수 와파 빌랄Wafaa Bilal이 '3rdi'라고 불리는 카메라를 두피에 이식해 말 그대로 뒤통수에 눈을 갖게 되었다. 이 카메라는 이미지를 웹사이트로 전송한다. 그리고 조지아 공과 대학교의 착용형 컴퓨터 전문가로 구글의 프로젝트 글래스Project Glass 개발을 도운 태드 스타너Thad Starner는 '더 리지The Lizzy'라고 불리는 장치를 1993년부터 착용했다. ('리지'라는 이름은 한때 '틴 리지Tin Lizzie', 즉 '싸구려 깡통차'라고 불린 모델 T를 풍자한 것이다.) 최초 모델은 허리에 착용하는 형태였지만 헤드 마운트 디스플레이와 손에 장착하는 키보드가 있었다.

스펜스는 '데이어스 엑스: 휴먼 레볼루션Deus Ex: Human Revolution'이라는 비디오게임을 출시하기 위해 2011년에 촬영한 미니 다큐멘터리에 초창기 신경보철과 운동보철 사용자들을 담았다. 게임에는 눈에 카메라를 장착하고 기능이 강화된 손을 뽐내는 사이보그 영웅 애덤 젠슨Adam Jensen이 등장한다. 미니 다큐멘터리에서 스펜스는 자신을 동료 사이보그라고 소개하고 세계를 돌아다니며 레티나 임플란트 AG에서 개발한 장치의 임상실험에 참여한 핀란드인 미카 테르호와 인공 팔 사용자 제이슨 헨더슨 등 여러 사람들을 인터뷰한다. 스펜스는 매우 신나서 이렇게 외친다. "지금 내 인공 눈으로 당신의 인공 팔을 촬영하고 있어요!"

스펜스의 아이캠에는 한계와 특징이 있다. 우선 녹화 시간이 두 시간밖에 안 된다. 그리고 영상은 컬러지만 해상도는 실제 눈으로 보는 것만큼 좋지 못하다. 스펜스는 이를 2000년에 휴대전화로 찍은 영상에 비유한다. 그리고 소켓 안에서 영상을 송출하기가 쉽지 않다. "마치 발신기를 햄 안에 박아놓은 것 같아요." 스펜스가 말한다. 때로 수신에 문제가 생기면 그는 자기 머리를 세게 쳐서 해결한다.

하지만 아이캠은 인간과 기계가 환상적으로 조화된 물건이다. "그건 롭의 신체 일부예요. 따라서 세상을 매우 친밀한 관점으로 보여주지요. 우리가 보는 촬영 장면은 바로 롭의 눈으로 본 그대로예요." 그래머티스가 말한다.

스펜스의 눈꺼풀은 제대로 움직이기 때문에 그가 눈을 깜빡일 때마다 화면이 잠깐씩 어두워지고 속눈썹이 프레임 안으로 들어왔다 나간다. 삼각대나 어깨에 얹은 카메라와 달리 아이캠은 그의 시선을 쫓아간다. 아직까지 정상적으로 기능하는 그의 눈 근육에는 안와 삽입물이 붙어 있다. 그 덕분에 스펜스는 새롭고 멋진 영화를 촬영했다. 물론 문제를 일으킬 때도 있다. 영국의 텔레비전 뉴스캐스터가 모니터로 스펜스의 아이캠 영상을 보며 "지금 제 다리를 보고 있군요"라고 농담한 적이 있었다. 스펜스는 얼굴을 붉히면서 여자의 얼굴을 보는 것이 항상 조심스럽다고 말을 더듬었다.

영화제작자인 그는 이런 특이점을 좋아한다. "저의 스토리텔링 방식은 1인칭 의식의 흐름에 가깝습니다. 서툴고 무질서하지요. 곁눈질도 하고 눈도 깜빡거리고요." 그가 말한다. 그는 자신의 방식이 〈블레어 윗치The Blair Witch Project〉가 유행시킨 카메라가 흔들리는 촬영 기법과 일맥상통한다고 생각한다. 저예산 공포 영화인 〈블레어 윗치〉는 길을 잃고 숲속을 달리는 학생들을 핸드헬드 카메라로 촬영함으로써 마치 영화가 아닌 듯한 효과를 줘서 공포를 증폭시켰다. 이런 장르가 '파운드 풋티지found footage●'다. (정확한 이야기는 아니지만 〈블레어 윗치〉는 흔들리는 카메라 때문에 관객들에게 멀미를 유발한 것으로도 유명하다.)

따라서 스펜스는 자기 카메라의 능력을 거만하게 떠들어대지 않는다. (그는 진지한 표정으로 "이 카메라의 힘은 언론의 주목을 받게 했다는 것입니다"라고 말한다.) 하지만 스펜스의 카메라는 얼마나 사람의 몸 가까이에 감각 장치를 착용할 수 있는지를 보여줌으로써 상업용 증강현실 제품의 도래를 알리는 선구자 역할을 훌륭하게 해냈다. 이 카메라는 이미지와 데이터를 수집하는 착용형 장치에 따르는 기술적, 예술적, 윤리적 문제들을 공론화했다. 무엇보다 이 카메라는 한 발은 연구팀에, 다른 한 발은 창고에 걸친, 다시 말해 기업과 해커들의 노력이 혼합된 업계의 현실을 보여주는 살아 있는 증거다. 스펜스는 거금의 연구비가 아닌 적은 인력과 쪼들리는 신용카드로 자신의 장치를 만들었

● '발견한 영상, 개인이 촬영한 영상'을 보여주는 영화 장르로, 아마추어가 촬영한 듯 깨끗하지 못한 화면과 흔들리는 촬영 기법이 특징이다.

다. 멋진 그래픽이나 고성능 카메라가 없는 이유도 기술이 없어서가 아니라 자금이 여유롭지 않아서였다. 이제는 기업에서 사용자들에게 줌, 얼굴 인식, 대비 향상, 야간 시력 같은 감각을 제공하려고 한다.

그리고 누군가는 이미 이 모든 것을 제공할 능력을 갖췄다.

뇌 이식의 전 단계

아서 장Arthur Zhang은 작은 유리병을 들고 있다. 병 안에는 콘택트렌즈가 떠 있다. 렌즈의 내부는 1센트 동전처럼 빛나는 금속으로 되어 있다. "지금 보이는 은색은 당신에게서 반사되는 빛입니다. 거울 같은 거죠." 장이 말한다.

장은 아이옵틱이라는 증강현실 장치를 개발하는 이노베가Innovega의 기술팀 선임이다. 아이옵틱 사용자가 금속 콘택트렌즈와 특수 안경을 함께 착용하면 안경이 이미지를 눈으로 비춰 실제 세계에 가상 이미지가 겹쳐진다. 그들의 설계는 증강현실 업계에서 두드러진다. 콘택트렌즈는 안경보다 몸에 더 밀착된다. 그들은 기술적인 문제의 해결책으로 콘택트렌즈를 사용함으로써 먼 곳이 더 선명하게 보이는 동시에 컴퓨터 디스플레이도 선명하게 보이게 했다. 그들은 증강현실 경험에서는 뚜렷하게 보이되, 시야를 방해하지 않는 것이 중요하다고 생각한다.

안경만으로 이 문제를 해결하고자 했던 사람들은 시야를 넓히기 위해 시각 장치를 더 크게 만들어야 했다. 그렇다고 시장에서 성공하지 못할 투박한 안경을 만들 수는 없었다. "그래서 안경으로 인간 시력의 한계를 극복하는 대신 인간의 시력을 바꾸기로 했습니다." 장이 말한다. 콘택트렌즈는 먼 곳을 보는 데 필요한 주변광ambient light은 정상적으로 통과시키고 디스플레이에서 전달되는 빛은 조정하여 두 가지가 동시에 망막에 초점을 맺게 하는 이중 관문 역할을 한다. "렌즈 덕분에 인간의 한계를 넘어서는 초점 조정 능력이 생겼습니다. 눈이 돋보기 역할을 하여 작은 디스플레이가 크고 선명하게 보이지요." 장이 말한다.

현재 몇 가지 아이옵틱 안경 모델이 개발 중이다. 글랜서블glanceable (한눈에 이해 가능한) 버전은 주황색이 감도는 해변용 선글라스처럼 생겼고 오른쪽 관자놀이 근처에 디스플레이 화면이 있어서 시선을 옮겨야 화면이 보인다. 투명한 버전은 탄도 안경처럼 생겼다. 이 버전에서는 투영 장치가 이미지를 눈으로 반사하여 바로 눈앞에서 볼 수 있게 한다. 장은 글랜서블 버전은 40도 시야각을, 투명한 버전은 90도 시야각을 제공하리라고 생각한다. (참고로, 투명 디스플레이를 도입한 구글 글래스의 경우 시야각이 약 15도고, 투명 디스플레이를 사용하지 않는 가상현실 기기 오큘러스 리프트의 시야각은 100도 정도다.) 스포츠 훈련용과 모바일 오락용인 나머지 두 버전은 선글라스 같은 모양으로, 휴대전화나 태블릿 기기에 장착되도록 개발할 예정이다. 스포츠 훈련용은 실시간으로 훈련 기록을 보여줄 것이다. 모바일 오락용의 시야각은 70도에 달할 예정이다. (이노베가는 이를 아이맥스 영화를 보는 것에 비유한다.)

개발사인 이노베가는 하드웨어와 렌즈에 대한 제작 허가를 받을 계획이다. 검안사를 통해 렌즈 처방전을 받을 수 있으며, 검안사는 필요한 경우 시력 교정을 추가로 요청할 수 있다. (콘택트렌즈는 의료 기기이므로 시력 교정 목적이 아니더라도 반드시 처방전이 필요하다.) 그런 다음 약국에서 아큐브 렌즈를 사듯이 아이옵틱 렌즈를 구입한다. 금속 눈이 취향에 맞지 않는 사람을 위해 이노베가는 홍채를 약간만 어둡게 하는 자연스러운 색상의 렌즈를 개발 중이다. 아이옵틱은 하루 종일 착용할 수도 있고 필요한 경우에만 착용할 수도 있다. 사이보그적 미래를 읽어줄 안경인 셈이다.

아이옵틱이 어떻게 작동하는지 알아보기 위해 우리는 이노베가의 샌디에이고 연구소에 있는 비밀스러운 방으로 향했다. 그곳에서는 기술 책임자 제이 마시Jay Marsh가 공구, 캘리퍼스, 소조용 점토가 가득한 작업대에서 이제 막 작업을 마쳤다. 그는 눈에 카메라를 장착한 마네킹 머리를 만들었다. 마네킹은 카메라 눈에 은색 렌즈를 끼고 글랜서블 버전의 안경을 착용하고 있다. 카메라는 프로젝터에 연결되어 있어서 우리는 마네킹 머리가 우리를 보고 있음을 알 수 있었다. 장이 휴대전화를 장치에 연결하자 마네킹이 보여주는 화면의 오른쪽 절반에 우리의 위치를 나타낸 지도가 겹쳐 보인다. "사실상 눈앞의 데스크톱이지요." 마시가 말한다.

증강현실 장치를 개발하는 다른 회사들과 마찬가지로 이노베가는 플랫폼만 만들 뿐, 그에 맞는 애플리케이션은 다른 곳에서 개발한다. 초창기 증강현실 앱은 이메일이나 날씨처럼 대부분 기존의 휴대전화 앱을 수정한 것으로, 그래픽이 단순했다. 그 뒤에 출시된 특화된 앱은 더욱 몰입이 가능한 투명 디스플레이, 아이트래킹*, 카메라와 결합하여 '완벽한 픽셀의 정합pixel-perfect registration**'을 제공하게 되었다. 이는 진정한 의미로 현실과 가상이 혼합되었음을 뜻한다. 친구들과 함께 레이저 태그 게임***을 하는데 친구들이 아바타로 보인다고 상상해보자. 아니면 지도를 사용하는 대신 길에 선이 나타나 목적지까지

● 안구의 움직임을 파악하는 기술.
●● 정합은 가상의 요소와 현실의 객체를 디스플레이에 정렬하는 기술이다.
●●● 센서가 달린 조끼를 입고 적외선에 반응하는 총을 쏘아 상대편을 맞히는 게임.

안내한다고 상상해보자. 〈마이너리티 리포트〉처럼 주변 평면이 화면으로 바뀌어 개인 맞춤형 광고가 나올지도 모른다.

증강현실을 통해 막강한 시력을 얻을 수도 있다. 이노베가는 군대와 함께 프로젝트를 진행하고 있다. 그들은 군인이 사막에 있다가 어두운 곳으로 들어갈 때처럼 주변이 밝았다가 갑자기 어두워지는 경우 명암 대비를 조정하는 방법과 카메라 센서로 포섬광을 감지하는 방법을 연구 중이다. 또한 UC 샌디에이고의 연구소(사용자가 눈을 깜빡여서 사물을 확대하거나 축소해 볼 수 있는 콘택트렌즈를 개발했다)와 협력하여 시력이 좋지 않은 사용자를 위한 확대 버전 개발도 고려하고 있다. 장에 따르면 적외선 카메라를 추가하면 어두운 곳에서도 볼 수 있다고 한다.

사실 증강현실 안경을 시장에 처음 출시한 곳은 뉴욕에 있는 부직스Vuzix라는 회사였다. 그들은 2013년 말 현장 근로자들이 주요 고객인 M100 스마트 글래스를 출시했다. 이노베가 연구실에 다녀오고 몇 달 뒤에 부직스의 영업 본부장 댄 추이가 내게 근로자들이 M100을 어떤 식으로 사용하는지 원격으로 보여주었다. 그는 M100을 착용하고 컴퓨터에 연결하여 4800킬로미터 떨어져 있는 나와 화상회의를 했다. 나는 추이의 눈을 통해 볼 수 있었다.

그는 물류창고 직원들이 실제 상자를 보는 것처럼 상자 사진을 집어 들고 그 안의 바코드를 보았다. "헤드셋의 컴퓨터가 상자를 보게 됩니다. 그러면 컴퓨터는 상자에 관한 정보를 불러옵니다." 추이가 말한다. 화면에는 숫자 16과 30이 쓰인 파란색 폴로셔츠 그림이 나온다. 그 옆에는 숫자 3이 쓰인 노란색 정육면체와 '스토어 12'라고 쓰인 파란색 정육면체가 놓여 있다. 추이가 말했다. "상자 안에 셔츠 30벌이 들어 있군요. 모두 색깔은 파란색이고 사이즈는 16입니다. 그중 세 벌을 12번 상점으로 배송해야 하고요."

잠시 후 그는 지금까지 부직스의 안드로이드 기반 장치에 등록된 10만 개의 앱을 조금 보여준다. 앱은 모두 외부에서 개발되었고 대부분 기존 휴대전화 앱을 변형한 것이다. "대략적이지만 번역도 가능합니다." 그는 하얀색 명함을 들고 이렇게 말한다. 그러자 명함에 적힌 "고맙네, 친구Thanks, friend!"라는 영어가 "그라시아스, 아미고Gracias, amigo!"라는 스페인어로 매끄럽게 바뀐다. 다음으로 추이는 베타 버전인 얼굴 인식 앱을 열어 자기 얼굴이 찍힌 사진을 본다. 그러자 그의 이름, 직위, 회사 등 링크드인LinkedIn 프로필에 등록된 정보가 모두 나온다. (얼굴 인식은 사생활 침해로 논란에 휩싸인 적이 있다. 구글은 글래스에 얼굴 인식 앱을 금지하고 있으며, 앱을 개발 중인 기업들은 대부분 얼굴 인식 앱이 출시되면 많은 사람들이 자신의 자료 공개를 거부할 것이라고 예측한다. 하지만 추이는 앱이 자신의 프로필에 접근할 수 있게 했다.)

M100은 사격용 안경과 비슷하게 생겼다. 하얀색 플라스틱 다리에는 카메라가 장착되어 있고 곡선으로 연결된 디스플레이는 오른쪽 눈 앞에 위치한다. 부직스의 다음 프로젝트는 한쪽 눈이 아니라 양쪽 눈에 디스플레이를 제공하는 것이다. 부직스는 프리즘의 크기를 점점 키우는 대신 도파관 기술을 이용하려고 한다. 도파관을 이용하면 렌즈 측면으로 빛을 영사하기 때문에 눈 위로 지나가는 연결선이 불필요해진다.

아직 새로운 영역이기 때문에 관련자들은 모두 눈에 띄는 흔적을 남기려고 노력한다. 도파관 기술, 콘택트렌즈, 실리콘밸리 기업 메타Meta가 메타 1의 장점으로 내세운 홀로그램 인터페이스 등이 대표적이다. 이 안경들은 사용자의 머리와 손의 위치를 추적해 눈앞에 펼쳐진 증강 세계에서 사용자가 사물을 조작할 수 있게 한다. 사용자가 안경을 어떻게 조종할지는(음성 제어? 동작 인식? 휴대전화 인터페이스?) 업계도 아직 고민 중이다. 2014년 증강 세계 박람회에서 두꺼운 파란색 커튼을 친 증강현실 업체들의 부스에는 길게 줄이 늘어섰고 관람객들은 30분 만에야 둘씩 짝을 지어 부스 안으로 들어갔다. 소비자 버전의 모양은 달라질 가능성이 높지만 개발자용 버전은 사각형이었고 끈으로 묶어야 했다.

공학자 라지하브 수드Raghav Sood가 내게 글래스를 착용해주며 손을 들고 있으라고 했다. 글래스로는 사람들이 빨간색 테두리로 보인다. 그리고 파란색의 구체 홀로그램이 나타난다. 머리를 움직여서 홀로그램을 쫓아가자 글래스가 내 위치를 추적한다. 내가 다른 곳을 쳐다보면 화살표가 구를 다시 찾도록 도와준다. 모든 것은 터치가 가능했다. 내가 구를 찌르자 노란색 불길을 내뿜으며 폭발했다. (미래형 풍선 터뜨리기 게임이 이럴 것이다.) 나는 손으로 구를 다른 곳에 끌어다놓을 수도 있었다. 수드는 내게 오토바이 엔진 도해를 보여주었다. "이걸 터치하면 부품들이 떠다닙니다." 그가 말했다. 정말 그랬다. "천천히 몸 쪽으로 당기면 저절로 조립됩니다. 각 부품이 원래 자리로 천천히 돌아가는 것이 보이지요."

2015년 무렵 이 업계는 더욱 다양화되었다. 그해 대규모 기술 박람회에서 증강현실과 가상현실 제품들의 데모 버전이 주목받았다. 증강 세계 박람회는 물론이고 전 세계 개발자들이 개발 중인 제품을 선보이는 소비자 가전 전시회CES, Consumer Electronics Show와 게임 박람회 E3에서도 관심이 집중되었다. 몇몇 기기들은 디자인이 눈에 띄었다. 우선 증강 세계 박람회에 전시된 오스터아우트 디자인 그룹Osterhout Design Group의 기기를 꼽을 수 있다. 초창기에는 군용과 정부용 증강현실 안경으로 제작되어 개당 단가가 5000달러 선이었던 디자인이 세련된 산업용(R-7)으로 제작되면서 단가가 절반 수준으로 낮아졌다.

또한 블루투스 기능을 탑재한 반지 형태의 '무선 손가락 마우스'와 자석처럼 자유자재로 부착되고 가상현실 앱에서는 어두운 커버, 증강현실 앱에서는 투명한 커버로 교체 가능한 렌즈 커버 등의 매력적인 장비를 갖추었다.

소비자 가전 전시회에서는 오큘러스 리프트 팀의 최신 오큘러스 크레센트 베이Oculus Crescent Bay가 눈에 띄었다. 이 기기는 얼굴에 묶는 자동 연필깎이 같은 모양이었지만 생생한 현실감으로 널리 칭찬받았다. E3가 열리기 직전 오큘러스 리프트는 반지 모양의 조종 장치 오큘러스 터치Oculus Touch를 공개하기도 했다. 사용자가 오큘러스 터치를 양손에 하나씩 잡으면 고리 모양의 장치에 내장된 카메라와 센서가 손과 손가락의 움직임을 추적해 가상 세계의 사물을 조작하고 들어옮긴다. 소비자 가전 전시회에서 에비건트Avegant 사는 글리프Glyph 견본을 선보였다. 사용자는 글리프를 사용하지 않을 때는 두꺼운 헤드폰처럼 머리 위에 쓰고 있다가 위쪽 밴드를 눈 위로 내려서 영화를 보거나 게임을 할 수 있다. 이곳에 배열된 여러 개의 작은 거울이 이미지를 반사해 눈에 비춘다. 대개 증강현실 안경은 디자인이 투박하지만 글리프는 몰입도가 높고 유용하며 거리낌 없이 착용할 만큼 세련되었다는 평가를 받았다.

지금까지 언급한 장치, 특히 집에서뿐만 아니라 어디서든 착용할 목적으로 개발한 장치가 시판되기 시작하면 소비자가 어떤 반응을 보일지 예측하기 힘들다. 대부분의 개발자들은 소비자의 관심을 끌기 위해서는 너무 튀거나 바보 같지 않은 제품을 만들어야 한다고 말한다. 그다음으로는 즐거운 시각적 경험을 제공함으로써 사용자의 주의가 흐트러지거나 멀미를 유발하지 않아야 한다. 하지만 궁극적으로는 착용형 장치가 휴대전화보다 발전된 기기이며, 머리에 컴퓨터를 쓰고 다닐 이유가 충분하다는 확신을 주어야 한다. 프랑스 기업 옵틴벤트Optinvent의 최고경영자 케이반 미르자는 그 이유가 속도에 있다고 생각한다. 2014년 우리가 처음 만났을 당시 그는 메타 부스에서 얼마 떨어지지 않은 곳에서 ORA-1 안경의 초기 버전을 자랑스레 선보이고 있었다. "안경은 휴대전화보다 뇌에 10초가량 더 빨리 도달합니다." 그가 말한다. ORA-1을 사용하면 답을 원할 때마다 휴대전화를 뒤적거릴 필요가 없기 때문에 의사결정과 행동 사이의 시간차를 줄일 수 있다. "이건 착용형 인공 눈입니다." 그는 열정적으로 말을 잇는다. "인터넷에 항상 접속된 상태에서 언제든 더 많은 정보를 더 빠르게 가져올 수 있지요."

미르자는 인식을 더욱 빠르고 매끈하게 변형시킬 뇌 이식의 전 단계가 증강현실이라고 생각한다. "증강현실에서 반걸음만 더 나아가면 네트워크나 클라우드와 결합된 진정한 사이보그가 출현할 겁니다." 그가 말한다. 그는 컴퓨터가 더욱 작아지고 휴대가 편리해짐에 따라 점점 몸 위쪽으로 올라가고 있으며, 마침내 머리에까지 도달했다고 말한다. "방, 책상, 무릎을 거쳐 주머니까지 이동했습니다. 이제 서서히 뇌로 이동하고 있지 않을까요?"

나는 왜 사이보그가 되었는가

바로 이 시점에서 우리는 사이보그가 무엇인지 얘기해보아야 한다. 물론 사이보그란 인간과 기계가 혼합된 것을 말한다. 하지만 그 경계선은 어디일까? 심박조율기를 착용했다고 사이보그일까? 시계는 어떤가? 콘택트렌즈는? 옷은? 살과 기계의 비율이 정해져 있기라도 한

걸까? 맨프레드 클라인즈Manfred Clynes와 신경정신과 의사 네이선 클라인Nathan Kline은 우주탐험이 한창이던 1960년대에 사이보그라는 말을 만들었다. 그들은 '스스로 조종이 가능한 인간-기계 시스템'을 만들어서 혹독한 새 환경에 적응할 수 있지 않을까 상상했다. 그들의 글에 따르면 이 시스템은 반드시 인체와 결합되어야 한다. "우주 공간에 있는 인간이 생명을 유지하기 위해 우주선을 조종하는 것 이외에 추가로 끊임없이 상황을 확인하고 조정해야 한다면 그는 기계의 노예가 되고 만다. 사이보그의 목적은 이런 문제를 무의식중에 자동으로 처리하는 구조화된 시스템을 공급함으로써 인간이 자유롭게 탐구하고 창조하고 생각하고 느끼게 하는 것이다." 그들은 이렇게 썼다. 그들이 상상했던 몇 가지 가능성 중에는 약물을 공급하는 삼투압 펌프, 폐를 대신해 몸에서 탄소를 제거하는 역 연료 전지inverse fuel cell, 체액을 재순환시키는 유연한 관 등이 있다. 그들은 사이보그를 통해 유전자를 바꾸지 않고도 몸을 변화시켜 진화를 앞지를 수 있을 것이라고 생각했다.

이후 사이보그라는 말은 더욱 포괄적인 의미를 지니게 되었다. 페미니스트 이론가이자 과학 철학자인 도너 해러웨이Donna Haraway는 1985년에 발표하여 반향을 일으킨 〈사이보그 선언문A Cyborg Manifesto〉에서 우리는 모두 사이보그이며 문명-자연, 자신-타인, 실재-겉모습 같은 이원론에 쉽게 속박되지 않는 복합적인 생명체라고 주장했다. 소비자 가전이 급격하게 소형화된 시기에 그녀는 기기가 점점 휴대하기 쉽고 눈에 띄지 않는 쪽으로 발전하며 유비쿼터스에 중점을 둔다는 점에 주목했다. "인간에게 최고의 기계는 햇빛으로 만든 것이다. 햇빛은 신호일 뿐이므로 가볍고 깨끗하다. 사이보그는 에테르이자 근원적인 것이다." 그녀는 이렇게 썼다. 해러웨이는 미래에 문제를 일으킬 가능성이 잠재된 군사나 산업 기술이 몸으로 옮겨가리라고 예측하면서 사이보그라는 개념이야말로 자유롭고 훌륭한 결합 방식이라고 생각했다. "사이보그 세계는 사람들이 동물이나 기계와의 유사성을 두려워하지 않고 영원히 부분적인 정체성과 모순된 입장도 두려워하지 않는 사회적, 신체적 현실을 살아가는 곳일지도 모른다."

자칭 '세계 최초의 사이보그'인 영국의 사이버네틱스 교수 케빈 워릭은 1998년부터 일시적인 장치 이식을 통해 자신의 몸을 꾸준히 바꾸고 있다. 2002년 그는 팔에 전극 배열판을 이식해 멀리 떨어진 로봇 팔을 조종하고 휠체어를 운전하며 초음파 센서로 먼 곳의 사물을 감지할 수 있게 되었다. 그는 간단한 전극을 이식한 자신의 팔과 아내의 팔을 오가면서 운동과 관련된 전기 신호를 주고받을 수도 있다. 자서전 《나는 왜 사이보그가 되었는가》에서 워릭은 사이보그라는 말을 "일부는 동물이고 일부는 기계인, 정상적인 한계를 넘어서는 능력을 지닌 존재"라고 규정하며, 사람과 시스템을 연결하는 기술에 주목한다. 그는 "인터넷이 연결된 모든 곳에서" 사이보그가 사물을 감지하고 의사소통을 하며 인체의 한계를 뛰어넘어 사물을 제어할 수 있기 때문에 사이보그에게 강력한 힘이 있다고 생각한다. "사이보그화된 몸은 전극이 연결되어 있는 한, 확장이 가능하다." 그는 이렇게 썼다.

하지만 모든 사람이 네트워크 형성에 찬성하는 것은 아니다. '스톱 더 사이보그'라는 단체의 공동 설립자인 애덤 우드Adam Wood에게 장치는 이식할 필요도, 지속적으로 착용할 필요도 없는 것이다. 그는 장치가 행동에 미치는 영향에 주목한다. "인간이 사이보그화되는 것을 긍정적으로 보는 시각이 있습니다. 능력이 향상되고 또 다른 힘을 갖게 된다는 이유에서죠." 우드는 런던의 어느 술집에서 맥주 잔을 만지작거리며 말한다. "하지만 다른 시각도 존재합니다. 사람이 시스템에 조종당한다고 보는 견해지요."

우드는 착용형 장치, 특히 글래스에 대한 비판을 명료하고 거침없이 쏟아낸다. 그는 네오 러다이트neo-Luddite●를 지지하지 않는다. 기계학습 분야에서 일하는 그는 오히려 증강현실이 꽤 멋지다고 생각한다. 하지만 새로운 기술에 내포된 이데올로기나 능력에 대한 충분한 논의 없이 이를 너무 빨리 받아들이는 상황을 걱정한다. 그중 그가 가장 우려하는 부분은 네트워크 형성이다. 그는 기계가 네트워크를 형성할수록 사이보그에 가까워진다고 주장한다. 우드는 이를 X-Y다이어그램으로 설명한다. 다이어그램의 한쪽 축은 기계가 얼마나 몸과 가까이 결합되었는지를 나타낸다. 또 다른 축은 그 기계가 얼마나 외부에서 제어되는지를 나타낸다. 두 축의 한쪽 극단에는 〈스타트렉〉에 나오는 보그 같은 하이브 마인드hive mind●●가 있고, 반대쪽 극단에는 망치가 있다. 둘 사이 어디쯤엔가 오늘날의 증강현실이 위치한다.

사람의 데이터를 수집하여 위치를 추적하고 인식을 변형하고 행동을 변화시키는 장치는 디스토피아적 가능성을 품고 있다. 우드는 증강현실 안경이 어떤 식으로 행동에 변화를 가져올지 상상해보라고 한다. 이 장치들은 앞서 언급한 행동을 장려할 것이다. 증강현실 안경은 우리가 보는 모든 것에 정보를 덧씌워 선택에 영향을 미칠 것이다. 예컨대 지금 우리가 있는 술집으로 들어오기 전에 이곳이 형편없다는 트립어드바이저TripAdvisor 후기가 눈앞에 뜬다고 생각해보자. 아마 우리는 다른 곳으로 장소를 옮겼을 것이다. 아니면 검색을 통해 괜찮은 술집 목록을 확보한 뒤에 어느 곳으로 가야 할지 우물쭈물할 수도 있다. "우리는 통제되는 겁니다. 시스템이 인식을 바꾸는 것이지요." 우

● 첨단기술의 수용을 거부하는 반기계 운동.
●● 다수의 개체나 몸을 지배하는 하나의 정신.

드가 말한다.

그는 술집을 선택하는 것은 사소한 문제에 지나지 않는다면서 증강현실 안경이 얼굴 인식을 통해 상대방에 대한 정보를 제공하면, 즉 개인의 범죄 기록이나 데이트 기록 같은 것이 알려지면 무슨 일이 생길지 생각해보라고 한다. (이런 기록을 제공하는 것은 가능하다. 법원에서는 정보를 공개하고 있으며 데이트 기록의 경우 이미 남자친구에 대한 후기를 남기는 앱이 있고 웹에는 자발적으로 공개한 개인 정보가 넘쳐난다.)

우드의 말대로 '인간을 대상으로 하는 트립어드바이저'를 누군가 개발하면 어떻게 될까? 그래서 서로 친밀도나 신뢰도 같은 것을 평가하거나 업무용 앱을 통해 고객으로서의 가치를 평가할 수 있게 된다면? 우드에 따르면 이렇게 평가한 점수는 숫자로 나타나기 때문에 객관적으로 보이지만 사실은 얼마나 편향되어 있는지 알 수 없다고 한다. 무엇이 당신을 '나쁜' 고객으로 만들까? 낮은 신용도?(낭비 성향이 있다는 것을 보여주므로.) 아니면 가게에서 돈을 아껴 써서?(돈을 잘 쓰지 않으므로.) 혹시 예전에 고객 센터에 전화를 걸어 소리를 지른 적이 있어서?(당신이 사람이라는 것을 보여주었다는 이유만으로.) 끝으로 조작, 해킹, 감청, 삭제 등의 문제 때문에 우리가 의사결정을 하고 인식을 여과하고 정보를 저장하기 위해 점점 더 의존하고 있는 기계를 믿을 수 없게 된다면? "이런 경우 확장된 자아를 스스로 온전히 통제하지 못하게 됩니다." 우드가 말한다.

이 모든 것이 증강현실만의 문제는 아니다. 사람들은 항상 서로 행동을 촉진하고 사회적으로 압력을 가해왔다. 우리는 여러 세대에 걸쳐 기계에 업무를 위임해왔고 이제는 휴대전화로 끊임없이 평가하고 위치를 찾아내고 '좋아요'를 누른다. "하지만 감각기관과 세계 사이에 과학기술이 끼어들면서 이 모든 것이 아주 미세한 수준까지 가능해졌지요. 기계가 몸과 밀접하게 결합될수록 조작의 낌새를 알아차리기 힘들어집니다. 겉으로는 잘 드러나지 않거든요. 그래서 근원적으로는 새로 대두되는 문제가 아님에도 완전히 새로운 문제처럼 보이지요." 우드가 말한다.

지금까지 대중과 증강현실 사이에서 가장 큰 마찰을 일으킨 것은 사생활 문제였다. 이는 시각과 카메라에 중점을 둔 1세대 장치가 물려준 유산이다. 그래서 스톱 더 사이보그는 카페와 바에서 글래스 같은 '감시 장치'를 착용하지 못하게 하자는 내용의 전단지를 만들기도 했다. 우드는 눈에 카메라를 장착하는 것은 폐쇄회로 보안 카메라를 분별 있게 설치하는 것과는 다르다고 주장한다. "개인이 눈에 장착한 카메라는 너무 사적이에요. 눈에 띄기도 하고요." 그가 말한다.

기본적으로 카메라가 있으면 사람들은 관찰당한다는 느낌에 예민하고 불안해한다. 글래스의 진원지인 샌프란시스코 베이에어리어의 몇몇 상점들은 비슷한 내용의 표지판을 내걸었고, 글래스를 착용한 고객들과 이에 심기가 불편해진 손님이나 매니저 사이의 갈등이 미국 전역에서 일어났다. 이런 사건들과 '글래스홀glasshole●'이라는 별명 때문인지 2014년 초 구글은 사용 안내서를 발행하여 사진을 촬영하기 전에 허락을 받아야 하고 다른 사람들이 요청할 경우에는 글래스를 꺼야 하며 그들의 질문과 시선에 정중하게 응하라고 사용자들에게 조언했다. 이듬해 구글이 글래스 판매를 중단하자 기술 평론가들은 감시 문제가 대두되고 아직 사회적으로 글래스를 어색해하기 때문이라고 평가했다. 사용자들은 얼굴에 카메라가 달렸다는 것을 어색해했고 옆사람들은 사용자의 시야에 자신이 들어가 있다는 것을 어색해했다.

● '글래스glass'와 '멍청이asshole'의 합성어.

몸에 착용하는 카메라 때문에 불편함을 느끼거나 폭력 사태까지 발생한 것은 처음이 아니었다. 하비슨은 BBC에 기고한 글에서 2011년 경찰관들에게 카메라를 빼앗길 뻔한 적이 있다고 했다. 경찰관들은 그가 시위를 촬영하고 있다고 생각했던 것이다. 이듬해 만은 파리의 어느 패스트푸드 음식점에서 남자 세 명에게 공격당했다. 그중 한 명은 만의 안경을 벗기려고 했고 다른 한 명은 안경의 기능을 설명한 의사의 소견서를 빼앗아 찢어버렸다. 2014년 글래스를 착용하고 극장에 갔던 오하이오주의 한 남자는 해적판 제작을 의심받아 미국 영화협회Motion Picture Association of America와 미국 국토안보부 관계자에게 취조를 당했다. (그는 해적판을 제작할 의도가 없었다.)

하지만 증강현실 장치는 어디에나 있는 휴대전화보다 더 거슬리거나 부자연스럽지 않다. 아니, 오히려 거슬리거나 부자연스러운 정도가 덜할지도 모른다. "사람들은 우리가 사이보그라거나 글래스홀이라면서 증강현실 안경을 비난합니다." 옵틴벤트의 최고경영자 미르자가 말한다. 그는 사람들을 끊임없이 방해하는 '익명의 직사각형' 휴대전화에 우리가 이미 몰두하고 있다고 지적한다. "어때요? 너무 무례하지 않습니까? '실례지만 당신 앞에서 휴대전화를 꺼내 자판을 두드려도 될까요?'라고 물어봐야 하지 않습니까?" 그가 말한다.

솔직히 사진이 찍혀도 신경 쓰지 않는 사람들도 있다. 이노베가의 장은 자신이 항상 기록되고 있다고 해도 상관없다고 했다. "사람들에게 저에 대한 오해를 불러일으키거나 신용카드와 신분증 정보가 유출되는 것만 아니라면 저는 모든 것이 공개되어도 상관없습니다." 그가 말한다. 음…… 머리 모양이 마음에 들지 않거나 코를 파고 있을 때도 괜찮다는 말인가? "코를 파고 있으면 뭐 어떻습니까? 우린 그저 사생활을 보호하고 싶어 하는 사람들과 사생활이 노출되어도 신경 쓰지 않는 사람들 사이에서 절충안을 찾으면 되는 겁니다." 장이 웃으며 말한다.

하지만 이노베가의 초기 설계에는 카메라가 없었다. 그리고 그들은 앞으로도 카메라를 추가할 것 같지 않다. "첫 제품에 카메라를 장착하지 않은 이유는 제품의 성공에 카메라가 방해될 거라고 생각했기 때문입니다." 마시가 말한다. 2015년 옵틴벤트는 증강현실 안경의 베타 버전을 선보였다. 당시 옵틴벤트는 부피감 있는 고급 헤드폰에 익숙한 젊은 소비자들을 대상으로 '증강현실 헤드셋'을 개발 중이었다. 증강 세계 박람회에 출품된 번쩍거리는 흰색 안경에는 이동식 카메라가 장착되었다. 사용자가 누군가와 이야기할 때는 디스플레이를 치울 수도 있었다. 장치를 눈 가까이에 착용하는 것이 얼마나 민감한 문제인지를 인지했기 때문에 이런 절충안을 만들었을 것이다.

"소비자들은 아직 얼굴에 기기를 착용할 준비가 되지 않았습니다." 미르자는 이렇게 결론 내린다. "하지만 헤드폰에는 스마트 글래스에 없는 '멋진 장점'이 있습니다." 그는 헤드폰은 장치라기보다는 오락용 도구에 가까우며, 헤드폰을 끼는 사람은 사이보그라기보다는 유행에 민감한 사람에 가깝다고 생각한다. 또 헤드폰 형태를 이용하면 눈앞의 카메라가 야기하는 사생활 침해 문제에서 벗어나 '뇌와 가까운 곳에서 항상 연결 상태를 유지할 수 있다'는 장점도 있다. "얼간이처럼 보이지 않으면서도 막강한 능력을 갖게 되는 거죠. 우리가 하려는 것이 바로 이런 것입니다." 그가 말한다.

빅 브라더 vs 리틀 브라더

전자 시대에 자유의 남용을 막기 위해 싸우는 기술 감시 단체인 전자 프런티어 재단Electronic Frontier Foundation의 소속 변호사 커트 옵살 Kurt Opsahl은 훨씬 많은 영상, 음성, 위치 추적 정보를 수집하는 스마트 폰에 비하면 증강현실은 아직 틈새시장이라고 말한다. 증강현실 장치가 지금보다 보편화되더라도 상대방의 동의를 사전에 구해야 하는 녹음 관련법이나 탈의실 같은 민감한 장소에서의 사용을 금지하는 영상 녹화 관련법의 제재를 계속 받을 것이다. "물론 몰래 카메라 같은 것은 예전부터 존재했습니다. 첩보 물품을 판매하는 곳에 가면 단추나 펜처럼 생긴 카메라를 구입할 수 있지요." 옵살이 말한다. 이런 카메라는 수사용처럼 좋은 목적으로도 쓰였고 몰래 카메라처럼 나쁜 목적으로도 쓰였다.

하지만 옵살은 증강현실 안경에는 핵심적인 차이가 있다고 말한다. 그중 하나는 지속적 촬영이 가능하다는 것이다. "아마 휴대전화나 카메라를 들고 사람들을 찍으며 돌아다니기는 힘들 겁니다. 하지만 구글 글래스를 착용하면 촬영하면서 자연스럽게 돌아다닐 수 있지요." 그가 말한다. 게다가 아직까지 글래스를 언제 어디에서 사용할 수 있는지에 대한 사회 규범이 없다. 즉 자유롭게 의견을 표현하고 자신이 지켜본 것을 드러낼 권리와 사생활을 보호받을 권리 사이에 갈등이 발생했을 경우 이를 조정할 법적 테두리가 없다. 스마트 글래스를 착용하고 파티나 클럽에 갔다고 생각해보자. 옵살은 기존의 사회 규범에 따르면 이런 침해 행위는 제한된다고 말한다. 그는 이곳에서도 똑같은 압력이 작용한다고 말한다. "원하지 않는 사람들의 사진을 찍을 수는 있겠지요. 하지만 그랬다가는 파티에 다시는 초대받지 못할 것입니다."

이는 스펜스가 눈에 장착된 카메라로 다큐멘터리를 제작하던 초창기부터 고민하던 문제였다. 그는 사이보그 세계의 유명인이 되었다는 사실에 애증을 느낀다. 그는 사고로 아이보그가 되었을 뿐, 사이보그 이론이나 사생활 문제에 지대한 관심이 있어서 사이보그가 되었던 것이 아니다. 하지만 지금은 대중 앞에서 사이보그에 대해 토론하고 사이보그가 된다는 것의 의미에 대해 넓은 시각을 갖게 되었다. "저는 티셔츠를 입어도 사이보그가 된다고 생각합니다. 티셔츠를 만드는 데도 기술이 필요하고 티셔츠는 평범한 인간의 맨살을 강화하는 역할을 하니까요. 우리가 키가 더 커지고 더 오래 살고 추위에 발이 얼어붙지 않게 된 데에는 이유가 있습니다. 신발은 일종의 기술입니다." 스펜스가 말한다. 강연에서 그는 이렇게 주장하곤 한다. "앞으로 사람들은 신체를 더 많이 바꾸려고 노력할 것입니다. 이는 자연스러운 진화입니다. 신발에서 무릎에 박는 나사로, 콘택트렌즈에서 레이저 수술로 발전했듯이 말입니다." 그리고 그는 별 이유 없이 몸을 바꾸는 사람은 없을 것이라는 불평이 나오기 전에 이렇게 말한다. "저는 패멀라 앤더슨의 사진을 꺼냅니다. 성형수술의 대명사죠. 이미 많은 사람들이 더 멋진 엉덩이를 갖고 싶다는 이유만으로 몸에 칼을 대고 자신을 바꿨어요. 아주 흔한 일이에요. 괜찮아요. 정상이라고요!"

스펜스는 종종 이중 잣대를 목격한다. 우리는 새로운 기술에 관심을 기울일 뿐, 실제로는 고난도 기술이라도 과거의 기술은 무시한다. 유리 인공 눈을 이식받은 사람들을 예로 들어보자. "그들을 사이보그라고 부르던가요? 아닙니다! 하지만 눈에 60센트짜리의 빨간색 LED 조명을 장착하면 사이보그가 됩니다." 스펜스가 말한다. 그럼에도 스펜스는 이 시스템을 장려하고 싶어 한다. 그의 팀은 레이저 포인터가 달려 있어 파워포인트로 발표할 때마다 빛을 비춰주는 익살맞은 눈을 꿈꿨다. 정말이지 괴짜 같은 꿈이다. 스펜스는 감시 문제에 대해 아직 언론에 기고하지 않았다. "카메라의 작동 방식에 따라 접근 대상이 달라집니다. 고프로를 활용해서는 계곡에서 뛰어내리는 사람들을 많이 찍는 것처럼 말입니다." 그가 말한다.

2013년 말 내가 스펜스를 만났을 당시 토론토는 랍 포드 시장이 코카인 사용을 인정했다는 소식으로 떠들썩했다. 그가 마약을 사용하는 듯한 휴대전화 촬영 영상이 언론에 퍼진 뒤였다. "토론토 시장 얘기를 들었을 겁니다. 그의 인생이 왜 이 모양이 되었을까요? 자신을 찍는지도 몰랐던 눈에 띄지 않는 카메라 때문입니다. 사람들은 빅 브라더Big Brother를 그리 겁내지 않아요. 리틀 브라더Little Brother를 더 겁내죠." 스펜스가 말했다. '리틀 브라더'는 언제 어디에서나 감시당하는 세상을 그린 작가 코리 닥터로우의 디스토피아적 소설의 제목이기도 하다.

스펜스는 '수베일런스sousveillance'라는 개념의 영향을 많이 받았다. 만이 만들어낸 이 말은 시민들이 '아래에서' 감시한다는 뜻으로, 권력이 '위에서' 감시한다는 개념과 정반대의 의미다. 이 강력한 개념은 양날의 검과 같다. 1991년 로드니 킹을 구타한 경찰관이 카메라에 찍혀 로스앤젤레스 폭동의 도화선이 되었고 국제적으로 분노를 샀다. 이는 시민이 권력 남용을 촬영한 최초의 중요 사례로 꼽힌다. 오늘날 여러 지역사회에서 경찰관들에게 몸에 카메라를 장착하라고 압박한다. 경찰이 시민을 제대로 보호하기를 바라기 때문이다.

하지만 2013년 보스턴 마라톤 폭탄 테러의 경우를 보자. 사건 발생 이후 경찰 당국은 시민들에게 용의자 검거에 도움이 될지 모를 영상과 사진을 보내달라고 요청했다. 정부 기관에서 경찰관이 아닌 시민이 찍은 화면을 요청했다는 점에 우려를 표하는 사람들도 있었다. (인터넷에서 사진과 경찰의 스캐너 자료를 분석한 아마추어가 무고죄로 고소당하기도 했다.) 마라톤이 공공장소에서 열렸기 때문에 구경하던 사람들의 사생활 보호를 기대할 수 없다는 점은 인정한다. 하지만 증강현실 장치를 착용한 사람이 회사나 가정집처럼 정부가 타당한 이유와 영장 없이는 접근하지 못하는 사적인 공간에 갈 수도 있다. 그리고 자신의 모습이 알려지거나 경찰에 넘겨지기를 원치 않는 사람들을 대상으로 장치를 사용할 수도 있다. "문제는 착용형 장치를 통해 모든 행동과 장소를 지켜볼 수 있다는 점에서 비롯됩니다. 그렇게 되면 지배 세력과 이데올로기와는 상관없이 판단당하고 관찰당하게 됩니다." 우드가 말한다.

옵살은 초소형 카메라 덕분에 정부의 감시 역시 쉬워졌다면서 이 카메라는 앞으로 더 많이 쓰일 것이라고 말한다. 과거 비밀 요원이 사람들을 미행하고 공공장소에 몰래 카메라를 설치하던 시절, 감시는 지극히 수고로운 일이었다. "감시로 인한 마찰이 심했기 때문에 정부에서는 타당한 이유가 있어야만 감시할 수 있었습니다. 덕분에 일반 시민들의 사생활이 어느 정도 보호되었지요. 하지만 모든 사람을 대상으로 언제나 감시가 가능해진다면 사생활 보호는 힘들 수 있습니다." 옵살이 말한다.

우드는 법규를 강화할 목적으로 감시하는 정부가 아닌, '도덕적' 규약을 강화하기 위해 수베일런스를 이용하는 시민들에게서도 어두운 면을 보았다. 어느 레스토랑에서 손님이 인종차별적인 말을 한다고 가정해보자. "그런 말을 하는 것 자체가 범죄 행위는 아니기 때문에 법적 규제를 받지는 않습니다. 하지만 옆 테이블에 있던 손님이 화가 나서 그 말을 녹음해 공개한다면 인종차별적인 발언을 했던 직원은 해고당할 수도 있습니다. 따라서 이런 식의 군중 감시는 집단의 도덕성을 강화하는 측면이 있습니다." 우드가 말한다. 어쩌면 인종차별주의자에게 망신을 주는 것이 멋지다고 생각할 수도 있지만 동성애자 인권 운동가가 착용형 장치로 차별적인 행동을 찍듯이 동성애에 반대하는 사람들이 같은 장치로 게이 바의 손님들을 찍어 폭로할 수도 있다.

이런 카메라를 눈에 달고 있는지 손에 들고 있는지가 중요할까? "사람들이 눈에 달린 카메라가 더 무섭고 더 해롭고 사생활을 더 많이 침해한다고 생각하다니 정말 우스운 일입니다." 스펜스가 말한다. 물론 모든 소형 카메라를 사용하는 데에는 윤리적 의사결정이 필요하다. 하지만 그도 착용형 장치가 언제 작동하는지 알기 힘들다는 점에는 수긍한다. 사실 항상 작동 중이라고 볼 수 있다. (촬영 중이라는 것을 알리기 위해 알림 조명을 사용하거나 화면을 빛나게 하거나 음성을 내보내는 사용자도 있지만 모두 그런 것은 아니다.) 카메라를 얼굴에 들이미는 행동은 사진을 찍겠다는 의사를 표현하는 것으로, 상대방에게 미소를 짓거나 이의를 제기할 기회를 준다. 하지만 카메라가 눈에 있으면 이런 식의 의사표현이 불분명해진다.

이는 다큐멘터리 제작자인 스펜스의 호기심을 강하게 자극했다. 어쩌면 몰래 카메라를 보여주는 쇼 프로그램처럼 '먼저 촬영하고 나중에 물어볼' 수 있을지도 모른다. 아니면 미리 물어볼 수도 있다. 어쨌든 촬영 대상은 눈에 띄지 않는 카메라 덕분에 편안함을 느낄 것이다. 스펜스는 차기작 〈모두 토론토를 혐오하자 2〉를 구상하기 시작했다. 이 작품은 아이스하키에(조금 더 구체적으로는 '토론토 메이플 리프스 팀은 왜 이렇게 형편없는지'에) 초점을 맞출 생각이다. 그리고 아이캠으로 아이스하키 선수와 팬들을 클로즈업하여 인터뷰할 계획이다. 얼굴을 마주 보고 나누는 대화에는 특별한 무언가가 있고 스펜스는 이런 섬세함에 민감하다. 어떻게 해야 이걸 부당하게 이용하지 않고 제대로 사용할까? "누군가의 눈을 똑바로 쳐다보는 것은 타인에게 보일 수 있는 진정으로 인간적인 면모입니다. 눈은 마음을 보여주는 창이지 유튜브를 보여주는 창이 아니지 않습니까?" 그가 말한다.

일상에 스며든 증강현실 기술

이제 카메라가 없는 증강현실 세계로 가보자.

런던 시티 대학교의 에이드리언 데이비드 척 박사의 연구실은 대부분 책상으로 채워져 있다. 짙은 색깔의 커다란 나무 책상에는 대리석 무늬의 초록색 흡수지가 덮여 있다. 컴퓨터공학과에서 박사과정을 밟고 있는 조던 터웰Jordan Tewell과 마리우스 브라운Marius Braun은 책상 서랍에서 마법 같은 물건들을 계속 꺼냈다.

가장 먼저 나온 것은 3D 프린터로 제작한 한 움큼의 반지였다. 그들은 이것을 책상 위에 쏟아부었다. 원거리 촉각 실험인 링유RingU 프로젝트에 쓰이는 단순한 플라스틱 반지로 보석이 들어가는 자리에 뭔가가 돌출되어 있다. 브라운과 나는 이 반지를 낀다. 그가 자기 반지의 버튼을 두드리자 그 부분이 분홍색으로 빛난다. 내가 내 반지의 버튼을 누르자 그의 반지가 진동하며 주황색으로 반짝인다. 이 작은 포옹이 전하는 메시지는 단순하다. 나는 당신을 생각하고 있다는 뜻이다.

시장에 처음 출시될 링유 버전은 크기를 키우고 오팔색의 플라스틱 보석을 넣을 예정이다. 반지는 블루투스를 통해 휴대전화와 연결되고 진동의 세기는 보석을 누르는 강도에 따라 달라질 것이다. "그러니까 세계 어디에 있든 누군가에게 포옹을 보낼 수 있는 겁니다." 브라운이 말한다. 앱을 이용하면 감정 상태에 따라 보석의 색을 바꿀 수도 있다. 무드 링mood ring과 비슷하지만 반지의 주인이 자신이 아닌 상대의 기분을 알 수 있다는 점이 다르다.

이 연구팀은 기분을 공유하고 달콤한 선물을 보내는 방법에 대해 연구하고 있다. 증강현실 산업이 대부분 의료, 국방, 산업을 대상으로 하는 반면, 비틀스 같은 머리 모양에 목소리가 나긋나긋하고 친절한 퍼베이시브 컴퓨팅 교수 척은 평범한 사람들의 기분을 좋아지게 하는 기술에 관심이 있다. "컴퓨터 기술로 인간을 행복하게 할 수 있습니다. 그게 우리의 목표입니다. 가족, 친구, 연인 간의 친밀도를 높이는 것 말입니다." 그가 말한다.

척에게 '퍼베이시브'란 주변 환경에 구석구석 스며든 기술을 뜻한다. 링유는 그가 예전에 싱가포르의 혼합현실 연구소Mixed Reality Lab에서 했던 실험에서 파생되었다. 척은 이 연구소에서 인터넷을 통해 포옹을 전하는 방법을 연구했다. 사람들이 먼 거리에서 애완동물을 안아줄 수 있도록 설계한 어느 프로그램에서는 사용자가 닭 인형을 어루만지자 특수 재킷을 입은 진짜 닭이 그 촉각을 느꼈다. 여기에서 아이디어를 얻은 척은 멀리 있는 부모가 아이들을 안아줄 수 있도록 '포옹하는 파자마Huggy Pajama'를 만들었다.

당시 척의 목표는 단순히 촉각을 전달하는 것이었지만 곧 그의 연구팀은 촉각이 감정에 어떤 영향을 미치는지 연구하기 시작했다. 촉각에 영상, 향기, 불빛 같은 다른 감각 정보를 결합하면 감정이 더 강해질 것이고 신기한 능력도 생길 것이라고 생각했다. "할머니의 포옹을 기록해두면 어떨까요?" 척이 묻는다. "할머니가 돌아가신 뒤에도 할머니의 영상을 보면서 할머니의 포옹을 느끼는 거죠. 냄새도 맡으면서요." 촉각 프로젝트를 파고들수록 척은 특수한 옷을 입거나 거추장스러운 장치를 착용하고 싶어 하는 사람은 없다는 생각이 확고해졌다. 그래서 나온 것이 반지다. 반지는 사회적으로 용인되는 데다 지나치게 요란하지도 않다. "업무 회의를 하거나 공항에 있을 때도 누군가가 당신에게 손가락을 통해 포옹을 보낼 수 있는 거죠. 다른 사람의 눈에 띄지 않는 방식으로요." 그가 말한다.

척은 초창기 증강현실 연구자가 대부분 그랬듯이 주로 시각을 연구했다. 하지만 그는 시각이 데이터를 주고받기에는 좋지만 경험을 전달하기에는, 특히 멀리 떨어져 있는 사람들끼리 경험을 주고받기에는 그다지 적절하지 않다고 생각했다. 시각을 통해서는 연인의 손을 잡을 수도, 할머니를 포옹할 수도 없었다. "다음 단계의 인터넷은 정보가 아니라 경험을 공유하게 해줄 겁니다. 그러면 촉각, 미각, 후각을 비롯한 오감이 모두 필요해지겠지요." 척이 말한다. 특히 후각은 대뇌변연계와 깊은 연관성이 있기 때문에 감정 전달에 매우 유용하다. 그래서 공상과학의 느낌을 강하게 풍기는 수많은 증강현실 프로젝트와 달리 척의 프로젝트는 일상생활의 기쁨을 바탕으로 기발하게 향수를 자아내는 경우가 많다. 키스, 요리, 쪽지, 향기 등을 이용한 프로젝트가 대표적이다.

터웰과 브라운이 책상 서랍에서 두 번째로 꺼낸 센티Scentee를 예로 들어보자. 이것은 향수가 들어 있는 작은 흰색 캡슐로, 휴대전화에 부착할 수 있다. 센티 앱을 설치한 사람끼리는 메시지와 함께 향기를 보낼 수 있다. 카페에서 만나자는 메시지와 함께 커피 향을 보내거나 데이트 신청과 함께 장미 향을 보낼 수 있다. (센티는 2013년 일본에서 출시되었다. 각각의 카트리지는 한 가지 향기만 제공하며 리필을 구입할 수 있다.) 연구팀은 이 앱을 광고하기도 했다. 2014년 오스카 마이어Oscar Mayer의 베이컨 발전 연구소Institute for the Advancement of Bacon에서는 '베이컨 알람시계' 캠페인을 시작하면서 지원자 3000명에게 캡슐을 보냈다. 이 캡슐을 '웨이크 업 앤드 스멜 더 베이컨Wake Up & Smell the Bacon' 앱과 연결하면 베이컨 굽는 소리를 듣고 냄새를 맡으며 잠에서 깰 수 있다.

척이 관심을 가진 또 다른 프로젝트는 음식을 공유해 유대감을 형성하는 것이었다. 연구팀은 스페인의 고급 레스토랑 무가리츠와 함께 레스토랑에 가기 전에 사용하는 티저 앱을 개발했다. 무가리츠의 손님들은 수프에 들어갈 재료를 직접 가는 것으로 식사를 시작한다. 앱에서는 절구와 절굿공이를 위에서 찍은 모습을 보여주어 이를 경험하게 한다. 휴대전화를 움직여 원을 그리면 참깨, 통후추, 사프란 같은 재료들이 가루가 되면서 센티가 수프의 향기를 내보낸다. 터웰은 앞으로 이 향기를 맡으면 수프를 먹기 전에 함께 재료를 갈았던 사람들과의 즐거운 추억을 떠올리게 된다고 말한다.

웹을 통한 포옹이 가능하다면 당연히 키스도 가능하다. (궁금해할까봐 설명하자면 그 이상도 가능하다. 원거리 성관계를 연구하는 '텔레딜도닉스teledildonics'라는 촉각 연구 분야가 있다.) 척의 연구팀이 최근 진행하는 촉각 프로젝트는 전화로 키스를 전달하는 키신저Kissenger다. 이는 '키스'와 '메신저'를 합친 말로 헨리 키신저Henry Kissinger와는 관련이 없다. "문제는 유리를 통해 누군가에게 키스하고 싶어 하는 사람은 없다는 겁니다." 척이 말한다. 딱딱한 유리 표면에 키스하면 기분만 이상해질 뿐이다.

그래서 첫 번째 버전에서는 부드러운 동물 장난감을 통해 키스를 나누도록 했다. 이 장난감에는 플라스틱 눈이 있고 귀에는 솜털이 보송보송하며 개나 토끼를 연상시키는 발이 달렸다. 그리고 커다란 분홍색 입술이 키스의 진동과 힘을 전달한다. 브라운은 그다음 버전인 휴대전화에 부착하는 입술을 서랍에서 꺼냈다. 키스를 나눌 상대방과 영상통화를 하면서 이 입술에 자기 입술을 갖다 대면 힘을 감지하는 센서와 작동 장치로 실제 입술의 압력을 흉내 내 진짜 같은 키스를 만든다. "아마 이 버전이 거부감이 훨씬 덜할 겁니다." 터웰이 말한다. 인형에 입술을 갖다 대지 않아도 되기 때문이다. "그리고 더 친밀감을 주지요. 실제로 상대방의 얼굴과 정말 가까이에 있는 느낌이 드니까요." 브라운이 말한다. 어쩌면 연구팀은 여기에 센티를 이용해 사랑하는 사람의 향기를 내보냄으로써 경험을 확장할지도 모른다.

솔직히 촉각, 미각, 후각을 대상으로 하는 증강현실은 어렵다. 그래서 이를 시도하는 증강현실 연구소는 상대적으로 적다. 빛과 소리의 파장은 이진법 코드로 쉽게 전달되는 반면 압력이나 화학물질은 컴퓨터 화면으로 전달할 수 없다. 그래서 인터넷으로 연결된 양쪽 모두에 특별한 하드웨어가 필요하다. 링유의 경우 두 사람 모두 반지를 끼고 있어야 하고 키신저의 경우 둘 다 부착용 입술을 갖고 있어야 한다. 그리고 센티는 각자 카트리지를 갖고 있어야 한다. 그럼에도 주목할 만한 실적을 올린 연구팀이 제법 있다. 게이오기주쿠 대학교 연구팀은 '태그 캔디Tag Candy'를 개발했다. 이 막대사탕을 진동하는 받침에 끼우면 촉각과 소리가 사탕을 통해(그리고 이와 뼈를 통해) 전해져 탄산수처럼 톡톡 터진다든지 불꽃놀이처럼 폭발한다든지 비행기가 착륙할 때처럼 울리는 느낌이 든다. 도쿄 대학교 연구팀은 '메타 쿠키Meta Cookie'를 만들었다. 머리에 쓰는 장치인 메타 쿠키는 사용자의 코에 냄새를 불어넣어 아무 맛도 없는 쿠키를 초콜릿, 아몬드, 당밀 맛으로 바꿔준다. 메이지 대학교 연구팀은 전기가 흐르는 빨대와 용기로 맛을 바꾸는 연구를 진행 중이다.

나는 척의 연구실에 찾아가기 몇 달 전에 펜실베이니아주 피츠버그의 디즈니 연구소Disney Research에 잠시 들렀다. 그곳에서는 이반 포우피레프Ivan Poupyrev가 공기를 이용한 원거리 촉각 전달을 연구하고 있었다. 척과 마찬가지로 그도 복잡한 장비가 필요 없는 증강현실에 관심이 있었다. 놀이공원을 만드는 기업인 디즈니는 수많은 고객에게 한꺼번에 동일한 경험을 제공하고 싶어 했다. 하지만 이에 맞는 장치를 만들기가 어려웠다. 게다가 포우피레프에 따르면 무언가를 착용하면 환상이 깨진다는 것이다. 그는 놀이공원에 이미 있는 무언가를 이용하는 편이 낫다고 말한다. "공기는 우리 주변을 항상 둘러싼 유일한 매개체입니다." 그가 말한다.

그의 견본은 '에어리얼AIREAL'이라고 불린다. 이 장치는 카메라 삼각대 위에 플라스틱 상자를 얹은 것처럼 생겼다. 다섯 면에 있는 구멍으로는 서브우퍼가 공기 소용돌이를 내보낸다. 공기 소용돌이는 도넛 모양이다. 장치는 중앙, 양옆, 뒷면의 구멍으로 공기를 계속 끌어올려서 안정적인 공기 소용돌이를 내보낸다. 공기 소용돌이는 1미터 떨어진 곳까지 도달한다. 포우피레프는 공기 대신 헬륨 같은 다른 유형의 가스를 사용하거나 공기의 온도를 바꾸거나 공기 소용돌이에 연기, 향, 심지어 불 같은 것을 넣을 수도 있다고 했다.

이런 초기 견본 중에는 나비가 머리 위에 앉는 착시를 만들어내는 것도 있었다. 커다란 비디오 화면 역할을 하는 장치 두 대가 탁자 위에 놓여 있다. 그 위에 손을 얹으면 손바닥 위에서 날아다니는 나비 이미지가 보인다. 그러면 에어리얼이 나비의 날개가 펄럭이는 타이밍에 맞추어 약한 공기 소용돌이를 빠르게 내보낸다. 새가 곁을 맴돌며 날아다니거나 화면 밖으로 튀어나온 축구공을 골키퍼처럼 손으로 막을 수 있는 견본도 있었다.

포우피레프는 촉각 전달이 미미하고 불완전할 수도 있다고 설명한다. 영상과 결합된 촉각은 불신 유예suspension of disbelief● 현상을 가져오기 때문이다. 엔터테인먼트 업계의 경우 사용자의 요구가 저마다 다르다. 말하자면 배관공이 파이프 수리까지 해야 하는 상황이 생기는 것이다. 엔터테인먼트 업계에서는 사람들이 기술에 관심을 쏟기를 원하지 않는다. "우리는 사람들이 실제로 매혹적인 정원을 거닌다든지

● 가상 세계에 너무 몰입한 나머지 비현실적인 면도 개의치 않게 되는 현상.

아름다운 집을 둘러보는 듯한 느낌을 받기를 원합니다. 동화 속에 있는 것처럼요. 이것이 바로 온전한 경험과 마술을 부리는 듯한 기교의 차이겠지요." 포우피레프가 말한다.

하지만 디즈니랜드에서는 에어리얼을 통해 은밀하게 강화된 감각을 경험하지 못할지도 모른다. 몇 개월 뒤 포우피레프는 구글로 이직했고 디즈니는 에어리얼 프로젝트를 중단한다고 발표했다. (포우피레프는 구글에서 프로젝트 자카드Project Jacquard를 진행했다. 이는 옷감이 촉각을 감지하고 전달하도록 도전 섬유conductive fiber●로 직물을 직조하는 것을 연구하는 프로젝트다.) 비록 견본이지만 에어리얼은 시각이 아닌 다른 감각을 통해 증강현실이 얼마나 매력적으로 구현될 수 있는지 보여준다.

척은 증강현실의 다음 단계는 촉각·미각·후각 정보를 이미지와 소리처럼 디지털화하는 것이라고 생각한다. "MP3가 개발되기 전에는 음악 파일을 공유하고 싶을 경우 레코드판이나 테이프를 건네줘야 했습니다. 확장성이 낮은 방식이지요. 하지만 MP3가 등장한 뒤에는 세계 어느 곳으로든 음악을 배포할 수 있게 되었습니다. 후각과 미각도 그럴 수 있습니다. 아직까지는 매우 아날로그적인 방식이지만요." 척이 말한다. 디지털화한다는 것은 화학물질 단계를 건너뛰고 수용체를 바로 자극한다는 뜻이다. 척의 연구팀이 개발한 작은 장치를 혀 위에 올려놓으면 전기로 미뢰를 자극해 쓴맛과 신맛을 느끼게 한다. 이제 척은 엑스 마르세유 대학교의 신경 과학 연구소와 협력하여 기능성 자기공명영상 스캐너 안에서 사용할 장치를 개발하고 있다. 스캐너 안에서 이 장치를 사용하면 화학적으로 미뢰를 자극했을 때와 비교하여 신경의 반응을 살펴볼 수 있다. 그는 입천장에 전자기 장치를 장착

● 도전 물질인 카본 블랙을 넣거나 섬유 표면에 금속을 증착하여 도전성을 갖게 한 섬유.

해 후각 신경구를 직접 자극할 수 있는지도 연구 중이다. 이 연구는 아직 매우 초기 단계지만 척은 이런 장치를 활용해 궁극적으로는 신체만으로는 경험할 수 없는 세계를 만들어내려고 한다. '눈 깜짝할 사이에 계피에서 바닐라로 바뀌는 맛' 같은 것 말이다.

1세대 후각·촉각·미각 증강현실 장치는 그 한계 때문에 아직까지는 비판에서 면제되었다. 그 장치들은 카메라가 달리지 않았고 특별히 민감한 정보를 추적하지도 않으며 사용자가 모르는 사이에 인식을 바꾸지도 않는다. 하지만 증강현실이 직면한 윤리적 딜레마에 대해 글을 썼던 척은 감각 장치가 디지털화되고 이식 가능해지면 더 이상 비판에서 자유롭지 않을 것이라고 생각한다. 그는 다른 분야에서 발전하고 있는 광유전학을 증강현실에 적용할 수 있으리라고 전망한다. "광섬유를 뉴런에 연결할 수 있다는 것은 곧 컴퓨터 세계를 생물학적 신경계에 효율적으로 연결할 수 있다는 뜻입니다. 후각을 예로 들면 후각 신경구를 자극하는 것이 아니라 후각 인식을 담당하는 뇌의 뉴런을 직접 자극하는 겁니다. 어쩌면 이 일은 우리 세대에 가능해질지도 모릅니다." 척이 말한다. 그는 이것이 가능해지면 세상이 달라질 거라고 덧붙인다. "사람들이 이런 장치를 항상 착용한다면 가상현실과 실제 세계 사이의 경계가 흐릿해지기 때문입니다."

척과 포우피레프는 사람들이 그런 흐릿한 경계를 받아들일 것이고, 더 나아가 바랄 것이라고 말한다. 포우피레프는 우리가 삶의 여러 부분에서 인위적인 경험을 포용한다는 점, 그리고 이런 경험은 인위적일지라도 그것이 만들어내는 감정과 추억은 진짜라는 점에 주목한다. "디즈니랜드에 간다면 그건 실제일까요? 영화관에 간다면요?" 그가 묻는다. 두 사람은 우리가 실제 세계를 절대 온전하게 경험할 수 없다고 단언한다. 우리의 감각은 세계의 좁은 부분만을 감지하기 때문이다. "우리는 적외선을 볼 수 없습니다. 박쥐나 개처럼 주파수를 들을 수도 없습니다. 그러므로 우리의 현실은 이미 어느 정도 조정된 현실입니다." 척이 말한다.

조정에서 한 단계 더 나가면 무엇일까?

기술 시대의 적자생존

증강현실이 발전함에 따라 업계는 증강현실에서 무엇을 얻고자 하는지, 어떻게 하면 문제를 일으키지 않고 증강현실의 장점을 활용할지, 길찾기나 이메일처럼 휴대전화에서 이미 할 수 있는 일들을 복제하는 단계를 어떻게 뛰어넘을지를 알아내야 한다. 증강 세계 박람회를 조직한 인바는 '스큐어모피즘skeuomorphism'이라는 말을 자주 언급한다. 이는 기존 방식으로 새로운 매체를 만든다는 뜻이다. 그는 초창기 영화를 생각해보라고 말한다. 당시 영화는 진짜처럼 보이는 장면으로 관객들을 놀라게 했다. 뤼미에르 형제가 찍은 영화에서도 기차가 역으로 들어오는 장면은 극장 안의 관객들을 공포로 몰아넣었다. 하지만 초기 영화는 실제 장면을 찍는 대신 무대에 커튼을 치고 세트에서 촬영한 것이 대부분이었다. "이처럼 우리는 실제 세계와 상호작용할 수 있는 새로운 언어를 개발해야 합니다. 증강현실을 영화 산업에 비유하면 우리는 지금 1903년 정도에 있는 셈입니다. 기술도 보유하고 있고 기차가 역으로 들어오는 장면처럼 몇 가지 멋진 것도 찍을 줄 알지요. 하지만 컷, 줌, 팬처럼 이야기 전개에 중요한 기술들은 아직 개발하지 못했어요." 인바가 말한다.

장애인들은 증강현실에 대해 가장 흥미로운 충고를 들려준다. 그들은 이미 신체 개량을 목적으로 하는 보조 과학기술을 몇 세대 목격했다. 장애인 공동체에서는 이런 기술이 얼마나 도움이 되고 얼마나 환영받을지에 대해 광범위하게 토론했다. 캘거리 대학교에서 장애, 역량, 과학기술을 연구하는 그레거 볼프링Gregor Wolbring 박사는 인공보철과 이식 장치를 비롯한 신기술이 사회에 미치는 영향에 대해 자주 기고했다. 그는 이런 장치들이 사람은 '생산적'이거나 '정상적'이어야 한다는 기대를 만들거나 강화한다고 주장한다. 그는 이를 '역량 기대ability expectations'라고 부르며 이 기대는 끊임없이 달라진다고 지적한다.

얼마 전까지만 해도 전화기, 컴퓨터, 인터넷을 반드시 사용해야 하는 사람은 아무도 없었다. 이제 이런 장치들은 모든 사람의 세계를 바꾸어놓았다. 그렇다면 독순술이나 수화를 쓰는 사람들에게 원거리 의사소통이 어떤 영향을 미쳤는지 생각해보자. 볼프링은 생계가 기술과 연관되어 있다고 말한다. 피자 배달 같은 단순한 일에도 자동차와 운전 기술이 필요하다. "우리는 이미 '역량 기대'를 하고 있습니다. 단지 과학기술을 더 많이 사용할 뿐입니다. 그리고 사회 조직의 일원으로서 우리가 무엇을 원하는지, 어떤 역량 기대를 중요시하는지 묻지 않을 뿐입니다." 볼프링이 말한다.

그는 초기 증강현실 장치의 영향력이 특별히 크지 않더라도 우리가 그 장치에 어떤 기능을 바라는지, 이런 장치로 누가 이득을 보는지, 장치에 적응하지 못할 경우 소외될 사람은 누구인지 생각해보아야 한다고 말한다. "컴퓨터 역시 1세대에는 그다지 큰 역할을 하지 못했습니다." 볼프링이 말한다. 그는 컴퓨터 기술이 중간 계층의 일자리에 필수 요소가 되었듯이 증강현실 역시 직장 생활의 일부가 되리라고 예측한다. "아마 대부분의 경우 선택의 여지가 없을 겁니다. 어떤 일을 하고 싶으면 무조건 장치를 사거나 특정한 무언가를 해야 할 겁니다."

그가 말한다. 물론 거부할 수도 있다. 인터넷 사용을 거부할 수 있다면 말이다. "하지만 우리는 사회의 변화를 수용해야 합니다. 그러지 않으면 수입, 교육, 인간관계에 악영향을 받을 수 있습니다. 자, 그런데도 선택일까요?" 그가 말한다.

우드가 말했듯이 그중 무엇도 새로운 것은 없다. 볼프링은 '역량 질름발이ability creep'라는 말로써 우리가 끊임없이 더 훌륭하고 다양한 능력을 가지게 되리라는 기대를 설명한다. 이미 오래전에 날카롭게 연마한 부싯돌이나 불을 사용하면 생존에 유리하게 작용하고 이를 따라가지 않으면 뒤처질 수밖에 없었던 것처럼 말이다. 능숙하게 적응한 사람들은 이를 혁신의 핵심이라고 부를 것이고 경계하는 사람들은 무한 생존 경쟁이라고 부를 것이다. 이는 지능이 있는 종이 오래전부터 겪어온 순환 구조다. 하지만 새롭게 정의되는 '정상적'이라는 말에 신체가, 그중에서도 뇌가 포함되면 반향이 더욱 커질 것이다.

어느 날, 나는 미르자와 함께 옵틴벤트의 증강 세계 박람회 부스에 앉아 있었다. 그는 내게 미래에 대한 진화론적 전망을 거침없이 쏟아냈다. "무서운 생각일 수도 있겠지만 만약 내 옆에 있는 사람이 뇌를 이식받아 일을 열 배나 빨리 처리하고, 더욱 증강된 방식으로 세상을 효율적으로 보고, 더 많은 정보를 얻게 된다면 그는 더 우월한 존재가 되겠죠. 난 뒤처지고 싶지 않아요." 미르자가 말했다. 모든 사람이 자신을 최대한 업그레이드할 것이다. "적자생존이지요." 그가 말을 잇는다. "자가 진화 같은 거예요. 안 그렇습니까? 자신의 진화를 스스로 통제하는 거죠."

사람들이 감각 증강 장치를 사용하기 시작하면 사회 역시 진화해야 한다. 내가 만난 거의 모든 사람들이 이 새로운 능력을 사회 규범으로 다스려야 한다는 대답을 내놓았다. 옵살이 지적했듯이 사회는 기술 발전에 발맞춰 변할 수 있지만 법은 그렇지 않다. 그리고 척의 말처럼 괴짜 몇 명이 장치를 착용한 경우에는 그 장치를 금지하거나 무시하면 그만이다. "하지만 할머니까지 착용했을 경우에는 새로운 행동 규범을 받아들이는 수밖에 없습니다." 그가 말한다. 바로 이것이 어려운 문제다. 증강현실이 대중화되면 무슨 일이 일어날까? 우드는 언론이 아이보그와 만처럼 초창기에 자체적으로 장치를 만들어 홀로 착용한 사례에 초점을 맞춘다는 점을 언급한다. 하지만 자가 제조 장치에 비해 스스로의 통제권이 줄어드는 상업용 증강현실 장치를 사용하는 사람이 수백만 명에 달하면 무엇이 달라질까? 백인, 부자, 괴짜 이외의 사용자 집단이 생긴다면? "드물고 특별한 목적을 지닌 무언가가 흔해지면 급격한 변화가 생기기 마련입니다. 무슨 일이 일어날지는 우리도 모르지요." 우드가 말한다.

괴상한 미래파

끝으로, 한 명의 아이보그를 더 만나보자. 그녀의 이름은 타냐 마리블라치다. 어느 추운 겨울 날, 샌프란시스코의 카페에서 커피를 마시던 그녀는 가방에서 여분의 눈들을 꺼내 탁자 위에 내려놓는다. 하나는 검은색 홍채에 은색 테두리를 두른 눈이었다. 다른 하나는 자개처럼 보는 각도에 따라 색이 달라졌는데, 홍채가 있어야 하는 자리가 오목하게 파여 있었다. 블라치는 그곳에 실리 퍼티Silly Putty●를 넣기도 하고 꽃을 꽂기도 한다. 어떤 눈은 블라치의 남아 있는 한쪽 눈과 어울리는 연한 파

● 원하는 모양을 만들 수 있는 합성고무 장난감.

란색이다. 하지만 그녀가 정말 좋아하는 눈은 카메라 눈이다.

블라치는 2005년에 교통사고로 왼쪽 눈을 잃었다. 그전에는 극장 매니저로 일하면서 예술과 컴퓨터를 통합한 수업을 들었고 윌리엄 깁슨과 필립 K. 딕의 책을 읽었다. 덕분에 그녀는 불가능한 것은 없다고 생각하게 되었다. "병원에서 모르핀을 맞으면서 '음, 좋았어. 인공 눈이라니! 그걸 갖게 되는구나!'라고 생각했어요." 그녀가 말한다.

스펜스와 마찬가지로 블라치는 카메라 눈을 또 다른 자아로 활용하기로 했다. 사고 이후 그녀는 '새로운 버전의 나를 찾아가는 수단, 또는 나를 표현하는 방식'으로 블로그를 시작했다. 그리고 시나리오 작가 수업을 들으면서 사이보그 암살범 이사를 통해 또 다른 자아를 끌어냈다. 이사의 인공 눈은 얼굴을 구분하고 기온을 감지하며 사물을 식별하는, 숨어 있는 독립형 카메라다. 하지만 지휘 센터와 네트워크로 연결된 인공 눈은 그녀의 자율적 자아와 갈등을 일으킨다. (블라치는 사이보그 신체 기관의 네트워킹 문제를 빠르게 인지했다.)

연극계에서 일한 경력 덕분에 카메라 눈에 대한 블라치의 꿈은 공연과 연관되었다. 그녀는 낯선 도시를 돌아다니며 눈으로 풍경을 담아 관객들에게 보여주는 상상을 한다. 그리고 첨단기술로 무장한 옷차림으로 돌아다니며 사람들의 반응을 촬영하는 생각도 해보았다. 그녀는 카메라 눈으로 시위를 비롯한 여러 사건을 있는 그대로 담는 것을 상상해본다. 그녀는 이런 개념에 '괴상한 미래파'라는 이름을 붙였다. "인공 눈으로 녹화하면 자신이 보고 있는 것이 고스란히 남아요. 촬영을 하면서 내가 경험하는 것을 사람들에게 보여주고 공유할 수 있지요."

하지만 때로 그녀는 단 한 명의 관객인 자신만을 상대로 영상을 상영하는 상상을 한다. 카메라 눈이 있으면 완벽한 기억도 가능해진다.

"카메라에 찍힌 내용과 내가 기억하는 내용을 나란히 맞춰보는 거예요. 말다툼을 벌일 때나 교통사고가 났을 때는 물론이고 어디에 열쇠를 두고 왔는지 같은 사소한 일에도 활용할 수 있어요." 그녀가 말한다. 삶의 즐거운 순간을 되새기는 것은 어떨까? "마드리드에서 정말 미친 듯이 사랑했던 남자가 있었어요." 그녀는 당시를 떠올리며 아쉬운 듯 말한다. "우리는 핫초코와 츄러스를 먹었죠. 그때를 찍어놓았다면 무한 반복해서 보았을 거예요. 정말 아름다운 느낌이었어요."

2008년 《와이어드Wired》지를 공동 창간한 케빈 켈리Kevin Kelly는 블라치가 공학자를 찾도록 도와주었고 덕분에 그녀는 스펜스처럼 빗발치는 관심을 받게 되었다. 물론 여자라는 이유로 기분 나쁜 경험을 하기도 했다. 기자들은 그녀를 흘끔흘끔 곁눈질하며 욕실에서도 촬영하는지 물었다. "저와 세븐 오브 나인을 비교하는 사람들이 많았어요." 블라치가 말한다. 〈스타트렉〉의 섹시한 등장인물인 세븐 오브 나인은 눈썹 위에 이식 장치를 착용했다. 블라치는 웹페이지를 개설해 1만 9000달러의 기금을 조성했고 이미 설계를 보유하고 있던 그래머티스와 아이보그 팀을 만나게 되었다.

하지만 얼마 뒤에 상황은 교착상태에 빠졌다. 아이보그 팀은 스펜스의 장치를 쉽게 다시 만들어낼 수 있을 거라고 생각했다. 그래머티스의 추산에 따르면 스펜스의 장치는 가치가 20만 달러에 달하고 개발 기간은 2년이 걸렸었다. 하지만 블라치의 눈은 달랐다. 부품을 넣을 공간이 더 좁았다. "10센트짜리 동전을 포개 넣을 수 있는 공간에 캠코더를 쑤셔 넣으려는 격이었습니다." 그래머티스가 말한다. 레이저 스캔과 타당성 연구를 마친 뒤에 그들은 다른 설계가 필요하다는 것을 깨달았다. 부품을 플라스틱으로 감싼 설계가 필요할 듯했다. 그런데 이렇게 하려면 자금이 더 필요했고 다른 분야의 전문가도 더 필요했다. 스펜스와 달리 블라치에게는 부품 기증자가 없었고 기술팀에게는 시간이 부족했다.

그래서 블라치는 벤처 캐피털 기업에 투자를 호소하는 등 전통적인 방식으로 기금을 조성하려고 했지만 쉽지 않았다. "한쪽 눈이 없는 사람들이 이 장치를 얼마나 구입할지 확실하지 않았거든요." 그녀가 말한다. 의료계는 망막 이식에 더 관심이 있었다. 블라치와 그래머티스는 의료용도 고려하기 시작했다. 그러자 그래머티스에게 진짜 눈처럼 보이는 카메라와 시각을 복원하는 인공 눈의 결합에 관심을 가진 방위산업 관계자들이 접근했다. 블라치의 새로운 꿈은 장애인에게 개인 맞춤형 인공보철을 만들어주는 기업이나 재단과 함께 일하는 것이다. "모두 조금씩 다르잖아요. 세상에 존재하기 위해, 또 편안함을 느끼기 위해 필요한 것들이 저마다 다를 거예요." 그녀가 말한다. 이것은 증강현실 세계와 이를 둘러싼 해커 집단의 중심에 자리한 개념이다. 직접 장치를 만들고 현실의 규칙을 뒤틀어 미르자의 말처럼 '자가 진화' 하는 것이다.

블라치는 자신의 눈도 상점에서 살 수 있는 행운의 그날을 아직도 기다린다. 그녀는 자신에게 카메라 눈이나 유리 눈은 필요 없다고 힘주어 말한다. 그저 진화하고 싶은 충동을 참기 힘든 것뿐이다. "저에게 그런 충동은 변화의 원동력이자 잃어버린 눈을 복원할 힘입니다. 저는 그 창의적인 충동을 그대로 따를 뿐이에요." 블라치가 말한다.

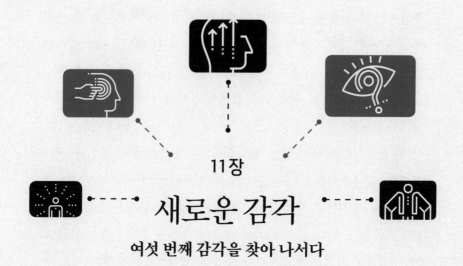

11장

새로운 감각

여섯 번째 감각을 찾아 나서다

포레스트는 피어싱 가게에서 삼파 본 사이보그를 기다리고 있다. 주위에는 팔과 몸에 문신을 새긴 사람들과 얼굴에 피어싱을 한 사람들이 가득하다. 하지만 약간 헝클어진 갈색머리에 티셔츠와 청바지를 입고 활짝 웃는 포레스트는 아무것도 하지 않아서 오히려 눈에 띈다. 그는 자칭 '스텔스 사이보그'다. 겉에서는 무엇이 바뀌었는지 보이지 않기 때문이다.

"제 왼손에는 자석이 일곱 개 있습니다." 그가 손을 펴 보인다. 새끼손가락, 집게손가락, 가운뎃손가락 끝에 자석이 하나씩 이식되어 있고 나머지 네 개는 손가락 사이의 연결 부분에 있다. 그는 손을 내밀며 꽉 잡아보라고 한다. 자석을 이식한 곳은 작은 물집이 잡힌 것처럼 보인다. 이식된 자석은 쌀알처럼 움직였다. 포레스트는 이 자석으로 숨어 있는 세계를 느낀다고 말한다.

"보통 사람들은 오감을 가지고 있지만 저에게는 감각이 하나 더 있습니다." 그가 말한다.

포레스트는 가상현실 장치나 착용형 액세서리를 사용하는 대신 몸을 개조하여 인식의 장을 넓히고 싶어 한다. 감각을 개조하고 싶어 하는 바이오해커들이 가장 많이 시도해본 새로운 감각은 자기 감지력, 즉 자기장을 인식하는 감각이다. 이 능력은 자연에서도 찾아볼 수 있다. 철새, 바다거북, 여러 종의 곤충, 박테리아가 자기장을 인식한다. 하지만 그들이 어떤 식으로 자기장을 인식하는지는 정확히 밝혀지지 않았다. 인간에게 이런 능력이 있을 가능성은 거의 없지만 과학자들은 그 가능성을 아예 배제하지는 않는다. 자석 이식은 인간이 진화를 앞지를 수 있는지를 알아보기 위한 시험대다. 자석을 통해 평범한 인간이 감지하지 못하는 정보를 수집할 수 있을까? 그리고 더 나아가 그 정보를 뇌에 입력할 수 있을까?

자석 이식을 연구하는 사람들은 대부분 연구팀 소속의 과학자들이 아니다. 그들은 대개 바이오해커, 트랜스휴머니스트, 신체 개조 예술가다. 그들의 시도는 의학 연구가 아닌 신체 예술로 간주되기 때문에 대학과 정부 기관 같은 규제를 받지 않는다. 그러므로 그들이 만들어낸 결과물에 대한 공식적인 기록도 많지 않다. 다만 21세기에 접어들어 이식받는 사람들의 수가 증가함에 따라 그들의 설명으로만 결과를 짐작할 수 있을 뿐이다. 몸에 이식하는 자석은 신용카드를 들어 올리거나 컴퓨터에 붙을 정도로 자력이 강하지는 않다. 하지만 포레스트 같은 사람들은 다른 사람들이 느끼지 못하는 감각을 느낀다고 말한다.

"적당한 비유인지는 모르겠지만 영화 〈매트릭스〉에서 알약을 먹는 것과 같아요." 포레스트는 주인공이 지금까지의 삶을 고수할지, 아니면 세상을 있는 그대로 볼지 선택하는 장면을 언급한다. "아침에 일어나 손을 쓰는데 완전히 새로운 세상이 펼쳐지는 거죠. 그 세상에 적응해야 해요. 멋진 순간도 있지만 그렇지 않을 때도 있거든요. 가끔은 성가시기도 해요. 하지만 자석을 이식했으니 피할 길이 없죠. 그게 제가 처한 새로운 현실인 거예요."

포레스트는 자석을 통해 새로운 정보를 느낄 수 있다고 말한다. 바닥의 나사, 종이를 찍은 스테이플러 심, 벽의 철사 등 숨어 있는 금속을 감지한다. 물론 이런 물건에 다가가면 끌어당기는 느낌이 든다. 하지만 포레스트를 비롯해 자석을 이식한 사람들은 콘센트, 형광등, 전선 등의 전류를 인식한다는 점을 중요하게 꼽는다. 포레스트는 이때 마치 전기에 감전된 듯한 느낌이 든다고 설명한다. 하지만 아주 강한 느낌은 아니고 윙 하는 느낌이 전달되는 정도다. 지금까지 그가 경험한 가장 이상했던 느낌은 보안장치가 설치된 상점 문을 통과할 때 경보기 쪽으로 손이 이끌려가던 것이었다. 하지만 대부분은 극장 스피커의 진동을 느끼는 것처럼 기분 좋은 느낌이다. "정말 놀랍습니다. 소리를 진동으로 느끼는 것 말입니다. 거대한 울림이 온몸을 통과하죠." 그가 말한다.

하지만 이것으로는 충분하지 않았다. 그래서 포레스트는 이곳에 다시 왔다. 이름이 불리자 그는 작은 방으로 가서 긴 의자에 눕는다. 그리고 파란색 소독지 위에 팔을 뻗는다. 삼파 본 사이보그는 맞은편에 앉아 자석의 이식 위치를 설명하는 포레스트의 말에 귀를 기울인다.

본 사이보그는 신체 개조 분야에서 아주 유명한 베테랑이다. 그는 1990년대부터 피어싱을 했다. 핀란드 출신인 그는 현재 런던에 살며 다른 나라에 가서도 시술을 한다. 머리를 밀어버린 그는 할리 데이비슨 두건을 두르고 있지만 과거에는 머리 아래쪽에 금속 징을 두 줄로 박아 모히칸 스타일을 뽐내기도 했다. 그의 이에는 금속이 씌워져 있고 귀에는 고리가 촘촘하게 달려 있다. 몸에는 문신이 가득하다. 그의 시술을 돕는 아네타 본 사이보그 역시 오른쪽 팔에 갈비뼈처럼 보이는 장식을 줄줄이 달고 있다. 이것은 손목에서 팔꿈치까지 연결된 피하 이식 장치로, 마치 피부 아래에 구슬로 만든 팔찌를 낀 것처럼 보인다. 본 사이보그의 작품 중에는 매드 맥스 바Mad Max Bar도 있다. 피부 안으로 들어갔다 나왔다 하는 이 피어싱으로 귀 끝을 엘프처럼 뾰족하게 만들 수도 있다.

본 사이보그는 2000년대 초에 자석을 이용한 실험을 시작했다. 그중 몇 가지는 자신에게 직접 시도해보았지만 그다지 강한 인상을 받지 못했다. 그가 처음으로 이식한 구 모양의 자석은 피부 조직 안에서 회전만 할 뿐, 별다른 감각을 전달하지 못했다. 2011년 그는 '슈퍼 스트롱'이라는 이름의 새로운 디자인으로 자석 이식을 다시 시도했다. 포레스트는 오늘 이 자석을 이식받을 것이다. 지금 자석은 소독액에 담겨 있다. 작은 알갱이 모양의 진회색 자석은 몸속에서 부서지지 않도록 코팅이 되어 있다. 포레스트가 이식 위치를 설명하자 본 사이보그가 펠트펜으로 피부 위에 위치를 표시한다. 세 개는 손가락 끝에, 하나는 오른쪽 손바닥에, 나머지 하나는 팔꿈치 안쪽에 이식될 것이다.

피어싱은 신속하게 진행되었고 피도 거의 나지 않았다. 본 사이보그는 각 지점에 작은 구멍을 내고 자석을 밀어 넣은 다음 면봉으로 피부를 단단히 밀착하고 붕대를 감았다. 그는 피부 바로 아래의 피하층에 자석을 이식한다고 설명한다. (집에서 따라 하면 안 된다. 전문가는 특수한 자석을 이용한다. 상점에서 파는 일반 자석과는 다르다.) 포레스트는 인상을 쓰기는 했지만 시술 중에 내내 눈을 감고 팔을 움직이지 않았다. 이식이 끝나자 그는 기뻐했다. "제법 아팠어요." 그가 말한다.

본 사이보그는 새로 이식한 자석이 얼마나 민감한지 알려면 2개월 정도 기다려야 한다고 주의를 준다. 상처가 나을 때까지 기다려야 하는 것이다. 그는 포레스트가 자석을 이식받는 여느 손님들과 다를 바 없다고 말한다. 단지 자석을 여러 개 이식받았을 뿐이다. 초창기에는 오래전부터 몸을 개조해온 사람들이 자석을 이식받았다. 그들은 손에 클립이나 병뚜껑을 부착하는 등 파티에서 과시할 만한 기교에 관심이 있거나 피부를 통해 눈에 보이는 커다란 자석에 관심이 있었다. 하지만 오늘날 자석을 이식받는 사람들은 대부분 자기표현이 아닌 탐구를 목적으로 한다. "요즘 이식하는 자석은 눈에 보이지 않습니다. 오직 나만을 위한 것이지요. 이런 자석을 이식받고 싶어 하는 괴짜들이 많아요. 특별한 감각을 준다는 이유 때문에요." 본 사이보그가 생각에 잠긴 채 말한다.

새로운 감각을 이식하다?

의심 많은 사람들은 손에 자석을 이식받으면 누구나 자기를 감지하는지, 즉 몸을 해킹하면 인간이 감지하는 다섯 가지 감각 이상으로 영역을 확장할 수 있는지 궁금해할 것이다.

이를 옹호하는 바이오해커들의 주장은 다음과 같다. 자기 감지력은 자연에 존재하므로 진화를 통해 이에 대응하는 생물학적 시스템이 이미 구축되어 있다. 일부 동물은 주변 환경에서 자기 신호를 수신한 뒤에 뇌에 입력하여 의미 있는 정보로 바꾸기도 한다. 인간에게는 자기를 감지하는 기관이 없지만 영리한 해결책을 찾아 이 과정을 흉내 내지 못할 이유가 있을까? 뇌는 놀라우리만치 가소성이 높다. 각각 망막과 달팽이관을 이식받은 시각장애인과 청각장애인을 보면 완전히 새로운 정보를 접할 때조차 소음에서 신호를 구분하는 법을 배운다. 그리고 연구 결과는 없지만 자석을 이식받은 사람들은 매우 일관된 반응을 보이고 있다. 그들은 전류, 다른 자석의 끌림, 금속 물체를 느낄수 있다고 말한다. 그들 모두가 사실이 아닌 희망 사항을 말한다고 보기는 어렵다.

즉 인간은 손에 자기를 감지하는 능력을 지니고 태어나지 않았고 자기를 감지하는 수용체도 없으며 청각이나 시각과 달리 자기 감지를 담당하는 뇌의 감각 영역도 없다. 그리고 일상생활에서 인간이 자기를 감지한다는 행동상의 증거도 없다. 이식된 자석이 어떤 식으로 정보를 수집해서 뇌에 전달하는지, 뇌는 그 정보를 어떻게 처리하는지도 명확하게 밝혀지지 않았다. 인간에게 자기 감지력이 없다면 자석이 전하는 감각은 다른 감각을 담당하는 수용체와 신경의 활동을 통해 우회적으로 전달되어야 한다. 이 경우 그 감각을 자기 감지력이라고 할 수 있을까? 아니면 다른 무언가일까?

이 장의 끝부분에서 나는 포레스트 같은 사람들이 설명하는 인식 경험 뒤에 숨은 가설을 제기할 것이다. 하지만 그전에 바이오해킹이라는 가내 수공업이 마주하고 있는 중대하고 매혹적인 문제를 살펴보자. 뭔가를 놓치고 있는 것이 아닌가 하는 불안, 그리고 인간의 감각 세계가 더 크고 멋지게 확장될 수 있는 것은 아닌가 알고 싶어 하는 욕구가 바로 그것이다.

사실 인간의 감각 세계는 좌절을 느낄 정도로 작다. 우리는 모든 것을 인식할 수는 없다. 감각기관이 제한된 범위 내에서 작동하기 때문이다. 우리의 눈은 전자기 스펙트럼의 일부인 400~700나노미터의 가시광선만 볼 뿐, 자외선, 적외선, 감마선, X선은 볼 수 없다. 우리의 귀는 20~20,000헤르츠 범위의 주파수만 듣는다. 하지만 이런 한계를 뛰어넘는 동물들도 있다. 꿀벌은 자외선을 볼 수 있기 때문에 꽃의 표식을 잘 찾는다. 박쥐, 개, 돌고래, 일부 곤충은 초음파를 듣는다. 그렇다고 그들 동물에게 별도의 감각기관이나 새로운 감각이 있는 것은 아니다. 사람에게도 있는 시각과 청각의 범위가 넓을 뿐이다.

인간에게 불가능한 방식으로 감각 정보를 이용하는 동물들도 있다. 예컨대 박쥐, 고래, 돌고래, 뒤쥐, 일부 새의 경우 반향 위치 측정이 가능하다. 이는 동굴, 물속, 지하처럼 잘 보이지 않는 환경에서 거리를 감지할 수 있는 생체학적 음파 탐지 능력이다. 이 동물들은 사물에서 튕겨져 나온 소리로 공간을 감지해 길을 찾고 먹이를 찾는다. (반향 위치 측정은 스스로 소리를 내서 음파를 탐지하는 것이고 수중 음파 탐지는 다른 종류의 소리를 이용한다.) 이는 별개의 감각이라기보다 청각을 특수하게 사용하는 경우다. 인간에게는 선천적으로 이런 능력이 없지만 이를 학습한 사례가 몇 가지 기록되어 있다. 그중 눈여겨볼 만한 사례는 비영리 단체인 '시각장애인의 세상 접촉World Access for the Blind'의 설립자 대니얼 키시Daniel Kish가 가르친 '플래시소나FlashSonar'라는 방식이다. 그는 혀로 똑딱 소리를 내서 가까이에 있는 사물의 위치, 크기, 재료를 알아낸다.

끝으로, 어떤 동물의 경우 인간에게는 없는 신체 기관으로 인간이 인식하지 못하는 감각을 느끼기도 한다. 상어와 가오리는 전기를 감지하여 어두운 환경에서 사물이나 다른 동물을 탐지한다. 그들의 몸 안에는 전도성 젤이 담긴 관이 있고 이 관은 전압의 변화를 감지하는 특수한 세포에 연결되어 있다. 전자기 스펙트럼에서 적색 가시광선 밖에 있는 적외선을 감지하는 뱀도 있다. 그들은 열을 감지하는 촉각 기관 또는 3차 신경계에 속하는 얼굴의 '피트 기관pit organ'을 통해 적외선 정보를 변환한다. (사람의 입 주변에 분포한 3차 신경은 화학적 자극과 입안의 느낌에 대한 정보를 전달한다.)

인간에게는 자기를 감지하는 부분이 없다. 하지만 확실히 그렇다고 말하기는 힘들다. 다른 동물들이 어떤 장치를 사용하는지 모르기 때문이다. "감각 생물학의 가장 큰 난제는 자기 감지력이 어떻게 작용하는지입니다." 듀크 대학교의 감각 생태학자 송크 존슨Sonke Johnsen이 말한다. 그는 해양 동물의 시각과 자기 감지력을 연구한다.

이 문제가 어려운 데는 몇 가지 매우 복합적인 이유가 있다. 존슨에 따르면 다른 감각의 경우 망막의 광수용체나 달팽이관의 유모세포처럼 수용체가 작더라도 신호를 수집하고 증폭하는 큰 기관이 이를 둘러싸고 있다. "그런데 자기 감지력의 경우에는 아무것도 없습니다."

존슨이 말한다. 자기장은 빛이나 소리와 달리 생물의 조직과 상호작용하지 않기 때문에 이를 담당하는 기관이 자연적으로 발생하지 않았다. 담당 기관이 없다면 어떤 회로를 연구해야 하는지 찾기 어렵다. "그저 몇 안 되는 신경세포를 찾아볼 뿐입니다." 존슨이 말한다. 이 신경세포들은 별다른 특징이 없을 뿐만 아니라 어디에나 존재한다. 다른 감각기관처럼 신체 표면이나 뇌에만 있지 않다.

이 세포가 어디에 있든 전자기적 자극을 뇌가 해독할 수 있는 전기 신호로 변환하는 것은 틀림없다. 존슨에 따르면 동물은 이 정보를 적어도 둘 중 하나로 활용한다. 지구의 자기력선들magnetic field lines의 기울기를 감지하여 어느 쪽으로 가야 할지 알려주는 '나침반'으로 활용하거나 지리적으로 어디에 있는지 알려주는 '지도'로 활용할 가능성이 높다. 자기력선들은 지구의 남극과 북극을 이으며 거대한 호를 그리는데 일부 동물이 이때 생기는 각도를 감지하는 것이다. 이런 인식 경험이 동물들에게 어떤 느낌을 주는지는 알 수 없다. 연구에 따르면 어떤 새들은 기울어진 자기력선들을 볼 수 있다고 한다. 하지만 이 외의 종에게는 완전히 낯선 감각이다.

현재 자기 감지력에 대한 세 가지 가설이 있다. 존슨은 세 가지 모두 옳을 수도 있다고 말한다. 실제로 동물들은 몇 가지 기제를 번갈아 사용한다. 첫 번째 가설은 전자기 유도electromagnetic induction다. 이는 상어와 가오리에게 한정된 가설이다. 그들의 몸은 전기를 전하기 때문에 자기장을 통과할 때 전기 센서가 자기장 내의 위치에 따라 달라지는 전압의 변화를 감지할지도 모른다. 하지만 존슨은 이것을 증명하기 힘들다고 말한다. 이런 능력을 분리하는 행동 실험을 설계하기 어렵기 때문이다. (상어를 대상으로 행동 실험을 설계한다는 것 자체가 어렵다.)

두 번째는 자철석 가설magnetite hypothesis이다. 이 가설은 주자성 박테리아magnetotactic bacteria에게 적용되는 것으로 알려졌다. 이 박테리아는 자기 감지력을 이용해 거주지인 진흙 속에서 특정 깊이까지 이동한다. 이 박테리아는 세포 안에 자철석 결정을 만드는데(존슨은 '세포 안의 작은 나침반 바늘'이라고 부른다) 이 결정이 회전하여 지구의 자기장과 평행선을 이룬다. 이 움직임 때문에 세포의 이온 통로가 열리거나 다른 수용체 기제에 압력이 가해져서 신경 반응이 일어날 수 있다. 이와 유사한 작용이 물고기와 새에게서도 나타났다. 하지만 단순히 자철석이 있다고 해서 자기 감지력이 있다고 볼 수는 없다. 자철석 입자는 나이 든 사람의 뇌를 비롯해 어디에나 생길 수 있기 때문이다. "자철석은 산화철입니다. 헤모글로빈이 분해되면서 흔히 생기는 물질이지요. 자철석은 도처에서 발견됩니다. 수용체 시스템에 속하지 않는다는 뜻입니다. 자철석이 있다는 것은 말 그대로 그냥 있다는 뜻입니다."

세 번째는 라디칼 쌍 가설radical pair hypothesis로, 분석이 더욱 까다롭다. 매사추세츠 의과대학의 신경생물학자 스티븐 레퍼트Steven Reppert 박사는 초파리와 나비로 이 가설을 증명했다. 이 가설에서는 화학에 기초한 시스템을 제시한다. 빛에 민감한 분자가 분자 내에서 연쇄 반응을 일으켜 라디칼 쌍, 즉 회전 상태가 불안정하여 쌍을 이루지 못한 전자를 생성한다. 레퍼트는 이 때문에 자기 모멘트magnetic moment●가 생긴다고 주장한다. "그러면 지구 자기장의 아주 미세한 변화까지 감지할 수 있게 됩니다." 이 개념은 일리노이 대학교 어바나-샘페인 캠퍼스의 물리학자 클라우스 슐텐Klaus Schulten이 제안했다. 그와 함께 연구한 캘리포니아 대학교 어바인 캠퍼스의 토스텐 리츠Thorsten Ritz는 빛에 민감한 분자는 크립토크롬cryptochrome이라고 불리는 광수용체

● N극과 S극이 떨어진 상태에서 나타나는 자성의 물리량.

단백질이라고 밝혔다. 주로 식물과 동물의 체내에서 시계 역할을 하는 단백질이다.

자기 감지력 연구가 대부분 새와 바다거북에 집중되어 있는 것과 달리 레퍼트는 유전자 조작이 용이한 종의 크립토크롬을 연구한다. 일련의 실험을 통해 그는 미로 안에서 본능적으로 자석을 피하는 초파리에게 설탕으로 보상을 주면 자석 쪽으로 날아가게 훈련시킬 수 있음을 밝혀냈다. 이는 초파리가 자기를 감지할 수 있다는 의미였다. 결정적으로 이는 자외선과 푸른빛, 구체적으로는 380~420나노미터의 파장에서만 작용했다. "크립토크롬은 청색광 광수용체이므로 이런 결과가 이해됩니다." 레퍼트가 말한다. 하지만 크립토크롬 유전자가 없는 초파리는 자기를 감지할 수 없었다. "이는 크립토크롬이 자기 감지에 개입한다는 증거입니다." 그가 말한다.

다음으로 연구팀은 장거리를 이동하는 제왕나비를 대상으로 실험을 진행했다. 레퍼트에 따르면 제왕나비는 겨울을 보내기 위해 남쪽으로 날아가는 동안 몇 가지 방향 탐지 기제를 사용한다고 한다. 맑은 날에는 태양의 방향을 이용한다. 약간 흐린 날에는 구름 사이로 드러난 파란 하늘을 보고 빛의 편광 패턴을 이용한다. 하지만 완전히 구름이 뒤덮인 날에는 어떻게 이동하는지 불분명하다. "아마 자기 나침반이 정보를 제공할 겁니다." 레퍼트가 말한다.

레퍼트의 연구팀은 나비를 대상으로 비행 모의실험 장치를 만들었다. 큰 통에 나비를 넣고 비행 방향을 추적하는 장치였다. 통에는 자기 코일을 감아 지구 자기장의 기울기를 흉내 냈다. 실제로 나비가 남쪽으로 날아갈 때 만나는 자기장의 기울기와 똑같은 환경을 조성하자 나비는 남쪽으로 향했다. 하지만 연구팀이 자기장의 기울기를 반대 방향으로 바꾸자 나비는 북쪽으로 향했다. "나비에게 자기에 민감한 경사 나침반이 있다는 확실한 증거입니다." 레퍼트가 말한다. 연구팀은 광 필터를 이용해 나비의 경사 나침반이 초파리와 마찬가지로 자외선과 청색광에만 작동한다는 사실을 알아냈다. 여기에도 크립토크롬이 개입한다는 뜻이다.

레퍼트는 제왕나비의 경우 크립토크롬이 주로 더듬이에 있다고 생각했다. 다음 실험에서 연구팀은 나비의 더듬이를 검은색으로 칠해 수용체가 빛을 감지하지 못하게 했다. 더듬이를 검게 칠한 나비는 혼란스러운 듯 빙빙 날았고 투명 페인트를 칠한 나비는 정상적으로 방향을 찾았다. 이를 종합해보자. 두 종의 곤충이 크립토크롬에 의해 감지되는 청색광 아래에서 자기 감지력을 보였지만 수용체를 감추거나 관련 유전자를 제거하자 자기 감지력이 나타나지 않았다. 하지만 이 과정에서 라디칼 쌍이 정확히 어떻게 발생하는지는 아직 밝혀지지 않았다. "아직 모두 가설에 지나지 않습니다." 레퍼트가 말한다.

한편 1980년대 맨체스터 대학교의 동물학자 로빈 베이커Robin Baker는 인간의 자기 감지력을 연구했다. 그는 눈을 가린 학생들을 '구불구불한 길'을 통해 캠퍼스에서 멀리 떨어진 곳으로 데려갔다. 그리고 계속 눈을 가린 채 학교에서 어느 방향으로 왔는지를 물었다. 일부 피험자의 눈가리개 안에는 막대자석을 넣었고, 다른 피험자의 눈가리개 안에는 놋쇠막대를 넣었다. 베이커는 "인간에게는 시각적 단서가 없더라도 방향을 인식하는 능력이 있다"는 결론을 도출했다. 자석을 지닌 사람들은 놋쇠막대를 지닌 사람들보다 성과가 좋지 않았다. 이는 막대자석이 방향 감지에 부정적인 영향을 미쳤을지도 모른다는 뜻이다. 레퍼트는 막대자석이나 놋쇠막대를 눈가리개에 넣고 눈을 가린 학생들이 회전의자에 앉아 회전한 뒤에 방향을 얼마나 잘 찾는지도 알아보았다. 그는 자철석 가설을 옹호하며 인간의 부비강 어딘가에 자성체가 쌓여 있을지도 모른다고 주장했다. 하지만 그 누구도 이를 증명하지 못했고 레퍼트와 같은 결과를 도출하지도 못했다.

존슨과 레퍼트 모두 인간에게 자기 감지력이 없을 것이라고 전망하지만 가능성을 아예 배제하지는 않는다. "인간에게 자기 감지력이 있다는 명백한 증거는 없습니다. 물론 자기 감지력이 있는 동물도 많기 때문에 인간에게도 자기 감지력이 있을 수는 있습니다. 하지만 흔적으로만 남아 있는 능력이지요." 존슨이 말한다.

2011년 레퍼트 연구팀은 인간의 망막에서 발견된 크립토크롬에 대한 논문을 발표했다. 이는 자기 감지력이 아닌 체내 시계와 관련이 있다. 하지만 레퍼트의 연구는 초파리의 유전자를 제거하고 인간의 유전자를 주입해도 초파리가 자기장을 감지할 수 있음을 보여주었다. "인간에게도 자기 감지 시스템에서 작용하는 분자가 있다는 뜻입니다. 하지만 이 분자가 인체에서 작용하는지는 모릅니다. 연구를 계속해봐야겠지요." 레퍼트가 말한다.

두 과학자 모두 손에 자석을 이식하는 사람들이 있다는 이야기에 같은 반응을 보였다. 누군가가 통제 실험을 하기 전까지는 자석이 어떻게 작용하는지 알 수 없다는 것이었다. 존슨은 자석 이식이 자철석 가설을 연상시킨다고 말한다. 다만 세포 안의 입자가 커졌을 뿐이다. 그는 이식된 자석이 가까이에 있는 큰 자석에 반응하는 것을 느낄 수는 있겠지만 새나 나비처럼 지구 자기장을 읽지는 못할 것이라고 말한다. "지구의 자기장은 아주 약합니다. 실제로 회전을 일으킬 만한 힘이 없습니다." 그가 말한다.

"무모한 아이디어예요." 레퍼트는 자석 이식에 대해 웃으며 이렇게 말했다. 인간의 크립토크롬에 관한 논문을 썼던 그는 자기를 감지한다고 주장하는 사람들에게서 아직도 이메일을 받는다. "저에게는 그리 놀라운 이야기가 아닙니다. 이식한 자석이 어떤 작용을 할까요? 글 쎄요. 행운을 빕니다. 실험은 이미 진행 중인 것 같으니까요."

그라인더, 몸을 해킹하는 사람들

그 실험들은 주로 그라인드하우스에서 진행된다. 이곳에서 자석 이 식은 감각을 탐험하는 첫 단계일 뿐이다. (그들은 자석 이식이 '그라인더 신에게 바치는 피의 희생'이라고 장난스럽게 말한다.) 늦은 주말 밤, 회원들 은 서카디아Circadia가 놓인 탁자 주변에 자리 잡는다. 서카디아는 체내 지표를 판독해주는 이식 장치다.

팀 캐넌은 이것과 똑같은 장치를 팔에 이식했다. 소프트웨어 개발 자인 그는 그라인드하우스의 설립 회원이자 가장 열성적인 회원이다. 매우 영리한 그의 말은 저돌적이고 빨랐다. 펜실베이니아의 겨울 날 씨에도 그는 맨발에 반바지 차림이었다. 그가 서카디아를 이식받은 지 3주가 지났다. 왼쪽 팔꿈치 안쪽의 상처는 카드 크기보다 약간 작 았다. 주변의 살은 붉게 부풀어 올랐지만 괜찮아 보였다. 만져도 아파 하지 않았다. 모든 것은 DNA 이중 나선 구조를 나타낸 문신 아래에 깊이 감춰져 있었다.

다소 무심하고 내성적인 숀 사버는 그라인드하우스의 전기 설계를 담당한다. 공군 기술자였던 그는 이제 이발사로 일하며 거의 매일 퇴 근 후에 그라인드하우스에 들러 물건을 만든다. 그는 서카디아 견본 을 가리킨다. 서카디아는 투명한 실리콘 외피에 싸여 있어 무선 충전 용 수신 코일, 배터리, 블루투스 모듈, LED 조명 등 내부의 부품이 훤 히 들여다보인다. "피부 아래에서 LED 조명이 반짝이는 것을 볼 수 있습니다." 사버가 말한다. 이를 증명하기 위해 캐넌은 충전 코일을 집어 들어 자신의 팔에 갖다 댔다. 그러자 피부 아래에서 초록색 LED 조명이 세 번 깜빡거렸다. 그리고 잠시 후 빨간 불이 들어와 기기가 충전되고 있음을 알려주었다. 캐넌의 팔에서 크리스마스를 연상시키는 불빛을 보고 누군가가 〈징글벨〉을 흥얼거리기 시작했다.

장치에 불이 들어오게 만든 또 다른 이유가 있었다. 바로 사람들의 반응을 유발하기 위해서다. 사람들은 불빛을 보고 나서 똑같은 장치를 원할 수도 있고 새로운 예술적 가능성을 상상할 수도 있다. 아니면 그저 이 얼간이들이 팔에 무슨 짓을 했느냐며 고개를 저을 수도 있다. 중요한 것은 그들이 스텔스 사이보그와는 정반대의 입장에서 신체 개조를 공공연히 드러낸다는 점이다. "이 장치는 사이보그의 미래가 이곳에 있음을 분명히 보여줍니다. 사실 우리는 사람들이 이해하기를 진심으로 원하는 것뿐입니다. '저놈들이 피부 밑에 전자 기기를 집어넣었구나. 그걸로 데이터를 수신하는구나. 그건 휴대전화로 조종되는구나.' 이렇게 말입니다. 우리가 기계와 결합되었다는 걸 말입니다!" 캐넌이 말한다.

그라운드하우스 본부인 캐넌의 집은 피츠버그 교외에 자리 잡은 아담한 2층 벽돌집이다. 사버는 이 집이 문명과 야생의 경계라고 말한다. 그리고 그의 말은 옳은 것 같다. 이곳은 바이오해커들이 작업하는 곳이다. (최대 17명이 모이기도 했다.) 비록 지금은 루카스 디모비오를 비롯해 몇 안 되는 회원밖에 없지만. 디모비오는 다른 회원들이 서카디아를 자랑하는 동안 안락의자에 앉아 노트북을 두드리고 있다. 그는 이미 존재하는 대상을 연구하기보다 새로운 가능성을 연구하고 싶다는 생각에 생물학 학위 과정을 그만두고 지금은 그라인드하우스 회원들의 장치 이식 수술을 맡고 있다. 모임의 이름은 몸을 해킹하는 사람이라는 의미의 '그라인더'라는 말에서 따왔다. "'그라인더'는 워런 엘리스Warren Ellis의 그래픽 노블《닥터 슬립리스Doktor Sleepless》에서 가져온 말입니다. 사회에서 소외된 가난한 잉여들이 인식 강화 장치를 만드는 미래를 그린 작품이지요." 캐넌이 말한다. 더딘 진행 속도에 좌절한 작품 속의 등장인물들은 "빌어먹을 제트팩은 어디 있지?"라는 슬로건을 페인트로 휘갈겨 쓴다. 이 말은 그라인드하우스의 슬로건이기도 하다.

2012년 초 그라인드하우스 웻웨어가 만들어졌고 회원들은 장치를 직접 개발해 판매까지 하는 것을 목표로 삼았다. 지금까지 그들은 이식된 자석과 함께 작동하는 착용형 장치를 몇 가지 발명했다. 서카디아는 그들의 첫 번째 이식 장치다. 현재 버전에는 체온을 측정하는 센서만 달려 있지만 앞으로 개발할 버전으로는 심박수, 혈압, 혈중 산소 농도 등을 측정하여 사용자가 확인할 수 있게 할 생각이다. "누군가가 시계를 보면서 아무렇지 않은 말투로 '음, 오늘 심장 상태는 괜찮군'이라고 말한다면 정말 좋겠어요." 사버가 말한다. 또는 주위의 사물이 사용자의 정보를 읽은 다음 체온에 따라 온도를 자동으로 조절하고, 힘든 일과로 혈압이 올라간 상태면 집의 조명을 저절로 어두워지게 할 수도 있다. 물론 이 모든 것은 지금 서카디아의 기능과는 매우 동떨어진 먼 훗날의 이야기다. 지금 서카디아는 빛을 내는 일밖에 하지 못한다. 체온 측정도 캐넌의 상처가 아문 뒤에나 가능하다.

캐넌과 사버는 상호 보완적인 기술을 가진 덕분에 친구가 되었다. 캐넌은 소프트웨어를, 사버는 하드웨어를 잘 안다. 사버에 따르면 두 사람은 취미 삼아 몇 가지 프로젝트를 진행했다. "그런데 어느 날 팀이 인터넷에서 레프트 애너님Lepht Anonym이라는 여자가 손가락에 자석을 이식해 전자기장을 느낄 수 있게 되었다는 기사를 본 거예요."

스코틀랜드 대학생이자 감각 확장에 관심이 있는 블로거인 애너님은 자신을 '고철 트랜스휴머니스트'라고 부르며 실험을 열심히 기록했다. 그녀는 자기 몸에 무선주파수 인식 장치RFID 칩과 자석을 이식했고 온도 센서도 이식하려고 했다. 그녀는 감염과 통증으로 고생한 일, 채소 껍질을 벗기는 기구를 비롯해 이식에 사용한 각종 도구 등에 대해 자세하게 공개했고 결국 이식에 성공했다. 이식한 자석은 제대로 작동했다. "그때 팀은 정말 흥분했어요. 그리고 한 달 뒤에 자석을 이식하고 나타나더니 '이 자석과 상호작용하는 걸 만들어보자'고 하더군요." 사버가 말한다.

디모비오 역시 애너님에게 자극을 받았다. 그는 biohack.me라는 웹 포럼을 만들어 다른 사람들과 함께 '기능적인(때로는 극단적인) 신체 개조'를 토론하기도 했다. 하지만 대학교 1학년 무렵 느려터진 진행 속도에 실망하고 만다. 가장 큰 원인은 이식 장치에 전원을 공급할 방법을 찾지 못해서였다. 그는 인터넷에 글을 올려 함께할 사람들을 모집했고 캐넌과 사버가 이에 응답했다. 세 사람이 처음 만난 자리에서 디모비오는 이식된 자석과 상호작용하는 하드웨어를 만들자고 제안했다. "그때 숀과 팀이 서로 쳐다보면서 '그건 우리가 3개월 전에 했던 거야. 벽장에서 꺼내기만 하면 돼'라고 말했던 것이 생각납니다. 그래서 우리는 거기에서부터 시작했죠." 디모비오가 말한다.

이들의 첫 발명품은 보틀노즈Bottlenose였다. 이 장치는 외부 코일에 연결된 초음파 거리 센서가 내장된 작은 플라스틱 상자였다. 이 보틀노즈는 손가락에 이식된 자석과 결합해 일종의 수중 음파 탐지기 역할을 했다. 그라인드하우스 지하실에서 촬영한 실험 영상을 보면 눈을 가린 캐넌이 보틀노즈를 들고 코일에서 자석으로 전달되는 진동을 이용해 사물(시리얼 상자)을 찾고 사버의 위치를 파악하고 사람들이 다가오는지 멀어지는지를 말한다. 그들은 싱킹 캡Thinking Cap도 만들었다. 싱킹 캡은 뇌에 전류를 전달하는 전극이 내장된 모자다. 폐기된 프로젝트지만 컴퓨터가 손의 움직임을 추적하는 식스스 센스 글러브Sixth Sense Glove도 있다.

그라인드하우스 회원들은 이식 가능한 나침반을 만들고 싶어 했다. 이 아이디어는 샌프란시스코의 바이오해커 모임인 센스브리지Sensebridge에서 개발한 노스 포North Paw에 쓰인 것이었다. 노스 포를 발목에 착용하면 모터가 진동해 어느 쪽이 북쪽인지 알려준다. 애너님은 이를 응용해 사우스포Southpaw라는 이름의 피하 이식 장치를 만들려고 했지만 완성하지 못했다. 노스스타Northstar라고 불리는 그라인드하우스 버전은 손등에 이식하는 장치로 개발되었다. 원래 그들은 내장된 자기 탐지기로 방향을 감지하여 북쪽을 가리킬 때는 별 모양의 이식 장치가 빛나게 하려고 했다. 즉 사용자에게 어느 정도 직관적인 방향 감각을 주고자 했다. 하지만 그들은 단순한 버전부터 시작해야 한다는 것을 깨달았다. 그래서 나온 것이 서카디아다. "이건 우리의 학습 도구입니다." 사버가 말한다. 서카디아를 만들면서 그들은 몇 가지 중요한 설계 문제에 대한 답을 찾았다. '어떻게 몸에 전극을 이식해 무선으로 충전할까? 어떻게 생체 데이터를 휴대전화로 전송할까? 이 모든 일을 하고도 팀이 살아 있으려면 어떻게 해야 할까?' 같은 문제였다.

당시 그들은 팀의 생명을 위태롭게 하는 것은 아닌지 걱정했다. 서카디아는 그렇게 쉽게 이식 가능한 장치가 아니었다. 그들은 앞으로 장치를 더 작고 둥글게 만들어야 한다. 그리고 배터리에 못을 박아보는 등 부품의 실험 강도를 높였음에도 캐넌은 끊임없이 최악을 상상했다. "두통이 느껴질 때마다 리튬 폴리머가 뇌로 흘러들어간 것은 아닐까 생각합니다. 근육에 경련이 일어날 때마다 배터리에 문제가 생긴 것은 아닐까, 방전된 것은 아닐까, 몇 분 뒤에 내가 죽는 것은 아닐까 하는 생각도 하고요." 그가 말한다. 그들은 6개월 동안 서카디아를 지켜본 뒤에 몸에서 꺼내 손상 상태를 살펴볼 생각이었다. 하지만 3개월 뒤에 꺼내고 말았다. 충전 코일의 열기 때문에 배터리가 부풀었기 때문이다. 다행히 실리콘은 손상되지 않아 캐넌의 몸에는 아무런 이상이 없었다. 그들은 그 누구도 만들지 않은 제품을 위해서라면 이 정도의 위험은 감수해야 한다고 생각한다.

캐넌의 이식 장치는 독일의 어느 축제에서 신체 개조 예술가 스티브 하워스Steve Haworth에 의해 시연되었다. 그라인드하우스와 신체 예술가의 연합은 실용적인 면에서 도움이 되었다. 피어싱 전문가는 쉽게 간단한 보석을 이식했다. 의사에게 찾아갈 경우 보험과 의료적 필요성 등 복잡한 문제가 제기되는 일이었다. 하지만 그라인드하우스 회원들은 자기표현의 수단이 아니라 탐구의 수단으로서 신체 개조에 접근한다. "사실 우리 모두를 하나로 묶어준 가장 큰 주제는 인식이었습니다. 모두 새로운 감각을 느끼거나 기존 감각을 확장하는 일에 관심이 있었어요." 디모비오가 말한다. 이는 '빌어먹을 제트팩은 어디에 있지?'의 정신을 생물학적 시스템에 적용한 것으로, 살모사와 상어와 나비에게 열려 있는 세계가 인간에게는 닫혀 있어서 인간이 뭔가를 놓치고 있는 현실이 부당하다는 생각에 토대를 두었다. "인간은 야망이 넘칩니다. 모든 것을 탐구하고 싶어 하지요." 디모비오가 말을 잇는다. "우주에는 바로 이 순간에도 우리 곁을 스쳐 지나가는 것들이 너무 많아요." 캐넌은 자석을 이식받고 나서 새로운 감각을 느끼게 되면서 새로운 사실도 깨닫게 되었다고 한다. "그동안 제가 얼마나 눈이 멀어 있었는지 실감했지요."

그라인드하우스 회원들에게는 저마다 파헤치고 싶은 감각이 있다. "제가 꿈꾸는 인식 강화는 자외선과 적외선 광수용체를 갖는 겁니다. 감상적이라고 할지 모르지만 일출을 정말 좋아하거든요. 그래서 자외선과 적외선을 볼 수 있다면 일출이 어떤 모습일지 궁금해요." 디모비오가 말한다.

"저는 전자기 스펙트럼 전체를 느끼고 싶어요. 엑스선이 지나가거나 어딘가에서 감마선이 폭발할 때 뭔가를 느끼고 싶거든요. 그걸 전부 다 알고 싶어요. 현실에 존재하는 것들이잖아요. 지금은 그 현실의 작은 조각만 볼 뿐이고요." 사버가 말한다.

"저는 좀 달라요. 저는 유통기한이 있는 몸에 갇혀 있는 기분이에요." 캐넌이 말한다. 30대 초반인 그는 이런 생각이 중년의 위기 같은 것이 아니라 영원한 존재론적 두려움에서 벗어나고 싶은 욕망이라고 말한다. "결국 우리는 모두 죽게 마련이잖아요! 죽음과 달콤한 망각으로 가는 배에 타고 있다는 사실을 두려워하지 않는 사람이 있을까요?" 그가 절망적으로 외친다.

그들은 모두 자신의 몸에 환멸을 느낀다. 디모비오가 이런 불만을 갖게 된 특별한 이유가 있다. 그는 스물한 살에 이미 탈모증으로 완전히 대머리가 되었다. 탈모증은 머리카락이 빠지는 자가 면역 질환으로, 콧속에서 보호막 역할을 하는 섬모가 빠지는 경우도 있다. "저는 항상 건강이 좋지 않았어요. 심각한 폐 감염도 몇 차례 겪었고 희한한 질병을 달고 살았어요. 그래서 인간의 몸이 얼마나 형편없는지 빨리 인식하게 되었지요." 그가 말한다.

그렇다고 해도 그들은 생물학적 문제를 능숙하게 해결하는 인류의 능력을 매우 신뢰한다. 그라인드하우스 회원들은 더욱 우수한 뇌나 베이컨에 내성이 있는 심장이나 죽지 않는 몸을 만들 수는 없다. 적어도 라디오색*에서 사온 부품들로는 그렇다. 하지만 감각 장치를 이리저리 꿰맞춰 그들을 스쳐 지나가는 우주의 정보를 들여다보는 일은 가능할 것이다. 그래서 그들은 거실을 떠나 지하실로 향한다. 다음에는 무엇을 만들 수 있을지 알아보기 위해서.

촉각 혹은 공감각?

대부분의 감각 실험은 자석으로 시작되었고 자석은 스티브 하워스에게서 시작되었다.

하워스는 퓨마와 싸운 것처럼 오른쪽 눈을 가로지르는 기다란 상처가 세 개 있다. "시술을 마친 직후에는 상처가 깊어서 피가 나고 자꾸만 터졌습니다. 하지만 아쉽게도 이제는 너무 잘 아물었어요." 그가 유감스럽다는 듯이 말한다. 신체 예술이 더 선명하게 드러나기를 바라는 모양이었다. 그는 멀리 출장 가서 몸을 개조하거나 누군가를 가르칠 때를 제외하고는 애리조나주의 집에서 작업한다. 그의 집에는 피어싱 스튜디오와 몸에 장착하는 장신구를 만드는 무균실이 있다. 하워스는 원래 의료 기기와 이식 장치를 설계했다. 1990년대에 신체 개조에 뛰어들기 전까지는 수술용 캐눌라를 만들었다. 그는 귀 위쪽 연골에 심는 장신구인 이어 펀치ear punch, 피부 바로 아래에 심는 실리콘 이식 장치(하트나 쇳조각이나 수류탄 등의 모양이다) 등을 만들었다. 또한 장신구를 걸기 위해 피부 아래에 기둥을 심는 경피 이식 기술을 개발했다.

● 미국의 전자기기 소매 체인점.

하워스는 1999년 무렵부터 자석 이식을 연구했다. 당시 그는 신체 장신구 디자이너 제시 자렐Jesse Jarrell과 함께 자석을 이식해 시계, 끝이 뾰족한 금속, 고글 보호막을 부착하는 아이디어를 떠올렸다. 그들은 자렐의 손목에 자석 이식을 처음 시도했고 6주 뒤에 이식된 자석에 손목시계를 붙였다. 시계는 자석에 붙었지만 문제가 있었다. 자석끼리 너무 딱 붙어버렸던 것이다. "시계를 20분만 붙이고 있으면 피가 통하지 않아 피부 조직이 괴사할 것만 같았습니다." 하워스가 말한다.

그래서 이 아이디어는 포기했다. 하지만 하워스는 새끼손가락에 금속 조각을 심은 남자를 우연히 만난 뒤에 새로운 아이디어를 떠올렸다. "그 남자는 스피커 공장에서 일하고 있었는데 어떤 스피커가 자력을 띠는지 구분할 수 있었습니다." 하워스가 말한다. 그들은 손가락에 작은 자석을 이식하면 자기를 감지할 수 있을 것이라고 생각했다.

자석 이식에 처음 지원한 사람은 토드 허프먼Todd Huffman이었다. 그는 학부에서 신경 과학을 전공하고 애리조나 주립대학교에서 생물정보학을 공부하고 있었다. 허프먼은 달팽이관 이식을 연구하면서 사용자가 새로운 감각 정보에 적응하는 방식에 매료되었다. 그는 뇌가 체외의 인공물과 체내의 인공물에 다르게 적응하는지, 그러니까 헤드폰을 착용했을 때와 달팽이관을 이식했을 때 뇌의 적응에 어떤 차이가 있는지 궁금해했다. 그는 감각 장치가 일시적인 것이라서 언제든 제거 가능하다면 뇌는 이 장치가 인식한 감각을 신체 부위가 인식한 감각과 다른 방식으로 처리할 것이라고 추측했다. 따라서 허프먼은 자석을 손톱에 붙이는 것과 몸속에 이식하는 것은 다르리라고 생각했다. "저는 새로운 감각을 저의 세계관에 통합하는 1인칭 시점의 경험을 원했습니다." 그가 말한다.

세 사람은 자석 이식 장치를 만들어냈고 허프먼은 다른 자석을 느낄 수 있으리라고 기대했다. 하지만 자석을 이식하고 얼마 지나지 않아 프라이팬에 손을 뻗던 허프먼은 뭔가를 느끼고 깜짝 놀랐다. 전기스토브에서 자기장이 느껴졌던 것이다. 새로운 힘을 인식하는 이 순간이야말로 그가 바라던 것이었다. "새로운 감각을 경험함으로써 현실에 대한 인식 모형이 깨졌습니다." 그가 말한다.

하워스는 손가락에 이식하는 자석 장신구를 직접 제작했다. 설계와 이식 방법 모두 삼파 본 사이보그와는 달랐다. 하워스가 만든 자석은 아스피린 크기의 둥근 금색 원반으로, 실리콘 코팅에 둘러싸여 있었다. 그는 초기에 만든 자석 여섯 개는 모두 버려야 했다면서 이식용 자석의 안전성 문제를 언급했다. 실패한 자석은 침지 코팅dip coated● 때문에 외피가 얇아지면서 파열되어 자석이 분해되었다. 그래서 하워스는 새로운 제작 기법을 생각해냈다. 사출 성형 후에 2000프사이psi●● 의 압력에서 보존 처리를 하는 것이었다. "그 정도의 압력이라면 날카로운 물체가 아니고는 외피를 뚫을 수 없습니다." 그가 말한다. 이렇게 유행이시작되었다. 2014년 초까지 하워스는 자석 이식 시술을 약 3000건 했고 5000개의 자석을 판매했다. 그중 불량품은 네 개뿐이었다.

하워스와 허프먼은 자석을 통해 얻는 감각 경험이 복잡하지 않다는 점에 동의했다. 이 경험을 '자기 시각magnetic vision'이라고 부르는 사람들도 있지만 이는 사실 시각적인 경험이 아니다. "여섯 번째 감각으로서 자기 감지는 시각이나 청각만큼 놀랍지는 않습니다. 하지만 팔의 솜털 덕분에 뭔가 움직이며 지나가는 것을 인식하듯이 자석 덕분에 자기장으로 둘러싸인 곳을 지나가고 있다는 것을 인식할 수 있습니

● 코팅 두께를 정확하게 조정할 필요가 없거나 표면이 불규칙한 것을 코팅액에 담그는 방식.
●● 압력의 단위. 1프사이는 1파운드가 1제곱인치의 넓이에 가하는 압력이다.

다." 하워스가 말한다.

하워스는 자석을 이식받지 않은 사람에게 그 느낌을 설명하기는 힘들다고 말한다. 그는 자석을 이식하지 않은 손에 테이프로 자석을 붙여 감각을 비교해보았다. 자석을 붙이기만 해도 같은 효과가 생기는지 궁금했기 때문이다. 하지만 같지 않았다. 물론 그에게는 차선책이 있다. "손가락 끝을 제게 보여주십시오." 하워스는 이렇게 말하면서 자석이 이식된 자신의 가운뎃손가락으로 내 손끝을 눌렀다. 그러고는 큰 자석을 우리의 손 가까이에 가져왔다. 그의 피부 아래 자석의 떨림이 내게 전해졌다. 하워스는 자석이 원반 모양이고 외피가 부드럽기 때문에 피하 조직 안에서 회전한다고 말한다.

잠시 후 우리는 주방으로 들어가 다시 한 번 손가락을 포갰다. 그리고 하워스가 자동 통조림 따개의 전원을 켰다. 이번에는 그의 피부 아래에서 자석이 윙윙대는 느낌이 났다. "진동하는 자기장에 반응해 자석이 떨리는 겁니다." 그가 말한다. 그는 기계에서 손을 뗐다가 다시 기계 가까이 가져가며 자기장의 궤적을 쫓는다. 동료 맨디 버터라우스Mandi Vaterlaus가 주방에 들어오자 하워스는 그녀와 손을 맞잡았다. 버터라우스는 더 강력한 자석을 이식했다. 나는 뭔가 특별한 감각이 느껴지는지 아니면 촉각만 느껴지는지 물었다. 어쨌든 그들이 손을 움직이면 물리적인 압력이 생기므로 결국 자석은 피부의 신경과 상호작용하는 것이 아닐까? 팔의 솜털 덕분에 뭔가 지나가는 것을 인식하는 것과 같다는 하워스의 촉각 비유가 매우 인상적이었다.

이것은 어려운 문제다. 하워스의 집에 도착한 나는 그곳에 모여 있던 자석 이식자들에게 물어보았다. 거의 모든 사람들이 촉각 같기도 하고 아닌 것도 같은 이 감각을 설명하는 데 애를 먹었다. 때로 두 가지 감각을 넘나드는 공감각으로 표현하기도 했다. "촉각과 비슷하지만 반응이 달라요." 하워스가 말한다.

"자기장의 시작점과 끝점은 물론 자기장이 강한 지점을 느낄 수 있다는 점, 자기장이 어떻게 작용하는지 머릿속에 3D 지도를 그릴 수 있다는 점에서 촉각과 유사합니다. 하지만 실제로 손을 뻗어 잡을 수가 없기 때문에 촉각과 똑같지는 않아요." 버터라우스가 말한다.

"마치 열원 같지요." 하워스가 그녀의 말을 거든다. "열원에 다가갈수록 점점 뜨거워지듯이 자기력의 근원에 가까이 갈수록 자력이 더욱 강하게 느껴져요."

자석을 이식받은 사람들이 대부분 그렇듯 두 사람은 자기 인식에 서서히 적응해갔다. 하워스는 수술 부위의 조직이 얇아지고 뇌가 새로운 정보를 인식하는 법을 배우는 데 시간이 걸리기 때문이라고 말한다. "6개월 뒤에는 아주 익숙해집니다. 몸의 일부가 되는 거죠. 이물감이 느껴지지 않습니다. 잠재의식의 일부가 되는 거예요." 그가 말한다.

자석을 이식받은 사람들은 잠재의식의 반응에 대해 많은 이야기를 했다. 그들은 자석 이식자들이 통증을 느낄 만한 상황에 놓인 보통 사람들을 보면 본능적으로 인상을 찡그렸다. 마치 자신이 강한 자기를 인식한 것처럼 깜짝 놀라기도 했다. 하워스의 말을 들어보자. 어느 날 그는 당시 여자친구의 딸이 가지고 놀던 인형을 정리하고 있었다. "그런데 바비 인형을 집어 들자 손가락이 끌려가는 거예요. 저는 '잠깐, 뭐지?'라는 생각을 했어요. 알고 보니 인형의 가랑이에 플라스틱 수영복을 붙이기 위한 자석이 들어 있었어요. 자석이 있을 거라고는 전혀 생각지 못한 곳이었지요."

하워스는 무엇보다도 평범한 사람들과는 다른 방식으로 세상과 접촉할 수 있다는 점이 마음에 든다고 했다. 그는 컴퓨터나 전자레인지를 사용할 때마다, 전기 작업을 할 때마다 새로운 감각을 느낀다. "이제 자석을 이식받은 지도 제법 오래되었어요. 자석이 없으면 감각을 잃은 기분이 들 거예요. 제 삶에서 중요한 무언가를 잃은 기분이겠지요." 하워스가 말한다.

기술 하층 계급

바이오해커 모임에서 누가 자석을 이식받았는지 질문하는 것은 기계 마니아에게 스마트폰이 있느냐고 묻는 것과 마찬가지다. 바이오해커들은 모두 자석을 이식받았다. 자석은 일종의 관문이다. 자석을 시작으로 점점 효과가 강한 대상으로 옮겨간다.

샌프란시스코의 어느 싸구려 초밥집 위층에는 트랜스휴머니즘 총회를 마친 바이오해커 12명이 둘러앉아 있다. 그중에는 리치 리Rich Lee도 있다. 그는 외이도 앞의 튀어나온 연골인 이주에 자석을 이식받았다. 그가 목에 두른 코일은 휴대전화와 연결된다. 휴대전화에서 코일을 통해 소리를 전송하면 자기장이 만들어진다. 그리고 이 자기장 때문에 자석이 진동하여 그에게만 들리는 소리가 만들어진다. 이 자리에는 '사이언스 포 더 매시스Science for the Masses'의 회원들도 있었다. 그들은 적외선에 가까운 것을 볼 수 있는지 실험했다. 그들은 몸속의 비타민 A를 없애기 위해 식단을 철저하게 조절했고 비타민 A_2 보조제를 섭취했다. 적외선을 볼 수 있는 민물고기와 비슷한 조건을 만들기 위해서다. 3개월 동안 이런 식단을 유지하며 주기적으로 레티노산을 복용한 뒤에 '깁슨 리프트Gibson Rift'라고 이름 붙인 직접 개발한 장치를 이용해 실험의 성공 여부를 알아볼 예정이다. 이 장치는 오큘러스 같은 모양의 헤드셋으로, 적외선에 다가가면 눈에 빛이 번쩍인다. 회원들은 장치 표면에 특수 전극을 연결해 눈의 반응을 살펴볼 계획이다.

이곳에 모인 사람들은 그라인드하우스의 회원들처럼 숨겨진 차원을 탐구하고 싶은 열망에 사로잡혀 있다. "제가 보지 못하는 세계가 있다는 사실에 화가 났어요. 바로 지금 초신성이 소멸되는 소리를 들을 수 있다고 상상해보십시오. 얼마나 멋진가요! 천체가 만들어내는 음악이나 해저에서 벌어지는 대화를 듣는 것은 어떻고요. 인간의 인식 범위를 벗어나면 놀라운 일들이 펼쳐집니다." 이주에 자석을 이식한 리가 말한다. 그리고 그들 역시 인체가 지니는 한계에 실망했다. "진화한다고 해서 지구상에서 가장 뛰어난 동물이 되지는 않습니다." 적외선 프로젝트를 진행하는 게이브리얼 리시나Gabriel Licina가 말한다. 그는 개선의 여지가 있으면 새로운 것을 시도해보는 편이 낫다고 생각한다. 수많은 노력 끝에 딱 한 번의 실험 기회가 주어지더라도 말이다. "어쨌든 진화를 주도하는 거잖아요."

탁자 끝에 앉은 애멀 그라프스트라Amal Graafstra는 진화를 주도하는 방법 중 하나를 실행하고 있다. 그는 에린이라는 젊은 여자에게 무선주파수를 인식하는 칩을 이식할 참이다. 그라프스트라는 칩 이식에 필요한 용품과 안전 장비를 판매하는 데인저러스 싱즈Dangerous Things 사를 운영한다. 그는 2005년부터 지금까지 이 칩을 두 개 이식받았다. 무선주파수를 인식하는 칩은 감각 장치가 아니다. 이 칩은 느낌이 아닌 행동을 가능하게 한다. 하지만 이 칩은 장치를 이식하고도 오랫동안 안전하게 살 수 있음을 입증한 최초의 바이오해커 프로젝트다. 그라프스트라는 이식한 칩을 이용해 문을 열고 컴퓨터에 신원을 인증하고 오토바이에 시동을 걸기도 한다. 우리 생활 속에는 출입 카드로 여는 문, 통행료를 내야 열리는 문, 애완동물에게 장착한 위치 추적용 칩

등 무선주파수를 인식하는 장치가 이미 널리 쓰인다.

칩을 이식하는 데는 시간이 얼마 걸리지 않는다. 그라프스트라는 에린의 엄지손가락과 집게손가락 사이에 천을 덮고 미리 준비해놓은 장비(피어싱 바늘과 비슷하게 생겼다)로 피부 바로 아래에 칩을 밀어 넣는다. 그런 다음 에린에게 칩 사용법을 알려준다. 그는 시연 장치인 전자 자물쇠를 꺼낸다. 이 자물쇠는 무선주파수 인식 장치의 조종기와 연결되어 있다. 그는 에린에게 자물쇠 앞에서 손을 흔들어 이식한 칩을 시스템에 접속해보라고 한다. "잠깐 손을 뗐다가 다시 흔들어보세요." 에린이 시키는 대로 하자 딸깍 소리가 나며 자물쇠가 열린다. "와, 굉장하군요." 그녀가 기뻐한다.

사람에게 칩을 이식하는 아이디어를 그라프스트라가 최초로 떠올린 것은 아니다. 1998년 사이보그의 선구자 케빈 워릭은 무선주파수 인식 장치를 최초로 이식받았다. 그는 9일 동안 칩을 이용해 자신이 일하는 대학교 건물의 자물쇠를 열고 전기 스위치를 켰다. 이뿐만 아니라 그가 지나가면 컴퓨터 화면에 홈페이지가 뜨게 했고 컴퓨터에 그의 출입 정보가 기록되게 했다. 그의 자서전에 따르면 당시 '빅 브라더' 문제가 대두되고 있었기 때문에 출입 정보 기록은 기자들의 관심을 모았다. 2004년 베리칩VeriChip이 미국 식품의약국의 승인을 받았다. 이 장치는 환자를 대상으로 하는 의료용이었지만 추적과 해킹 우려 때문에 논란에 휩싸였고 결국 생산이 중단되었다. 고용주들이 이 칩을 이용할 것을 염려한 몇몇 주에서는 ID 칩 이식을 의무화하지 못하게 했다.

증강현실 장치와 마찬가지로 이식용 장치 역시 감시 문제를 불러일으켰다. 추적 장치를 몸속에 이식하면 단순히 위치뿐만 아니라 행동 등 더 많은 정보를 제공하게 된다. 스톱 더 사이보그의 애덤 우드는 동작뿐만 아니라 심박수, 소모 칼로리, 수면 시간 등을 측정하는 운동용 손목밴드와 휴대전화 앱의 사생활 침해 가능성을 제기했다. 그는 사용자가 개인적인 용도로 이런 장치를 사용할 수도 있지만 회사에서 이런 장치를 요구할 수도 있다고 경고한다. (보험사에서 보험료 계산을 위해 전 직원의 건강 정보를 요구할 수도 있다.)

칩이나 서카디아 같은 센서를 이식한다는 것은 해당 칩이나 센서의 지속적인 착용을 의미한다. 손목밴드나 스마트워치처럼 빼버리거나 꺼버릴 수 없다. 캘거리 대학교의 역량 연구 전문가 그레거 볼프링은 정교한 내부 센서로 사용자의 행동뿐만 아니라 생체 정보까지 추적할 수 있다고 지적한다. "아주 놀라운 수준의 감시가 가능해질 겁니다. 국가안보국에서 전화나 이메일을 감청하는 것은 문제도 아닙니다. 센서로는 모든 것을 감시할 수 있으니까요. 생체 정보가 조금만 달라져도 알 수 있지요." 그가 말한다. 도파민이나 세로토닌 같은 화학물질을 추적하는 센서를 상상해보자. 아니면 불법 약물이든 합법적인 약물이든 혈액에 흐르는 모든 약물 정보를 추적할 수 있다고 상상해보자. 이 정보가 어디로 가느냐에 따라 도움이 되기도 하고 두려움이 야기될 수도 있다. 단순히 사용자에게만 갈 것인가? 아니면 의사? 경찰? "그러면 몸과 관련된 프라이버시는 사라지고 말겠죠." 볼프링이 말한다.

그라프스트라를 비롯해 이 자리에 모인 사람들에게 무선주파수 인식 장치는 위협의 대상이 아니다. 몸에서 2~3센티미터가량을 차지할 뿐이고 장치의 사용과 데이터 수집을 모두 사용자가 통제하기 때문이다. "예를 들어 이식한 칩에 반응하도록 문에 판독기를 설치했다고 합시다. 이때 사용하는 정보는 어디에도 전송되지 않습니다. 사용자가 언제 어디에서 얼마짜리 물건을 샀는지 알고 있는 신용카드 회사로 가지 않아요. 사용자의 위치를 끊임없이 파악하는 이동 통신 회사로 가지도 않고요. 이건 나만의 데이터예요. 공유하고 말고는 내 자유죠." 그라프스트라가 말한다.

정보에 접근하고 통제하는 것은 바이오해커들 사이에서도 중요한 쟁점이다. 그들은 모든 사람이 과학 지식과 새로 발견한 도구에 접근할 수 있어야 한다고 생각한다. 그리고 그들 자신이 균형추 역할을 한다고 생각한다. 지금은 기업, 정부, 대학을 비롯한 소수에게 자료가 집중되어 있다. 그들은 질병이나 장애가 있는 사람들을 대상으로 실용적이거나 윤리적인 목적의 제품을 개발할 뿐, 감각 강화를 원하는 건강한 사람들은 전혀 고려하지 않는다. "의료계를 상대할 때 가장 화나는 점이 바로 그겁니다." 리가 말한다. 그는 오진 때문에 한쪽 눈의 시력을 잃었다. 이후 다른 한쪽 눈의 시력도 잃을 수 있다는 말을 들은 그는 이주耳珠에 자석을 이식하기로 마음먹었다. 청각을 강화하면 시각을 보완할 수 있을 것이라고 생각했기 때문이다. 하지만 그는 아직 시력을 완전히 잃지 않았고 시각을 보완하기 위해서가 아니라 단순히 청각을 강화하기 위해 자석을 이식받았다. 그래서 의사들의 반응에 가끔 화가 난다고 한다. "의사들은 이런 식이에요. '뭐라고요? 어디가 잘못된 것도 아니잖아요! 우린 손대지 않을 겁니다.'"

"트랜스휴머니즘, 감각 강화, 바이오해킹 같은 것과는 정말 다르죠. 그것들은 잃어버린 기능을 되살리는 것을 목적으로 하는 현대 의학을 뛰어넘지요." 리가 말한다.

그라인더들은 내 몸의 주인은 나이기 때문에 원하는 대로 할 수 있다고 주장한다. 이를 신체 자주권, 신체 통합권, 신체 소유권이라고 부를 수도 있다. 미국 법원은 이런 의미에서 여성의 피임과 낙태 시의 프라이버시를 옹호한다. 두 가지 모두 생식권에 포함된다고 보는 것이다. 또한 그들은 수정 제1조를 광범위하게 해석하여 복장과 머리색의 자유로운 표현에 문신이 포함된다고 보았다. 하지만 신체 개조 행위는 아직 여기에 포함되지 않는다. "많은 사람들이 차를 사면 자신에게 맞게 바꿉니다. 그러지 않고서는 자기 차라고 할 수 없어요." 리시나가 말한다. 아무리 단순한 장치라도 몸에 이식되면 몸의 일부가 된다. 그라프스트라에게 카드가 아닌 손에 칩을 이식한 것이 왜 중요한지 묻자 그는 하워스와 비슷한 대답을 했다. "심리적으로 다릅니다. 이식한 칩은 항상 나와 함께 있잖아요. 이 때문에 나 자신에 대한 인식이 달라졌어요. 10년쯤 지나면 타고난 능력처럼 느껴질 겁니다. 몸의 일부가 되는 거죠." 그라프스트라가 말한다.

탁자에 모인 사람들은 교육, 훈련, 증강현실 안경 같은 장치를 통해 몸과 정신을 강화하는 것은 이미 사회적으로 용인된다고 말한다. 그리고 건강한 사람들의 자발적인 강화를 토대로 수익을 창출하는 산업이 이미 있다고도 했다. 바로 성형수술이다. 물론 성형수술은 인간을 아름다움과 건강의 최고점까지 올려줄 뿐, 그 범위를 넘어서지는 않는다고 주장할 수도 있다. 하지만 볼프링이 이미 지적했듯이 '정상'에 대한 우리의 기대치는 점점 높아지고 있다. 예전에는 홍역 바이러스에 노출되면 사망하는 것이 정상이었다. 하지만 백신 접종이라는 신체 강화가 사회적 유용성을 널리 인정받았다. 그리고 몇 세기가 지나는 동안 위생과 영양 관련 기술이 발전하면서 평균 신장과 수명이 급격하게 증가했다. 게다가 생물학적인 한계를 정한다는 것이 매우 걱정스럽기도 하다. 여성, 종교 단체, 유색 인종에게 교육, 일자리, 권리를 제공하지 않을 구실로 악용될 수 있기 때문이다. 그라인더들은 신체 개조의 한계를 어디로 정할지를 묻는다.

지금 대부분의 이식 기술은 그 한계를 의료 목적으로 제한한 것으로 보인다. 그래서 그라인드하우스 회원들은 시중에서 로봇 부품을 구할 수가 없어서 '빌어먹을 제트팩은 어디에 있지?'라는 말이 나올 만한 상황을 겪고 있었다. "전쟁에서 팔을 잃으면 로봇 팔을 이식할 수 있습니다. 하지만 단순히 로봇 팔이 갖고 싶다면…… 운이 없다고 생각하고 포기해야 하는 거죠." 캐넌이 말한다.

"그리고 정신병자라고 손가락질당할 수도 있어요!" 디모비오가 덧붙인다.

오늘날의 인공 팔은 사람의 팔만큼 정교하게 움직이지 못한다. 이뿐만 아니라 인공 팔을 이식하려면 대수술이 필요하다. 그렇기 때문에 볼프링은 인공 팔의 기능이 원래 팔보다 좋아지더라도 주류 소비자들은 착용형 장치를 대안으로 선택할 것이라고 전망한다. 즉 이식이 필요한 인공 다리가 아니라 착용형 외골격 로봇robotic exoskeleton을 구입하는 것이다. 그는 증강현실 안경 같은 착용형 장치는 의료 목적이 아닌 재미를 목적으로 하는 강화를 제공한다고 지적한다. 사람들은 수술, 비싼 가격, 보험, 업그레이드를 위한 재수술이라는 위험을 감수하고 싶어 하지 않을 것이다. 볼프링은 비디오게임을 하기 위해 뇌-기계 인터페이스가 필요하지는 않다고 말한다. "고작 워크래프트를 하기 위해 이런 위험을 감수할 사람은 없다는 뜻입니다."

착용형 장치와 마찬가지로 이식 기술에도 끝없는 경쟁 문제가 대두한다. 기대치가 상승하고 이에 순응해야 한다는 압박을 받을 것이다. 장치 이식으로 강화된 사람들은 점점 많은 이익을 누릴 것이고 이로 인해 기술 하층 계급이 탄생할지 모른다. 그리고 기존의 소득, 인종, 성별 간의 격차가 강화될 수도 있다. 볼프링은 단순히 누군가가 다리를 열 개 갖게 되는 것으로 끝난다면 신경 쓰지 않을 것이라고 말한다. 문제는 다리가 열 개인 사람이 두 개인 사람보다 생산성이 높다고 여겨지는 것이다. "그래서 지금까지 다리 두 개로 아무런 문제없이 살던 사람이 다리가 하나도 없는 사람과 비슷한 결함이 있는 것으로 비춰질 수도 있다는 겁니다." 그가 말한다.

그라인드하우스 회원들 역시 이런 소외 문제와 씨름 중이다. 어느 날 저녁, 디모비오는 음악가나 화가의 인식이 넓어지면 작품이 어떻게 달라질지 상상해보았다. "예술이 새로운 감각에 초점을 맞추기 시작하면 즐거움만을 위한 강화가 시작되겠죠. 그러면 사람들의 감정에 다른 방식으로 다가갈 수 있을 거예요." 하지만 캐넌이 끼어든다. "어떤 면에서는 소외되는 사람들이 생길 겁니다. 신체를 강화하지 않은 평범한 사람들은 아무리 캔버스를 들여다봐도 아무것도 보지 못할 테니까요."

대부분의 바이오해커들과 마찬가지로 그들의 해결책은 정보를 오픈 소스, 즉 누구나 자유롭게 이용하고 수정할 수 있게 하는 것이다. 이 말을 샌프란시스코의 바이오해커 모임에 전하자 그들은 일제히 기뻐했다. "그렇죠! 그래서 오픈 소스가 필요한 거죠!" 하지만 그들은 오픈 소스라고 해서 반드시 비용이 저렴하거나 모든 사람이 장치를 직접 만들 수 있는 것은 아니라는 데 의견을 같이했다. (모든 사람이 만들고 싶어 하지 않을 수도 있다.) 하지만 오픈 소스로 독점과 바가지 요금을 막고 사람들에게 정확한 정보를 알릴 수 있다고 생각한다.

물론 더 전문적으로 대학교나 의료 기관과 공개적으로 함께 일하고 싶어 하는 바이오해커들도 있다. 어느 날 밤, 삼파 본 사이보그는 이야기 도중 휴대전화를 꺼내 인공 눈과 손가락에 대한 포스팅을 몇 개 보여주었다. 그의 피어싱 장신구와 그리 달라 보이지 않았다. 그는 피어싱 기술자와 의사를 협력하게 함으로써 몸을 개조하는 사람들을 훈련시키고 비전문적인 시술과 사고를 최소화하고 싶어 했다. 그의 소망은 정부의 승인 하에 예술대학과 의과대학을 아우르는 기관을 만드는 것이다. 그곳에서 노련한 개조 전문가가 학생들을 가르치고 경피보다 깊이 들어가지 않는 범위 내에서 시술할 수 있도록 자격증을 주는 것이다. "예술 학교는 어느 나라에나 있습니다. 신체 예술 학교도 가능하지 않을까요?" 그가 말한다.

이식 전문학교를 상상하기 힘들다고? 피어싱이나 문신만 해도 얼마 전까지 부정적인 시선을 받았고 이 때문에 낙인이 찍히는 경우도 있었다. 본 사이보그는 피어싱이 주류에 편입된 순간을 정확히 기억했다. 1993년 에어로스미스가 〈크라잉Cryin〉 뮤직비디오를 발표한 날이었다. 뮤직비디오에서 알리시아 실버스톤은 피어싱한 배꼽을 드러냈었다. "그 뮤직비디오로 인해 하룻밤 사이에 모든 것이 바뀌었습니다. 사람들이 귓불에 피어싱을 하는 것 말고도 뭔가가 있다는 것을 처음으로 알게 되었죠. '와, 저게 가능해?' 이런 반응이었습니다." 그가 당시를 떠올린다. 곧 본 사이보그는 하루에 배꼽 피어싱을 30건씩 하게 되었다. 지금은 아마 동네 응원단장도 배꼽에 피어싱을 하고 있을 것이다. 그리고 한때 상스럽게 여겨지던 것들이 평범한 것이 되자 경피 이식 분야는 차츰 영역을 넓혀갔다. 오늘 본 사이보그는 음악이나 심장박동에 맞춰 진동하고 빛을 내는 무선주파수 인식 장치 칩을 이식하고 있다.

그라인드하우스 회원들은 허가나 강습 문제에 신중하게 접근한다. 재정적인 문제에 예민하기 때문이다. 하지만 신체 예술 학교 같은 좋은 방향으로 나아가기 위해 공동체 내에 규범이 필요하다는 생각에는 찬성한다. 궁극적으로 그들은 자신들이 몸담은 신생 산업이 이메일로 주문하고 피어싱 스튜디오에서 진행되는 대신 상업적으로 제작되어 당당히 간판을 내건 클리닉에서 진행되기를 바란다. 그렇게 그들은 자신들이 개발한 장치가 배꼽 피어싱처럼 대중화되기를 바란다. 캐넌은 이렇게 말한다. "당당하게 들어가서 '서카디아 하나와 사우스포 하나요. 아, 그리고 이쪽 눈을 바꾸고 싶어요. 터키석으로 만든 것을 보여주세요.' 이렇게 말할 수 있는 세상이 어서 오기를 바랍니다."

여섯 번째 감각

밤늦은 시간 그라인드하우스 회원들은 지하실에서 노스스타와 씨름하고 있다. 아직은 빵을 써는 도마 같은 것에 전선이 감긴 모양이다. 그들은 두 가지 설계를 구상하고 있다. 손 안에 이식해 사용자가 북쪽을 향하면 빛이 반짝이는 나침반 버전과 그냥 빛만 반짝이는 경량 이식 장치 버전이다. 그들은 후자의 경우 장난감처럼 소비자가 쉽게 접근할 수 있으리라고 생각한다.

캐넌은 탁자 위의 검은색 노트북 옆에 엄청나게 많은 부품을 펼쳐 놓았다. 사버는 작업대에서 납땜에 집중하고 있다. 그는 보석 세공사들이 착용하는 소형 확대경을 안경에 부착했다. 카레를 만들려고 채소를 볶던 디모비오는 지하실로 조용히 내려와 컴퓨터로 뭔가를 하고 있다. 프로젝트 초기 단계라서 오늘밤에는 데이터를 기록하고 매우 낮은 전력(장기 착용을 위해서는 필수적이다)으로 LED 조명을 밝히는 미세 조정 장치를 만드는 기초 작업이 한창이다.

진행 속도는 아주 느리다. 무일푼 단계에서 시작할 때는 특히 그렇다. 앞으로 3주 동안 그들은 몇 가지를 해결해야 한다. 낮은 전력으로 작동하는 보드가 메모리카드에 데이터를 기록하게 해야 하고 LED 조명이 빨강, 파랑, 초록의 세 가지 색으로 번갈아 반짝이도록 프로그래밍해야 한다. 그리고 수면 모드와 기상 알림 기능을 시험해야 한다. 이 세 가지가 단번에 해결되면 더할 나위 없이 좋겠지만 항상 변수가 있게 마련이다. 제 위치에서 벗어난 납땜 때문에 연결이 끊어지기도 하고 LED에 문제가 생기기도 하고 코딩이 잘못되기도 한다. 로그파일이 사라지기도 하고 전에는 잘되던 것이 갑자기 안 되기도 한다. 그래서 포기하려는 순간 제대로 작동하는 경우도 있다.

"지루함의 연속이죠." LED 문제를 수없이 겪은 뒤에 캐넌이 말한다. 하지만 그건 중요하지 않다. 그들은 현재의 상황에 매우 만족한다. 사버는 캐넌이 아무리 불가능해 보이는 것을 요구해도 "좋아!"라고 대답한다. 분위기는 파자마 파티 같지만 납땜을 한다는 차이가 있다. 정감 어린 농담이 끊이지 않는다. 그라인드하우스 회원들은 결투를 앞둔 중세 기사들처럼 서로 존칭을 써가며 장난을 친다.

늦은 시간이지만 그들은 행복하다. 콤부차 병에는 담배꽁초가 수없이 꽂혀 있다. 집 안의 다른 가족들은 잠들었거나 외출 중이다. 사버는 메모리카드에 코드를 입력하는 중이다. 그는 토요일 밤에 난방도 되지 않는 지하실에서 이게 뭐하는 짓인지 자문한 적이 있을까? "아니요, 없습니다. 여기가 아니더라도 어딘가 또 다른 지하실에 있었을 테니까요." 그가 말한다.

3일 뒤에 그들은 소기의 성과를 거둔다. 그들이 눈을 가늘게 뜨고 회로를 살펴보는 동안 나는 이식된 자석의 작동 원리에 대한 가설을 알려주었다. 물론 자석 이식을 전담하는 부서가 있어서 전화로 전문가에게 물어본 것은 아니었다. 하지만 그라인드하우스를 들락날락하는 동안 케이스 웨스턴 리저브 대학교의 신경 과학자 대니얼 웨슨을 만났었다. 동물의 감각 인식을 가르치는 후각 전문가인 그는 자석 이식에 매우 흥미를 느꼈다.

우선 그는 자석 이식으로 또 다른 감각이 생긴다는 개념을 단숨에 일축했다. "오감을 벗어나는 무언가를 경험하는 것은 불가능합니다. 뇌에는 오감 이외의 감각을 처리하는 영역이 없습니다." 웨슨이 말했다. 기존의 다섯 가지 감각 경로를 이용하지 않고서는 말초신경계를 통해 뇌를 자극할 방법이 없다는 것이다. "손의 신경 섬유와 접촉하도록 자석을 이식한다고 해도 감지하는 것은 촉각뿐입니다. 손은 촉각을 감지하도록 되어 있으니까요. 그 촉각이 뜨거운 팬에서 전해지는 것이든 자석에서 전해지는 것이든 상관없어요." 그가 말했다.

하지만 웨슨은 촉각 경로에 새로운 자극을 입력할 수는 있다고 들뜬 목소리로 말했다. 뇌는 가소성이 뛰어나기 때문에 새로운 자극에서 패턴을 만드는 법을 배울 수 있다. 자석이 전하는 자극에 반복해서 노출되면 뇌는 새로운 패턴을 익히게 된다. 요컨대 감각 치환이 일어나는 것이다. 이는 이미지를 촉각 신호로 바꾸어 시각장애인들이 길을 찾도록 돕는 장치 등에 쓰인다. "우리 신경계의 목표는 주변 에너지를 의미 있는 신호로 바꾸는 것입니다. 자석의 역할은 우리가 새로운 유형의 주변 에너지를 감지하도록 돕는 것입니다." 웨슨이 말했다. 그러므로 자석이 전하는 감각은 새로운 것이 아니다. 기존 감각을 통해 전해지는 새로운 정보일 뿐이다. 다시 말해 촉각의 부산물 같은 것이다.

또 다른 과학자도 같은 결론을 내놓았다. UCLA의 신경학자로 신체 기관과 무관한 인식 경험을 연구하는 딘 부오노마노 역시 자석이 전하는 정보가 촉각을 통해 전달된다는 점에 동의했다. 그는 자석 이식을 가이거 계수기Geiger counter를 이용하는 것에 비유했다. 가이거 계수기는 정상적으로는 감지할 수 없는 방사선을 감지할 수 있는 음파로 변환한다. 부오노마노는 이를 어떻게 정의하느냐에 따라 여섯 번째 감각으로 부를 수도 있다고 말한다. "뇌의 새로운 영역이 자기를 감지하는 것이 아니라는 측면에서 보면 여섯 번째 감각이 아닙니다. 하지만 일반적으로 감지하지 못하는 신체적 자극을 인식하는 능력이라는 측면에서는 여섯 번째 감각이라고 할 수 있죠." 그가 말한다.

"이 사람들은 본질적인 방식으로 자기를 인식하는 것이 아닙니다. 하지만 자석을 통해 뭔가를 할 수 있을 정도로 충분한 촉각을 얻는 것은 가능합니다. 신경계가 새로운 정보에 적응하고 그것을 편입하는 능력은 매우 놀랍습니다. 점자가 작용하는 방식이기도 하지요." 자기 감지력 전문가 송크 존슨이 말한다.

이런 개념을 내가 아는 여러 바이오해커들에게 이야기하자 그들은 대체로 안도했다. "바로 그거예요!" 캐넌이 외쳤다. "완벽하게 이해되는군요. 촉각을 통해 전자기를 느끼는 거였어요." 사버가 말했다.

그라프스트라의 반응은 이랬다. "촉각을 통해 전달된 정보를 뇌가 재해석하는 법을 배운 것이로군요. 촉각 처리 경로를 활용하는 거였어요." 마지막으로 토드 허프먼의 말을 들어보자. 그는 내가 아는 신경 과학자 중 유일하게 자석을 이식했다. "이건 기존 감각에 완벽하게 편승한 것입니다. 특히 촉각에요." 이 정도면 어느 정도 공감대가 형성되었다고 볼 수 있다.

그라인드하우스 회원들은 이를 염두에 두고 다시 노스스타에 열중했다. 노스스타는 시각을 통해 자기의 방위를 뇌로 전달하기 때문에 사실상 또 다른 형태의 감각 치환이다. 먼저 그들은 낮은 전력에서 데이터 기록이 가능하게 했다. 그리고 이제 수면 프로그램을 추가하려고 한다. 하지만 메모리카드에 새로운 코드를 넣으려고 하자 카드가 먹통이 된다. 다시 시도해도 마찬가지다. 이제 LED가 오류를 알리며 깜빡거렸다. "아, 정말 모르겠어." 캐넌이 회로를 찔러보더니 포기한 듯 뒤로 기댄다. "할 수 없지. 왜 이러는지 알아보자고."

"그러자고!" 사버가 기운차게 대답한다.

나는 녹음기를 끄고 노트북을 닫은 다음 그라인드하우스를 빠져나왔다. 오늘밤에는 별다른 성과가 없을 것 같았기 때문이다. 어쩌면 여러분이 이 책을 읽을 때까지도 진척이 없을지 모른다. 진화의 속도를 앞지르는 것은 정말 어렵다. 과학은 진화보다 속도가 빠를지 모르지만 진화는 병렬 처리되지 않는다. 다시 말해 자연계는 전 세계 모든 연구팀의 실험을 합친 것보다 훨씬 많은 실험을 동시에 진행할 수 있다. 이듬해 그라인드하우스 회원들은 경량 버전을 먼저 만들고 나침반 버전을 미루기로 결정했다. 하지만 보틀노즈 수중 음파 탐지기를 되살려서 사람들이 장갑에 기초한 모델을 만들 수 있도록 DIY 키트를 개발했다. 그들은 이를 계기로 회사를 설립하여 지하와 지상에 모두 발을 담그게 되었다. 하지만 중요한 것은 그들이 여전히 바이오해킹을 하고 있다는 것이다.

그리고 이밖에 많은 사람들이 바이오해킹을 계속하고 있다. 2015년 애플은 애플 워치Apple Watch를 출시했다. 애플 워치를 비롯해 제한적으로 생체 정보를 제공하는 스마트워치는 서카디아의 사촌처럼 보였다. (애플 워치 사용자들은 '디지털 터치Digital Touch'를 통해 다른 애플 워치 사용자에게 탭 패턴과 심장박동까지 전송할 수 있다. 이는 《닥터 슬립리스》에 나오는 기술이다.) 사이언스 포 더 매시스는 적외선을 보기 위해 식단을 엄격하게 제한하는 실험에서 더 나아가 게이브리얼 리시나가 어두운 곳에서도 볼 수 있도록 그의 안구에 엽록소 화합물을 직접 떨어뜨린다. 베일러 의과대학의 데이비드 이글먼 연구팀은 주식 시장이나 트위터의 정보를 촉각 패턴으로 변환하여 사용자가 등에서 진동을 느끼는 조끼를 개발했다. 듀크 대학교 연구팀은 하반신이 마비된 사람이 두뇌로 작동시키는 외골격 로봇을 선보였다. 이 장치는 로봇의 움직임과 지면과의 접촉을 통해 전해지는 감각을 '스마트 셔츠'에 내장된 소형 진동기로 전송하여 사용자가 자기 힘으로 걷는다고 느끼게 한다. 브라운 대학교의 브레인게이트 팀은 '무선' 뇌-기계 인터페이스를 개발했다. 그리고 분명 어딘가에서 우리가 알지 못하는 바이오해커가 상상도 하지 못할 무언가를 만들고 있을 것이다. '최신'이라는 것은 항상 달라지기 마련이다.

감각 인식을 강화하거나 확장하는 여정은 우리의 한계를 탐구하는 것이다. 우리가 평범한 인간의 두뇌를 지니고 있는 한, 우리에게는 정보를 받아들일 관문이 다섯 가지뿐이다. 바로 이것이 우리의 인식이 지니는 근원적인 한계다. 하지만 그 테두리 안에는 다섯 가지 감각을 가지고 놀 수 있는 가능성이 존재한다. 지금까지는 다섯 가지 감각을 확장하거나 복원하는 기술을 개발하고 기존 감각 경로로 전달되는 새로운 정보에 '여섯 번째 감각'이라는 이름을 임시로 붙이는 일이 주를 이루었다. 그중에는 자석이나 망막 이식처럼 공상과학 소설에 등장하는 미래를 보여준 것도 있고, 피하에 이식하는 감각 장치처럼 뇌에 말을 거는 방법을 보여준 것도 있다. 그리고 여섯 번째 기본 맛을 찾는 것처럼 훨씬 편안하게 지켜볼 수 있는 사례도 있다. 이것은 이미 존재하는 정보의 흐름을 새로운 방식으로 주목하고 새롭게 분류하는 법을 배움으로써 인식을 바꿀 수 있다는 개념에 기초한다.

결국 이 모든 것은 이미 해킹된 것을 추가로 해킹하는 것이다. 신경과학 연구를 통해 뇌는 조화롭거나 일관되거나 완전하지 못한 감각 정보를 조화롭고 일관되고 완전한 것으로 느껴지게 하는 여과 장치라는 것이 입증되었다. 그리고 사회과학 연구를 통해 우리가 언어, 경험, 문화적 관습을 바탕으로 끊임없이 주의를 형성하여 우리의 내적 상태를 타인에게 의미 있게 전달한다는 것이 입증되었다. 또 우리는 뇌가 새로운 정보를 열심히 흡수하고 여기 동화한다는 것도 알게 되었다. 뇌는 우리가 무엇을 입력하든 판독법을 학습할 것이다. 우리는 모두 해커인 동시에 해킹을 당하는 존재이며, 개조의 대상인 동시의 개조의 주체이며, 판독하는 존재이자 입력하는 존재다. 바이오해커들은 자연이 놀랍다고 말한다. 그리고 그들이 출현하기 전에 공학자, 의사, 운동선수, 교사를 비롯해 우리의 정신과 몸을 바꾸려고 노력한 사람들이 이미 존재했다. 그 수가 늘어나도 괜찮지 않을까?

정보의 세계는 거대하고 우리의 현실은 너무도 작다. 우리는 우리가 알지 못하는 것들이 있다는 것을 안다. 그리고 느끼지 못하는 것들을 상상하려고 고군분투한다. 인간 이상의 존재, 다시 말해 인간의 한계를 넘어서는 뭔가를 할 수는 없어도 인간의 한계를 넘어서는 뭔가를 경험할 수는 있는 존재가 되고 싶어 하는 것. 이것이야말로 진정으로 인간다운 바람이다. 그렇기에 우리는 계속 우리의 한계를 향해 나아간다.

■ **감사의 글**

이 책은 여러 소파들을 전전한 끝에 탄생했다. 나를 재워주고 견뎌준 모든 사람에게 감사를 전한다. 로라 킬립스(필라델피아), 재키 브라운(토론토), 제시카 워스터(몬트리올), 카레시 가족과 머히타 로그 가족(워싱턴 DC), 멜리시오 플로레스(피닉스), 맥스웰 가족(덴버), 섀넌 서비스(비밀 아지트), 스테파니아 루셀(파리), 로리슨 가족(런던). 여러분 덕분에 이 책을 쓸 수 있었습니다. 재미도 있었고요.

이 책에 등장하는 모든 사람들에게도 감사 인사를 전한다. 그들은 나를 사무실로, 연구실로, 집으로 초대해 3000여 개의 질문에 대답해주었고 멀리서 이메일이나 스카이프로 생각을 전해주기도 했다. 그들의 인내심, 통찰력, 놀라운 성과에 매우 감사한다. 그중 엄청난 시간을 내주고 사실 관계를 확인해준 대니얼 웨슨, 마이클 토도프, 니콜 가르노, 레이철 허즈, 크리슈나 셰노이에게 특별히 고마움을 전하고 싶다. 이 책에 등장하지는 않았지만 내게 친절을 베풀고 지식을 나눠준 사람들, 그중에서 켄 골드버그, 크리스 로스, 마티아스 타버트, 샌도르 카츠, 피터 밴 테슬, 샘 롤랜스, 제이슨 작스, 딜런 버거슨에게 감사를 전한다.

에릭 사이먼스와 조너선 카우프먼에게도 감사의 인사를 전하고 싶다. 그들이 없었다면 이 책을 쓰지 못했을 것이고 책을 쓰는 동안 외로웠을 것이다. 내게 많은 것을 (두 번이나) 가르쳐준 친구이자 멘토 신시아 고니, 이 책에 대한 아이디어를 떠올린 유능한 에이전트 질리언 매킨지, 훌륭한 편집자 티스 타카기와 앨리슨 매킨, 나의 멋진 친구인 케이시 마이너, 조 글래드스턴, 린 데레고스키, 상냥하게 위로의 말을 건네준 제니 맥스웰, 나를 격려해주고 끊임없이 카페인을 공급해준 캘리포니아 대학교 버클리 캠퍼스 언론대학원의 제자들과 동료들, 가족들의 주축이 되어 응원해준 마이크 스미스와 레아 플라토니에게도 고마운 마음을 전한다. 그리고 내가 책을 좋아하게 해준 부모님 밥 플라토니와 알렉시스 플라토니, 고맙습니다. 그리고 책을 읽는답시고 밤새 불을 켜놓아서 죄송했습니다.

내가 인식하고 있는 현실은 진짜일까? 이는 인지과학의 오랜 의문이다. 인지과학적 지식이 있기 전부터 철학자들은 현실의 객관성을 의심했다. 그렇다면 인식이란 무엇일까?

일반적으로 인식이란 공기처럼 항상 존재하고 당연한 것으로 받아들여지기에 인식을 '인식'하기란 쉽지 않다. 나 역시 이 책《감각의 미래》가 파헤친 신체의 다섯 가지 감각이나 시간, 고통, 감정 같은 것들을 특별히 인식해본 적이 없었다. 증강현실이나 가상현실 같은 기술은 그저 신기술이라고만 이해했지 인간의 인식을 강화하려는 노력이라고는 생각하지 못했다. 하지만 카라 플라토니는 달랐다. 그녀는 많은 사람들이 당연하게 여기는 것에 의문을 가졌다. 현실이란 인식이 만들어낸 것이며 그 인식은 불완전하다는 관점에서 출발해 불완전한 인식의 세계를 파헤치기 위해 직장까지 그만두고 조사와 연구에 뛰어든다. 그녀의 노력 덕분에 나 역시 인식과 뇌의 역할, 과학기술의 관계에 대해 생각해볼 수 있게 되었다. 그리고 글을 번역해나갈

수록 우리가 사는 세상이 정말 '매트릭스'가 아닐까 하는 의문도 들었다. 진짜 현실이란 무엇이며 그것을 알게 될 날은 과연 올까?

　흔히 인지과학, 뇌과학이라고 하면 어렵고 딱딱할 것이라는 생각이 먼저 든다. 하지만 카라 플라토니는 직접 연구하고 발로 뛰어 수집한 정보를 바탕으로 구체적인 사례와 인터뷰를 소개하며 특유의 언변으로 호기심을 자극한다.

　이 책의 제1부와 제2부에서는 인간의 인식은 주관적이며 조작 역시 가능하다고 말한다. '현실'에 대한 단 하나의 보편적인 경험은 없으며 다 함께 공유하는 세상에 대한 객관적인 묘사도 없다. 오직 '인식'이 있을 뿐이다. 그리고 나에게만 '진짜처럼 보이는 것'이 있을 뿐이다. 오감을 다루는 제1부에서는 문화적 배경과 언어가 인식에 얼마나 큰 영향을 미치는지 알 수 있다. 초감각적 인식을 다루는 제2부는 조금 추상적이고 복잡하게 느껴진다. 특히 '시간'의 경우 일반적으로 알고 있는 시계나 시간과 다른 개념이 등장하여 마치 미지의 세계에 발을 디딘 듯했다. 우리의 뇌가 시간을 거스르는 편집을 통해 만들어낸 환상이 현실이라니. '고통'에서 흥미로웠던 점은 신체적 고통과 사회적 고통을 비슷한 말로 표현하는 현상이 영어뿐만 아니라 한국어에도 해당한다는 것이었다. 하지만 초감각적 인식 역시 문화에서 자유로울 수 없다는 것이 '감정'에서 입증된다.

　제3부에서는 인식을 선택적으로 강화하거나 조작하는 여러 기술을 소개하며 진화를 기다리기보다 스스로 만들어나갈 수 있지 않을까 하고 저자는 조심스럽게 제안한다. 어느새 친숙한 기술이 된 가상현실이나 증강현실은 치료, 교육, 군사 등 영역을 더욱 확대하고 있다. 새로운 감각을 좇는 사람들은 어찌 보면 신의 영역에 도전하

고 있다. 이들에게는 인간의 한없이 느린 진화 속도를 기다릴 여유가 없다. 이에 카라 플라토니는 뭔가를 더 상상하고 경험하고 싶어하는 것이야말로 '인간적'이라고 말한다. 새로운 기술이 도입될수록 그에 수반되는 사이보그 논란은 피할 수 없다. 어느 정도까지의 비인간화를 '인간적'이라고 규정할 수 있을까? 그리고 나의 편의를 위해 타인의 권리를 침해하는 것을 어떻게 막을 수 있을까? 이에 대한 해결책은 아직 뚜렷하지 않으며 기술 발달과 함께 해결해야 할 숙제로 남아 있다.

이 책을 번역하기는 쉽지 않았다. 용어와 개념을 조사하고 이해하느라 상당한 시간을 투자했다. 카라 플라토니가 최대한 쉽고 재미있게 설명했음에도 이해가 힘들었던 부분은 전문가에게 조언을 구하기도 했다. (원자시계와 관련해 낯선 번역자의 질문에 친절하게 답해준 한국표준과학원 연구원들께 고마운 마음을 전한다.) 번역하던 중에 기능성 자기공명영상 장치의 데이터 분석 소프트웨어에 오류가 있을 수도 있다는 논문이 발표되어 가슴이 철렁하기도 했다. (이에 대해서는 아직 학계에서 본격적으로 문제가 제기되지 않았다.)

하지만 흥미로운 내용 덕분에 즐거운 과정이었고 무엇보다 책에서 소개하는 실험에 모두 참여해보고 싶다는 생각이 자주 들었다. '인간의 호기심이 어디까지 갈 것인가?'라는 의문도 떠나지 않았다. 그리고 이 책을 쓰기 위해 녹음기 네 대, 공책 37권, 렌터카 세 대, 수없이 많은 배터리를 소진한 카라 플라토니를 보며 인간의 호기심과 집념이 어떤 결과를 낳을 수 있는지 감탄했다.

시간이 갈수록 인식의 강화와 조작, 즉 인식 해킹은 대중화되어 우리 삶에 깊이 들어올 것이다. 진짜 현실이 무엇인지, 그 의문에 대한 답을 알게 될 때가 언제인지 우리는 알 수 없다. 하지만 감각의 진화를 앞당기고 이에 다가가기 위해 '인식'에 대한 의심을 거둘 수는 없을 것이다. 이 책을 읽고 난 독자들도 그러기를 바란다.

박지선

1장
미각 : 여섯 번째 맛을 찾는 여정

Anthony Sclafani, "The Sixth Taste?" *Appetite* 43 (2004): 1-3.

Bhushan Kulkarni and Richard Mattes, "Evidence for Presence of Nonesterified Fatty Acids as Potential Gustatory Signaling Molecules in Humans," *Chemical Senses* 38, no. 2 (2012): 119-127.

Charles Zuker et al., "The Taste of Carbonation," *Science* 326 (2009): 443-445.

Jeannine Delwiche, "Are There 'Basic' Tastes?" *Trends in Food Science and Technology* 7 (1996): 411-415.

Kikunae Ikeda, "New Seasonings," *Journal of the Chemical Society of Tokyo* 30 (1909): 820-836.

Michael Tordoff et al., "Involvement of T1R3 in Calcium-Magnesium Taste," *Physiological Genomics* 34 (2008): 338-348.

Michael Tordoff et al., "T1R3: A Human Calcium Taste Receptor," *Scientific Reports* 2, no. 496 (2012), doi:10.1038/srep00496.

Richard Mattes, "Is There a Fatty Acid Taste?" *Annual Review of Nutrition* 29 (2009): 305-327.

Robin Tucker and Richard Mattes, "Are Free Fatty Acids Eff ective Taste Stimulus in Humans?" (paper presented at the Institute of Food

Technologists 2011 Annual Meting, New Orleans, Louisiana, June 12, 2011).

Robin Tucker et al., "No Difference in Perceived Intensity of Linoleic Acid in the Oral Cavity Between Obese and Non-obese Adults" (poster presented at Experimental Biology, Boston, Massachusetts, March 30, 2015).

Yuzuru Eto et al., "Determination and Quantifi cation of the Kokumi Peptide, c-glutamyl-valyl-glycine, in Commercial Soy Sauces," *Food Chemistry* 141 (2013): 823–828.

Yuzuru Eto et al., "Involvement of Calcium-Sensing Receptor in Human Taste Perception," *Journal of Biological Chemistry* 285, no. 2 (2010): 1016–1022.

Yuzuru Eto et al., "Kokumi Substances, Enhancers of Basic Tastes, Induce Responses in Calcium-Sensing Receptor Expressing Taste Cells," *PLoS ONE* 7, no. 4 (2012), doi:10.1371/journal.pone.0034489.

2장
후각 : 기억과 감정을 소환하는 향

Andreas Keller et al., "Humans Can Discriminate More than 1 Trillion Olfactory Stimuli," *Science* 343, no. 6177 (2014): 1370–1372.

Daniel Wesson et al., "Olfactory Dysfunction Correlates with Amyloid-β Burden in an Alzheimer's Disease Mouse Model," *Journal of Neuro-science* 30, no. 2 (2010): 505–514.

Daniel Wesson et al., "Sensory Network Dysfunction, Behavioral Impairments, and Their Reversibility in an Alzheimer's β-Amyloidosis Mouse Model," *Journal of Neuroscience* 31, no. 44 (2011): 15962–15971.

Davangere Devanand et al., "Combining Early Markers Strongly Predicts Conversion from Mild Cognitive Impairment to Alzheimer's Disease," *Biological Psychiatry* 64, no. 10 (2008): 871–879.

Heiko Braak and Eva Braak, "Neuropathological Staging of Alzheimer-Related Changes," *Acta Neuropathologica* 82 (1991): 239–259.

Heiko Braak et al., "Staging of Brain Pathology Related to Sporadic Parkinson's Disease," *Neurobiology of Aging* 24, no. 2 (2003): 197–211.

Marco Fornazieri et al., "A New Cultural Adaptation of the University of Pennsylvania Smell Identifi cation Test," *CLINICS* 68, no. 1 (2013): 65–68.

Rachel Herz and Jonathan Schooler, "A Naturalistic Study of Autobiographical Memories Evoked by Olfactory and Visual Cues:

Testing the Proustian Hypothesis," *American Journal of Psychology* 115, no. 1, (2002): 21-32.

Rachel Herz, "A Naturalistic Analysis of Autobiographical Memories Triggered by Olfactory Visual and Auditory Stimuli," *Chemical Senses* 29 (2004): 217-224.

Rachel Herz, *The Scent of Desire: Discovering Our Enigmatic Sense of Smell* (New York: HarperCollins, 2007), 3-6, 13-24, 50-52, 63-73, 238.

Richard Doty, "Olfaction in Parkinson's Disease and Related Disorders," *Neurobiology of Disease* 46, no. 3 (2012): 527-552.

Wen Li, James Howard, and Jay Gottfried, "Disruption of Odour Quality Coding in Piriform Cortex Mediates Olfactory Deficits in Alzheimer's Disease," *Brain* 133 (2010): 2714-2726.

World Health Organization, "Dementia Fact Sheet," March 2015, www.who.int/mediacentre/factsheets/fs362/en/.

3장
시각 : 빛이 사라진 세상, 그 너머

Eberhart Zrenner et al., "Artificial Vision with Wirelessly Powered Subretinal Electronic Implant Alpha-IMS," *Proceedings of the Royal Society B* 280 (2013), doi:10.1098/rspb.2013.0077.

Gretchen Henkel, "History of the Cochlear Implant," *ENT Today*, April 2013.

National Institute on Deafness and Other Hearing Disorders, "Cochlear Implants," last updated August 2014, www.nidcd.nih.gov/health/hearing/pages/coch.aspx.

Mark Humayun et al., "Visual Perception Elicited by Electrical Stimulation of Ret ina in Blind Humans," *Archives of Ophthalmology* 114 (1996): 40-46; Mark Humayun et al., "Pattern Electrical Stimulation of the Human Retina," *Vision Research* 39 (1999): 2569-2576.

Sheila Nirenberg and Chethan Pandarinath, "Retinal Prosthetic Strategy with the Capacity to Restore Normal Vision," *Proceedings of the National Academy of Sciences* 109, no. 37 (2012), doi:10.1073/pnas.1207035109.

Sheila Nirenberg, "A Prosthetic Eye to Treat Blindness," TEDMED Talk, October 2011, http://www.ted.com/talks/sheila_nirenberg_a_prosthetic_eye_to_treat_blindness.

4장
청각 : 생각을 그려내는 전기 신호

Alexander Huth et al., "A Continuous Semantic Space Describes the Representation of Thousands of Object and Action Categories across the Human Brain," *Neuron* 76, (2012): 1210-1224.

Brian Pasley et al., "Reconstructing Speech from Human Auditory Cortex," *PLoS Biology* 10, no. 1 (2012), doi:10.1371/journal.pbio.1001251.

Brian Pasley et al., "Decoding Spectrotemporal Features of Overt and Covert Speech from the Human Cortex," *Frontiers in Neuroengineering* 7, no. 14 (2014), doi:10.3389/fneng.2014.00014.

Edward Chang et al., "Categorical Speech Representation in Human Superior Temporal Gyrus," *Nature Neuroscience* 13, no. 11 (2010): 1428-1432.

Edward Chang et al., "Functional Organization of Human Sensorimotor Cortex for Speech Articulation," *Nature* 495 (2013): 327-332.

Full disclosure: I teach at UC Berkeley in the Graduate School of Journalism, but was not employed there during the researching of this book.

Jack Gallant et al., "Identifying Natural Images from Human Brain Activity," *Nature* 452 (2008): 352-355.

Jack Gallant et al., "Bayesian Reconstruction of Natural Images from Human Brain Activity," *Neuron* 63 (2009): 902-915.

Jack Gallant et al., "Reconstructing Visual Experiences from Brain Activity," *Current Biology* 21 (2011): 1641-1646.

Thomas Naselaris et al., "A Voxel-wise Encoding Model for Early Visual Areas Decodes Mental Images of Remembered Scenes," *NeuroImage* 105 (2014): 215-228.

Tomoyasu Horikawa et al., "Neural Decoding of Visual Imagery during Sleep," *Science* 340 (2013): 639-642.

5장
촉각 : 의사가 없는 수술실

Allison Okamura et al., "Force Feedback and Sensory Substitution for Robot-assisted Surgery," in *Surgical Robotics: Systems, Applications and Visions*, ed. Jacob Rosen, Blake Hannaford, and Richard Satava (New York: Springer, 2010), 419-448.

Andrew Stanley and Allison Okamura, "Controllable Surface Haptics via Particle Jamming and Pneumatics," *IEEE Transactions on Haptics* 8, no. 1

(2015): 20-30.

Andrew Stanley et al., "Integration of a Particle Jamming Tactile Display with a Cable-driven Parallel Robot," in *Haptics: Neuroscience, Devices, Modeling, and Applications; Proceedings of the Eurohaptics Conference* (New York: Springer, 2014), 258-265.

Jacques Marescaux et al., "Transcontinental Robot-assisted Remote Telesurgery: Feasibility and Potential Applications," *Annals of Surgery* 235, no. 4 (2002): 487-492.

Krishna Shenoy et al., "Challenges and Opportunities for Next-generation Intracortically Based Neural Prostheses," *IEEE Transactions on Biomedical Engineering* 58, no. 7 (2011): 1891-1899.

Mehran Anvari, Craig McKinley, and Harvey Stein, "Establishment of the World's First Telerobotic Remote Surgical Service," *Annals of Surgery* 241 (2005): 460-464.

Zhan Fan Quek et al., "Sensory Augmentation of Stiffness Using Finger-pad Skin Stretch," *IEEE World Haptics Conference* (2013): 467-472.

6장
시간 : 1만 년을 가는 시계

Chess Stetson et al., "Does Time Really Slow Down during a Frightening Event?" *PLoS ONE* 2, no. 12 (2007), doi:10.1371/journal.pone.0001295.

David Eagleman, "Brain Time," in *What's Next? Dispatches from the Future of Science*, ed. Max Brockman (New York: Vintage, 2009), http://edge.org/conversation/brain-time.

David Eagleman, "Human Time Perception and Its Illusions," *Current Opinion in Neurobiology* 18 (2008): 131-136.

Dean Buonomano and Rodrigo Laje, "Population Clocks: Motor Timing with Neural Dynamics," *Trends in Cognitive Sciences* 14, no. 12 (2010): 520-527.

Hope Johnson, Anubhuthi Goel, and Dean Buonomano, "Neural Dynamics of in vitro Cortical Networks Reflects Experienced Temporal Patterns," *Nature Neuroscience* 13, no. 8 (2010): 917-919.

Richard Ivry and Rebecca Spencer, "The Neural Represen ta tion of Time," *Current Opinion in Neurobiology* 14 (2004): 225-232.

Uma Karmarkar and Dean Buonomano, "Timing in the Absence of Clocks: Encoding Time in Neural Network States," *Neuron* 53 (2007): 427-438.

Warren Meck, Trevor Penney, and Viviane Pouthas, "Cortico-striatal Repre sentation of Time in Animals and Humans," *Current Opinion in Neurobiology* 18 (2008): 145-152.

7장
고통 : 상처받은 마음을 치유하는 약

C. Nathan DeWall et al., "Acetaminophen Reduces Social Pain: Behavioral and Neural Evidence," *Psychological Science* 21, no. 7 (2010): 931-937.

Ethan Kross et al., "Social Rejection Shares Somatosensory Repre sen ta tions with Physical Pain," *Proceedings of the National Academy of Sciences* 108, no. 15 (2011): 6270-6275.

Ian Lyons and Sian Beilock, "When Math Hurts: Math Anxiety Predicts Pain Network Activation in Anticipation of Doing Math," *PLoS ONE* 7, no. 10 (2012), doi:10.1371/journal.pone.0048076.

Jarred Younger et al., "Viewing Pictures of a Romantic Partner Reduces Experimental Pain: Involvement of Neural Reward Systems," *PLoS ONE* 5, no. 10 (2010), doi:10.1371/journal.pone.0013309.

Meghan Meyer, Kipling Williams, and Naomi Eisenberger, "Why Social Pain Can Live On: Different Neural Mechanisms Are Associated with Reliving Social and Physical Pain," *PLoS ONE* 10, no. 6. (2015): doi:10.1371/journal.pone.0128294.

Naomi Eisenberger, "Broken Hearts and Broken Bones: A Neural Perspective on the Similarities between Social and Physical Pain," *Current Directions in Psychological Science* 21, no. 1 (2012): 42-47.

Naomi Eisenberger et al., "Attachment Figures Activate a Safety Signal–Related Neural Region and Reduce Pain Experience," *Proceedings of the National Academy of Sciences* 108, no. 28 (2011): 11721-11726.

Naomi Eisenberger, Matthew Lieberman, and Kipling Williams, "Does Rejection Hurt? An fMRI Study of Social Exclusion," *Science* 302 (2003): 290-292.

Sarah Master et al., "Partner Photographs Reduce Experimentally Induced Pain," *Psychological Science* 20, no. 11 (2009): 1316-1318.

Timothy Deckman et al., "Can Marijuana Reduce Social Pain?" *Social Psychological and Personality Science* 5, no. 2 (2013), doi:10.1177/1948550613488949.

Tristen Inakagi and Naomi Eisenberger, "Neural Correlates of Giving Support to a Loved One," *Psychosomatic Medicine* 74 (2012): 3-7.

8장
감정 : 문화의 차이를 읽는 코드

Andrew Ryder and Yulia Chentsova- Dutton, "Depression in Cultural Context: 'Chinese Somatization,' Revisited," *Psychiatric Clinics of North America* 35 (2012): 15-36.

Andrew Ryder et al., "The Cultural Shaping of Depression: Somatic Symptoms in China, Psychological Symptoms in North America?" *Journal of Abnormal Psychology* 117, no. 2 (2008): 300-313.

Biru Zhou et al., "Ask and You Shall Receive: Actor-Partner Interdependence Model Approach to Estimate Cultural and Gender Variations in Social Support Seeking and Provision Behaviours," (2015), unpublished manuscript.

BoKyung Park et al., "Neural Evidence for Cultural Differences in the Valuation of Positive Facial Expressions," (2015), unpublished manuscript.

Devon Hinton and Michael Otto, "Symptom Presentation and Symptom Meaning among Traumatized Cambodian Refugees: Relevance to a Somatically Focused Cognitive-Behavior Th erapy," *Cognitive and Behavioral Practice* 13, no. 4 (2009): 249-260.

Eunsoo Choi and Yulia Chentsova- Dutton, "Distress Experience and Expression in Cultural Contexts: Examination of Koreans and Americans" (poster presented at the Annual Meeting of the Society of Personality and Social Psychology, Austin, Texas, February 13-15, 2014).

Jeanne Tsai et al., "Leaders' Smiles Refl ect Th eir Nations' Ideal Affect," (2014), unpublished manuscript.

Jeanne Tsai et al., "Learning What Feelings to Desire: Socialization of Ideal Affect through Children's Storybooks," *Personality and Social Psychology Bulletin* 33, no. 17 (2007): 17-30.

Jeanne Tsai, Felicity Miao, and Emma Seppala, "Good Feelings in Christianity and Buddhism: Religious Differences in Ideal Aff ect," *Personality and Social Psychology Bulletin* 33, no. 409 (2007): 409-421.

Jeanne Tsai, "Ideal Affect: Cultural Causes and Behavioral Consequences," *Perspectives on Psychological Science* 2, no. 3 (2007): 242-259.

Paul MacLean, "Psychosomatic Disease and the 'Visceral Brain,' " *Psy-*

chosomatic Medicine 11, no. 6 (1949): 338-352.

Tamara Sims and Jeanne Tsai, "Patients Respond More Positively to Physicians Who Focus on Their Ideal Aff ect," *Emotion* 15, no. 3 (2014), 303-318.

Tamara Sims et al., "Choosing a Physician Depends on How You Want to Feel," *Emotion* 14, no. 1 (2014), 187-192.

Yulia Chentsova-Dutton, Andrew Ryder, and Jeanne Tsai, "Understanding Depression across Cultural Contexts," in *Handbook of Depression*, 3rd ed., ed. Ian Gotlib and Constance Hammen (New York: Guilford, 2014), 337-354.

Yulia Chentsova-Dutton et al., "Chinese Americans Report More Somatic Experiences than Euro pean Americans Following a Sad Film" (poster presented at Association for Psychological Science Annual Convention, San Francisco, California, May 22-25, 2014).

Yulia Chentsova-Dutton et al., "Depression and Emotional Reactivity: Variation among Asian Americans of East Asian Descent and Euro pean Americans," *Journal of Abnormal Psychology* 116, no. 4 (2002): 776-785.

9장
가상현실 : 이곳에도, 이곳이 아닌 곳에도 동시에 존재하다

Albert Rizzo et al., "Virtual Reality as a Tool for Delivering PTSD Exposure Therapy and Stress Resilience Training," *Military Behavioral Health* 1 (2013): 48-54.

Albert Rizzo et al., "Virtual Reality Applications to Address the Wounds of War," *Psychiatric Annals* 43, no. 3 (2013): 123-138.

Andrea Stevenson Won, "Homuncular Flexibility in Virtual Reality," *Journal of Computer Mediated Communication* 20, no. 3 (2015): 241-259.

Barbara Olasov Rothbaum et al., "Virtual Reality Exposure Th erapy for PTSD Vietnam Veterans: A Case Study," *Journal of Traumatic Stress* 12, no. 2 (1999): 263-271.

Charles Hoge et al., "Combat Duty in Iraq and Afghanistan, Mental Health Problems, and Barriers to Care," *New England Journal of Medicine* 351, no. 1 (2004): 13-22.

Hannah Fischer, "A Guide to U.S. Military Casualty Statistics," Congressional Research Service report, February 19, 2014, www. crs. gov.

Jakki Bailey et al., "The Impact of Vivid Messages on Reducing Energy

Consumption Related to Hot Water Use," *Environment and Behavior* 17 (2015): 570–592.

Jesse Fox and Jeremy Bailenson, "Virtual Self-Modeling: Th e Eff ects of Vicarious Reinforcement and Identification on Exercise Behaviors," *Media Psychology* 12 (2009): 1–25.

Jesse Fox, Jeremy Bailenson, and Liz Tricase, "Th e Embodiment of Sexualized Virtual Selves: The Proteus Effect and Experiences of Self-Objectifi cation via Avatars," *Computers in Human Behavior* 29 (2013): 930–938.

Larry F. Hodges et al., "Virtual Environments for Treating the Fear of Heights," *IEEE Computer* 28, no. 7 (1995): 27–34.

Larry F. Hodges et al., "Virtual Vietnam: A Virtual Environment for the Treatment of Vietnam War Veterans with Post-traumatic Stress Disorder" (paper presented at the International Conference on Artificial Reality and Telexistence, Tokyo, Japan, 1998).

Nick Yee and Jeremy Bailenson, "The Proteus Eff ect: Th e Effect of Transformed Self-Representation on Behavior," *Human Communication Research* 33 (2007): 271–290.

Nick Yee and Jeremy Bailenson, "Th e Diff erence between Being and Seeing," *Media Psychology* 12 (2009): 195–209.

Sun Joo (Grace) Ahn, Jeremy Bailenson, and Dooyeon Park, "Short- and Long-Term Effects of Embodied Experiences in Immersive Virtual Environments on Environmental Locus of Control and Behavior," *Computers in Human Behavior* 39 (2014): 235–245.

10장
증강현실 : 현실 세계에 사이버 세계를 덧씌우다

Adrian David Cheok et al., "Digital Taste for Remote Multisensory Interactions" (poster presented at User Interface Software and Technology Symposium, Santa Barbara, California, October 16–19, 2011).

Chris Gayomeli, "4 Innocent People Wrongly Accused of Being Boston Marathon Bombing Suspects," *The Week*, April 19, 2013, http://theweek.com/article/index/243028/4-innocent-people-wrongly-accused-of-being-boston-marathon-bombing-suspects.

Daniel Dale, "Rob Ford: Yes, I Have Smoked Crack Cocaine," Toronto Star, November 5, 2013, http://www.thestar.com/news/crime/2013/11/05/

rob_ford_yes_i_have_smoked_crack_cocaine.html.

Donna Haraway, "Manifesto for Cyborgs: Science, Technology, and Socialist Feminism in the 1980s," *Socialist Review* 80 (1985): 65-108.

Elaham Saadatian et al., "Mediating Intimacy in Long-Distance Relationships Using Kiss Messaging," *International Journal of Human-Computer Studies* 72, no. 10-11 (2014): 736-746.

Emma Woollacott, "Homeland Security Hauls Man from Movie Theater for Wearing Google Glass," Forbes, January 22, 2014, www.forbes.com/sites/emmawoollacott/2014/01/22/homeland-security-hauls-man-from-movie-theater-for-wearing-google-glass/.

Gilang Andi Pradana et al., "Emotional Priming of Mobile Text Messages with Ring-Shaped Wearable Device Using Color Lighting and Tactile Expressions" (paper presented at the Augmented Human International Conference, Kobe, Japan, March 7-9, 2014).

Gregor Wolbring, "Ethical Theories and Discourses through an Ability Expectations and Ableism Lens," *Asian Bioethics Review* 4, no. 4 (2012): 293-309.

James Teh and Adrian David Cheok, "Pet Internet and Huggy Pajama: A Comparative Analysis of Design Issues," *International Journal of Virtual Reality* 7, no. 4 (2008): 41-46.

Jesse Lichtenstein, "Magnifying Glass," *Atlanta Magazine*, March 2, 2014, http://www.atlantamagazine.com/great-reads/magnifying-glass-thad-starner-google-glass/.

Kevin Warwick, *I, Cyborg* (Chicago: University of Illinois Press, 2004), 61, 232-235, 260-264, 282-289.

Manfred Clynes and Nathan Kline, "Cyborgs and Space," *Astronautics*, September 1960, 26-27, 74-76.

Neil Harbisson, "I Listen to Color," TEDGlobal Talk, June 2012, http://www.ted.com/talks/neil_harbisson_i_listen_to_color.

Neil Harbisson, "The Man Who Hears Colour," BBC, February 15, 2012, www.bbc.com/news/magazine-16681630.

Steve Mann and Joseph Ferenbok, "New Media and the Power Politics of Sousveillance in a Surveillance-Dominated World," *Surveillance & Society* 11, no. 1/2 (2013): 18-34.

Steve Mann, "My Augmediated Life," *IEEE Spectrum*, March 1, 2013, http://spectrum.ieee.org/geek-life/profiles/steve-mann-my-augmediated-life.

"3rdi," "About," www.3rdi.me.

"Aireal: Interactive Tactile Experiences in Free Air," Disney Research, www.disneyresearch.com/project/aireal/.

"Deus Ex: Human Revolution—The Eyeborg Documentary," August 2, 2011, http://eyeborgproject.com.

"Explorers," Google, https://sites.google.com/site/glasscomms/glass-explorers.

"FAQ," Google "Glass Press," https://sites.google.com/site/glasscomms/faqs.

"Implantable Camera System," http://wearcam.org/eyeborg.htm.

"Physical Assault by McDonald's for Wearing Digital Eye Glass," Steve Mann's Blog, July 16, 2012, http://eyetap.blogspot.com/2012/07/physical-assault-by-mcdonalds-for.html.

"Woman Wearing Google Glass Says She Was Attacked in San Francisco Bar," CBS, February 25, 2015, http://sanfrancisco.cbslocal.com/2014/02/25/woman-wearing-google-glass-says-she-was-attacked-in-san-francisco-bar/.

11장
새로운 감각 : 여섯 번째 감각을 찾아 나서다

Antonio Regalado, "A Brain-Computer Interface that Works Wirelessly," *MIT Technology Review*, January 14, 2015, http://www.technologyreview.com/news/534206/a-brain-computer-interface-that-works-wirelessly. Samppa Von Cyborg, "Body Mod," http://voncyb.org/#bodymod/.

David Eagleman, "Can We Create New Senses for Humans?" TED Talk, March 2015, http://www.ted.com/talks/david_eagleman_can_we_create_new_senses_for_humans?.

Grindhouse Wetware, "About Us," http://www.grind housewetware.com/.

Kevin Warwick, I, Cyborg (Chicago: University of Illinois Press, 2004), 82–89.

Lauren Foley, Robert Gegear, and Steven Reppert, "Human Cryptochrome Exhibits Light-Dependent Magnetosensitivity," *Nature Communications* 2 (2011), doi:10.1038/ncomms1364.

Lepht Anonym, "Sapiens Anonym," http://sapiensanonym.blogspot.com/.

Miguel Nicolelis, "Brain-to- Brain Communication Has Arrived. Here's How We Did It." TEDGlobal Talk, October 2014, https://www.ted.com/talks/miguel_nicolelis_brain_to_brain_communication_has_arrived_how_we_did_it.

Patrick Guerra, Robert Gegear, and Steven Reppert, "A Magnetic Compass Aids Monarch Butterfl y Migration," *Nature Communications* 5 (2014), doi:10.1038/ncomms5164.

R. Robin Baker, "Goal Orientation by Blindfolded Humans after Long-Distance Displacement: Possible Involvement of a Magnetic Sense," *Science* 210 (1980): 555–557.

Sonke Johnsen and Kenneth Lohmann, "Magnetoreception in Animals," *Physics Today* 61, no. 3 (2008) 29–35; *Kenneth Lohmann*, "Magnetic-Field Perception," Nature News & Views 464, no. 22 (2010): 1140–1142.

Steve Haworth Modified, LLC, 2012, "Magnetic FAQ," http://stevehaworth.com/main/?page_id=871. R. Robin Baker, "Sinal Magnetite and Direction Finding," *Physics & Technology* 15 (1984): 30–36.

Thorsten Ritz, Salih Adem, and Klaus Schulten, "A Model for Photoreceptor-Based Magnetoreception in Birds," *Biophysical Journal* 78 (2000): 707–718.

"Apple Watch—New Ways to Connect," Apple, 2015, https://www.apple.com/watch/new-ways-to-connect/.

최신 인지과학으로 보는 몸의 감각과 뇌의 인식

감각의 미래

초판 1쇄 발행 2017년 8월 1일
초판 4쇄 발행 2022년 6월 1일

지은이 카라 플라토니
옮긴이 박지선
감수 이정모
펴낸이 유정연

이사 김귀분
책임편집 조현주 **기획편집** 신성식 심설아 유리슬아 이가람 서옥수 **디자인** 안수진 기경란
마케팅 이승헌 반지영 박중혁 김예은 **제작** 임정호 **경영지원** 박소영

펴낸곳 흐름출판(주) **출판등록** 제313-2003-199호(2003년 5월 28일)
주소 서울시 마포구 월드컵북로5길 48-9(서교동)
전화 (02)325-4944 **팩스** (02)325-4945 **이메일** book@hbooks.co.kr
홈페이지 http://www.hbooks.co.kr **블로그** blog.naver.com/nextwave7
출력 · 인쇄 · 제본 성광인쇄 **용지** 월드페이퍼(주) **후가공** (주)이지앤비(특허 제10-1081185호)

ISBN 978-89-6596-227-4 03400